普通物理实验

马黎君 编著

清华大学出版社
北京

内 容 简 介

本书是根据教育部高等学校物理基础课程教学指导委员会最新修订的《理工科类大学物理实验课程教学基本要求》和编者多年大学物理实验课程教学经验编写而成的。

本书内容由数据处理知识、力学和热学实验、电磁学实验、光学实验、近代物理及综合实验和设计性与课题型实验构成,共编写各类实验项目 41 个。每个实验项目都给出了实验目的、实验原理、实验步骤、数据处理和思考题。

本书可作为高等院校非物理专业的本专科学生使用,也可作为实验技术人员和有关教师的参考用书。

图书在版编目(CIP)数据

普通物理实验/马黎君编著. —北京：清华大学出版社,2015 (2024.8 重印)
ISBN 978-7-302-40291-6

Ⅰ. ①普… Ⅱ. ①马… Ⅲ. ①普通物理学—实验—教材 Ⅳ. ①O4-33

中国版本图书馆 CIP 数据核字(2015)第 105924 号

责任编辑：邹开颜　赵从棉
封面设计：常雪影
责任校对：刘玉霞
责任印制：丛怀宇

出版发行：清华大学出版社
　网　　址：https://www.tup.com.cn，https://www.wqxuetang.com
　地　　址：北京清华大学学研大厦 A 座　　**邮　　编**：100084
　社 总 机：010-83470000　　**邮　　购**：010-62786544
　投稿与读者服务：010-62776969，c-service@tup.tsinghua.edu.cn
　质量反馈：010-62772015，zhiliang@tup.tsinghua.edu.cn
印 装 者：小森印刷霸州有限公司
经　　销：全国新华书店
开　　本：185mm×260mm　　**印　　张**：18　　**字　　数**：436 千字
版　　次：2015 年 6 月第 1 版　　**印　　次**：2024 年 8 月第10次印刷
定　　价：52.00 元

产品编号：061002-03

前　言

本书是依照教育部高等学校物理基础课程教学指导分委员会最新编制的《理工科类大学物理实验课程教学基本要求》，结合普通理工科物理实验室的条件及教学特点，根据编者多年的物理实验教学经验，在原有校内物理实验讲义基础上编写而成的，适用于培养应用型技术人才理工科院校的普通物理实验教学。

本书在内容选择和编写过程中，主要考虑以下几个方面：

在数据处理方面，使用误差概念的同时，主要以不确定度作为实验结果表达评定；在实验内容设置上，分为基本实验与近代综合实验、设计性与课题型实验三个层次进行编写，丰富了教学内容。实验科学是开放的科学，实验手段与科学技术的发展息息相关。在编写过程中注意吸收最新的实验教学研究成果，引进最新的实验教学题目，为学生创新能力培养提供条件。依照由浅入深的原则给出了实验步骤、数据处理，由基础训练到课题设计，循序渐进，培养和提高学生的分析思维能力、处理问题能力，注重实验技能训练的同时更强调了对学生创新素质的培养。注重基础知识、基本方法和基本技能训练的同时增大了设计性与课题型实验的内容。尽量做到空间和内容上给学生较大的选择自由，满足各层次学生求知的需要，适应学生的个性发展。

本书由马黎君等六位老师共同编写而成。其中，绪论、第一章、第二章、第五章、附录由马黎君编写；第三章由黄尚永编写；第四章、第六章由贺柳良编写；第七章由施玉显（实验一～实验四、实验十一）、王秀敏（实验五～实验七）、杨宏（实验八～实验十）编写。由马黎君负责统稿，黄伟教授审稿。实验教学是一项集体合作的教学工作，本书是我校物理与光电实验中心全体教师和实验技术人员长期积累的集体劳动成果。在本书的编写过程中参考了近年来出版的部分优秀大学物理实验教材（见参考文献），并得到北京市优秀教学团队——北京建筑大学物理教学团队的支持，在此一并表示感谢。

鉴于编者水平有限，书中错误与不当之处在所难免，恳请读者不吝指正。

编　者

2015年4月

目　　录

绪　　论

第一节　物理实验在物理学发展中的作用

科学实验是人类文明发展的积极推动力，物理实验在其中占据了重要位置。科学实验同单纯的观察、被动的经验之间存在很大的区别，观察是实验的前提，实验是观察的发展。观察是搜集自然现象所提供的东西，而实验是从自然现象中提取它所要的东西。科学史表明：只有依靠实验的方法，并借助理性思维，才能达到"必然性的证明"。实验和观察是两种不同层次的认识手段，起着不同的作用。

物理实验是人们根据研究的目的，运用科学仪器设备，人为地控制、创造或纯化某种自然过程，使之按预期的进程发展，同时在尽可能减少干扰客观状态的前提下进行观测，以探究物理过程变化规律的一种科学活动。物理学是一门实验科学，在物理学中，每个概念的建立、每个定律的发现，都有其坚实的实验基础。实验在物理学的发展中有着巨大的意义和推动作用。当代最引人瞩目的诺贝尔物理学奖，从 1901 年至今已有上百年历史，有近 200 人获奖，其中因为实验物理学方面的伟大发现而获奖的占 2/3 以上。

从物理学发展的历史看，物理实验是物理学理论的基础，也是物理学发展的基本动力。物理实验在物理学发展中的作用主要表现在以下几个方面：在经典物理学发展中，伽利略的斜面实验、胡克的弹性实验、玻意耳的空气压缩实验等都为经典力学提供了实验事实，并在此基础上建立了新规律；在电学方面，库仑定律、欧姆定律、法拉第电解定律和电磁感应定律等的建立，无一不是在大量的实验实践中建立的；在光学方面，光的干涉、衍射、偏振等现象也都是首先在实验中被发现；在 19 世纪和 20 世纪之交，正当人们纷纷认为物理学已发展到顶点的时候，也正是 X 射线、放射性和电子等的发现，打破了沉闷的空气，揭示了经典物理的不足，从而开拓了新的领域，诞生了现代物理学。

理论是物理学的主体，理性认识源于感性认识，高于感性认识，更具有普遍性。然而，一种理论是否正确往往要通过实验的验证。例如麦克斯韦提出的电磁理论，尽管其方程优美对称，但人们还是难以相信。直到 20 多年后他预言的电磁波被赫兹实验验证后，这一学说才为人们接受。物理学并不单方面轻信理论的美妙，而需要与实验完美地结合。纵观物理学 300 余年的发展史，从伽利略开创的物理学力学研究的先河到麦克斯韦的电磁波方程，从汤姆孙发现电子到卢瑟福击破原子核，无一不是通过实验才获得成功的。从部分诺贝尔物理学奖的颁发，也可以看到物理实验对理论的检验论证作用。爱因斯坦 1905 年就提出了光量子理论，直到 1916 年经实验物理学家密立根用实验检验后才得到人们的承认，时隔 16 年，到 1921 年才颁发爱因斯坦这个项目的诺贝尔物理学奖，密立根由于他关于基本电荷以及光电效应的工作获得 1923 年诺贝尔物理学奖。可见物理学尊重实验并不屈就于权威，同样德布罗意物质波理论是 1924 年提出的，1927 年经实验检验后，到 1929 年才颁发这个项目的诺贝尔物理学奖，时隔 5 年。李政道、杨振宁弱相互作用下宇称不守恒原理在 1956 年提出，1957 年吴健雄通过用 β 衰变实验证明了在弱相互作用中的对称不守恒，同年李政道、杨振宁获诺贝尔物理学奖，他们两个是最早获得诺贝尔奖的华人。

现代社会的许多技术，如蒸汽技术、电工和电子技术都离不开实验。各种发明创造，都是经过大量的实验研究才日臻完善的。光谱学、激光、核磁共振、穆斯堡尔谱学、超导器件等都凝聚了实验物理学家的心血。

艺术家们说艺术是“囊刮万殊，裁成一体”，而物理学应该是“囊刮万物，推成一理”。“囊刮万物”的过程就是对世界上的万事万物进行观察，然后又通过实验验证，最后才推导其道理，形成了物理学的理论，逐步地成为体系的。“物含妙理总堪寻”，物理学科有它内在独到的美。物理，有物才有理。辩证唯物主义认为客观决定主观，认识客观的唯一方法是实践。对于物理学来说，那就是实验的方法，尊物崇理、求真创新是研究物理学的宗旨。

第二节　物理实验与科学素质培养

物理学是研究物质运动一般规律的学科，也是一门以实验为基础的学科，实验是理论的源泉和学说的检验标准。在物理学科的素质教育中，实验教学占有十分重要的地位。物理实验在培养学生独立从事科学技术研究工作的能力、理论联系实际的分析综合能力与思维和表达能力等方面具有独特的优势。

在科学研究中，常常是实验中的某些物理现象为我们提供了种种线索，而要从这些线索中作出特有的判断，还需要有丰富的想象力去对蕴藏在所有线索后的令人惊讶的简单又奇特的图像进行猜测，然后用实验手段来验证其结果。

实验能够创造最确实、最少受干扰，并保证过程以其纯粹形态进行的物理环境，它创造了理论密切联系实际的学习过程。在这个过程中蕴藏着极其活泼的因素。它不仅能活化学到的物理知识，而且能引导学生像科学家那样去观察周围的事物，用实验手段去验证事物的属性，发现事物的变化、联系和规律，让学生从中学习科学的研究方法，掌握科学的学习方法。在物理实验过程中，同学们要认识到从事科学实验、动手能力的形成是以实验的基本知识、基本方法、基本技能的熟练掌握为基础的，还要注意到创造性地从事科学实验更需要物理思维能力。

实验能培养实验能力，实验能力是不能仅依靠教师的讲解来传授的，而必须在相应的实践活动中才能得到发展，只有通过实验才能培养实验能力。除此之外，通过实验还可以培养学生的想象能力、思维能力等。在观察与实验中，需要用精细敏锐的感知和观察力，去及时捕获一些重要现象，从而培养了观察能力；通过设计实验、分析结果等能锻炼和培养想象能力和分析能力；在研究原因、结果和形成概念的过程中，要进行概括、抽象的逻辑思维和辩证思维，通过分析、比较、判断、推理等能培养逻辑思维能力（归纳能力、分析能力等）；通过想象、假设能锻炼和发展想象能力、创造能力；在实际操作和汇报实验结果的过程中，还能培养组织能力、表达能力，等等。

科学素质主要由三个方面的因素构成：知识因素、智能因素和非智力因素。物理实验除了对知识的掌握、智能的提高有明显的作用之外，对非智力因素的培养也有显著的作用。

物理实验不仅能培养学生实事求是的科学态度、严谨细致的工作作风和坚韧不拔的意志品质，而且能有助于学生形成正确的观点观念、优秀的道德品质，培养高尚的思想情操和浓厚的学习兴趣。

物理实验能为学生提供手脑并用的良好机会，对培养学生理论联系实际的科学作风有特殊的功能。实验还能提供学生进行人际交往，开展人际合作的良好机会。如果一个人没有社会交往能力，没有能与他人合作的精神，也将会一事无成。

物理实验涉及力、热、电、声、光等各种规律和因素。实验教学虽然不同于科学实验研究，但同样是观察现象、分析数据，实验条件绝不会向公式推导那样严格不变，各种意外都可能发生，作为学生要有敢于挑战困难的勇气，战胜困难的毅力和心理准备，克服困难。物理实验是艰苦的，往往为了获得一个可靠的数据，需要长时间的努力。教学实验同样要付出艰辛的劳动，几乎每个数据的测量都需要反复多次，这是枯燥而细致的工作，需要有坚韧的品质意志。

各学科对培养发展学生创造力都有自身的价值。物理学是以实验为基础的学科，物理规律是观察、实验和思维的产物。物理实验由于其自身的教学特点，即主要以实践为主要内容，其在创造素养培养中起着重要作用，是对学生进行创造意识训练和科学方法训练的有效途径。

第三节 物理实验程序

本书所包括的物理实验，多数是测定某一物理量的数值，也有研究某一物理量随另一物理量变化的规律性的。对于同一物理量虽然可用不同的方法来测定，但是无论实验的内容如何，也无论采用哪一种实验方法，物理实验课的基本程序大都相同，一般可以分为如下三个阶段。

1. 实验前的预习

首先要根据实验室下发的课表找到自己所在实验组该轮次应做的实验项目，仔细地阅读物理实验教材的有关内容。由于实验课的时间有限，而熟悉仪器和测量数据的任务一般都比较重，不允许在实验课内才开始研究实验的原理，要是不了解实验原理，实验时就不知道要研究什么，要测量哪些物理量，也不了解将会出现什么现象，只是机械地按照教材所定的步骤进行操作，离开了教材就不知道怎样动手。用这种呆板的方式做实验，虽然也得到了实验数据，却不了解它们的物理意义，也不会根据所测数据去推求实验的最后结果。因此，为了在规定时间内高质量完成实验课的任务，学生应当做好实验前的预习。

预习的要求，应以理解本书所述的原理为主，对于实验的具体过程只要求粗略的了解，以便能够抓住实验的关键，做到较好地控制实验的物理过程或物理现象，及时、迅速、准确地获得待测物理量的数据。为了使测量结果眉目清楚，防止漏测数据，预习时应根据实验要求画好数据表格。表格上标明文字符号所代表的物理量及其单位，并确定测量次数。实验前教师将对预习情况进行检查，教师将对实验内容进行提问，没有预习者禁止进行实验。

2. 实验过程

上课时，首先检查和熟悉仪器，根据操作规程正确安装和调整仪器，然后按实验程序进行实验。并了解实验的注意事项。依照规定的实验步骤，独立地实施操作，认真观察物理现象，随时注意仪器设备的工作情况，当发现异常现象或故障，应立即断开电源终止实验，及时向教师报告，经妥善处理后，方可继续实验。

在实验时，一定要先观察欲研究的物理现象，在观察的基础上，再对被研究的现象进行测量。每次测量后，立即将数据记录在实验笔记本上，要根据仪表的最小刻度单位或准确度等级决定实验数据的有效数字位数，各个数据之间、数据与图表之间不要太挤，应留有间隙，以供必要时补充或更正。如果觉得数据有错误，可在错误的数字上划一条整齐的直线；如果整段数据都测错了，则划一个与此段大小相适应的“×”号，在情况允许时，可以简单地说明为什么是错误的。错误记录的数据不要用黑圈或黑方块涂掉。

我们保留错误数据，不要毁掉它，是因为“错误”数据有时经过比较后发现还是对的。当实验结果与温度、湿度和气压有关系时，要记下实验进行时的室温、空气湿度和大气压。

在两个和多个人合作做一个实验时，既不要其中一个处于被动，也不要一个人包办代替，应当既有分工又有协作，以便共同达到预期实验要求。

3. 写实验报告

实验报告是实验工作的全面总结，要用简明的形式将实验结果完整而又真实地表达出来。写报告时，要求文字通顺，字迹端正，图表规矩，结果正确，认真讨论。应养成实验完成后尽早将实验报告写出来的习惯，因为这样做可以达到事半功倍的效果。

完整的实验报告，通常包括下列几个部分：①实验名称；②实验目的；③简要原理和计算公式；④仪器设备；⑤实验数据处理和计算；⑥不确定度分析；⑦实验结果；⑧讨论。

另外，实验报告要附上实验的原始数据。前面几部分的写法，可以参考书上的写法，下面就几个重要内容的要求作进一步说明。

(1) 实验预习报告

它记录的实验数据是现场记录数据的原始凭证。课后，不允许在原始数据上面作任何修改，应原原本本地交上来。

(2) 数据处理与计算

① 对各直接测量和最终实验结果都要给出平均值，不确定度，相对不确定度计算与处理。各项计算必须有栏目名称，条理清晰。计算过程必须详细具体，不允许没有数据运算过程而直接写出结果。数据和不确定度的运算过程必须认真完整书写，要写出相应的步骤。

② 实验结果：按实验结果表达式要求，逐项报告各直接测量和最终的实验结果。有些实验还须报告函数图像、解析表达式或其他结论。报告的每一项目必须有栏目名称。

(3) 思考题与讨论

讨论包括回答布置的思考题，可写感想，还可以谈实验的心得体会，但不需要每个实验都写心得体会，有则写，无则不要勉强写。

实验报告，应该在下一次实验课时交给指导教师进行批改。

大学物理实验成绩由两部分成绩组成，即平时成绩和笔试成绩。平时成绩由预习、实验过程和实验报告的成绩确定。笔试内容包括每学期所做实验的实验原理、实验现象、实验方法和技术、实验仪器的调节与操作要点、测量误差与数据处理的基本知识等。

第一章 误差与不确定度

第一节 测量误差理论

一、测量

科学实验离不开对各种物理量的测量，对物理量进行测量是物理实验极其重要的组成部分，测量的目的在于确定待测量的量值。所谓测量就是借助一定的实验仪器，通过一定的实验方法，把待测量与选作计量标准单位的同类物理量进行比较的全部操作。按测量结果获得的手段来分，可以将测量分为直接测量和间接测量。

直接测得量：指可以通过相应的测量仪器直接测得的物理量。如用米尺测物体长度。

间接测得量：由一些直接测得量通过一定函数关系计算出来的量。如圆柱的体积可以分别用米尺测高度和横截直径，然后由公式求得。

等精度测量：仪器的不同、方法的差异、测量条件的改变以及测量者素质的参差都会造成测量结果的变化。这样的测量是不等精度测量，而同一个人，用同样的方法、使用同样的仪器并在相同的条件下对同一物理量进行的多次测量，叫做等精度测量。尽管各测量值可能不相等，但没有理由认为哪一次(或几次)的测量值更可靠或更不可靠。实际上，只要其变化对实验的影响很小乃至可以忽略，就可以认为是等精度测量。以后说到对一个量的多次测量，如无另加说明，都是指等精度测量。

二、基本测量方法

1. 比较法

比较法是物理量测量中最普遍、最基本的测量方法。它是将被测量与标准测量进行比较而得到测量值的。比较法可分为直接比较法和间接比较法两类。直接比较是将被测量与同类物理量的标准具直接进行比较，这就要求事先制成很多供比较用的标准。

比较有定性、定量两种。例如，判断色彩的深浅、天平的平衡是否被破坏等都是定性的比较。定量的比较，常常需借助某种特殊标准。当待测量与标定量具有相同的效应时，比较才能完成。标定量是一种不变的标准，例如，长度的标定量：是以 Kr^{86} 在 $-210℃$ 的橙红色光波波长标定米的定义。

物理实验中的直接测量，采用的多是比较法。

2. 等效替代法

等效替代法是通过与待测量之间存在着某方面等效关系的其他替代量的测量来完成物理实验的方法。

等效法的依据是变换原理。它通常可分为数值等效和运动等效两大类。

数值等效是指由于替代量在数值上和待测量有某种相等关系而导致的等效。例如测量物体的 m、a 的值，计算它们的积，可以和它们瞬间所受到的合外力在数值上等效。物理实验中的间接测量大都采用数值等效。

运动等效是指替代量和待测量都作为运动的某种方式，由于具有共同的量度而导致的等效。共同的量度一般采用能量。例如，用光电效应测定电子的逸出功，利用的就是光、电两种不同宏观运动形式被稳恒电场能量量度时表现出的等效。现代信息技术中大量采用的各种传感器，实质上都是依据运动等效做成的能量变换器。物理实验中常用的有热电偶、压电传感器、光电传感器、霍尔元件等。

3. 放大法

放大法是把微弱或超强信号变为可测信号，从而完成物理实验的方法。在测量中，有时由于被测量过分小，以至无法被实验者或仪器直接感觉和反应，那么可以先通过某种途径将其放大，然后再进行测量，放大被测量所用的原理和方法便称为放大法。常见的放大法有：光杠杆法测量微小长度变化，用镜尺法测量微小角度，视角放大法，螺旋放大法。

对超强信号，其放大率小于 1。

4. 模拟法

这是一种通过模型对物理现象或物理过程进行模拟来完成物理实验的方法。由于某些特殊的原因，比如研究对象过分庞大，或者危险，或者变化缓慢使得难以直接测量，于是便制造了与研究对象有一定关系的物理模型，用对模型的测试代替对原型的测量称为模拟法。包含物理模拟和数学模拟。

5. 补偿法

其定义是系统受某种作用产生 A 效应，受另一种同类作用产生 B 效应，如果由于 B 效应的存在而使 A 效应显示不出来，就叫做 B 对 A 进行了补偿。常见如电桥、电位差计等。

三、真值与误差

任何物质都有其自身的各种各样的特性，反映这些特性的物理量所具有的客观的真实数值称为真值。在实际测量过程中，由于测量仪器、测量方法、测量条件和测量人员的水平，以及各种因素的局限，不可能使测量结果与客观存在的真值完全相同。

在任何测量中，测量值与真值之间总是存在着差异的，这种差异称为误差。即

$$误差=测量值-真值$$

误差存在于一切测量之中，而且自始至终贯穿于整个测量过程。

误差的产生有多方面的原因。根据误差的性质及产生的原因，可将误差分为系统误差、随机误差和过失误差三种。它们对测量结果的影响不同，处理方法也不同。

1. 系统误差

在一定条件下(指仪器、环境、方法和观测者一定)，对同一量进行多次测量时，若误差的符号和数值总是保持不变，或者按一定规律变化，这种误差叫系统误差。在同样条件下，对同一物理量进行多次测量，其误差的大小和符号保持不变或随着测量条件变化而有规律地变化，则这类误差称为系统误差。系统误差的特征是它的确定性，它的来源主要有以下几个

方面：

（1）仪器本身的固有缺陷或没有按规定条件使用而引起的误差。如仪器标尺的刻度不准、零点没有调准、等臂天平的臂不等、砝码不准、应水平放置的仪器没有放水平等。

（2）由于测量所依据的理论本身的近似性或实验条件的局限，不能达到理论公式所规定的要求而引起的误差。如称质量时没有考虑空气浮力的影响，伏安法测电阻时忽略了电表内阻的影响等。

（3）由于实验者本身的心理或生理特点而引起的误差。如使用停表计时，有人总是操之过急，计时短；而有人则反应迟缓，总是计时长。又如有的人对准目标时，总爱偏左。

不同的系统误差由于产生原因不同，其性质也不同。如实验仪器零点不准确、实验方法和理论不完善等原因引起的系统误差，一旦发现，可确定它的大小和正负，从而予以消除或充分修正。另一种系统误差，如反映各种仪器、仪表及量具制造准确程度的仪器极限误差，其特点是只知道使用该仪器误差的极限范围，并不确切知道它的大小和正负，因而是无法忽略又无法消除和修正的。

2. 随机误差

在测量中，若已经消除了系统误差，发现测量值仍杂乱无章地分散在一定的范围内，似乎不存在任何确定的规律性，测量值和真值之间仍然存在着误差，这种误差叫随机误差，又叫偶然误差。

随机误差有时大，有时小；有时正，有时负；即随机误差的符号和数值都是变化的，因此，这种误差使测量结果偏大偏小不定。但同一个人用同一仪器，在同种条件下，对同一物理量进行多次测量，若测量次数足够多，随机误差完全服从统计分布，当测量次数趋于无穷大时，全部可能的随机误差的算术平均值趋于零。因此，增加测量次数对减少随机误差有利，这就是我们在实际工作中常常采取重复多次测量的依据，但是随机误差是不能完全消除的。

随机误差的大小取决于观测者感官的限制和测量过程中一系列偶然因素的影响，它的来源比较复杂，随机误差的处理主要是依靠概率统计方法。

影响数据结果的主要是系统误差与随机误差，由于二者来源不同，性质不同，处理方法也不同。测量的目的在于确定待测量的量值，而这些测量值又必然具有一定精度，带有相应的误差。为此，实验者必须学会分析计算误差，对测量结果的可靠性做出评价。

3. 过失误差

它是由于实验者使用仪器的方法不正确，实验方法不合理，粗心大意，过度疲劳记错数据等引起的。过失误差是人为的，只要实验者采取严肃认真的态度，一丝不苟的作风，完全可以避免过失误差的出现，过失误差一经发现应立即删除。

四、测量结果的定性评价

对同一物理量进行多次等精度测量，其结果也不完全相同。定性评价测量结果，常用到精密度、正确度和准确度这三个概念。这三者的含义不同，使用时应加以区别。

正确度：反映系统误差大小的程度，是指测量结果的正确性。正确度高是指测量数据的平均值偏离真值较少，测量的系统误差小，但数据分散的情况，即随机误差的大小不明确。

精密度：反映随机误差大小的程度，它是指多次等精度测量各测量值的密集程度。精密度高指测量的重复性好，各次测量值的分布密集，随机误差小，但系统误差的大小不明确。

精确度：反映系统误差与随机误差综合大小的程度，是指测量结果既精密又正确，即随机误差与系统误差均小，则说明测量结果准确度高。

这好比打靶，着弹点会有一定的弥散性，结果比较接近客观实际的测量正确度高；结果彼此相近的测量精密度高；而既精密又正确的测量则为精确度高。一般来讲，正确度显示测量结果系统误差的大小，精密度表示测量结果随机性的大小，精确度则反映出测量的系统误差与随机性误差的大小。图 1-1-1 为三种情况示意图。

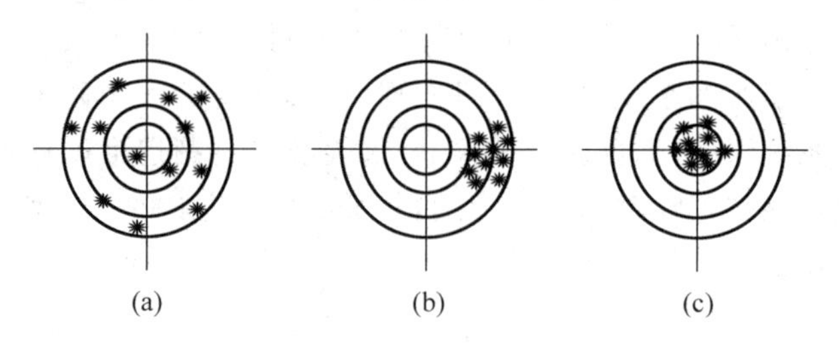

图 1-1-1　测量中的三种情况示意图

精确度的主要因素，有时是随机误差，有时是系统误差，对具体情况要进行具体分析。测量结果的总误差是系统误差与随机误差的总和。

“精确度”又常常简称为“精度”，这些词许多书中使用起来含意不尽统一，应予以注意。

第二节　测量结果的不确定度评定

一、不确定度的概念

长期以来，人们用误差来表征测量结果可信程度的好坏。定义误差为测量值与“真值”的偏差。但真值是无法确定的，它只是一个理想值或约定值。在消除了系统误差的情况下，高准确度仪器的测量值就是低准确度等级仪器的相对真值。

以前国内外对测量结果的不确定度表述、运算都不尽统一。国际计量局等七个国际组织于 1993 年制定了具有国际指导性的《测量不确定度表示指南 ISO 1993(E)》，1999 年国家技术监督局颁布了《测量不确定度的评定与表示》，标志着我国各技术领域在不确定度的评定和表达方法上将逐步走向一致，与国际通行做法接轨。

测量不确定度定义为测量结果带有的一个参数，用以表征合理赋予被测量量的分散性，它是被测量客观值在某一量值范围内的一个评定。测量不确定度是与测量结果相关联的参数，用以表征测量值可信赖的程度，或者说是被测量值在某一范围内的一个评定。不确定度理论将不确定度按照测量数据的性质分类：符合统计规律的，称为 A 类不确定度或统计不确定度，而不符合统计规律的统称为 B 类不确定度或非统计不确定度。测量不确定度的理论保留系统误差的概念，也不排除误差的概念。这里的误差指测量值与平均值之差或测量值与标准值(用更高级的仪器的测量值)的偏差。

测量不确定度概念的引入就是为了描述不可确定因素影响的客观存在而对测量结果不能肯定的程度。换言之，测量不确定度是从概率意义上表示被测量量的真值落在某个量值范围内的一个客观评述。

二、A 类标准不确定度

1. 测量列的标准差和高斯分布

从理论上说，对物理量 x 作 n 次等精度测量，得到包含 n 个测量值 $x_1, x_2, \cdots, x_n$ 的一个测量列。由于是等精度测量，我们无法断定哪个值更可靠，概率论可以证明，其平均值

$$\bar{x} = \frac{1}{n}\sum_{i=1}^{n} x_i \tag{1-2-1}$$

为最佳值，也称期望值，是最可信赖的。

该测量列的标准差为

$$\sigma = \sqrt{\sum_{i=1}^{n}(x_i - \bar{x})^2/(n-1)} \tag{1-2-2}$$

其统计意义是指当测量次数足够多时，测量列中任一测量值与平均值的偏差落在 $[-\delta, \delta]$ 区间的概率为 0.683，它又称为贝塞尔公式。

当 n 趋于 ∞ 时，物理量 x 将成为连续型随机变量，其概率密度分布为正态函数，形式为

$$y(x-\bar{x}) = \frac{1}{\sqrt{2\pi}\zeta}\mathrm{e}^{-(x-\bar{x})^2/2\zeta^2} \tag{1-2-3}$$

或

$$y(\delta) = \frac{1}{\sqrt{2\pi}\zeta}\mathrm{e}^{-\delta^2/2\zeta^2} \tag{1-2-4}$$

其分布如图 1-2-1 所示。式中 δ 为绝对误差，$\delta = x - \bar{x}$；ζ 为一和具体测量条件相关的正参数。这种分布叫高斯分布或正态分布。

正态分布具有以下特点：

(1) 对称性：差值大小相等，符号相反时，其出现的概率相等。

(2) 单峰性：与平均值相差越大，出现的概率越小。

(3) 有界性：在一定条件下，标准差的绝对值有一定的限度。

(4) 抵偿性：标准差的算术平均值随着 $n \to \infty$ 而趋于零。

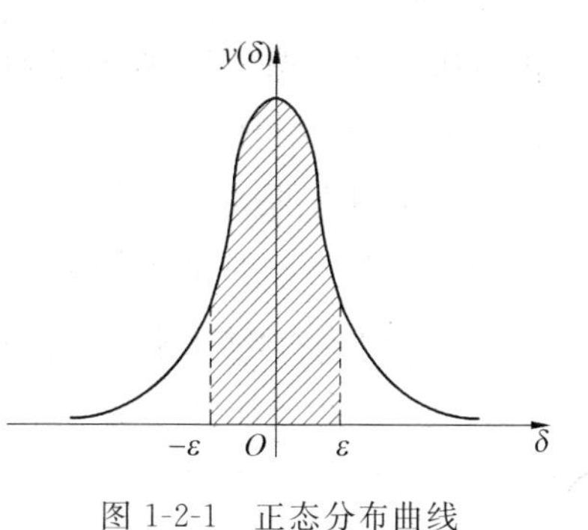

图 1-2-1　正态分布曲线

当 $n \to \infty$ 时，用式(1-2-2)中 σ 代替式中的 ζ，得到

$$y(\delta) = \frac{1}{\sqrt{2\pi}\sigma}\mathrm{e}^{-\delta^2/2\sigma^2} \tag{1-2-5}$$

从正态分布积分表得到

$$\int_{-\infty}^{\infty} y(\delta)\mathrm{d}\delta = 1$$

$$\int_{-\delta}^{\delta} y(\delta)\mathrm{d}\delta = p(\delta) = 0.683$$

$$\int_{-2\delta}^{2\delta} y(\delta)\mathrm{d}\delta = p(\delta) = 0.954$$

$$\int_{-3\delta}^{3\delta} y(\delta)\mathrm{d}\delta = p(3\delta) = 0.997$$

以上各式表明，当 $n\to\infty$ 时，任何一次测量值与平均值之差落在$[-\infty,\infty]$区间的概率为 1，满足归一化条件；而落在$[-\sigma,\sigma]$区间的概率为 0.683，即表示置信概率为 68.3%，计为 $p=0.683$；而落在$[-2\sigma,2\sigma]$区间的概率为 0.954，即表示置信概率为 95.4%，计为 $p=0.954$；而落在$[-3\sigma,3\sigma]$区间的概率为 0.997，即表示置信概率为 99.7%，计为 $p=0.997$。这就是标准差 σ 的统计意义，测量次数无限多时，测量偏差的绝对值大于 3σ 的概率仅为 0.3%，对于有限次测量，这种可能性是很小的，可以认为是测量失误，该测量值予以剔除。在分析多次测量数据时，这是常用的 3σ 判断。

2. 测量列的 A 类标准不确定度

在实际工作中，人们往往关心的不是测量列的数据散布特性，而是测量结果，即算术平均值的离散程度。我们设想进行了有限的 n 次（n 仍然足够大）测量后，得到一个最佳值$\bar{x}$，这一测量列中任一次测量值 x_i 的误差落在区间$[-\sigma_x,\sigma_x]$内的概率为 68.3%。如果我们增加测量次数，例如$(n+m)$次，则可得另一个最佳值$\bar{x}'$和相应的标准差 $\sigma_{x'}$，$\bar{x}$与$\bar{x}'$、σ_x 与 $\sigma_{x'}$ 一般不会相同。继续增加测量次数，可以发现$\bar{x}$也是一个随机变量，那么，随着测量次数的增加，算术平均值$\bar{x}$本身的可靠性如何呢？算术平均值的标准差，用 U_{A} 表示，它具有什么样的性质呢？显然，$\bar{x}$肯定要比测量列中的任一测量值更可靠。由概率论可以证明算术平均值$\bar{x}$的标准差 U_{A} 为

$$U_{\mathrm{A}} = S_{\bar{x}} = \sqrt{\frac{\sum_{i=1}^{n}(x_i-\bar{x})^2}{n(n-1)}} = \frac{\sigma}{\sqrt{n}} \tag{1-2-6}$$

当测量次数趋于无穷时，算术平均值将无限接近待测物理量的客观值，为最佳值。U_{A} 的统计意义为：待测物理量落在$[\bar{x}-U_{\mathrm{A}},\bar{x}+U_{\mathrm{A}}]$区间内的概率为 68.3%，落在$[\bar{x}-2U_{\mathrm{A}},\bar{x}+2U_{\mathrm{A}}]$区间内的概率为 95.4%，落在$[\bar{x}-3U_{\mathrm{A}},\bar{x}+3U_{\mathrm{A}}]$区间内的概率为 99.7%，$U_{\mathrm{A}}$ 叫做该测量列的 A 类标准不确定度，即该测量列的平均值的标准差。

3. 有限次测量的情况和 t 因子

测量次数趋于无穷只是一种理论情况，这时物理量的概率密度服从正态分布。当次数减少时，概率密度曲线变得平坦（图 1-2-2），称为 t 分布，也叫学生分布。当测量次数趋于无限时，t 分布过渡到正态分布。

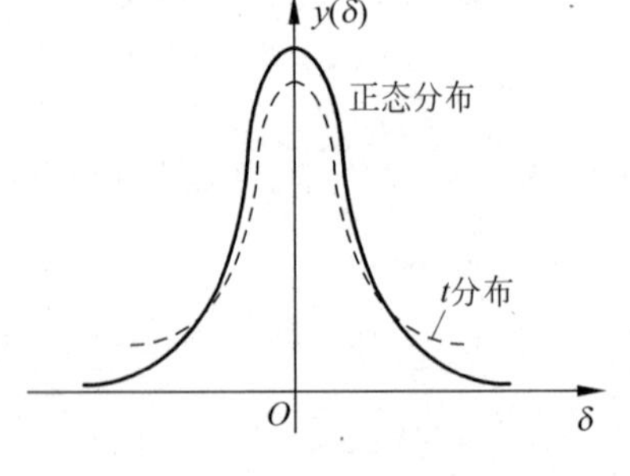

图 1-2-2　t 分布与正态分布

对有限次测量的结果，要保持同样的置信概率，显然要扩大置信区间，把 U_{A} 乘以一个大于 1 的因子 t。在 t 分布下，A 类不确定度记为

$$\Delta_{\mathrm{A}} = t_p U_{\mathrm{A}}$$

要使测量值落在平均值附近，具有与正态分布相同的置信概率，$p=0.68$，置信区间要扩大为$[-t_pU_{\mathrm{A}},t_pU_{\mathrm{A}}]$，$t_p$ 与测量次数有关。

例如，若取测量次数 $n=6$，置信概率 $p=0.68$，则 $t_p=1.11$。显然，按照正态分布计算的标准偏差与按 t 分布估算的标准偏差相比较，相差约 11%，但考虑到本课程的要求，为简化计算起见，在处理数据的时候，按式(1-2-6)计算平均值的标准偏差即可，不作 t 分布置信因子修正。不过，希望读者了解 t 分布这一概念，以便正确地认识测量与误差的关系。

表 1-2-1 给出了不同置信概率下 t 因子与测量次数 n 的关系。

表 1-2-1　t 与 n 的关系

p \ t \ n	3	4	5	6	7	8	9	10	15	20	∞
0.68	1.32	1.20	1.14	1.11	1.09	1.08	1.07	1.06	1.04	1.03	1
0.90	2.92	2.35	2.13	2.02	1.94	1.86	1.83	1.76	1.73	1.71	1.65
0.95	4.30	3.18	2.78	2.57	2.46	2.37	2.31	2.26	2.15	2.09	1.96
0.99	9.93	5.84	4.60	4.03	3.71	3.50	3.36	3.25	2.98	2.86	2.58

三、B 类标准不确定度

1. 仪器的最大允差 $\Delta_{仪}$

测量中凡是不符合统计规律的不确定度统称为 B 类不确定度，记为 U_B。它包含了由测量者估算产生的误差 $\Delta_{估}$ 和仪器精度有限所产生的最大允差 $\Delta_{仪}$。$\Delta_{仪}$ 包含了仪器的系统误差，也包含了环境以及测量者自身可能出现的变化(具随机性)对测量结果的影响。$\Delta_{仪}$ 可从仪器说明书中得到，它表征同一规格型号的合格产品，在正常使用条件下，一次测量可能产生的最大误差。一般而言，$\Delta_{仪}$ 为仪器最小刻度所对应的物理量的数量级(但不同仪器差别很大，一些常用仪器的最大允差见表 1-2-2)。

表 1-2-2　常用量具仪器的最大允差

仪　　器	量　　程	分　度　值	最 大 允 差
钢直尺	1～300mm	1mm	0.3mm
钢卷尺	1m	1mm	0.8mm
钢卷尺	2m	1mm	1.2mm
钢卷尺	＞2m	1mm	(0.3＋0.2l)mm
游标卡尺	0～150mm	0.1mm	0.1mm
游标卡尺	0～150mm	0.02mm	0.02mm
外径千分尺	0～25mm	0.01mm	0.004mm
物理天平	500g	0.1mg	0.08g
普通温度计	0～100℃	1℃	1℃

在我们不知道仪器的最大误差或准确度等级的时候，也可以取最小分度的一半作为该仪器的误差。

2. 测量者的估算误差 $\Delta_{估}$

测量者对被测物或对仪器示数判断的不确定性会产生估算误差 $\Delta_{估}$。对于有刻度的仪器仪表，通常 $\Delta_{估}$ 为最小刻度的十分之几，小于 $\Delta_{仪}$(因为最大允差已包含了测量者正确使用仪器的估算误差)。比如,估读螺旋测微器最小刻度的1/10为0.001mm,小于其最大允差0.004mm;估读钢板尺最小刻度的1/10为0.1mm,小于其最大允差0.15mm。但有时$\Delta_{估}$会大于$\Delta_{仪}$。比如,用电子秒表测量几分钟的时间,测量者在计时判断上会有0.1~0.2s的误差。而电子秒表的稳定性为10^{-5}s/d,显然仪器的最大允差小得实在可以忽略。又如在拉伸法测金属丝杨氏模量实验中,由于难以对准金属丝被轧头夹住的位置,钢丝长度的估算误差可达±(1~2)mm。在暗室中做几何光学实验,进行长度测量时,长度的估算误差也可达±(1~2)mm。如果$\Delta_{估}$和$\Delta_{仪}$是彼此无关的,则B类不确定度Δ_B为它们的合成:

$$U_B = \sqrt{\Delta_{仪}^2 + \Delta_{估}^2}$$

若$\Delta_{估}$和$\Delta_{仪}$中某个量小于另一量的1/3,平方后将小一个数量级,则可以忽略不计。由于一般而言,$\Delta_{估}$比$\Delta_{仪}$小(正常使用下已包含其中),在以下的讨论中仅以$\Delta_{仪}$表示U_B。

3. B类分量的标准差

多次用同一规格型号的不同仪器测量同一物理量,测量值可能不同。这些测量值与平均值之差也是按一定概率分布的。正态分布是连续型随机变量中最常用、最重要的分布。一般而言,在相同条件下大批生产的产品,其质量指标一般服从正态分布。如某个数量指标x是很多随机因素之和,而每种因素所起的作用均匀微小,则x为服从随机分布的变量。例如,工厂大量生产某一产品,当设备、技术、原材料、工艺等可控制的生产条件都相对稳定,不存在系统误差的明显因素时,则产品的质量指标近似服从正态分布。如果仪器的测量误差在最大允差范围内出现的概率都相等(如长度块规在一定温度范围内由于热胀冷缩导致的长度值变化),就为均匀分布。介于两种分布之间则可用三角分布来描述。

一次测量值的B类标准差为

$$\sigma = U_B/C$$

其中C称为置信系数。在最大允差范围内,对于正态分布,$C=\sqrt{9}=3$;对于三角分布,$C=\sqrt{6}$;对于均匀分布,$C=\sqrt{3}$。几种常用仪器的误差分布以及C的取值见表1-2-3。

表1-2-3 几种常用仪器的误差分布

仪器名称	米尺	游标卡尺	千分尺	物理天平	秒表
误差分布	正态分布	均匀分布	正态分布	正态分布	正态分布
C	3	$\sqrt{3}$	3	3	3

符合正态分布的测量列中某次测量值与平均值之差落在[$-\sigma,\sigma$]之间的概率为68.3%,落在[$-2\sigma,2\sigma$]之间的概率为95.55%,落在[$-3\sigma,3\sigma$]之间的概率为99.73%(见图1-2-3),所以仪器的最大允差规定为$\Delta_{仪}=3\sigma$。不同的分布,在相同范围内的置信概率有所不同。不明确这一点,在合成不确定度的A类分量和B类分量时,就无法给出正确的置信概率和置信区间。

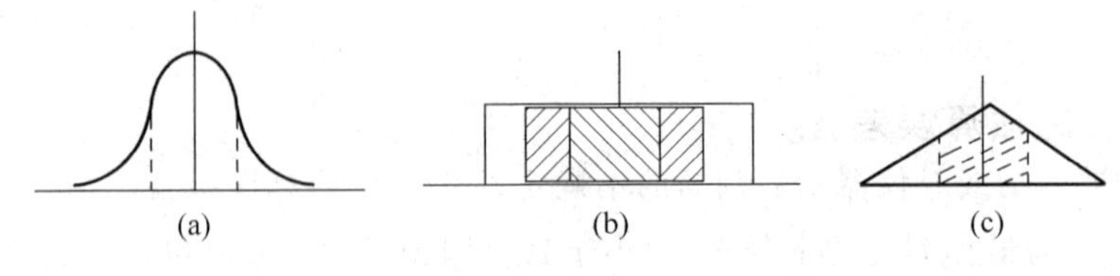

图1-2-3 三种仪器误差分布图

4. 三种仪器误差分布

按照概率统计理论，若 x 是连续型随机变量，其概率密度函数为 $f(x)$，则其数学期望值为

$$E(x) = \int_{-\infty}^{\infty} x f(x)\mathrm{d}x \tag{1-2-7}$$

其方差为

$$D(x) = E[x - E(x)]^2 = \int_{-\infty}^{\infty} [x - E(x)]^2 f(x)\mathrm{d}x \tag{1-2-8}$$

标准差为

$$\sigma(x) = \sqrt{D(x)} \tag{1-2-9}$$

若为等精度测量，随机量 $x_1, x_2, \cdots, x_n$ 数学期望值(即平均值)为

$$E(x) = \bar{x} = \sum_{i=1}^{n} x_i / n \tag{1-2-10}$$

方差为

$$D(x) = E(x - \bar{x})^2 = \frac{1}{n}\sum_{i=1}^{n}(x_i - \bar{x})^2 \tag{1-2-11}$$

标准差为

$$\sigma(x) = \sqrt{D(x)} \tag{1-2-12}$$

设随机变量 x 在$[x_1, x_2]$上服从均匀分布(见图 1-2-3(b))，即

$$\begin{cases} f(x) = 1/(x_2 - x_1), & x \in [x_1, x_2] \\ f(x) = 0, & \text{其他} \end{cases} \tag{1-2-13}$$

其平均值为

$$E(x) = \frac{x_2 + x_1}{2} \tag{1-2-14}$$

其方差为

$$D(x) = \int_{-\infty}^{\infty} \left(x - \frac{x_2 + x_1}{2}\right)^2 f(x)\mathrm{d}x = \frac{(x_2 - x_1)^2}{2} \tag{1-2-15}$$

其标准差为

$$\sigma(x) = \sqrt{D(x)} \tag{1-2-16}$$

特例：当 $x_1 = -\Delta_{仪}, x_2 = \Delta_{仪}$ 时，$\sigma(x) = \Delta_{仪}/\sqrt{3} \approx 0.577\Delta_{仪}$。即如果仪器误差符合均匀分布，其一次测量值与标准值之差落在$[-\sigma, \sigma]$内的概率为 57.7%，低于正态分布相应的 68.3%；而落在$[-\sqrt{3}\sigma, \sqrt{3}\sigma]$内的概率就已经达到 100%，与正态分布有很大不同(比较图 1-2-3(a)和图 1-2-3(b))。

设随机变量 x 在$[-\Delta_{仪}, \Delta_{仪}]$上的分布为三角分布(见图 1-2-3(c))，有

$$\begin{cases} f(x) = 0, & x < -\Delta \text{ 或 } x > \Delta \\ f(x) = (\Delta + x)/\Delta^2, & -\Delta < x < 0 \\ f(x) = (\Delta - x)/\Delta^2, & 0 < x < \Delta \end{cases} \tag{1-2-17}$$

由其对称性易得测量列的平均值为

$$E(x) = 0$$

方差为

$$D(x)=\int_{-\infty}^{\infty}x^2f(x)\mathrm{d}x=\frac{1}{6}\Delta^2 \tag{1-2-18}$$

标准差

$$\sigma(x)=\sqrt{D}(x)=\Delta_{仪}/\sqrt{6}=0.408\Delta_{仪}$$

x 落在$[-\sigma,\sigma]$之间的概率 $p(\sigma)$，如图 1-2-3(c)中阴影的面积所示，$p(\sigma)=0.758$；而 $p(2\sigma)=0.966$。三种分布的标准差以及各置信区间相应的概率见表 1-2-4。

表 1-2-4 仪器误差分布的标准差

分　布	标准差 σ	$p(\sigma)$	$p(2\sigma)$	$p(3\sigma)$
正态分布	$\Delta/3$	0.683	0.955	0.997
三角分布	$\Delta/\sqrt{6}$	0.758	0.966	1
均匀分布	$\Delta/\sqrt{3}$	0.577	1	1

不能笼统地说测量误差落在标准差范围内的概率为 68.3%，落在两倍标准差范围内的概率为 95.5%。在合成标准不确定度时，要注意区分不同的分布。

四、合成标准不确定度和展伸不确定度

将 A 类和 B 类标准差合成得到置信概率 $p=0.68$ 的合成标准不确定度：

$$U=(U_A^2+U_B)^{\frac{1}{2}},\quad p=0.68 \tag{1-2-19}$$

若考虑到测量次数，还应进行 t 因子修正。将合成标准不确定度乘以一个与一定置信概率相联系的包含因子(或称覆盖因子)K，得到增大置信概率的不确定度，叫做展伸不确定度(或扩展不确定度)。通常取置信概率为 0.95，$K=2$。对正态分布，$K_{0.95}=1.96\approx K=2$。这时的展伸不确定度为

$$\begin{aligned}U_{0.95}&=[(t_{0.95}U_A)^2+(t_{0.95}U_B)^2]^{\frac{1}{2}}\\&=\left[\left(t_{0.95}\frac{\delta}{\sqrt{n}}\right)^2+\left(t_{0.95}\frac{\Delta_B}{C}\right)^2\right]^{\frac{1}{2}}\end{aligned} \tag{1-2-20}$$

考虑到通常测量 6 次左右，查阅 t 因子表得，$t_{0.95}=2.57$，$t^2/6\approx1$，$C=3$，$K\approx K_{0.95}=1.96$，$K/C\approx0.5$。所以，置信概率 $p=0.95$ 的展伸不确定度的便于操作的公式为

$$U_{0.95}=[\delta^2+0.5\Delta_B^2]^{\frac{1}{2}} \tag{1-2-21}$$

用均匀分布或三角分布得到的 B 类标准不确定度与服从正态分布的 A 类标准不确定度来计算合成不确定度时，要用到卷积运算，其结果和 σ 与 $\Delta_{仪}$ 之比有关，计算比较复杂，这里不作介绍。注意到不确定度的统计学意义和在上述操作中的近似，在实际工作中，常常忽略不同分布的差别(有时也不知道是什么分布)，而把 $\Delta_{仪}$ 当成均匀分布，取置信因子 $C=\sqrt{3}$。这样得到一种较为保守的公式

$$U_{0.95}=[\delta^2+\Delta_B^2]^{\frac{1}{2}} \tag{1-2-22}$$

其置信概率应记为 $p\geqslant0.95$。为了处理简便起见，本书要求使用合成标准不确定度即式(1-2-19)求得。

五、标准不确定度的传递与合成

若求间接测量量

$$y = f(x_1, x_2, \cdots, x_n) \tag{1-2-23}$$

其中 $x_1, x_2, \cdots, x_n$ 为相互独立的直接测得量，则有

$$U^2(y) = \sum_{i=1}^{n} \left(\frac{\partial y}{\partial x_i}\right)^2 u^2(x_i) \tag{1-2-24}$$

其中 $u(x_i)$ 为测量量 x_i 的标准差。常用的函数不确定度传递与合成公式在表 1-2-5 中列出。

表 1-2-5　常用函数不确定度传递公式

函数表达式	传递（合成）公式
$f=x\pm y$	$u_f=\sqrt{u_x^2+u_y^2}$
$f=x\cdot y$	$\frac{u_f}{f}=\sqrt{\left(\frac{u_x}{x}\right)^2+\left(\frac{u_y}{y}\right)^2}$
$f=x/y$	$\frac{u_f}{f}=\sqrt{\left(\frac{u_x}{x}\right)^2+\left(\frac{u_y}{y}\right)^2}$
$f=\frac{x^k y^n}{z^m}$	$\frac{u_f}{f}=\sqrt{k^2\left(\frac{u_x}{x}\right)^2+n^2\left(\frac{u_y}{y}\right)^2+m^2\left(\frac{u_z}{z}\right)^2}$
$f=kx$	$u_f=ku_x, \frac{u_f}{f}=\frac{u_x}{x}$
$f=k\sqrt{x}$	$\frac{u_f}{f}=\frac{1}{2}\cdot\frac{u_x}{x}$
$f=\sin x$	$u_f=\lvert\cos x\rvert u_x$
$f=\ln x$	$u_f=\frac{u_x}{x}$

当函数为加减形式时，合成不确定度的平方为分量的平方和；当函数为乘除法时，求相对不确定度比较方便。表中各量可以理解为测量列标准差或 A 类不确定度。

在很多情况下，往往只需粗略估计不确定度大小，这时可采用算术合成法则计算，但一般得到的不确定度偏大，又称最大不确定度。常用函数的不确定度算术合成公式由表 1-2-6 给出。

表 1-2-6　常用函数的不确定度算术合成公式

物理量的函数式	不 确 定 度	相对不确定度
$f=x+y+z+\cdots$	$u_x+u_y+u_z+\cdots$	$\frac{u_x+u_y+u_z+\cdots}{x+y+z+\cdots}$
$f=x\pm y$	u_x+u_y	$\frac{u_x+u_y}{x\pm y}$
$f=kx$（k 为常数）	ku_x	$\frac{u_x}{x}$

续表

物理量的函数式	不确定度	相对不确定度
$f=x\cdot y$	xu_y+yu_x	$\frac{u_x}{x}+\frac{u_y}{y}$
$f=x^n,n=1,2,3,\cdots$	$nx^{n-1}u_x$	$n\frac{u_x}{x}$
$f=\frac{x}{y}$	$\frac{yu_x+xu_y}{y^2}$	$\frac{u_x}{x}+\frac{u_y}{y}$
$f=\sin x$	$\cos x\cdot u_x$	$\cot x\cdot u_x$
$f=\tan x$	$\frac{u_x}{\cos^2 x}$	$\frac{2u_x}{\sin 2x}$
$f=\ln x$	$\frac{u_x}{x}$	$\frac{u_x}{x\ln x}$

六、不确定度分析的意义

不确定度表征测量结果的可靠程度，反映测量的精确度。人们在接受一项测量任务时，要根据对测量不确定度的要求设计实验方案，选择仪器和实验及实验环境。在实验过程中和实验后，通过对不确定度大小及其成因的分析，找到影响实验精确度的原因并加以校正。

在间接测量中，每个独立测量量的不确定度都会对最终结果的不确定度有贡献。如果已知各测量量之间的函数关系，可写出不确定度传递公式，并按均分原理，将测量结果的总不确定度均匀分布到各个分量中，由此分析各个物理量的测量方法和使用仪器，指导实验。对测量结果影响较大的物理量，应采用精度较高的仪器；对结果影响不大的物理量，就不必追求高精度的仪器。

第二章　数据处理基本知识

数据处理是实验中对数据的加工及运算过程，包括求不确定度、列表、作图、求未知量等。

第一节　有效数字

我们把测量结果中可靠的几位数字加上可疑的一位数字，统称为测量结果的有效数字。有效数字是正确表达数据精度的近似数字，要求只有其末位包含随机误差。现在我们用最小单位为 cm 的尺子测量一个物体长度，可以得到 3.8cm 的结果（见图 2-1-1），其中，3 是准确数字，8 是估计数字，是可疑的。这个结果的有效位数为 2。

显然，有效数字的位数和被测量大小与仪器精度是相关的。一个物理量的测量值和数学上的一个数有着不同的意义。在数学上 15.5cm 和 15.50cm 没有区别，但是从测量的意义上看，15.50cm 表示十分位上这个“5”是准确测量出来的，而 1cm 的百分位这个“0”才是存疑的。

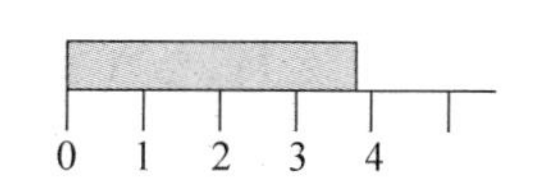

图 2-1-1　用直尺测量物体长度

有效数字的位数是仪器精度和被测量大小的客观反映，不能任意增减。在单位换算或变换小数点位置时，不能改变有效数字的位数。为避免含混，应采用科学记数法，即在小数点前只写一位数字，用 10 的几次幂来表示其数量级。科学记数法不仅简洁明了，而且使有效数字的定位和运算变得简单。

由于有效数字的最后一位是有误差的，因此，大体上说，有效数字位数越多，相对误差就越小；有效数字位数越少，相对误差就越大。对同一个物理量的测量来说，有效数字的位数越多，表示测量的精度越高。

一、有效数字基本规则

由仪器读取数据，一般读到最小分度以下再估读一位，例如用分度值为 1mm 的米尺来测量长度为 3cm 的物体，则读数应为：3.00cm。但不一定估读 1/10，也可根据情况估读到最小分度的 1/5、1/4、1/2 等。游标类量具，只读到游标分度值。数字仪表及步进读数仪器（如电阻箱），不需要估读，其末位显示即为存疑数字。特殊情况下，直接读数的有效数字由仪器的灵敏阈值决定。

第一个非 0 数字之前的 0 不是有效数字，非 0 数字之间和后面的 0 是有效数字。单位换算时有效数字位数不改变。

例 2.1

0.0302　　3 位；　　　　0.003000　4 位

$3.8\text{m} \to 3.8 \times 10^3 \text{mm}$

在本书范围内，一般情况下，绝对不确定度的有效数字位数取 1 位，相对不确定度取 1～2 位。因此，结果的有效数字的末位必须与不确定度的首位对齐。

例 2.2

$$y = 3.850\,25$$
$$u_y = 0.0231$$

结果正确表示为

$$y=3.85\pm 0.02 \qquad \surd$$

以下表示是错误的：

$$y=3.8\pm 0.02 \qquad \times$$
$$y=3.850\,25\pm 0.0231 \qquad \times$$

在运算中，常数、无理数的位数可以认为是无限的，物理常量已有足够精确的公认值，运算时可按需取位。一般比最少位数多取一位。

例 2.3

$S=\frac{1}{4}\pi d^2, d=3.850\pm 0.003$

$\pi=3.14$　　×

$\pi=3.1415$　　√　多取一位

二、修约规则

运算结果只保留一位存疑数字，末尾多余的存疑数字取舍时依据数字修约规则。有效数字的尾数修约规则是：小于五则舍，大于五则入，等于五把最后一位凑成偶数。简记为：>5 入；<5 舍；=5 尾数凑偶。

例 2.4　将下列各数修约为 4 位有效数字：

3.141 59——3.142

2.717 29——2.717

5.6235——5.624

3.216 50——3.216

三、运算规则

1. 加减法

进行加减运算时，结果的有效数字末位和参加运算的各数中末位数量级最大的对齐。简称末位对齐。

例 2.5

$$12.34+2.3572=12.34+2.36=14.70$$
$$12.34+2.3572=14.6972=14.70$$

2. 乘除法

两个位数不同的有效数字相乘除时，其结果的有效数字位数一般与参加运算的两数字中有效数字位数最少者相同。一般如二数中的首位数相乘有进位时，则积增加一位有效数字；若二数相除中首位不够除，则商可能要减少一位有效数字。

例 2.6

$$\frac{4.368 \times 5.92}{8.4} = \frac{4.4 \times 6.0}{8.4} = 3.1$$

3. 函数运算

进行函数运算时，应按间接测量误差传递公式进行计算后决定，即先用微分公式求出误差，再由误差确定有效数字的位数。

例 2.7　求 ln56.7 的有效位数

解：

$$\mathrm{d}(\ln x) = \frac{\mathrm{d}x}{x}$$

令 $x=56.7$，$\mathrm{d}x=0.1$，则

$$\mathrm{d}(\ln x) = \frac{\mathrm{d}x}{x} = \frac{0.1}{56.7} = 0.002$$

保留到小数点后第三位。所以 ln56.7＝4.038。

第二节　列表与作图

一、列表

在物理实验的测量和计算中，常要将数据记录在表格中，这样可以简明地将被测量量之间的对应关系表示出来，便于整理、计算、作图或拟合，便于检查测量结果是否合理，寻找有关量之间的联系规律，有助于探求经验公式。

列表的要求如下：

(1) 简单明了，便于表示物理量的对应关系，处理数据方便。

(2) 在表的上方写明表的序号和名称，表头栏中标明物理量、物理量的单位及数量级。

(3) 表中所列数据应是正确反映结果的有效数字。

(4) 测量日期、说明和必要的实验条件记在表外。

其格式如表 2-2-1 所示。

表 2-2-1　伏安法测 100Ω 电阻对应数值表

项目＼次数	1	2	3	4	5
电压/V	0.0	1.0	2.0	3.0	4.0
电流/mA	0.0	10.0	20.0	30.0	40.0

注：电压表量程 7.5V，精度等级 1.0；电流表量程 50mA，精度等级 1.0。

二、作图

作图法能够直接反映各物理量之间的变化规律，帮助找出适合的经验公式；可以从

图上用外延、内插等方法求得实验点以外的其他点；可以消除某些恒定的系统误差，具有取平均、减小随机误差的效果；可以较容易地判别疏失误差，如图 2-2-1 和图 2-2-2 所示。

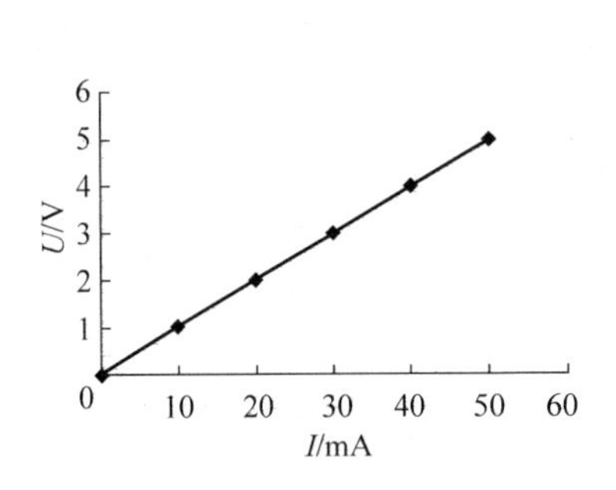

图 2-2-1　测量 100Ω 电阻的伏安特性曲线

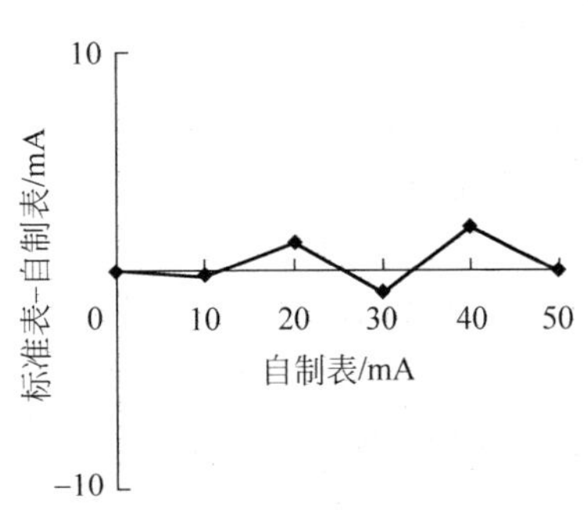

图 2-2-2　校准电流表

作图应遵循的原则如下：

(1) 根据变量之间的变化规律，选择相应类型的坐标纸(如直角坐标纸、双对数坐标纸、半对数坐标纸等)，要根据测量数据的有效数字确定坐标纸的大小。允许使用优秀的制图软件(如 Excel)绘制图形。

(2) 正确选择坐标比例，使图线均匀位于坐标纸中间，坐标轴的交点可以不为零。

(3) 注明图名及坐标轴所代表的物理量、单位和数值的数量级。

(4) 描点应采用比较明显的标志符号，如"×"等。

(5) 对变化规律容易判断的曲线以平滑线连接，曲线不必通过每个实验点，实验点应均匀分布在曲线的两侧；难以确定规律的可以用折线连接。

(6) 求斜率。所取两点(x_1, y_1)，(x_2, y_2)在测量范围内，计算公式为

$$k = \frac{y_2 - y_1}{x_1 - x_2}$$

两点尽量远些，如图 2-2-3 所示。

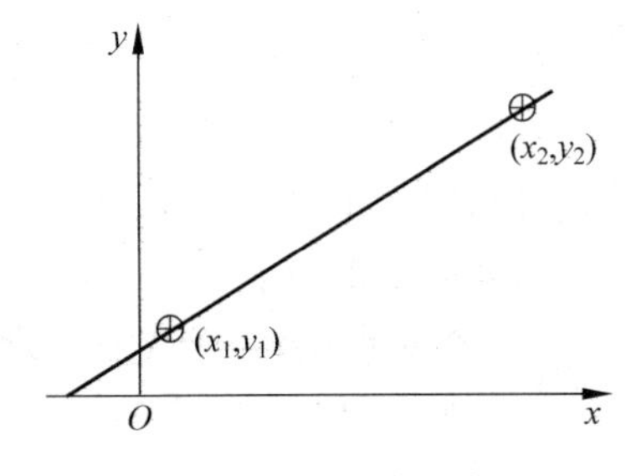

图 2-2-3　求斜率示意图

三、曲线改直

用变量代换法把曲线改为直线。

例如

$$y = ax^b$$

两边取对数得

$$\lg y = \lg a + b\lg x$$

分别以 y' 和 x' 代替 $\lg y$ 和 $\lg x$，则上式变成

$$y' = \lg a + bx'$$

这样指数关系的函数曲线就变成了函数为线性的直线了。

第三节　差值法与逐差法

一、差值法

用求差的方法测物理量，可消除某些固定不变的系统误差。

如用拉伸法测量钢丝的颈度系数，若仅加力测一次，有

$$F = k(L - L_0)$$

由于$(L-L_0)$包含了钢丝由弯曲变直造成的伸长，必然存在系统误差。若改变力测两次，其关系为

$$F_1 = k(L_1 - L_0)$$
$$F_2 = k(L_2 - L_0)$$

二者求差值得

$$F_2 - F_1 = k(L_2 - L_1)$$

二、逐差法

1. 逐差法的应用前提

逐差法应用的前提条件是：自变量等间隔变化；函数关系可以写为多项式关系。

2. 逐差法的作用和应用举例

（1）逐项逐差——求取函数关系

定义格式：

$$\Delta_i^j y$$

式中，i 为所隔项数；j 为逐差次数；y 为逐差对象。

例 2.8　对 $y=f(x)$，测得测量列 $x_i(i=1,2,\cdots,n)$，$y_i(i=1,2,\cdots,n)$，若

$$\Delta_1 y = y_i - y_{i-1}$$

基本相等，则

$$y = a_0 + a_1 x$$

若

$$\Delta_1^2 y = \Delta_i^1 y - \Delta_{i-1}^1 y$$

基本相等，则

$$y = a_0 + a_1 x + a_2 x^2$$

可依次类推，进行其他判断。

（2）隔项逐差——求取物理量

例 2.9　对下面伏安法测量电阻的数据进行处理（见表 2-3-1），求解电阻值。

表 2-3-1　伏安法测 100Ω 电阻对应数值表

电压/V	0.0	1.0	2.0	3.0	4.0	5.0
电流/mA	0.0	9.8	20.0	30.4	41.0	50.0

注：电压表量程 7.5V，精度等级 1.0；电流表量程 50mA，精度等级 1.0。

对电流隔三项一次逐差的结果为

30.4　　31.2　　30.0

逐差结果的平均值为 30.5(mA),求得电阻为

$$R=\frac{\overline{\Delta_3 U}}{\overline{\Delta_3 I}}=\frac{3.0}{30.5}=98.4(\Omega)$$

利用逐差法求取物理量,可以充分利用数据,减小随机误差的影响,但必须采用隔项逐差方法,否则会失去效果。

例 2.10

$$R=\frac{\overline{\Delta U}}{\overline{\Delta I}}=\frac{\frac{1}{5}[(U_2-U_1)+(U_3-U_2)+(U_4-U_3)+(U_5-U_4)+(U_6-U_5)]}{\frac{1}{5}[(I_2-I_1)+(I_3-I_2)+(I_4-I_3)+(I_5-I_4)+(I_6-I_5)]}$$

$$=\frac{U_6-U_1}{I_6-I_1}$$

丢失了许多数据。所以

$$R=\frac{\overline{\Delta_3 U}}{\overline{\Delta_3 I}}=\frac{U_4-U_1+U_5-U_2+U_6-U_3}{I_4-I_1+I_5-I_2+I_6-I_3}=98.4(\Omega)$$

设两个变量之间满足线性关系 $y=ax+b$,且自变量 x 为等间隔变化。

把 y 按测量顺序分成两组:

$$y_1, y_2, \cdots, y_n$$

$$y_{n+1}, y_{n+2}, \cdots, y_{2n}$$

求出对应差值

$$\Delta y_1=y_{n+1}-y_1$$

$$\Delta y_2=y_{n+2}-y_2$$

$$\vdots$$

$$\Delta y_n=y_{2n}-y_n$$

再求上面差值的平均值:

$$\Delta\overline{y}=\frac{1}{n}(\Delta y_1+\Delta y_2+\cdots+\Delta y_n)$$

应该注意的是,测量 y 的总次数为 $2n$。

第四节　线性函数的最小二乘法

一、最小二乘法原理

测量所得各值与拟合直线相应点之间的偏离的平方和为最小,则拟合曲线为最佳曲线。以此为条件,进而求出的物理量最佳值的方法称为最小二乘法。

最小二乘法应用非常广泛,不仅适用于线性函数,也可应用于非线性函数。由于本书中涉及的大多为线性问题,而且一些非线性的问题也可以转化为线性问题,所以我们只讨论线性函数的最小二乘法。

二、线性函数的最小二乘法

假设函数满足 $y=a+bx$，测得 $x_1,x_2,\cdots,x_n$ 和 $y_1,y_2,\cdots,y_n$，求 a、b。

由此得到 n 个观测方程

$$y_1 = a + bx_1$$
$$y_2 = a + bx_2$$
$$\vdots$$
$$y_n = a + bx_n$$

一般情况下，观测方程个数大于未知量的数目时，a 和 b 的解不能确定。因此，现在的问题是如何从观测方程中确定 a 和 b 的最佳值，这就需要采用最小二乘法。

假定最佳方程为

$$y = a_0 + b_0 x$$

其中，a_0 和 b_0 是最佳系数。为了简化计算，设测量中 x 方向的误差远小于 y 方向，可以忽略，因此只研究 y 方向的差异。则

$$v_i = y_i - (a_0 + b_0 x_i)$$

对该式两边平方求和，即

$$L = \sum v_i^2 = \sum y_i^2 + na_0^0 + b_0^2 \sum x_i^2 - 2a_0 \sum y_i - 2b_0 \sum (y_i x_i) + 2a_0 b_0 \sum x_i$$

依据最小二乘法原理，得

$$\frac{\partial L}{\partial a_0} = 0, \quad \frac{\partial L}{\partial b_0} = 0$$

由此得出方程

$$na_0 + b_0 \sum x_i = \sum y_i, \quad a_0 \sum x_i + b_0 \sum x_i^2 = \sum x_i y_i$$

解方程组可得

$$a_0 = \frac{\sum y_i}{n} - b_0 \frac{\sum x_i}{n}$$

$$b_0 = \frac{\sum x_i \sum y_i - n \sum x_i y_i}{\left(\sum x_i\right)^2 - n \sum x_i^2}$$

第五节 作图法和线性回归法的比较

作图法的最大优点是直观。在诸多数据点的拟合中，如果发现有一个点明显偏离所拟合的曲线，就需要在这个点所处物理条件附近再进行仔细的实验，查明是否是实验误差，还是有新的现象或规律。但作图法需较长时间，曲线拟合过程中会引入误差；求解实验方程参数及其不确定度比较麻烦。用回归法只需按动计算器的几个键，就可以确定实验方程的参数及其不确定度。但如果实验数据有误，或所拟合的方程形式不合适，则相关系数小，必须重新检查数据或方程形式，由于不直观，一时难以断定问题之所在。

若数据点可以拟合为一条直线，线性方程的一般形式为

$$y = mx + b \tag{2-5-1}$$

数据为 x_i 和 y_i，每次测量的最大允差为 Δx_i 和 Δy_i，$i=1,2,\cdots,n$。拟合直线的斜率 m 的相对不确定度为

$$\left(\frac{\Delta m}{m}\right)^2=\frac{2\,\overline{(\Delta x)^2}}{(x_n-x_1)^2}+\frac{2\,\overline{(\Delta y)^2}}{(y_n-y_1)^2} \tag{2-5-2}$$

式中$\overline{(\Delta x)^2}=\frac{1}{n}\sum(\Delta x_i)^2$，$\overline{(\Delta y)^2}=\frac{1}{n}\sum(\Delta y_i)^2$，分别为相应测量值最大允差的平方平均值。

截距的不确定度为

$$\Delta b=\Delta m\sqrt{(x_n^2+x_1^2)/2} \tag{2-5-3}$$

概率论给出回归法线性拟合的斜率的标准差为

$$\left(\frac{s_m}{m}\right)^2=\left(\frac{1}{r^2}-1\right)\Big/(n-2) \tag{2-5-4}$$

式中，n 为 x(或 y)的测量数据个数；r 为相关系数。

截距的标准差为

$$s_b^2=\overline{x^2}\cdot s_m \tag{2-5-5}$$

如果两组物理量之间的关系确实为线性的，由各个测量值最大允差计算得到的 Δm 和 Δb 一般大于由回归法计算得到的结果。前者只考虑每次测量值的仪器最大允差，而不考虑各个数据点对于所拟合的直线的偏离情况(线性拟合的程度由眼睛直观判断)。而回归法则相反，不考虑每次测量值的仪器最大允差，只考虑各个数据点对于所拟合的线性关系的偏离情况。线性拟合程度的"好坏"由相关系数给出。如果测量值中有一个"坏值"，由于作图法能直观察觉，方便作出相应处理(剔除坏值或重做实验改正错误)。而回归法则是根据所有数据计算，一个错误数据也可能使相关系数严重减小。这时难以判断是整体线性不好，还是个别数据出了差错。两全的办法是先画出图来，直观判断线性好坏。如果确定线性关系，再用计算器按键操作，可以很方便地求出线性方程的斜率和截距以及它们的标准差，不必按公式详细计算。

对于不是线性关系的物理规律，拟合曲线比较麻烦；由曲线求解实验方程的参数也比较困难。有时可以对物理量进行适当变换，按变换后的物理量作图，把曲线改成直线，就方便处理了。现在，很多商品计算器对于线性、对数、指数和幂函数关系都具有回归计算功能，只需按相应的键就可以拟合这些函数关系。

第六节　测量结果的处理程序

一、直接测量结果

直接测量结果的处理程序如下：

(1) 对测量结果中的可定系统误差加以修订；

(2) 计算测量列的算术平均值$\bar{x}=\frac{1}{n}\sum_{i=1}^{n}x_i$，作为测量结果的最佳值；

(3) 计算平均值的标准偏差 $U_A=\sqrt{\frac{1}{n(n-1)}\sum_{i=1}^{n}(x_i-\bar{x})^2}$，作为 A 类不确定度 U_A；

(4) 估算不确定度的 B 分量，一般取 $U_B=\Delta_{仪}/\sqrt{3}$；

(5) 求合成不确定度，$U_{\bar{x}}=\sqrt{U_A^2+U_B^2}$，相对不确定度 $E=\dfrac{U_{\bar{x}}}{\bar{x}}$；

(6) 写出最终结果表达式 $x=\bar{x}\pm U_{\bar{x}}$ 及相对不确定度。

例 2.11　用 0～25mm 的一级千分尺对一小球直径测量 8 次，千分尺的零点误差为 0.008mm，测量结果见表 2-6-1，试处理这组数据并给出测量结果。

表　2-6-1

次　　数	1	2	3	4	5	6	7	8
直接测量值/mm	2.125	2.131	2.121	2.127	2.124	2.126	2.123	2.129
修正值 D_i/mm	2.117	2.123	2.113	2.119	2.116	2.118	2.115	2.121
偏差/mm	−0.001	−0.005	−0.005	0.001	−0.002	0.000	−0.003	0.003

解：(1) 修正零点误差：修正值＝直接测量值−0.008

(2) 直径的平均值 $\bar{D}=2.118\text{mm}$

(3) A 类不确定度

$$U_A=\sqrt{\frac{1}{8(8-1)}\sum_{i=1}^{8}(D_i-\bar{D})^2}=0.001(\text{mm})$$

(4) B 类不确定度

0～25mm 的一级千分尺 $\Delta_{仪}=0.004\text{mm}$，则

$$U_B=\Delta_{仪}\sqrt{3}=0.002\text{mm}$$

(5) 合成不确定度

$$U_{\bar{D}}=\sqrt{U_A^2+U_B^2}=\sqrt{S_{\bar{D}}^2+\sigma_{仪}^2}=0.002(\text{mm})$$

(6) 测量结果

$$D=(2.118\pm0.002)\text{mm}$$

$$E_D=0.002/2.118=0.094\%$$

二、间接测量结果

若求间接测得量 $N=f(x,y,z,\cdots)$ 并且直接测量量已测定：

$$x=\bar{x}\pm u_x,\quad y=\bar{y}\pm u_y,\quad z=\bar{z}\pm u_z,\cdots$$

则其处理程序如下：

1. 求最佳值 $\bar{N}$

$$\bar{N}=f(\bar{x},\bar{y},\bar{z},\cdots)$$

2. 计算不确定度 $U_{\bar{N}}$

(1) 函数为加减，对函数求全微分。

将式 $N=f(x,y,z,\cdots)$ 两边微分得

$$\mathrm{d}N=\frac{\partial f}{\partial x}\mathrm{d}x+\frac{\partial f}{\partial y}\mathrm{d}y+\frac{\partial f}{\partial z}\mathrm{d}z+\cdots$$

于是

$$U_{\bar{N}}=\sqrt{\left(\frac{\partial f}{\partial x}u_x\right)^2+\left(\frac{\partial f}{\partial y}u_y\right)^2+\left(\frac{\partial f}{\partial z}u_z\right)^2+\cdots}$$

（2）函数为乘除，先取对数再求全微分。

将式 $N=f(x,y,z,\cdots)$ 两边先取对数，再微分得

$$\ln N=\ln f(x,y,z,\cdots)$$

$$\frac{\mathrm{d}N}{N}=\frac{\partial\ln f}{\partial x}\mathrm{d}x+\frac{\partial\ln f}{\partial y}\mathrm{d}y+\frac{\partial\ln f}{\partial z}\mathrm{d}z+\cdots$$

相对不确定度

$$E_{\bar{N}}=\frac{U_{\bar{N}}}{N}=\sqrt{\left(\frac{\partial\ln f}{\partial x}u_x\right)^2+\left(\frac{\partial\ln f}{\partial y}u_y\right)^2+\left(\frac{\partial\ln f}{\partial z}u_z\right)^2+\cdots}$$

间接测量量的不确定度和相对不确定度计算公式统称为不确定度传递公式。

3. 测量结果形式

其形式如下：

$$N=\bar{N}\pm U_{\bar{N}}$$

$$E_N=\frac{U_{\bar{N}}}{\bar{N}}\times100\%$$

例 2.12 测得金属圆柱体的质量为 $m=(213.04\pm0.05)\mathrm{g}$，用 0～125mm、分度值为 0.02 的游标卡尺测量高度 6 次，用一级 0～25mm 千分尺测量直径 6 次，测量值列表如表 2-6-2 所示（仪器无零点误差），求金属圆柱体的密度测量结果。

表 2-6-2

次　数	1	2	3	4	5	6
高度 h_i/mm	80.38	80.36	80.36	80.38	80.36	80.38
直径 d_i/mm	19.465	19.466	19.465	19.464	19.467	19.466

解：（1）高度最佳值

$$\bar{h}=80.37\mathrm{mm}$$

A 类不确定度

$$U_A=\sqrt{\frac{\sum_{i=1}^{6}(h_i-80.37)^2}{6(6-1)}}=0.004(\mathrm{mm})$$

游标卡尺极限误差

$$\Delta_{仪}=0.02\mathrm{mm}$$

高度不确定度

$$U_h=\sqrt{U_A^2+\left(\frac{\Delta_{仪}}{\sqrt{3}}\right)^2}=0.01(\mathrm{mm})$$

所以

$$h=(80.37\pm0.01)\mathrm{mm}$$

$$E_h=0.012\%$$

（2）直径最佳值

$$\bar{D}=19.466\mathrm{mm}$$

A类不确定度

$$U_A = \sqrt{\frac{\sum_{i=1}^{6}(D_i - 19.466)^2}{6(6-1)}} = 0.0004(\text{mm})$$

一级千分尺极限误差

$$\Delta_{仪} = 0.004\text{mm}$$

直径不确定度

$$U_D = \sqrt{U_A^2 + \left(\frac{\Delta_{仪}}{\sqrt{3}}\right)^2} = 0.002\text{mm}$$

所以

$$D = (19.446 \pm 0.002)\text{mm}$$
$$E_D = 0.012\%$$

(3) 密度的最佳值

$$\bar{\rho} = \frac{4\bar{m}}{\pi \bar{D}^2 \bar{h}} = \frac{4 \times 213.04}{3.1416 \times 19.466^2 \times 80.37} = 8.9068(\text{g/cm}^3)$$

(4) 密度的不确定度

$$E_{\bar{\rho}} = \frac{U_\rho}{\bar{\rho}} = \sqrt{\left(\frac{\partial \ln\rho}{\partial m}U_m\right)^2 + \left(\frac{\partial \ln\rho}{\partial D}U_D\right)^2 + \left(\frac{\partial \ln\rho}{\partial h}U_h\right)^2}$$
$$= \sqrt{\left(\frac{U_m}{m}\right)^2 + \left(2\frac{U_D}{\bar{D}}\right)^2 + \left(\frac{U_h}{\bar{h}}\right)^2} = 0.033\%$$
$$U_\rho = \bar{\rho} \cdot E_\rho = 8.9068 \times 0.033\% = 0.003(\text{g/cm}^3)$$

(5) 密度测量的最后结果

$$\rho = (8.907 \pm 0.003)\text{g/cm}^3 \quad (p = 0.683)$$
$$E_\rho = 0.033\%$$

鉴于本课程需要，为使初学者更有效地掌握不确定度处理数据的方法，本书约定置信概率要求到 $p=0.683$。

习　　题

1. 指出下列情况导致的误差属于什么误差：

(1) 读数时视线与刻度尺面不垂直。

(2) 将待测物体放在米尺的不同位置测得的长度稍有不同。

(3) 天平平衡时指针的停点重复几次都不同。

(4) 水银温度计毛细管不均匀。

(5) 伏安法测电阻实验中，根据欧姆定律 $R_x=U/I$，电流表内接或外接法所测得电阻的阻值与实际值不相等。

(6) 重复多次用卷尺测量物体长度数值不一样。

2. 指出下列各量为几位有效数字，再将各量改取成三位有效数字，并写成标准式。

(1) 63.74cm

(2) 1.0850cm

(3) 0.010 00kg

(4) 0.862 49m

(5) 1.0000kg

(6) 2575.0g

(7) 102.6s

(8) 0.2020s

(9) 1.530×10^{-3}m

(10) 15.35℃

3. 按照误差理论和有效数字规则,改正以下错误。

(1) $N=(11.8000\pm0.2)$cm

(2) $R=9.75\pm0.0626$(cm)

(3) $L=(29\,000\pm8000)$mm

(4) $t=20\pm0.5$(℃)

(5) $\theta=60°\pm2'$

(6) $0.221\times0.221=0.004\,884\,1$

(7) 24cm−5.6cm=18.4cm

(8) 28cm=280mm

4. 运用有效数字规则计算下列各式:

(1) $3.00\times4.00+40.0\times1.00+10\times0.1$

(2) $76.000/(40.00-2.0)$

5. 写出下列函数的不确定度表示式:

(1) $M=\dfrac{FL^4}{5\lambda D^3}$

(2) $f=\dfrac{4}{5}\left(x-\dfrac{1}{3}y\right)$

(3) $N=\dfrac{x-y}{z-x}$

(4) $n=\dfrac{\sin\left(\dfrac{y+x}{2}\right)}{\sin x}$

6. 已知金属圆环外直径 $D_2=(3.600\pm0.004)$cm,内直径 $D_1=(2.880\pm0.004)$cm,高度 $h=(2.575\pm0.004)$cm,求圆环的体积 V 和不确定度 U_V。

7. 计算下列数据的算术平均值、平均值的标准偏差,并表达测量结果。比较三个量的相对不确定度(仪器误差取最小刻度的一半)。

(1) x_i(cm):3.4298,3.4256,3.4278,3.4190,3.4262,3.4234,3.4263,3.4242,3.4272。

(2) y_i(s):0.125,0.126,0.133,0.130,0.129,0.132,0.135,0.136,0.134,0.128,0.126。

(3) z_i(cm):11.38,11.37,11.36,11.39,11.52。

第三章　力学和热学实验

实验一　基 本 测 量

【实验目的】

(1) 学习使用游标卡尺，掌握读数方法，了解其构造和工作原理。

(2) 学习使用螺旋测微计(千分尺)，掌握读数方法，了解其构造和工作原理。

(3) 学习使用物理天平，掌握读数方法，了解其构造和工作原理。

(4) 正确记录和处理数据，掌握不确定度的计算方法，掌握有效数字的使用，计算测量结果的不确定度，正确表示最终测量结果。

【实验器材】

测量仪器：游标卡尺、螺旋测微计、托盘天平(及其附件砝码、镊子)、烧杯。

待测元件：铁环、小铜柱、小钢球、六角小铜螺帽。

【实验原理】

1. 游标卡尺

(1) 基本构造和读数方法

游标卡尺是常用的测量仪器，它可以测量物体的长度、深度以及圆环的内外径等。它的外形和基本构造如图 3-1-1 所示。

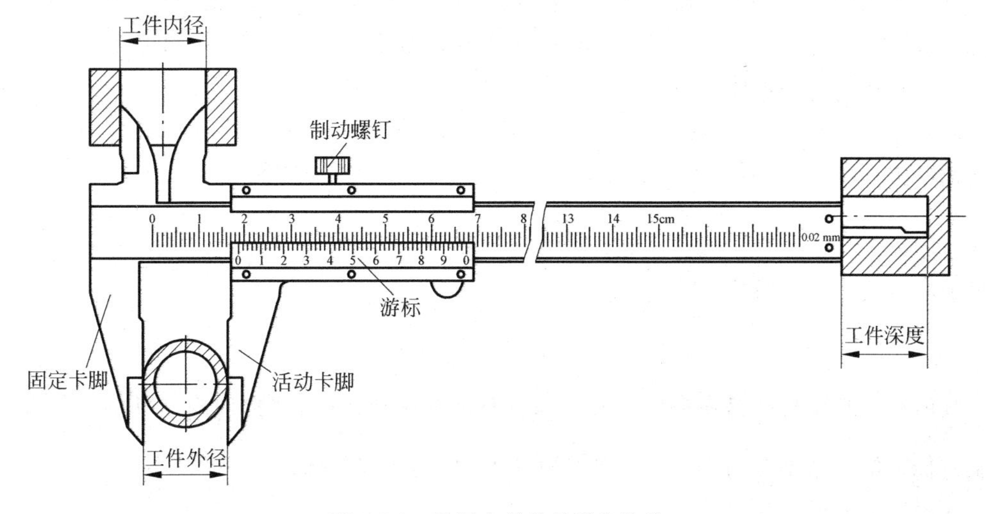

图 3-1-1　游标卡尺的外形和构造

它有一个主尺D和一个附尺E,附尺套在主尺上且可沿主尺滑动,所以又称为游标。在主尺和附尺上各有一个钳口,待测物体就夹在钳口A和钳口B之间,钳口A′B′用来测量物体的内径,尾尺C可以用来测量深度,M为锁紧螺钉,它锁紧后游标将无法滑动,使用时要松开。

下面以实验所用的准确度为0.02mm的游标卡尺为例,说明它的原理及读数方法。

在主尺上刻有普通米尺的分度,即最小刻度为1mm,游标附尺上刻有50个分度,其总长正好和主尺上49个最小分度的总长相等,即49mm,则游标上每一个最小分度的实际长度为0.98mm,比主尺上最小分度短了0.02mm。当钳口并紧时,游标上的"0"刻线正好对准主尺上的"0"刻线,而当卡尺钳口间夹有测量物体,钳口张开一定距离时,游标上"0"刻线对准主尺上某一位置,这时毫米以上的整数部分可以从主尺上直接读出。如图待测物体的长度毫米以上的整数部分为23mm,不足毫米的小数部分从游标上读出,其方法是:找出游标上哪一根线与主尺上的某根刻线对得最齐,这样的线有且只有一条,称为小数线,其余的线均有不同程度的错开。如果游标上第k条线和主尺上某条刻线对得最齐,则小数部分为$0.02\times k$(mm)。最后把读出的整数部分与小数部分相加就得出待测量的长度。

如图3-1-2所示为游标卡尺测量某物体长度时的读数示意,游标的零位在23mm和24mm之间,则物体长度的整数部分为23mm。游标上一共有50个刻度,经仔细观察,其中第24个刻度与主尺上的刻线对得最整齐,则物体长度的小数部分为$24\times0.02=0.48$mm。

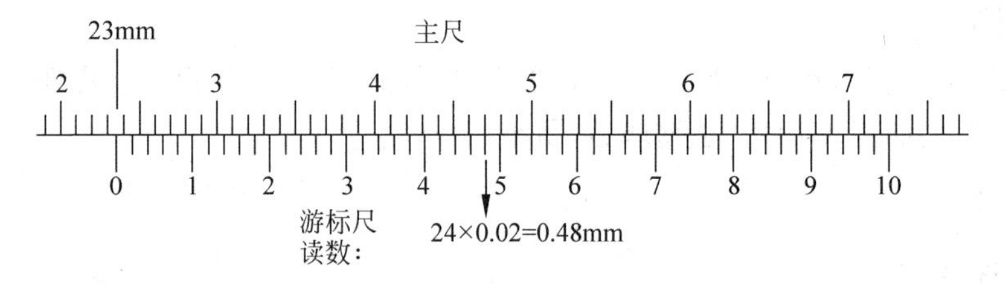

图3-1-2　游标卡尺的读数

(2) 游标读数原理

许多测量仪器上都采用游标装置,有10分度、20分度、50分度等。有的游标刻在直尺上,也有的刻在圆盘上(如分光仪),它们的原理和读数方法都是一样的,有必要在这里作进一步具有普遍意义的说明。

如果用a表示主尺上最小分度的长度,用n表示游标的总分度数,则游标上n个游标的长度实际上与主尺上$(n-1)$个最小刻度的长度相等,每个游标的实际长度b为

$$b=\frac{a(n-1)}{n}$$

主尺最小分度与每个游标长度之差为

$$a-b=a-\frac{a(n-1)}{n}=\frac{a}{n}$$

其值恰好是主尺的最小分度与游标的总分度数之比,称为卡尺的测量准确度。测量时如果游标上第k条刻线与主尺上的某条刻线对得最齐,则游标读数为$k\times\frac{a}{n}$。

现将各种常用的游标特性列于表3-1-1。

表　3-1-1

主尺最小分度的长度 a/mm	1	1	1	0.5
分度数 n	10	20	50	25
测量准确度 a/n/mm	0.1	0.05	0.02	0.02
量程/mm	150	150	150 或 200	150

我们实验所用的游标卡尺主尺最小分度 $a=1$mm，游标上总分度数 $n=50$，准确度为 $a/n=0.02$mm。

(3) 使用时注意事项

① 对零点：使钳口靠紧，若游标上"0"线与主尺上"0"线重合，则零点已对齐，如果不重合(用久了可能会磨损)，则应记下零点读数予以修正，但卡尺一般不会产生零点误差。

② 移动游标时，右手握紧主尺，用拇指按在游标的凸起部分，或推或拉，卡住被测物体时，用力要松紧适当，以免损坏卡尺或被测物体。

③ 被夹紧物体在卡口内不能松动挪移。

2. 螺旋测微计

(1) 基本构造和读数原理

螺旋测微计也叫千分尺，是比卡尺更为精密的长度测量仪器(图 3-1-3)，它根据螺旋测微原理制成，一般最小分度值为 0.01mm，并能估读到 0.001mm。

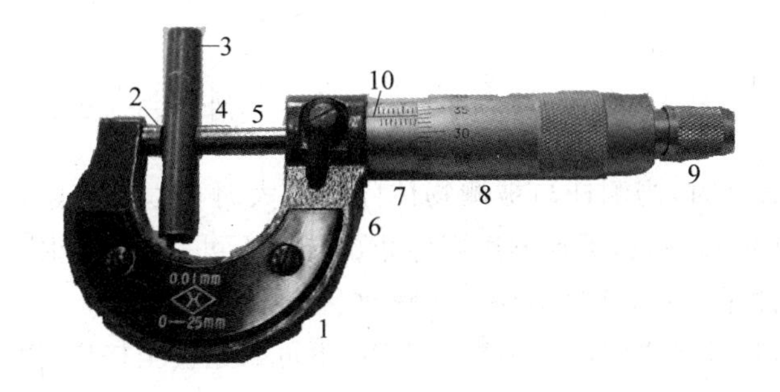

图 3-1-3　螺旋测微计

1—弓形架；2—砧台测量面；3—待测物；4—测杆测量面；5—测杆；6—锁紧手柄；7—主尺；8—附尺；9—旋轮(棘轮)；10—主尺准线

千分尺也有一个主尺 7 和一个附尺 8，附尺套在主尺上，并用精细螺纹连接，螺距为 0.5mm。

在主尺上刻有准确到 0.5mm 的刻度，附尺的周界上刻有 50 分度，当测砧 2 与测杆测量面 4 相贴近时，附尺的边缘与主尺的零刻线重合并且附尺上的零刻线与主尺准线 10 对齐，旋转旋轮 9，带动附尺同时旋转，每旋转一周测杆将前进或者后退一个螺距即 0.5mm，故附尺每转一个分度，测杆前进或后退 1/50 个螺距即 0.01mm，这就是千分尺所能达到的精度。

测量物体时，把待测物体 3 夹在中间，从附尺边缘所对着的主尺分度上读出大于 0.5mm 的读数，不足 0.5mm 的读数由附尺读出，附尺每一分度代表了 0.01mm，故它可以准确地读出 0.01mm 的长度，并且可以在最小刻度下再估读一位到 0.001mm。最后的测量结果由主尺读数与附尺读数相加而得。

(2) 使用注意事项

螺旋测微计是较为精密的仪器,使用时必须注意下列几点:

① 测量前应先观察主尺和附尺的分度,确定读数关系,同时检查零点读数看是否存在零点误差。零点读数就是不夹任何测量物体,当端面刚好接触,转动棘轮发出响声时的读数。理想情况是附尺的零线刚好和主尺的准线对齐,即零点读数为零。若不是零,则应将此零点读数记录下来,测量结果要减去零点读数进行修正。需要注意的是读数的正负,若附尺零线在主尺准线上方,则零点读数为负;在下方则为正,如图 3-1-4 所示。

② 主尺上刻度精确到了 0.5mm,标有数字的一方为毫米刻度,另一方为半毫米。读数时注意观察小数部分的读数是否已超过半毫米,即 0.5mm 的刻线是否露出。尤其读数较大、线条较密时更要仔细观察。从附尺上读小数部分时注意估读到 0.001mm,即使附尺零线与主尺准线恰好重合也不要忘了估读。如图 3-1-5 所示,左边的 0.5mm 线没有露出,读数为 4.185mm,而右边的 0.5mm 线已露出,读数是 4.685mm。操作时多练习几次,直到能够正确读数。

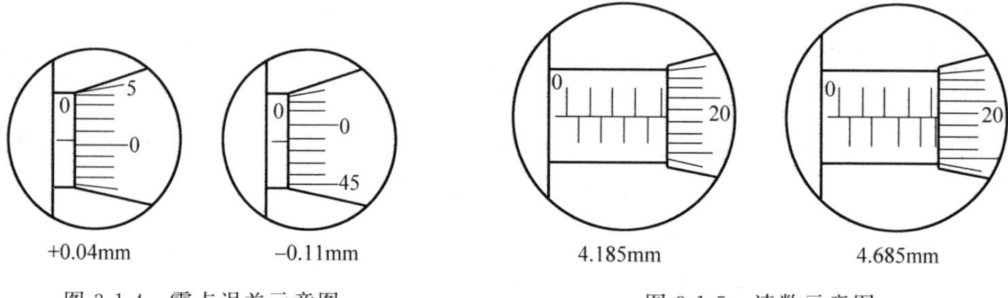

图 3-1-4 零点误差示意图 图 3-1-5 读数示意图

③ 旋转螺旋测微计时,当测杆与被测物体间隙较大时可以旋转附尺套筒,而当两者接近空隙较小时应旋转顶端棘轮,听到响声则停止旋转。不可一直旋转附尺套筒,以免将被测物体挤压过紧,产生测量误差,甚至损坏精密螺纹。

④ 实验完成后,测量面之间应留一微小空隙,不可贴近甚至挤压,以免热膨胀时过分挤压而损坏螺纹。

3. 物理天平

(1) 物理天平的构造

实验所用的物理天平如图 3-1-6 所示,其量程为 1000g,最小分度可以达到 0.1g。

天平的主要部件及作用如下:

天平由底脚上三个水平螺钉支起,其底面上有一个水准器 12,用以调节底盘的水平。

上端横梁上有三个刀口,中间的主刀口 1 支在中支柱 7 的垫子上,两侧两个边刀口 2 上各悬一个等量的秤盘,分别是左边的载物托盘 14 和右边的砝码托盘 13。横梁下面固定一根指针 8,当指针下端对准中柱上标尺 10 中央静止不动或作微小等幅度摆动时,表明天平处于平衡状态。称量物体时,物体放在左边的托盘,砝码放在右端托盘。

天平的配套砝码装在砝码盒内,使用时要用镊子夹取,不可用手拿。砝码有 500g、200g 各一个,100g 两个,50g、20g 各一个,10g 两个,5g 一个,2g 两个,1g 一个。天平横梁上还有游码装置,移动游码 4,在游码尺范围内,可以得到 2g 的称量,游码尺的最小分度是 0.1g。

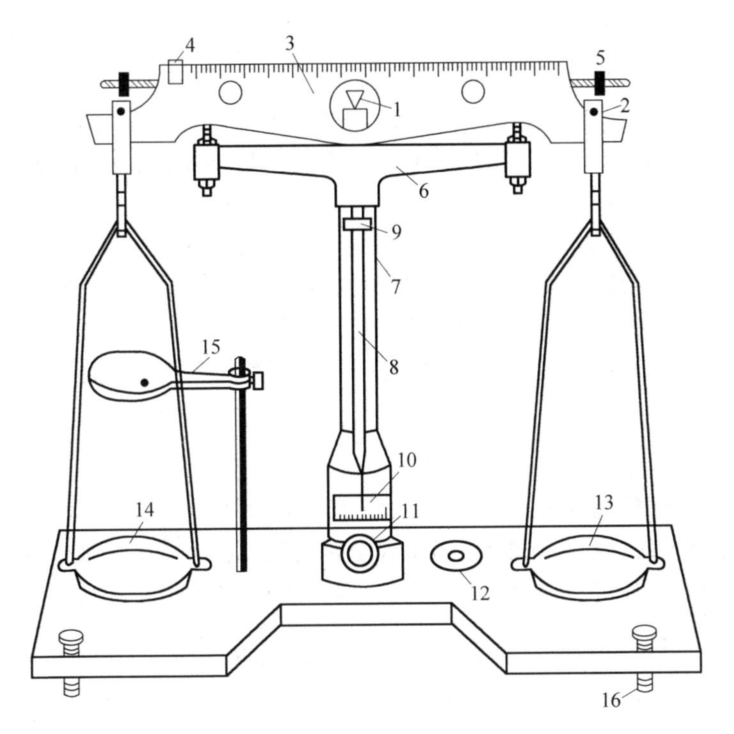

图 3-1-6　托盘天平示意图

1—主刀口；2—边刀口；3—横梁；4—游码；5—平衡螺母；6—制动架；7—支柱；8—指针；9—感量调节器；10—标尺；11—制动旋钮；12—水准器；13—砝码托盘；14—载物托盘；15—支架盘；16—底脚螺钉

不足 1g 的物体质量用游码来称量。游码位于零线上时不起作用，向右移动一个格相当于右盘上加了 0.1g 砝码，还可以估读到 0.01g。则天平平衡后物体的总质量等于砝码盘上所有砝码的质量再加上游码所在位置表示的质量。

天平的中柱下端有一个黑色的制动旋钮 11，旋转它可以使横梁上升或下降，当横梁下降时称为制动，此时支架把它托住，避免刀口磨损，方便调节。在取放砝码或物体，移动游码调节天平平衡时，都要将横梁制动，调节完毕后再升起横梁观察调节效果，若仍不平衡再制动进行调节，如此反复直至平衡。

(2) 物理天平的几个主要参数

① 量程：天平所能称量的最大质量，即其量程。实验所用天平量程为 1000g。

② 灵敏度 S：天平达到平衡后，在一个盘中增加一个单位质量 Δm 的负载（通常取 1mg）时，天平指针所偏转的格数 α，即 $S=\dfrac{a}{\Delta m}$格/mg。

③ 感量：灵敏度的倒数称为感量，表示天平平衡时，要使指针偏转一个格，天平两盘中的质量差。

(3) 物理天平的使用方法和注意事项

① 使用前要先调节支柱铅直，底盘水平。方法是调节天平的某个底脚螺钉，使底板面上水准器中的气泡位于圆刻线的中间位置。

② 调节天平零点平衡。即当两盘中不放物体或砝码，游码位于零线时，天平应处于平

衡位置。支起横梁观察指针是否处于平衡状态：指在中间不动或作等幅微小摆动。若否，放下横梁调节其两端螺母5的位置，直至平衡。

③ 没有提到的部分，如感量调节器9等，均处于较好工作状态，不要乱动。

④ 工作时托盘要放在横梁刀口上，制动放下横梁后不能偏转摇晃，要放在支柱上保持稳定。

⑤ 调节时一定要将横梁放下制动，调节到一定程度升起横梁观察调节效果是否平衡，若不平衡，放下横梁继续调节直到平衡。取放砝码或移动游码进行调节时都要使用镊子，严禁用手操作。调节平衡后物体的总质量为砝码与游码质量之和。

⑥ 操作完毕后，将砝码放回原位，游码归零，将两个托盘从横梁刀口上摘下直接放在横梁上。

4. 物体密度的测量

学会了测量物体的长度和质量，可以进一步间接测量物体的密度。密度是物质的基本特性之一，它与物质的材料和纯度有关，工业上常用测量物体的密度来作原料成分的分析和纯度的测定。我们通过对密度的测定来巩固对长度测量仪器以及托盘天平的使用。

若一物体的质量为M，体积为V，则其密度为$\rho=\dfrac{M}{V}$。

对于形状规则的物体可以通过直接测量它的质量和外形长度，运用几何公式求出体积，即可计算出其密度。例如对于质量为M、直径为d、高为h的均匀圆柱体，其体积为$V=\dfrac{1}{4}\pi d^2 h$，密度为$\rho=\dfrac{M}{V}=\dfrac{4M}{\pi d^2 h}$。

而对于形状不规则的物体，如实验所用的六角小螺帽，难以利用测量长度求出它的体积，则采用流体静力称衡法来测定其密度。根据阿基米德原理，物体在液体中受到向上的浮力，浮力的大小等于物体所排开液体的重量。如果在空气中和浸在水中时分别对物体进行称衡，得到质量分别为M_1和M_2，则其重力分别为$G_1=M_1 g$和$G_2=M_2 g$。物体在水中受到的浮力为G_1-G_2，它等于和物体体积相同的水的重量，即$G_1-G_2=\rho_0 gV$。式中ρ_0为水的密度，g为重力加速度，V为物体的体积。

考虑到$G_1=\rho gV$，其中ρ为物体的密度。于是有

$$\frac{\rho gV}{\rho_0 gV}=\frac{M_1 g}{M_1 g-M_2 g}, \quad 即 \quad \frac{\rho}{\rho_0}=\frac{M_1}{M_1-M_2}$$

可以求出

$$\rho=\frac{M_1}{M_1-M_2}\rho_0$$

式中M_1、M_2、ρ_0分别为物体在空气中和浸在水中用天平测得的质量以及水的密度。

【实验内容】

1. 用游标卡尺测量铁环的内外直径

(1) 认识游标卡尺，弄清所用游标卡尺的准确度和量程。

(2) 检查游标卡尺的零点读数，学会正确地使用和操作。

(3) 用外卡尺测量铁环外直径，用内卡尺测量铁环内直径。注意正确操作，夹紧被测物体，要求在不同的方位重复测量10次，将所测数据填入表3-1-2中，并计算其测量最佳值、

测量不确定度，写出最后结果表达式。

2. 用螺旋测微计测量圆柱体的直径以及小钢球的直径

(1) 认识螺旋测微计，弄清仪器基本构造、使用方法及读数关系，牢记操作注意事项。

(2) 记录下仪器准确度、量程以及零点读数(注意正负)。

(3) 用螺旋测微计测量圆柱及小球的直径，注意不要挤压，旋动棘轮发出响声时即应停止。要求在不同的方位重复测量 10 次，将所测数据填入表 3-1-3 中，并计算其测量最佳值、测量不确定度，写出最后结果表达式。

3. 用天平测量物体的质量

(1) 熟悉天平的构造并掌握使用方法。调节底盘水平、零点平衡。

(2) 用天平测量铁环、圆柱的质量各一次，测量数据填入表 3-1-4。

4. 测定物体密度

(1) 测定规则物体——圆柱的密度

① 正确使用物理天平，测出圆柱体的质量 M。

② 用螺旋测微计测量圆柱体的外径，在上中下不同部位测量 9 次，取其最佳值$\bar{d}$。

③ 用游标卡尺测量圆柱体的高度，在不同方位测量 5 次，取其最佳值$\bar{h}$。

④ 用公式 $\rho=\dfrac{4M}{\pi d^2 h}$算出物体密度 ρ。

⑤ 相应数据填入表 3-1-5，计算测量不确定度，正确表示测量结果。

(2) 用流体静力称衡法测不规则物体——六角小螺帽的密度。

① 用天平测出物体在空气中的质量 M_1。

② 将烧杯装上$\dfrac{2}{3}$左右的自来水，放在天平左托盘上方的支架上。

③ 将螺帽用细线系好后挂在天平左边的吊钩上，使物体完全浸入水中，并且不碰杯底，测出此时天平平衡时的读数 M_2。注意保持清洁，不要使水溢出。

④ 数据填入表 3-1-6，运用公式 $\rho=\dfrac{M_1}{M_1-M_2}\rho_0$ 计算物体的密度。

⑤ 计算测量不确定度，正确表示测量结果。

【数据表格】

由于本实验的操作部分是关于基本仪器的使用，同学们只要认真听讲，按照要求进行操作就容易掌握。而测量数据的处理也是本实验要求较多的内容，并且数据处理的基本知识和方法在以后各个实验中都要用到，大家要认真阅读教材绪论部分有关数据处理部分的内容并仔细研究相关例题的解法，处理好本次实验所得到的数据，正确地表示出测量结果。

处理游标卡尺和螺旋测微器的数据时，属于对直接测量结果的处理，将所得原始数据填好后，计算测量列的算术平均值$\bar{x}=\dfrac{1}{10}\sum_{i=1}^{10}x_i$，作为测量结果的最佳值；然后计算平均值的标准偏差 $S_{\bar{x}}=\sqrt{\dfrac{\sum_{i=1}^{n}(x_i-\bar{x})^2}{n(n-1)}}$，作为 A 类不确定度 U_A；估算不确定度的 B 分量，一般取

$U_B=\sigma_{仪}=\dfrac{\Delta_{仪}}{\sqrt{3}}$；然后求出合成不确定度 $U_{\bar{x}}=\sqrt{U_A^2+U_B^2}=\sqrt{S_{\bar{x}}^2+\sigma_{仪}^2}$，计算相对不确定度 $E_r=\dfrac{U_{\bar{x}}}{\bar{X}}$，写出最终表达结果 $X=\bar{X}\pm U_{\bar{x}}$。

用天平测量物体的质量属于单次直接测量，在正常测量条件下，一次测量可能产生的最大误差是 $\Delta_{仪}$，可以从仪器说明书中找到，绪论给出了常用测量器具的最大允差。在不知道的情况下，可以取仪器最小刻度的一半表示不确定度。

而处理测量密度的数据时，属于对间接测得量的处理。需要先对每一个直接测得量都作上述处理，得到有关数据，间接测得量的最佳值为 $\bar{N}=f(\bar{x},\bar{y},\bar{z},\cdots)$，测量结果表示为

$$N=\bar{N}+U_N,\quad E_r=\frac{U_N}{\bar{N}}\times 100\%$$

其中不确定度

$$U_N=\sqrt{\left(\frac{\partial f}{\partial x}u_x\right)^2+\left(\frac{\partial f}{\partial y}u_y\right)^2+\left(\frac{\partial f}{\partial z}u_z\right)^2+\cdots}$$

相对不确定度

$$E_r=\frac{U_N}{N}=\sqrt{\left(\frac{\partial \ln f}{\partial x}u_x\right)^2+\left(\frac{\partial \ln f}{\partial y}u_y\right)^2+\left(\frac{\partial \ln f}{\partial z}u_z\right)^2}$$

若 N 是加减的运算关系，则先求出 U_N 较为方便；

若 N 是乘除的运算关系，则先求出 E_r 较为方便。

1. 铁环内外直径的测量

表 3-1-2

卡尺准确度________(mm)　　量程________(mm)

项　目		外直径 $D_{外}$/mm	$\Delta D_i=D_i-\bar{D}$/mm	内直径 $D_{内}$/mm	$\Delta D_i=D_i-\bar{D}$/mm
测量次数	1				
	2				
	3				
	4				
	5				
	6				
	7				
	8				
	9				
	10				
算术平均值					
A 类不确定度					
B 类不确定度					
合成不确定度					
相对不确定度					
测量结果表达式					

2. 小球及圆柱用螺旋测微计测量直径的数据处理表格

表 3-1-3

千分尺准确度________(mm)　　量程________(mm)

项　目		小球直径 d/mm	$\Delta d_i = d_i - \bar{d}$/mm	圆柱直径 d/mm	$\Delta d_i = d_i - \bar{d}$/mm
测量次数	1				
	2				
	3				
	4				
	5				
	6				
	7				
	8				
	9				
	10				
算术平均值					
A类不确定度					
B类不确定度					
合成不确定度					
相对不确定度					
测量结果表达式					

3. 用天平测量物体的质量

表 3-1-4

天平量程________g　　最小分度________g

名　称	质量/g	单次测量结果表达式
铁环		
圆柱		

4. 测量物体的密度

(1) 测量规则物体(小铜圆柱)的密度

其中质量用天平测 1 次，高度用游标卡尺测 5 次，直径用螺旋测微计测 9 次。

表 3-1-5

质量 M=________g，U_m=________g

高度 h/mm									最佳值 $\bar{h}$	不确定度 U_h
h_1		h_2		h_3		h_4		h_5		
直径 d/mm									最佳值 $\bar{d}$	不确定度 U_d
上端			中端			下端				
d_1	d_2	d_3	d_4	d_5	d_6	d_7	d_8	d_9		

计算 $\bar{\rho}=\dfrac{4M}{\pi \bar{d}^2 \bar{h}}=?$

$$E_r=\frac{U\rho}{\bar{\rho}}=\sqrt{\left(\frac{\partial \ln\rho}{\partial m}U_m\right)^2+\left(\frac{\partial \ln\rho}{\partial d}U_d\right)^2+\left(\frac{\partial \ln\rho}{\partial h}U_h\right)^2}=\sqrt{\left(\frac{U_m}{m}\right)^2+\left(2\frac{U_d}{d}\right)^2+\left(\frac{U_h}{h}\right)^2}=$$

则 $U_\rho=\bar{\rho}\times E_r=$

写出最终结果表示：$\rho=\bar{\rho}\pm U_\rho=$

(2) 用流体静力称衡法测不规则物体的密度

表 3-1-6

在空气中称质量 M_1	在水中称质量 M_2	单次测量质量不确定度 U_M
$\rho=\dfrac{M_1}{M_1-M_2}\rho_0=$ $U_\rho=$ ，$E_r=$		
最终结果表示 $\rho\pm U_\rho=$		

提示：因为

$$\rho=\frac{M_1}{M_1-M_2}\rho_0$$

取对数有

$$\ln\rho=\ln M_1-\ln(M_1-M_2)+\ln\rho_0$$

求其全微分：

$$\frac{d\rho}{\rho}=\frac{dM_1}{M_1}-\frac{dM_1}{M_1-M_2}+\frac{dM_2}{M_1-M_2}+\frac{d\rho_0}{\rho_0}$$

因为水的密度 ρ_0 从表中查出，可略去其误差。将上式改为不确定度表达式，则

$$\frac{U_\rho}{\rho}=\left|\frac{1}{M_1}-\frac{1}{M_1-M_2}\right|U_{M_1}+\left|\frac{1}{M_1-M_2}\right|U_{M_2}$$

因为两个质量数值用同一架天平单次测量，则不确定度

$$U_{M_1}=U_{M_2}=U_M$$

将上式简化有

$$E_r=\frac{U_\rho}{\rho}=\frac{M_1+M_2}{M_1(M_1-M_2)}U_M$$

即先算出了相对不确定度，再反代回去，则有

$$U_\rho=\rho\times E_r$$

【思考题】

1. 试确定下列几种游标卡尺的测量准确度(主尺最小分度为 1mm)：

游标分度数	10	20	50
与游标分度数对应的主尺读数	9	19	49
测量准确度/mm			

2. 已知游标卡尺的测量准确度为0.01mm，其主尺的最小分度为0.5mm，试问游标的分度数(格数)是多少?

3. 你使用的千分尺准确度是多少？使用它时应注意些什么？

4. 试扼要地说明为什么圆柱体的高度要用游标卡尺测量，直径要用螺旋测微计测量。若用普通米尺测量这两个数，测得的圆柱的密度有何不同?

实验二　拉伸法测金属丝的弹性模量

弹性模量(也称为杨氏模量)是描述固体材料抵抗形变能力的重要物理量，它是选定机械构件材料的依据之一，是工程技术中常用的参数。

本实验采用光杠杆法测量微小长度。光杠杆法(又称镜尺法)的原理被广泛地应用在测量技术中，光杠杆的装置还被许多高灵敏度的仪器(如冲击电流计和光电检流计)用来测量小角度的变化。在数据处理上，本实验采用逐差法，这种方法在物理实验中经常要用到。

【实验目的】

(1) 学会测量弹性模量的一种方法。

(2) 掌握用光杠杆法测量微小伸长量的原理。

(3) 学会用逐差法处理数据。

【实验原理】

任何固体在外力作用下都会产生形变，根据胡克定律，在弹性限度内每单位面积上所受的力与单位长度的伸长成正比，即

$$\frac{F}{S}=E\frac{\Delta L}{L}\tag{3-2-1}$$

式中，F/S为应力；$\Delta L/L$为应变；比例系数E称为弹性模量。

本实验要测出在不同外力F作用下钢丝的伸长ΔL，从而验证胡克定律ΔL与F的线性关系，并由F、ΔL、S、L算出钢丝的弹性模量E。

由于ΔL是一个很小的增量，本实验ΔL的数量级在10^{-1}mm，故对它的测量要通过光杠杆和望远镜所组成的光学系统进行放大。

仪器装置的示意图如图3-2-1所示。金属丝L的上端固定于架A上，下端装有一个环，环上挂着砝码钩，C为中间有一小孔的圆柱体，金属丝可以从其中穿过。实验时应将圆柱体一端用螺旋卡头夹紧，其能随金属丝的伸缩而移动。G是一个固定平台，中间开有一孔，圆柱体C可在孔中自由移动，光杠杆M(平面镜)下面的两尖脚放在平台的沟内，主杆尖脚放在圆柱体C的上端，将水平仪放在平台G上，调节支架底部三个螺钉(图中未

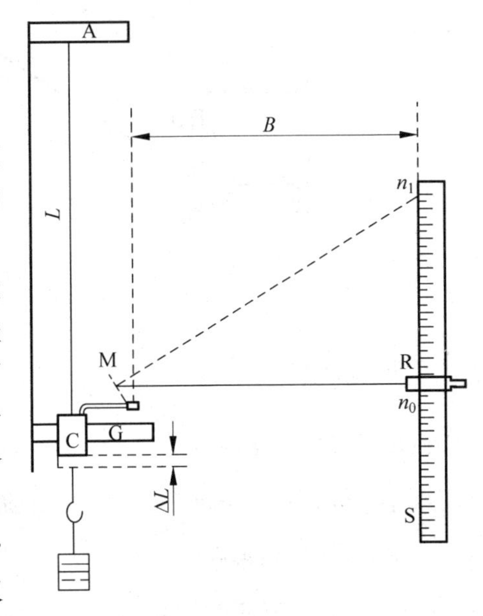

图3-2-1　杨氏模量测量示意图

画出)，可使平台成水平。望远镜 R 和标尺 S 是测伸长量 ΔL 用的测量装置。

当砝码钩上增加(或减少)砝码后，金属丝将伸长(或缩短)ΔL，光杠杆 M 的主杆尖脚也随圆柱体一起下降或上升，使主杆转过一角度 α，同时平面镜的法线也转过相同角度。用望远镜 R 和标尺 S 测得 α，即可算出 L。

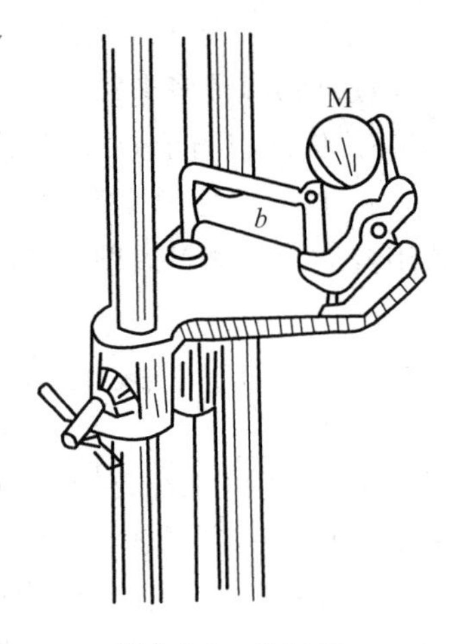

图 3-2-2 光杠杆

用光杠杆测微小长度的装置如图 3-2-2 所示。

它的原理图见图 3-2-3。

假定开始时平面镜 M 的法线 ON_0 在水平位置，则标尺 S 上的标度线 N_0 发出的光通过平面镜 M 反射，进入望远镜，在望远镜中形成 N_0 的像而被观察到。当金属丝伸长后，光杠杆的主杆尖脚 b 随金属丝下落 ΔL，带动 M 转一角 α 而至 M'，法线也转同一角度 α 至 ON'。根据光的反射定律，从 N_0 发出的光将反射至 N 且 $\angle N_0ON' = \angle N'ON = \alpha$。由光线的可逆性，从 N 发出的光经平面镜反射后进入望远镜而被观察到。从图 3-2-3 可以看到 ΔL 原是难测的微小长度，但当取 B 远大于 b 后，经光杠杆转换后的量 Δn 却是较大的量，可以从标尺上直接读到。光杠杆装置的放大倍数近似为 $2B/b$。在实验中，通常 b 为 4～8cm，B 为 1～2m，放大倍数可达到 25～50 倍。由图得

$$\tan\alpha = \Delta L/b, \quad \tan 2\alpha = \Delta n/B$$

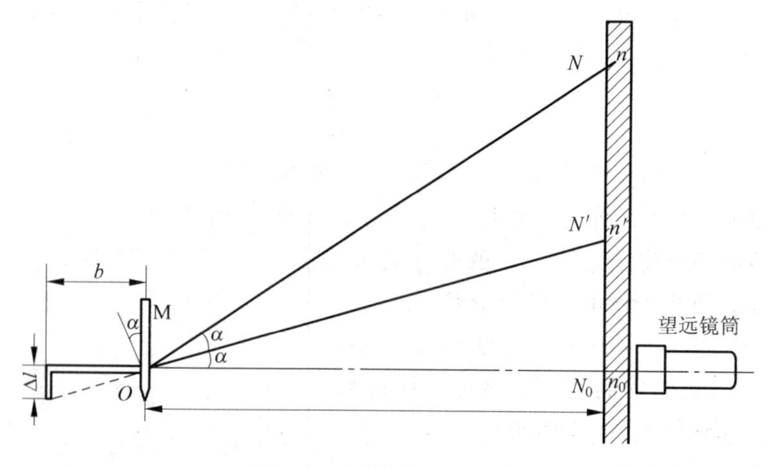

图 3-2-3 光杠杆法的原理

由于 α 很小，所以

$$\alpha = \Delta L/b, \quad 2\alpha = \Delta n/B$$

故金属丝的长度变化为

$$\Delta L = \frac{b}{2B}\Delta B \tag{3-2-2}$$

将其代入式(3-2-1)得到

$$E = \frac{8\Delta mgLB}{\pi d^2 b\Delta n} \tag{3-2-3}$$

式中，B 为镜面到标尺的距离；b 为光杠杆常数(小镜后脚到前两脚中线距离)；L 为钢丝原长；d 为钢丝直径；Δn 为标尺读数差值；Δm 为与 Δn 相应的砝码增重；g 为重力加速度。

【实验步骤】

1. 粗调

(1) 调三足螺丝使平台水平。

(2) 移动望远镜支架于光杠杆小镜前约150cm，并使它们在同一水平面内，然后用眼在望远镜镜筒上方看平面镜，左右移动小镜或支架，直至在平面镜内同时看到望远镜和标尺为止。

2. 细调

(1) 调节目镜使叉丝清晰。

(2) 找标尺 N 的像，伸缩物镜筒，使标尺像清晰。当眼睛上下移动时，十字叉丝线与标尺的刻度之间无相对移动，即无视差。
记下十字叉丝横线对准标尺的刻度 n_i。

(3) 增加砝码，每增加一次砝码(即 1.00×10^3g)，在望远镜中观察标尺的像，记下相应的标尺读数 n_i，然后按相反的次序减砝码，记下相应的标尺读数(n_i')填入表3-2-2。

(4) 求出每一次负荷下标尺的数值的平均值$\bar{n}_1$、$\bar{n}_2$、$\bar{n}_3$、$\bar{n}_4$、$\bar{n}_5$、$\bar{n}_6$，算出 $\Delta\bar{n}$。

(5) 用米尺测 L、B、b。其中，b 是光杠杆常数。取下光杠杆放在纸上，压出3个脚的痕迹，画出等腰三角形，作底边的高，它就是 b。

(6) 用千分尺测钢丝的直径 d 10次，数据填入表3-2-1。

注意：光杠杆、望远镜和标尺所构成的光学系统一经调节好后，在实验过程中就不可再动，否则还应从头做实验。

【数据表格】

1. 测钢丝的直径 d

螺旋测微器的零点误差：

表　3-2-1

测量次数	1	2	3	4	5	6	7	8	9	10	平均值($\bar{d}$)
测量值 d											
修正值 d_i											
标准偏差 U_A	$S_{\bar{x}}=\sqrt{\frac{1}{n(n-1)}\sum_{i=1}^{n}(d_i-\bar{d})^2}$										
仪器允差 U_B	$\sigma_{仪}=$										
合成不确定度	$U_{\bar{d}}=\sqrt{U_A^2+U_B^2}$										

钢丝的直径结果表达式：

$$d=\bar{d}\pm U_{\bar{d}}=$$

2. 小镜到标尺间距离

$$B=(\quad \pm \quad)$$

3. 钢丝原长

$$L=(\quad \pm \quad)$$

4. 小镜后脚至前二脚连线的垂直距离

$$b=(\quad \pm \quad)$$

5. 望远镜标尺读数 n_i

表 3-2-2

$\Delta m=3.00\text{kg}$

测量次数	砝码质量/kg	望远镜读数			测量次数	砝码质量/kg	望远镜读数		
		n/cm	n'/cm	$\bar{n}$/cm			n/cm	n'/cm	$\bar{n}$/cm
1	0.00				4	3.00			
2	1.00				5	4.00			
3	2.00				6	5.00			

$$\Delta \bar{n}=\frac{(\bar{n}_4-\bar{n}_1)+(\bar{n}_5-\bar{n}_2)+(\bar{n}_6-\bar{n}_3)}{3}=$$

6. 测量结果及不确定度估算

$$\bar{E}=\frac{8\Delta mgLB}{\pi d^2 b\Delta \bar{n}}=$$

相对不确定度

$$\frac{U_{\bar{E}}}{\bar{E}}=\sqrt{\left(\frac{U_L}{L}\right)^2+\left(\frac{U_B}{B}\right)+\left(\frac{U_b}{b}\right)^2+\left(\frac{2U_{\bar{d}}}{\bar{d}}\right)^2+\left(\frac{U_{\Delta\bar{n}}}{\Delta \bar{n}}\right)^2}$$

最终测量结果表达式

$$E=\bar{E}\pm U_{\bar{E}}=$$

【思考题】

1. 材料相同,但粗细、长度不同的两根钢丝,它们的杨氏弹性模量是否相同?
2. 本实验的各个长度量为什么使用不同的仪器测量?
3. 通过本实验的数据处理,体会用逐差法处理数据的优点。应注意什么问题?
4. 总结一下,为了能在望远镜中始终看清标尺的刻度,镜面及镜高度、望远镜高度、标尺中点位置、望远镜轴之间相互关系应如何?与地面的关系又如何?

实验三　气垫导轨上牛顿运动定律的研究

要测定物体的平均速度,只需测出物体在已知时刻 t 至 $t+\Delta t$ 内走过的距离 Δx,或者测出通过已知距离 Δx 所需的时间 Δt 就可以了。如果要测瞬时速度,就要求将 Δt 视为微量。对于作匀加速直线运动的物体,如果已知距离 s,测得起点和终点的速度分别为 v_1 和

v_2，则可以算出其加速度。这里的关键是要精确测量时间间隔 Δt。

物理实验中常用停表或光电元件控制的数字毫秒计来测量时间间隔。

做实验前应先阅读本实验后面的附录一气垫导轨简介和附录二数字毫秒计的使用。

【实验目的】

(1) 学习使用气垫导轨、数字毫秒计。

(2) 在气垫导轨上观察匀速直线运动，测量滑块的运动速度。

(3) 测量滑块运动的加速度，验证牛顿第二定律。

【实验原理】

1. 速度的测量

当物体所受的合外力为零时，物体将保持静止或作匀速直线运动。一个自由飘浮在水平气垫导轨上的滑块，它所受的合外力为零，因此，滑块在气垫导轨上可以静止，也可以作匀速直线运动。

在滑块上装一个窄的遮光板，当滑块经过设在某位置上的光电门时，则遮光板将遮住光电元件上的光。因遮光板的宽度是一定的，遮光时间的长短与物体通过光电门的速度成反比。测出遮光板的宽度 Δx 和遮光时间 Δt，根据平均速度公式，就可算出滑块通过光电门的平均速度

$$\bar{v} = \frac{\Delta x}{\Delta t} \tag{3-3-1}$$

由于 Δx 比较小，在 Δx 范围内滑动的速度变化比较小，故可以把 $\bar{v}$ 看成是滑块经过光电门的瞬时速度。同样还可以看出，Δt 越小(相应的遮光板也越窄)，则平均速度 $\bar{v}$ 越能准确地反映出滑块在该点的瞬时速度。显然，如果滑块作匀速直线运动，则瞬时速度与平均速度处处相等，而且滑块通过设在气垫导轨上任一位置的光电门时，毫秒计上显示的时间相同。

2. 加速度的测量

若滑块在水平方向上受恒力作用，则它将作匀加速运动。在气垫导轨中间选一段距离 s，并在 s 两端设置两个光电门，测出滑块通过 s 两端的始末速度 v_1 和 v_2，则滑块的加速度

$$a = \frac{v_2^2 - v_1^2}{2s} \tag{3-3-2}$$

3. 验证牛顿第二定律

气垫导轨调平后，用一系有砝码盘的轻线跨过气垫滑轮与滑块连接起来，如图 3-3-1 所示。设滑块的质量为 M，砝码盘与盘中的砝码质量为 m，则

$$mg - T = ma$$

$$T = Ma$$

$$F = mg = (m + M)a \tag{3-3-3}$$

因为 $M \gg m$，所以

$$a \approx \frac{mg}{M}$$

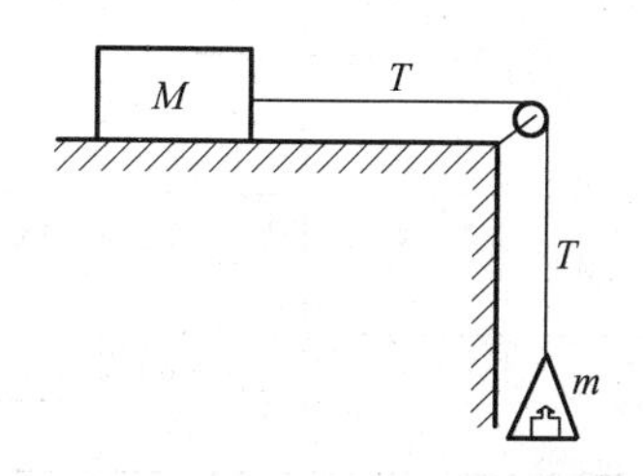

图 3-3-1 验证牛顿第二定律

加速度 a 的数值由式(3-3-2)求得，当作用力加大时，滑块的加速度也增大，且有 $F_1/a_1 = F_2/a_2 = F_3/a_3 = \cdots =$

常量；反之亦然。这表明，当物体质量一定时，物体运动的加速度与其所受的合外力成正比。如果物体所受合外力不变，则物体运动的加速度与其质量成反比。

【实验仪器】

气垫导轨（含光电门 2 个、气泵 1 台、数字毫秒计 1 台），大小滑块各 1 块，砝码盘，5.00g 砝码若干个。

【实验步骤】

1. 观察匀速直线运动，并测量其速度

（1）接通电源，使滑块能够在气垫导轨上自由运动。

（2）调整气垫导轨的水平：使两个光电门的距离为 $s=70.00\text{cm}$，选用计时器的“S_2 计时”挡和“ms”挡（参看附录二），给滑块以适当的初速度，分别记下通过两个光电门的 Δt_1 和 Δt_2，若 Δt_1 和 Δt_2 相差较大，则反复调整一个底脚螺丝，直到 Δt_1 和 Δt_2 相差千分之几秒，此时就认为气轨基本调平。实验时速度可控制在 40～50cm/s 之间（相当毫秒计上读数多少，自己计算一下）。

（3）调平后，分别使滑块向左、向右运动，记下通过两光电门的时间 Δt_1 和 Δt_2，重复两次结果填入表 3-3-1。计算滑块经过两个光电门时速度的差值，并比较两次的测量结果。

表 3-3-1

$\Delta x=5.00\text{cm}$

次数	滑块向左方向运动					滑块向右方向运动				
n	Δt_1	Δt_2	v_1	v_2	v_2-v_1	Δt_1	Δt_2	v_1	v_2	v_2-v_1
	单位：ms		单位：cm/s			单位：ms		单位：cm/s		
1										
2										

2. 验证牛顿第二定律

（1）调平气垫导轨。

（2）遮光板宽 5.00cm，二光电门的距离 $s=50.00\text{cm}$，用一根轻绳把砝码盘通过滑轮和滑块连接起来，实验时，使滑块由静止开始加速运动，记下 Δt_1 和 Δt_2，重复两次。

（3）验证在物体质量 M 不变时，物体的加速度与所受的外力成正比（砝码质量 m 为 5.00g、10.00g、15.00g，以小滑块为物体）。数据填入表 3-3-2。

表 3-3-2

$\Delta x=5.00\text{cm}, s=50.00\text{cm}, M_{小}=$ ________ g

砝码/g	次数	Δt_1/ms	Δt_2/ms	v_1/(cm/s)	v_2/(cm/s)	a	$\bar{a}$	$a_{计}$	$\frac{\Delta a}{a_{计}}$
						单位：cm/s^2			
5.00	1								
	2								
10.00	1								
	2								
15.00	1								
	2								

(4) 验证在物体所受外力不变时，物体的加速度与其质量成反比（砝码质量 m 为 10.00g，以大滑块为物体），数据填入表 3-3-3。

表　3-3-3

$\Delta x=5.00\text{cm}, s=50.00\text{cm}, M_{大}=$ ________ g

砝码/g	次数	Δt_1/ms	Δt_2/ms	v_1/(cm/s)	v_2/(cm/s)	a	$\bar{a}$	$a_{计}$	$\frac{\Delta a}{a_{计}}$
						单位：cm/s²			
10.00	1								
	2								

注：$\frac{\Delta a}{a_{计}}=\frac{|\bar{a}-a_{计}|}{a_{计}}$，$a_{计}=\frac{mg}{M}$

3. 测物体沿斜面运动的加速度

(1) 如图 3-3-2 所示，把导轨底部单脚端螺丝用 $h=1.00\text{cm}$ 的垫块垫起，使导轨形成一斜面，测量导轨两端底脚螺丝间的距离 L，保持 $s=50.00\text{cm}$，$\Delta x=5.00\text{cm}$。

(2) 使滑块从高点静止开始下滑，重复两次，记下 Δt_1、Δt_2，填入表 3-3-4。

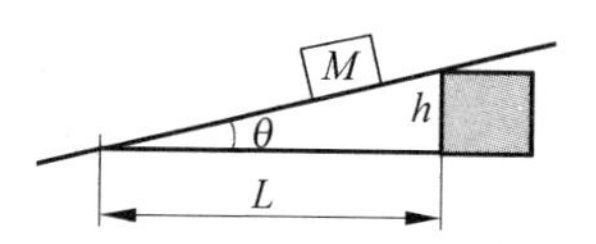

图 3-3-2　测斜面运动物体的加速度

(3) 计算 $a_{计}$：

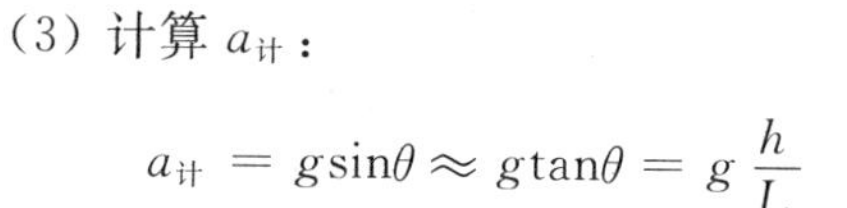

$$a_{计}=g\sin\theta\approx g\tan\theta=g\frac{h}{L}$$

表　3-3-4

$\Delta x=5.00\text{cm}, s=50.00\text{cm}, h=1.00\text{cm}, L=$ ________ cm

次数	Δt_1/ms	Δt_2/ms	v_1/(cm/s)	v_2/(cm/s)	a	$\bar{a}$	$a_{计}$	$\frac{\Delta a}{a_{计}}$
					单位：cm/s²			
1								
2								

注：$\frac{\Delta a}{a_{计}}=\frac{|\bar{a}-a_{计}|}{a_{计}}$

【思考题】

1. 测量的 a 应取几位有效数字？为什么？
2. 测量的 a 值比 $a_{计}$ 大，还是小？为什么？
3. 用测量的数据验证一下牛顿第二运动定律。
4. 导轨上标尺的精确度是多少？为什么精确度这样低？
5. 按理说滑块上的遮光板越窄，测出的平均速度越接近瞬时速度，为什么实验装置中遮光板不做得再窄一点？分析原因。

附录一　气垫导轨简介

气垫导轨是一种力学实验仪器,它利用从导轨表面的小孔喷出的压缩空气,使导轨表面与滑块之间形成一层很薄的“气垫”,将滑块抬起。这样,滑块在导轨表面运动时,就不存在接触摩擦力,仅仅只有小得多的空气粘滞力和周围空气阻力,滑块的运动几乎可以看成是“无摩擦”的。

利用气垫导轨不仅可以进行许多力学实验,如速度、加速度的测定,牛顿运动定律和守恒定律的验证,碰撞和简谐振动的研究等,而且提高了这些实验的准确度。

一、气垫导轨的结构

气垫导轨的整体结构可分为三部分:导轨、滑块和光电转换装置,如图 3-3-3 所示。

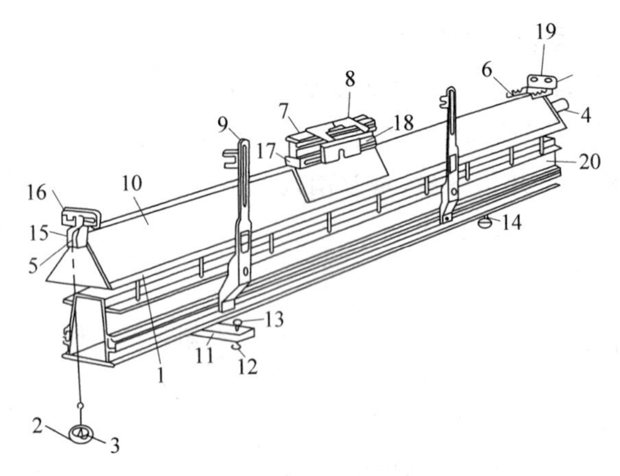

图 3-3-3　气垫导轨的整体结构

1—标尺;2—砝码盘;3—砝码;4—进气嘴;5—滑轮;6—弹射器;7—滑块;8—遮光板;9—光电转换装置;10—导轨;11—支脚;12—垫脚;13—调平螺栓;14—调平螺钉;15—滑轮架;16—左端盖;17—小钩;18—配重块;19—振子弹簧挂钩;20—底座

1. 导轨

导轨是用角铝合金做成的。为了加强刚性使其不易变形,把它固定在工字钢上。导轨一般长 1.5m 或 2m,轨面宽约 40mm,面上均匀分布着许多小气孔。导轨一端封死,另一端装有进气嘴,空气经橡皮管从进气嘴进入腔体后被压缩,就从小气孔喷出,托起滑块。滑块浮起的高度一般为 $10\sim100\mu m$,视气流的大小而定。为了避免碰伤,导轨进气端装有缓冲弹簧。在工字钢架的底部装有三个底脚螺栓,分居导轨两端。双脚端的螺栓用来调节轨面两侧线高度相等,单脚端螺栓用来调节导轨水平,或者将不同厚度的垫块放在导轨底脚螺栓下,以得到不同斜度的斜面。在气垫双脚调节螺栓那一端的上方,还有一个定滑轮。

2. 滑块

滑块是在导轨上运动的物体,一般长约 120mm 或 240mm,也是用角铝合金做成的。根据实验需要,在它上面可以加装遮光板、遮光杆、加重块、尼龙搭扣(或橡皮泥)及缓冲弹簧等附件。

3. 光电转换装置

光电转换装置称为光电门，见图 3-3-4，固定在导轨的一侧，在光敏座上下两侧面对应的位置上安装着照明小灯和光敏二极管，小灯点亮时正好照在光敏二极管上。

光敏二极管在光照时电阻约为几千欧至几十千欧，无光照时的电阻约在 1MΩ 以上。利用光敏二极管在两种状态下的电阻变化可获得一个信号电压，用来控制数字毫秒计，使其计数或停止。

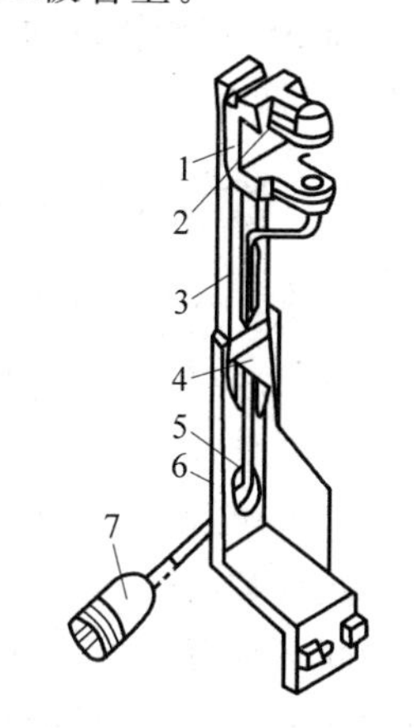

图 3-3-4　光电转换装置（光电门）

1—光敏座；2—圆柱头螺钉；3—侧式光电门架；4—指针；5—插座孔；6—压盖；7—四芯插头

二、气垫导轨使用注意事项

（1）导轨表面和与其相接触的滑块内表面都是经过仔细加工的，两者应配套使用，不得任意更换。在实验中严禁敲、碰、划伤，以致破坏表面的光洁程度。导轨未通气时，不允许将滑块放在导轨面上来回滑动。更换遮光板或需调整遮光板在滑块上的位置时，必须把滑块从导轨上取下，待调整好后再放上去。实验结束后应将滑块从导轨上取下，以免导轨变形。

（2）如果导轨的表面或者滑块的内表面有污物，可用棉花沾少许酒精，将污物擦洗干净，否则将阻碍滑块的运动。

（3）导轨面上的气孔很小，易被油泥堵塞。如果在一小段内发生堵塞，在该处滑块的运动就会受到影响。因此实验前应仔细进行通气检查，要是发现气孔不通畅，可用直径小于孔径的细钢丝钻通。

三、气垫导轨的调节

导轨调整水平状态是实验前的重要准备工作，要耐心，反复调整，可以按下列任一种方法调平导轨。

1. 静态调平

将导轨通气，把滑行器放置于导轨上，调节支点螺钉，直至滑行器在实验段内保持不动或稍有滑动但不总是向一个方向滑动，即认为已基本调平。由于滑块质量很轻，不好调整，通常采用动态调平方法。

2. 动态调平

把两个光电门装卡在导轨底座的梯形槽上，接通计时器电源给气轨通气，使滑行器从气轨一端向另一端运动，先后通过两个光电门，在计时器上记下通过两个光电门所用的时间 Δt_1 和 Δt_2，调节支点螺钉使 $\Delta t_1=\Delta t_2$，此时可视为导轨调平。

具体步骤如下：

（1）将数字毫秒计的工作状态选在“S_2 计时”挡和“ms”挡（参看附录二）。在滑块上装一遮光板，设其宽度为 Δx。当遮光板的前缘进入光电门时，由于小灯射到光敏二极管的光线被挡住，后者呈现高电阻状态，与之相连的电路送出一个电压脉冲信号至数字毫秒计的控制电路，毫秒计开始计时；当遮光板再一次挡光时，电路又送一个电压脉冲信号，使毫秒针停止计时，数字毫秒计上显示的数字即是宽为 Δx 的遮光板经过光电门的时间，计其为 Δt。

如果 Δx 取得很小，则 $\Delta x/\Delta t$ 便是滑块经过光电门的速度。

(2) 接通气源，把两个相同的光电门 C_1 及 C_2 放在导轨的不同位置上，轻微推动滑块，使之获得一定速度。令其顺次通过 C_1 和 C_2，从数字毫秒计上先后读出时间 Δt_1 和 Δt_2，如果 Δt_1 和 Δt_2 相差不超过千分之几秒(几个毫秒)，便可认为滑块速度相等，导轨已调平；如其不然，可调节垫脚螺丝，直至达到要求为止。

附录二　数字毫秒计的使用

数字毫秒计是用数码管显示数字来表示时间的一种精确计时仪器。这种仪器的功能之一，就是用于测量很短的时间。一般的数字毫秒计可以测量的最小时间间隔为 0.1ms。

数字毫秒计的种类较多，其工作原理是相同的。它利用石英晶体振荡器产生频率稳定在 10kHz 的电脉冲，即利用每秒钟内准确产生一万个脉冲的振荡器，用这些脉冲在开始计数和停止计数的时间间隔内去推动计数器计数。一个脉冲计一个数，任何两个相邻的脉冲的时间间隔为万分之一秒，即 0.1ms，故通过计数器所计的数字，就可以知道从“计”到“停”这段时间的长短，并且由数码管直接显示出来。

本实验室使用的是 MUJ-5C 型多用毫秒计，该仪器是多用途时间计量仪器，具有计时、计数、测速等功能，采用光电转换或电位触发的形式，控制仪器启、停，测量结果由数字直接显示。

该仪器前面板如图 3-3-5 所示，后面板如图 3-3-6 所示。

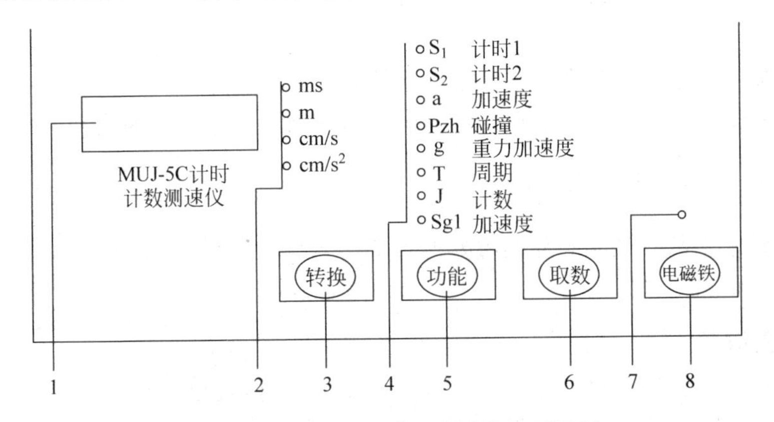

图 3-3-5　MUJ-5C 型多用毫秒计前面板图

1—LED 显示屏；2—测量单位指示灯；3—数值转换键；4—功能转换指示灯；5—功能选择/复位键；6—取数键；7—电磁铁开关指示灯；8—电磁铁开关键

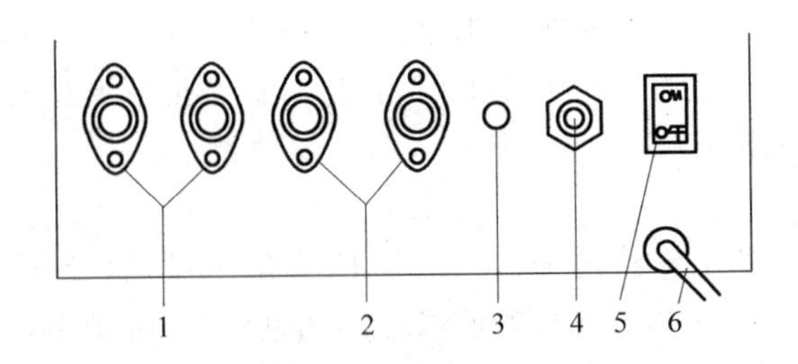

图 3-3-6　MUJ-5C 型多用毫秒计后面板图

1—P_1 光电门插口(兼电磁铁插口)；2—P_2 光电门插口；3—信号源输出插口；4—电源保险管座；5—电源开关；6—电源线

一、前面板各部位的作用

功能键：如按下功能键前，光电门遮过光，则清“0”，功能复位。光电门没遮过光，按功能键，仪器将选择新的功能。

取数键：在计时 1(S_1)、计时 2(S_2)、周期(T)功能时，仪器可自动存入前 20 个测量值，按下取数键，可显示存入值。当显示“E×”时，提示将显示存入的第×值。在显示存入值过程中，按下功能键，会清除已存入的数值。

转换键：在计时、加速度、碰撞功能时，按下转换键小于 1s，测量值在时间或速度之间转换。按下转换键大于 1s 可重新选择用户所用的挡光片宽度 1.0cm、3.0cm、5.0cm、10.0cm。换键设定的挡光片宽度应一致(仅显示时间时可忽略此项)。

电磁铁开关键：按动此键可改变电磁铁的吸合(键上发光管亮)、放开(键上发光管暗)。

二、仪器使用与操作

1. 计时 1(S_1)

测量对任一光电门的挡光时间，可连续测量。自动存入前 20 个数据，按下取数键可查看。

2. 计时 2(S_2)

测量光电门两次挡光的间隔时间，可连续测量。自动存入前 20 个数据，按下取数键可查看。

3. 加速度(a)

测量带凹形挡光片的滑行器，通过两个光电门的速度及通过两光电门这段路程的时间，可接入 2～4 个光电门。

本机会循环显示下列数据：

1	第一个光电门
×××××	第一个光电门测量值
2	第二个光电门
×××××	第二个光电门测量值
1-2	第一至第二光电门
×××××	第一至第二光电门测量值

注意：如接入 4 个光电门将继续显示第 3 个光电门、第 4 个光电门及 2-3、3-4 段的测量值。只有再按功能键清“0”，方可进行新的测量。

4. 碰撞(Pzh)：等质量，不等质量碰撞

在 P_1、P_2 口各接一只光电门，两只滑行器上装好相同宽度的凹形挡光片和碰撞弹簧，让滑行器从气轨两端向中间运动，各自通过一个光电门后相撞。

做完实验，会循环显示下列数据：

P 1.1	P_1 口光电门第一次通过
×××××	P_1 口光电门第一次测量值
P 1.2	P_1 口光电门第二次通过
×××××	P_1 口光电门第二次测量值
P 2.1	P_2 口光电门第一次通过

××××× P_2 口光电门第一次测量值

P 2.2 P_2 口光电门第二次通过

××××× P_2 口光电门第二次测量值

如滑块 3 次通过 P_1 口光电门，一次通过 P_2 口光电门，本机将不显示 P2.2 而显示 P1.3，表示 P_1 口光电门第三次遮光。

如滑块 3 次通过 P_2 口光电门，一次通过 P_1 口光电门，本机将不显示 P1.2 而显示 P2.3，表示 P_2 口光电门第三次遮光。

只有再按功能键清“0”，才能进行下一次测量。

5. 重力加速度(g)

将电磁铁插入 P_1 光电门插口，两个光电门插入 P_2 光电门插口，电磁铁开关键上方发光管亮时，吸上小钢球：按电磁铁开关键，小钢球下落(同步计时)，到小钢球前沿遮住光电门(记录时间)，显示：

1 第一个光电门

××××× t_1 值

2 第二个光电门

××××× t_2 值

因 $h_1=\frac{1}{2}gt_1^2$，$h_2=\frac{1}{2}gt_2^2$，故有 $g=\frac{2(h_2-h_1)}{t_2^2-t_1^2}$，其中 h_2-h_1 为两光电门之间的距离。

按功能键或按电磁铁开关键，仪器可自动清“0”，电磁铁吸合。

重力加速度的测量方法，还可用计时 2(S_2)功能测量。

6. 周期(T)

测量单摆振子或弹簧振子 1～100 周期的时间。

周期数的设定：在显示周期数时，按下转换键不放，确认到自己所需周期数时放开此键即可。

运动平稳后，按功能键，即可开始测量。每完成一个周期，显示周期数会自动减 1，当最后一次遮光完成，显示累计时间值。按取数键可显示本次实验(最多前 20 个周期)每个周期的测量值，如显示：E2(表示第二个周期)，×××××(第二个周期的时间)……

7. 计数(J)

测量光电门的遮光次数。

8. 信号源(Sg1)

将信号源输出插头插入信号源输出插口，可在插头上测量本机输出时间间隔为 0.1ms、1ms、10ms、100ms、1000ms 的电信号，按转换键可改变电信号的频率。

如果测试信号误差较大，请检查本仪器地线与测试仪器地线是否相连接。

三、仪器使用注意事项

(1) 测量时间小于 1ms 或大于 99.999s。按转换键想转换为速度时，只显示 0.0.0.0.，表示超范围测量。

(2) 当做完实验后，应关闭仪器电源开关。

(3) 避免使仪器接近太阳光，因为这将影响仪器的性能。

实验四　气垫导轨上动量守恒定律的研究

【实验目的】

(1) 进一步学习使用气垫导轨和数字毫秒计；

(2) 在弹性碰撞和完全非弹性碰撞两种情况下，验证动量守恒定律。

【实验原理】

根据动量守恒定律，如果一个运动系统所受的合外力为零，则该系统的总动量保持不变。若将气垫导轨调整为水平，然后把质量分别为 M_1 和 $M_2(M_1>M_2)$ 的滑块同时放在气垫导轨上，使质量为 M_2 的滑块静止，即 $v_2=0$。如果给质量为 M_1 的滑块一个初速度，使其与小滑块发生完全弹性碰撞(即碰撞后两个物体完全分离)，则碰撞前和碰撞后动量守恒，即

$$M_1 v_1 = M_1 v_1' + M_2 v_2' \tag{3-4-1}$$

式中 v_1'、v_2' 分别为碰撞后大、小滑块的速度。如果在上述条件不变时，仅使完全弹性碰撞变为完全非弹性碰撞(即碰撞后两个物体完全结合)，则

$$M_1 v_1 = (M_1 + M_2) v_1' \tag{3-4-2}$$

【实验仪器】

气垫导轨，大小滑块各 1 个，光电门 2 个，数字毫秒计 1 台。

【实验步骤】

1) 打开毫秒计开关，使光电门灯泡点亮，并将毫秒计复位为零。

2) 验证完全弹性碰撞

(1) 调平气垫导轨，将两个光电门放在适当的位置。

(2) 将小滑块(M_2)放于气垫导轨上两光电门之间的适当位置上，并使之静止；将大滑块(M_1)放于导轨的一端，给它一初速度，使大小两滑块相碰且沿一个方向运动。

(3) 分别记下碰撞前大滑块途经第一光电门的时间 Δt_1，以及碰撞后大、小两滑块途经第二光电门的时间 $\Delta t_1'$、$\Delta t_2'$，数据填入表 3-4-1。

3) 验证完全非弹性碰撞。此时，将滑块上的弹簧换上尼龙搭扣，然后按步骤 2)中的(1)、(2)、(3)进行(注意取下小滑块上的遮光片)。

4) 上述实验重复三次，数据填入表 3-4-2。

【数据表格】

1. 完全弹性碰撞

表　3-4-1

$M_1=$________ g，$M_2=$________ g，$\Delta x=5.00$cm

次数	Δt_1	$\Delta t_1'$	$\Delta t_2'$	v_1	v_1'	v_2'	$M_1 v_1$	$M_1 v_1' + M_2 v_2'$	$\frac{\Delta(Mv)}{M_1 v_1}$
	单位：ms			单位：m/s			单位：kg · m/s		
1									
2									
3									

注：$\Delta(Mv)=|M_1 v_1-(M_1 v_1'+M_2 v_2')|$

2. 完全非弹性碰撞

表 3-4-2

$M_1=$ ________ g, $M_2=$ ________ g, $\Delta x=3.00$cm

次数	Δt_1	$\Delta t_1'$	v_1	v_1'	M_1v_1	$(M_1+M_2)v_1'$	$\frac{\Delta(Mv)}{M_1v_1}$
	单位：ms		单位：m/s		单位：kg·m/s		
1							
2							
3							

注：$\Delta(Mv)=|M_1v_1-(M_1+M_2)v_1'|$

【思考题】

1. 在完全弹性碰撞情况下，当 $M_1\neq M_2$，$v_2=0$ 时，两个滑块碰撞前后的总动能是否相等？若不相等，分析产生误差的原因。它们的速度、动量数值应取几位有效数字？为什么？写出它们的标准形式。

2. 比较碰撞实验与用斜面法测加速度的相对误差，试分析原因。

实验五　刚体定轴转动的研究

转动惯量是刚体转动中惯性大小的量度。它取决于刚体的总质量、质量分布、形状大小和转轴位置。对于形状简单、质量均匀分布的刚体，可以通过数学方法计算出它绕特定转轴的转动惯量，但对于形状比较复杂，或质量分布不均匀的刚体，用数学方法计算其转动惯量是非常困难的，因而大多采用实验方法来测定。

本实验思路清晰，操作简便，可以作为测定转动惯量的初级实验。

【实验目的】

(1) 学会用实验验证刚体定轴转动定律和平行轴定理的方法。

(2) 进一步理解刚体转动惯量的三要素，即质量、质量分布和转轴对刚体转动惯量的影响。

(3) 学会用作图法处理实验数据，了解作图法的优点和局限性。

【实验原理】

根据刚体定轴转动定律，刚体定轴转动时满足

$$M=J\beta \tag{3-5-1}$$

式中，M 是刚体所受的合外力矩；J 是刚体系统的转动惯量；β 为刚体转动的角加速度。这三个物理量均对同一转轴而言。

本实验中，刚体所受合外力矩为绳子给予的力矩 $T\cdot r$ 和摩擦力矩 M_μ 之差，即

$$T\cdot r-M_\mu=J\beta \tag{3-5-2}$$

式中，T 为绳子张力，与 OO' 轴相垂直；r 为塔轮半径。

当略去滑轮及绳子质量、滑轮轴上的摩擦力，并认为绳长不变时，质量为 m 的砝码以匀加速度 a 下落，有

$$T = m(g - a) \tag{3-5-3}$$

砝码由静止开始下落，当落下高度为 h 时所用时间为 t，有

$$h = \frac{1}{2}at^2 \tag{3-5-4}$$

加速度和角加速度满足关系

$$a = r\beta \tag{3-5-5}$$

综合联立以上式子则有

$$m(g - a)r - M_\mu = \frac{2hJ}{rt^2} \tag{3-5-6}$$

在实际实验中，由于满足 $g \gg a$，以及 $M_\mu \ll mgr$，略去这两个小量，则有

$$mgr = \frac{2hJ}{rt^2} \tag{3-5-7}$$

下面分两种情况讨论：

(1) 若保持下落距离 h 和转动质量 m 不变，转动体位置不变，只改变塔轮半径 r，则有

$$r = \sqrt{\frac{2hJ}{mg}} \cdot \frac{1}{t} = K_1 \frac{1}{t} \tag{3-5-8}$$

即塔轮半径 r 与下落时间 t 的倒数呈线性关系，系数为

$$K_1 = \sqrt{\frac{2hJ}{mg}}$$

改变塔轮半径，得到不同的下落时间，在直角坐标系中作 r-$\frac{1}{t}$图，若为直线，则验证了转动定律公式。

同时，可以通过 r-$\frac{1}{t}$关系曲线求出其斜率，从而解出转动惯量 J：

$$J = \frac{mgK_1^2}{2h} \tag{3-5-9}$$

(2) 若保持下落距离、缠绕半径、转动块质量(h、r、m)不变，而对称地改变转动块的质心到转轴 OO'的距离 x，根据平行轴定理(理论分析表明，质量为 m 的物体围绕通过质心 O 的转轴转动时的转动惯量 J_0 最小。当转轴平行移动距离 d 后，绕新转轴转动的转动惯量为：$J=J_0+md^2$，这就是转动中的平行轴定理)，实验中整个转动系统对转动轴总的转动惯量为

$$J = J_0 + J_{0C} + 2m_0x^2 \tag{3-5-10}$$

其中，J_0 为塔轮及转动杆 A、B、B'等对转轴 OO'的转动惯量；J_{0C} 为两个转动块对过其质心且平行于转轴 OO'的转动惯量。则有

$$t^2 = \frac{4m_0h}{mgr^2}x^2 + \frac{2h(J_0 + J_{0C})}{mgr^2} = K_2x^2 + C \tag{3-5-11}$$

这说明时间平方与转动块到中心转轴距离的平方成正比。

改变转动块到中心的距离，得到不同的时间，在直角坐标系中作图，若是直线，则平行轴定理即可得到验证。

【实验仪器】

刚体转动惯量实验仪,砝码,米尺,秒表。

实验装置如图 3-5-1 所示。

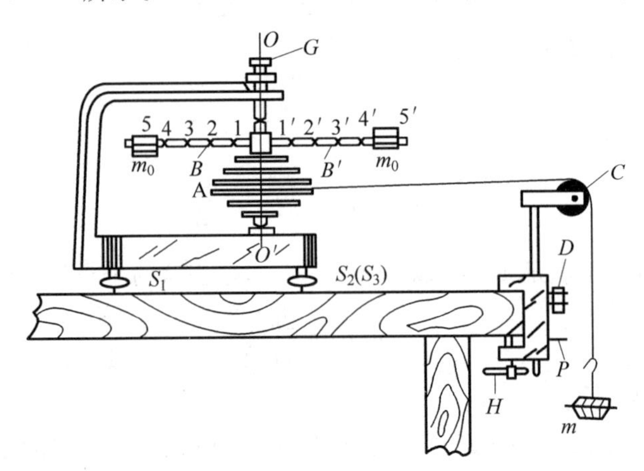

图 3-5-1 实验装置

1—塔轮;B,B′—均匀细梁;C—滑轮;D—支架;OO′—固定转轴;m—砝码;S_1,S_2,S—底脚螺丝;G—固定螺丝;H—固定台架的螺丝扳手;F—砝码开始下落位置标志

【实验内容及步骤】

(1) 调节实验装置的初始平衡。在实验台的底座上有一个小气泡,小气泡在中心说明底座是水平的,若有偏差可通过调节底座的三个支架使小气泡处于中心。

(2) 将两个转动块对称地固定在质心距中心转轴 OO' 为第 5 刻线(5,5′)的位置上,砝码质量 $M=20.00$g,将线均匀密布绕在 $r=1.00$cm 的塔轮上,可调节滑轮高度保持线取水平,使砝码由静止开始下落,启动秒表计时,当砝码落地时停止计时,读出砝码下落所用的时间,填入表 3-5-1 中对应位置,重复操作三次。

塔轮共有五级,半径依次为 1.00、1.50、2.00、2.50、3.00cm,每个半径下均需按上述步骤重复操作三次,将时间填入表 3-5-1 中。

用米尺测量砝码从开始下落处到地面的垂直距离,填入表 3-5-1 中。

(3) 保持 h 及 m 不变,把线绕到 $r=2.50$cm 的半径中且保持不变,而改变转动块到中心转轴的距离,用改锥将两个转动块对称地依次固定在第一刻线(1,1′)到第五刻线(5,5′)的位置,每个刻线处记三次下落时间,填入表 3-5-2 中。

【数据表格】

1. 测定物体的转动惯量

表 3-5-1

$h=$________ cm, $m=20.00$g, m_0(5,5′)

r/cm		1.00	1.50	2.00	2.50	3.00
t/s	第 1 次					
	第 2 次					
	第 3 次					

续表

r/cm	1.00	1.50	2.00	2.50	3.00
平均 t/s					
$\frac{1}{t}\Big/(1/s)$					

在坐标纸上绘制 $r\text{-}\frac{1}{t}$ 图线，求出其斜率 $K_1=\frac{\Delta r}{\Delta\frac{1}{t}}$，进而由公式 $J=\frac{mgK_1^2}{2h}$ 计算出系统的转动惯量。

2. 验证平行轴定理

表 3-5-2

$h=$______ cm，　$m=20.00$g，　$r=2.50$cm

m_0位置(x,x')		1	2	3	4	5
t/s	第 1 次					
	第 2 次					
	第 3 次					
平均 t/s						
t^2/s^2						

在坐标纸上做出 $t^2\text{-}x^2$ 图线，若为直线，则验证了平行轴定理。

【思考题】

1. 本实验产生误差的因素有哪些？哪些属于系统误差，哪些属于偶然误差？
2. 用作图法处理数据有哪些优点和缺点？

实验六　刚体转动惯量的测定

转动惯量的测定，在涉及刚体转动的机电制造、航空、航天、航海、军工等工程技术和科学研究中具有十分重要的意义。测定转动惯量常采用扭摆法或恒力矩转动法，本实验采用恒力矩转动法测定转动惯量。

本实验在实验五的基础上，进一步掌握转动惯量的测量仪器的使用和方法。

【实验目的】

(1) 学习用恒力矩转动法测定刚体转动惯量的原理和方法。

(2) 观测刚体的转动惯量随其质量、质量分布及转轴不同而改变的情况，验证平行轴定理。

(3) 学会使用智能计时计数器测量时间。

【实验原理】

1. 恒力矩转动法测定转动惯量的原理

根据刚体的定轴转动定律

$$M = J\beta \tag{3-6-1}$$

只要测定刚体转动时所受的总合外力矩 M 及该力矩作用下刚体转动的角加速度 β，则可计算出该刚体的转动惯量 J。

设以某初始角速度转动的空实验台转动惯量为 J_1，未加砝码时，在摩擦阻力矩 M_μ 的作用下，实验台将以角加速度 β_1 作匀减速运动，即

$$-M_\mu = J_1\beta_1 \tag{3-6-2}$$

将质量为 m 的砝码用细线绕在半径为 R 的实验台塔轮上，并让砝码下落，系统在恒外力作用下将作匀加速运动。若砝码的加速度为 a，则细线所受张力为 $T=m(g-a)$。若此时实验台的角加速度为 β_2，则有 $a=R\beta_2$。细线施加给实验台的力矩为 $TR=m(g-R\beta_2)R$，此时有

$$m(g-R\beta_2)R - M_\mu = J_1\beta_2 \tag{3-6-3}$$

将式(3-6-2)、式(3-6-3)联立消去 M_μ 后，可得

$$J_1 = \frac{mR(g-R\beta_2)}{\beta_2-\beta_1} \tag{3-6-4}$$

同理，若在实验台上加上被测物体后系统的转动惯量为 J_2，加砝码前后的角加速度分别为 β_3 与 β_4，则有

$$J_2 = \frac{mR(g-R\beta_4)}{\beta_4-\beta_3} \tag{3-6-5}$$

由转动惯量的叠加原理可知，被测试件的转动惯量 J_3 为

$$J_3 = J_2 - J_1 \tag{3-6-6}$$

测得 R、m 及 β_1、β_2、β_3、β_4，由式(3-6-4)～式(3-6-6)即可计算被测试件的转动惯量。

2. β的测量

实验中采用智能计时计数器记录遮挡次数和相应的时间。固定在载物台圆周边缘相差 π 角的两遮光细棒，每转动半圈遮挡一次固定在底座上的光电门，即产生一个计数光电脉冲，计数器计下遮挡次数 k 和相应的时间 t。若从第一次挡光($k=0$，$t=0$)开始计次、计时，且初始角速度为 ω_0，则对于匀变速运动中测量得到的任意两组数据(k_m，t_m)，(k_n，t_n)，相应的角位移 θ_m、θ_n 分别为

$$\theta_m = k_m\pi = \omega_0 t_m + \frac{1}{2}\beta t_m^2 \tag{3-6-7}$$

$$\theta_n = k_n\pi = \omega_0 t_n + \frac{1}{2}\beta t_n^2 \tag{3-6-8}$$

从式(3-6-7)、式(3-6-8)中消去 ω_0，可得

$$\beta = \frac{2\pi(k_n t_m - k_m t_n)}{t_n^2 t_m - t_m^2 t_n} \tag{3-6-9}$$

由式(3-6-9)即可计算角加速度 β。

3. 平行轴定理

理论分析表明，质量为 m 的物体围绕通过质心 O 的转轴转动时的转动惯量 J_0 最小。当转轴平行移动距离 d 后，绕新转轴转动的转动惯量为

$$J = J_0 + md^2 \tag{3-6-10}$$

【实验仪器】

ZKY-ZS 转动惯量实验仪(见图 3-6-1),智能计时计数器(仪器技术指标及使用方法见附录),待测圆盘、圆环等。

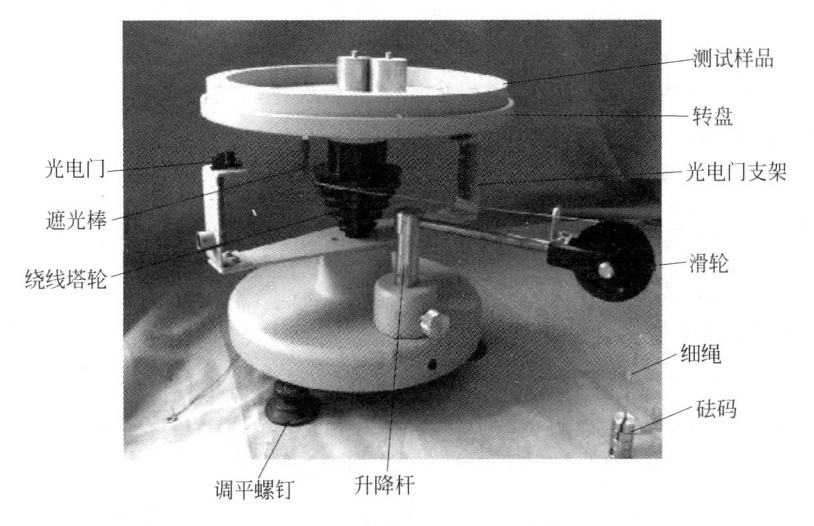

图 3-6-1　转动惯量实验组合仪

【实验内容及步骤】

1. 实验准备

在桌面上放置 ZKY-ZS 转动惯量实验仪,并利用基座上的三颗调平螺钉,将仪器调平。将滑轮支架固定在实验台面边缘,调整滑轮高度及方位,使滑轮槽与选取的绕线塔轮槽等高,且其方位相互垂直,如图 3-6-1 所示。并且用数据线将智能计时计数器中 A 或 B 通道与转动惯量实验仪其中一个光电门相连。

2. 测量并计算实验台的转动惯量 J_1

(1) 测量 β_1

上电开机后 LCD 显示“智能计数计时器　成都世纪中科”欢迎界面,延时一段时间后,显示操作界面,然后进行如下操作:

① 选择“计时　1—2 多脉冲”。

② 选择通道。

③ 用手轻轻拨动载物台,使实验台有一初始转速并在摩擦阻力矩作用下作匀减速运动。

④ 按确认键进行测量。

⑤ 载物盘转动 15 圈后按确认键停止测量。

⑥ 查阅数据,并将查阅到的数据记入表 3-6-1 中。

采用逐差法处理数据,将第 1 和第 5 项合为一组,第 2 和第 6 项合为一组……分别组成 4 组,用式(3-6-9)计算对应各组的 β_1 值,然后求其平均值作为 β_1 的测量值。

⑦ 按确认键后返回“计时　1—2 多脉冲”界面。

(2) 测量 β_2

① 选择塔轮半径 R 及砝码质量，将一端打结的细线沿塔轮上开的细缝塞入，并且不重叠地密绕于所选定半径的轮上，细线另一端通过滑轮后连接砝码托上的挂钩，用手将载物台稳住。

② 重复(1)中的②、③、④步。

③ 释放载物台，砝码重力产生的恒力矩使实验台产生匀加速转动。

记录 8 组数据后停止测量。查阅、记录数据于表 3-6-1 中并计算 β_2 的测量值。

由式(3-6-4)即可算出 J_1 的值。

3. 测量并计算实验台放上试样后的转动惯量 J_2，计算试样的转动惯量 J_3 并与理论值比较

将待测试样放上载物台并使试样几何中心轴与转轴中心重合，按与测量 J_1 同样的方法可分别测量未加砝码的角加速度 β_3 与加砝码后的角加速度 β_4，记录数据于表 3-6-2。由式(3-6-5)可计算 J_2 的值，已知 J_1、J_2，由式(3-6-6)可计算试样的转动惯量 J_3。

已知圆盘、圆柱绕几何中心轴转动的转动惯量理论值为

$$J=\frac{1}{2}mR^2 \tag{3-6-11}$$

圆环绕几何中心轴的转动惯量理论值为

$$J=\frac{m}{2}(R_{外}^2+R_{内}^2) \tag{3-6-12}$$

计算试样的转动惯量理论值并与测量值 J_3 比较，计算测量值的相对误差：

$$E=\frac{J_3-J}{J}\times 100\% \tag{3-6-13}$$

4. 验证平行轴定理

将两圆柱体对称插入载物台上与中心距离为 d 的圆孔中，测量并计算两圆柱体在此位置的转动惯量，数据记入表 3-6-3。将测量值与由式(3-6-10)、式(3-6-11)算得的计算值比较，若一致即验证了平行轴定理。

【数据表格】

表 3-6-1　测量实验台的角加速度

匀减速						匀加速　$R_{塔轮}=25\text{mm}$，$m_{砝码}=50.4\text{g}$					
k	1	2	3	4	平均	k	1	2	3	4	平均
t/s						t/s					
k						k					
t/s						t/s					
$\beta_1/(1/\text{s}^2)$						$\beta_2/(1/\text{s}^2)$					

将表中数据代入式(3-6-4)可计算空实验台的转动惯量 $J_1=$________ $\text{kg}\cdot\text{m}^2$

表 3-6-2　测量实验台加圆环试样后的角加速度

$R_{外}$ =________ mm，　$R_{内}$ =________ mm，　$m_{圆环}$ =________ g

匀减速						匀加速　$R_{塔轮}=25\text{mm}$，$m_{砝码}=50.4\text{g}$					
k	1	2	3	4	平均	k	1	2	3	4	平均
t/s						t/s					
k						k					
t/s						t/s					
$\beta_3/(1/s^2)$						$\beta_4/(1/s^2)$					

将表中数据代入式(3-6-5)可计算实验台放上圆环后的转动惯量 J_2=________ $\text{kg}\cdot\text{m}^2$

由式(3-6-6)可计算圆环的转动惯量测量值 J_3=________ $\text{kg}\cdot\text{m}^2$

由式(3-6-12)可计算圆环的转动惯量理论值 J=________ $\text{kg}\cdot\text{m}^2$

由式(3-6-13)可计算测量的相对误差 E=________%

表 3-6-3　测量两圆柱试样中心与转轴距离 $d=100\text{mm}$ 时的角加速度

$R_{圆柱}$ =________ mm，　$m_{圆柱}\times 2$ =________ g

匀减速						匀加速　$R_{塔轮}=25\text{mm}$，$m_{砝码}=50.4\text{g}$					
k	1	2	3	4	平均	k	1	2	3	4	平均
t/s						t/s					
k						k					
t/s						t/s					
$\beta_3/(1/s^2)$						$\beta_4/(1/s^2)$					

将表中数据代入式(3-6-5)可计算实验台放上两圆柱后的转动惯量 J_2=________ $\text{kg}\cdot\text{m}^2$

由式(3-6-6)可计算两圆柱的转动惯量测量值 J_3=________ $\text{kg}\cdot\text{m}^2$

由式(3-6-10)、式(3-6-11)可计算两圆柱的转动惯量理论值 J=________ $\text{kg}\cdot\text{m}^2$

由式(3-6-13)可计算测量的相对误差 E=________%

说明：

1. 试样的转动惯量是根据公式 $J_3=J_2-J_1$ 间接测量而得，由标准误差的传递公式有 $\Delta J_3=(\Delta J_2^2+\Delta J_1^2)^{1/2}$。当试样的转动惯量远小于实验台的转动惯量时，误差的传递可能使测量的相对误差增大。

2. 理论上，同一待测样品的转动惯量不随转动力矩的变化而变化。改变塔轮半径或砝码质量(5 个塔轮，5 个砝码)可得到 25 种组合，形成不同的力矩。可改变实验条件进行测量并对数据进行分析，探索其规律，寻求发生误差的原因，探索测量的最佳条件。

附录

1. ZKY-ZS 转动惯量实验仪

转动惯量实验仪如图 3-6-1 所示，绕线塔轮通过特制的轴承安装在主轴上，使转动时的摩擦力矩很小。塔轮半径为 15mm、20mm、25mm、30mm、35mm 共 5 挡，可与大约 5g 的砝码托及 1 个 5g、4 个 10g 的砝码组合，产生大小不同的力矩。载物台用螺钉与塔轮连接在一起，随塔轮转动。随仪器配的被测试样有 1 个圆盘、1 个圆环、两个圆柱；试样上标有几何尺寸及质量，便于将转动惯量的测试值与理论计算值比较。圆柱试样可插入载物台上的不同孔，这些孔离中心的距离分别为 45mm、60mm、75mm、90mm、105mm，便于验证平行轴定理。铝制小滑轮的转动惯量与实验台相比可忽略不计。一只光电门作测量用，一只备用，可通过智能计时计数器上的按钮方便地切换。

2. 智能计时计数器简介及技术指标

(1) 主要技术指标

时间分辨率(最小显示位)为 0.0001s，误差为 0.004%；最大功耗 0.3W。

(2) 智能计时计数器简介

智能计时计数器配备一个+9V 稳压直流电源。

智能计时计数器包括：+9V 直流电源输入端；122×32 点阵图形 LCD；三个操作按钮——模式选择/查询下翻按钮、项目选择/查询上翻按钮、确定/开始/停止按钮；四个信号源输入端，两个 4 孔输入端是一组，两个 3 孔输入端是另一组，4 孔的 A 通道同 3 孔的 A 通道同属同一通道，不管接哪个效果都一样，同样 4 孔的 B 通道和 3 孔的 B 通道同属同一通道，见图 3-6-2。

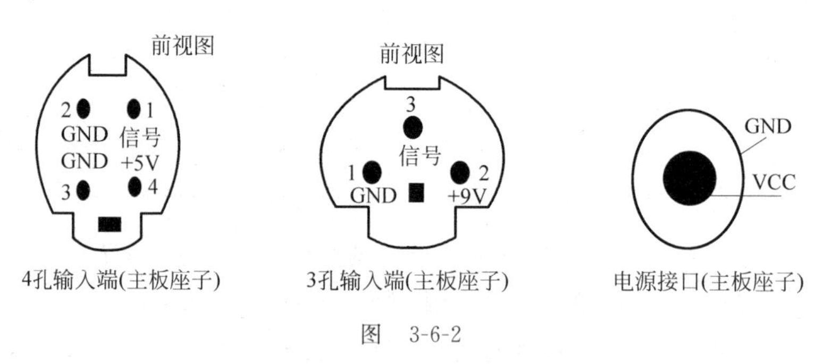

图 3-6-2

(3) 智能计时计数器操作

上电开机后显示“智能计数计时器　成都世纪中科”画面，延时一段时间后，显示操作界面：

上行为测试模式名称和序号，例：“1 计时⇦”表示按模式选择/查询下翻按钮选择测试模式。

下行为测试项目名称和序号，例：“1—1 单电门⇨”表示项目选择/查询上翻按钮选择测试项目。

选择好测试项目后，按确定键，LCD 将显示“选 A 通道测量⇔”，然后通过按模式选择/查询下翻按钮和项目选择/查询上翻按钮进行 A 或 B 通道的选择，选择好后再次按下确认键即可开始测量。一般测量过程中将显示“测量中 ***** ”，测量完成后自动显示测量值，若该项目有几组数据，可按查询下翻按钮或查询上翻按钮进行查询，再次按下确定键退回到项目选择界面。如未测量完成就按下确定键，则测量停止，将根据已测量到的内容进行显示，再次按下确定键将退回到测量项目选择界面。

注意：有A、B两通道，每通道都各有两个不同的插件(分别为电源+5V的光电门4芯和电源+9V的光电门3芯)，同一通道不同插件的关系是互斥的，禁止同时接插同一通道不同插件。

A、B通道可以互换，如为单电门时，使用A通道或B通道都可以，但是尽量避免同时插A、B两通道，以免互相干扰。如为双电门，则产生前脉冲的光电门可接A通道也可接B通道，后脉冲的当然也可随便插在余下那个通道。

如果光电门被遮挡时输出的信号端是高电平，则仪器是测脉冲的上升前沿间时间；如光电门被遮挡时输出的信号端是低电平，则仪器是测脉冲的上升后沿间时间的。

模式种类及功能：

1. 计时

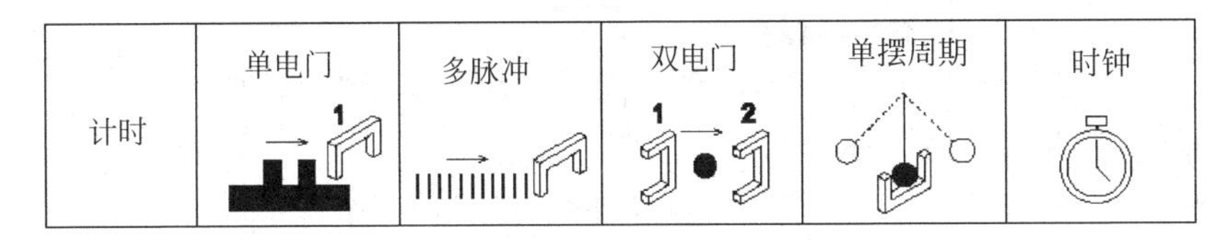

2. 平均速度

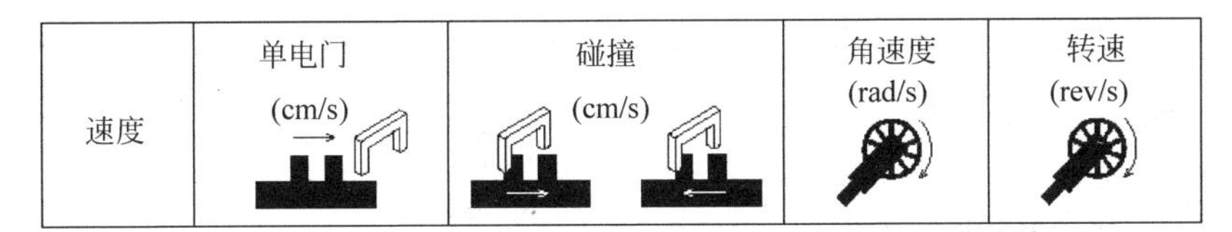

3. 加速度

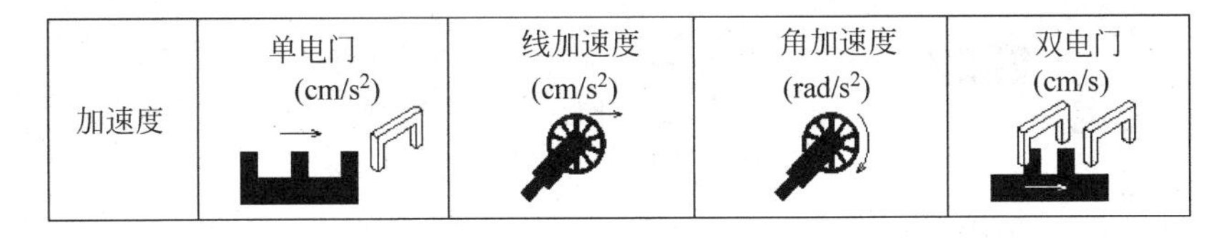

4. 计数

计数	30 秒	60 秒	3 分钟	手动

5. 自检

自检	光电门自检

测量信号输入：

1. 计时

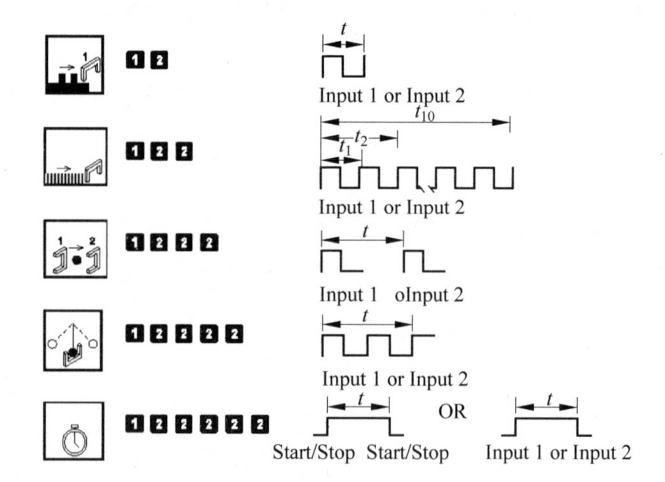

1—1 单电门，测试单电门连续两脉冲间距时间。

1—2 多脉冲，测量单电门连续脉冲间距时间，可测量 99 个脉冲间距时间。

1—3 双电门，测量两个电门各自发出单脉冲之间的间距时间。

1—4 单摆周期，测量单电门第三脉冲到第一脉冲间隔时间。

1—5 时钟，类似跑表，按下确定按钮则开始计时。

2. 速度

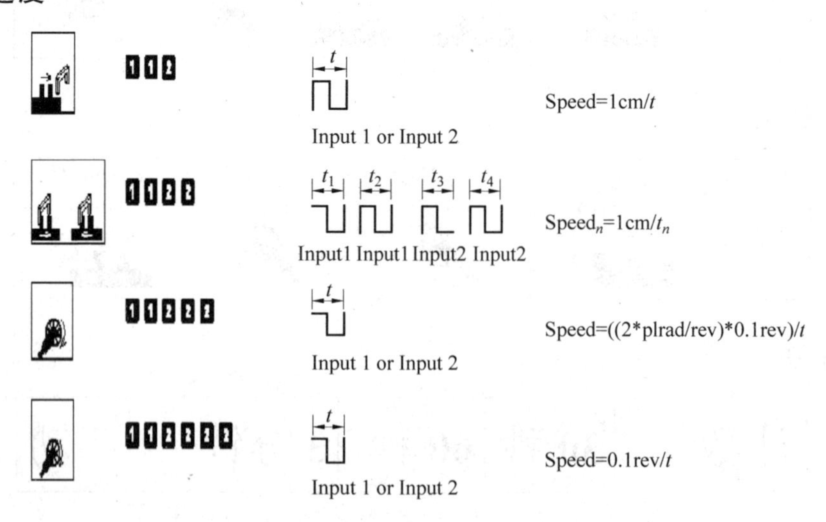

2—1 单电门，测得单电门连续两脉冲间距时间 t，然后根据公式计算速度。

2—2 碰撞，分别测得各个光电门在去和回时遮光片通过光电门的时间 t_1、t_2、t_3、t_4，然后根据公式计算速度。

2—3 角速度，测得圆盘两遮光片通过光电门产生的两个脉冲间时间 t，然后根据公式计算速度。

2—4 转速，测得圆盘两遮光片通过光电门产生的两个脉冲间时间 t，然后根据公式计算速度。

3. 加速度

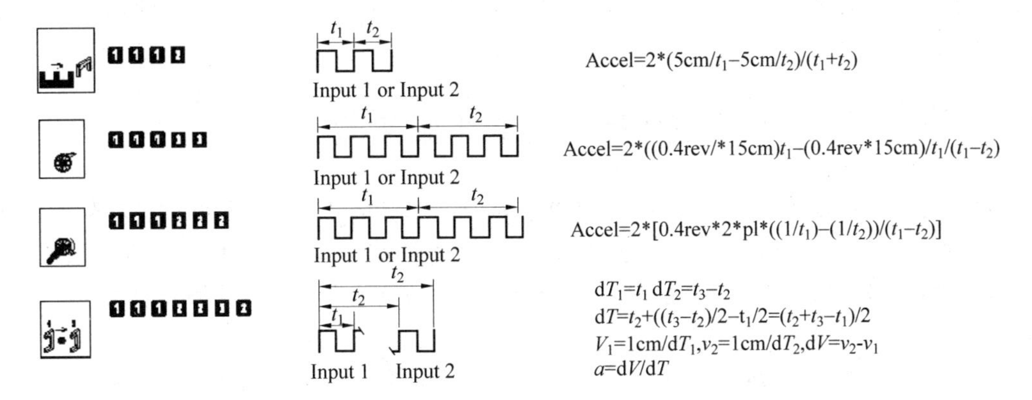

3—1 单电门，测得单电门连续三脉冲各个脉冲与相邻脉冲间距时间 t_1、t_2，然后根据公式计算速度。

3—2 线加速度，测得单电门连续七脉冲第 1 个脉冲与第 4 个脉冲间距时间 t_1、第 7 个脉冲与第 4 个脉冲间距时间 t_2，然后根据公式计算速度。

3—3 角加速度，测得单电门连续七脉冲第 1 个脉冲与第 4 个脉冲间距时间 t_1、第 7 个脉冲与第 4 个脉冲间距时间 t_2，然后根据公式计算速度。

3—4 双电门，测得 A 通道第 2 脉冲与第 1 脉冲间距时间 t_1，B 通道第一脉冲与 A 通道第一脉冲间距时间 t_2，B 通道第二脉冲与 A 通道第一脉冲间距时间 t_3。

4. 计数

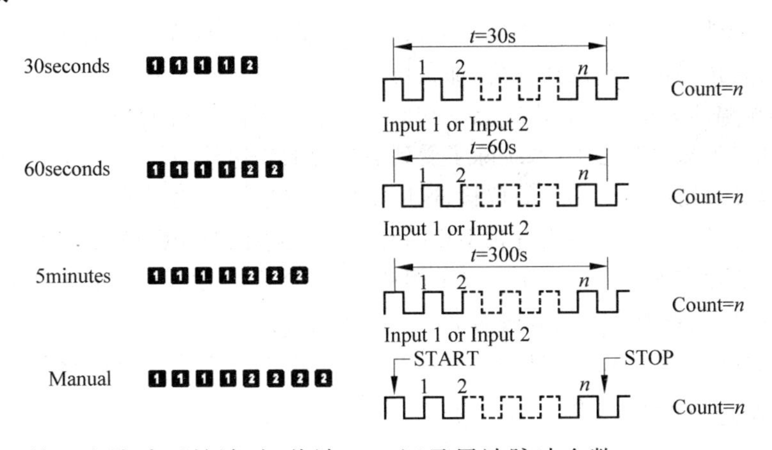

4—1 30s，第一个脉冲开始计时，共计 30s，记录累计脉冲个数。

4—2 60s，第一个脉冲开始计时，共计 60s，记录累计脉冲个数。

4—3 3min，第一个脉冲开始计时，共计 3min，记录累计脉冲个数。

4—4 手动，第一个脉冲开始计时，手动按下确定键停止，记录累计脉冲个数。

5. 自检

自检

显示“高”

显示“低”

Input 1 and/or Input 2

检测信号输入端电平。特别注意：如某一通道无任何线缆连接将显示“高”。自检时正确的方法应该是通过遮挡光电门来查看 LCD 显示通道是否有高低变化。有变化则光电门正常，反之异常。

实验七　玻尔共振实验

在机械制造和建筑工程等科技领域中受迫振动所导致的共振现象引起工程技术人员极大注意，它有破坏作用，但也有许多实用价值。众多电声器件是运用共振原理设计制作的。此外，在微观科学研究中“共振”也是一种重要研究手段，例如利用核磁共振和顺磁共振研究物质结构等。

表征受迫振动性质的是受迫振动的振幅-频率特性和相位-频率特性（简称幅频和相频特性）。

本实验采用玻尔共振仪定量测定机械受迫振动的幅频特性和相频特性，并利用频闪方法来测定动态的物理量——相位差。数据处理与误差分析方面内容也较丰富。

【实验目的】

（1）研究玻尔共振仪中弹性摆轮受迫振动的幅频特性和相频特性。

（2）研究不同阻尼力矩对受迫振动的影响，观察共振现象。

（3）学习用频闪法测定运动物体的某些量，例如相位差。

（4）学习系统误差的修正。

【实验原理】

物体在周期外力的持续作用下发生的振动称为受迫振动，这种周期性的外力称为强迫力。如果外力是按简谐振动规律变化，那么稳定状态时的受迫振动也是简谐振动，此时，振幅保持恒定，振幅的大小与强迫力的频率和原振动系统无阻尼时的固有振动频率以及阻尼系数有关。在受迫振动状态下，系统除了受到强迫力的作用外，同时还受到回复力和阻尼力的作用。所以在稳定状态时物体的位移、速度变化与强迫力变化不是同相位的，存在一个相位差。当强迫力频率与系统的固有频率相同时产生共振，此时振幅最大，相位差为 90°。

实验采用摆轮在弹性力矩作用下自由摆动，在电磁阻尼力矩作用下作受迫振动来研究受迫振动特性，可直观地显示机械振动中的一些物理现象。

当摆轮受到周期性强迫外力矩 $M=M_0\cos\omega t$ 的作用，并在有空气阻尼和电磁阻尼的媒质中运动时$\left(\text{阻尼力矩为}-b\dfrac{\mathrm{d}\theta}{\mathrm{d}t}\right)$，其运动方程为

$$J\frac{\mathrm{d}^2\theta}{\mathrm{d}t^2}=-k\theta-b\frac{\mathrm{d}\theta}{\mathrm{d}t}+M_0\cos\omega t \tag{3-7-1}$$

式中，J 为摆轮的转动惯量；$-k\theta$ 为弹性力矩；M_0 为强迫力矩的幅值；ω 为强迫力的圆频率。

令

$$\omega_0^2=\frac{k}{J},\quad 2\beta=\frac{b}{J},\quad m=\frac{m_0}{J}$$

则式(3-7-1)变为

$$\frac{\mathrm{d}^2\theta}{\mathrm{d}t^2}+2\beta\frac{\mathrm{d}\theta}{\mathrm{d}t}+\omega_0^2\theta=m\cos\omega t \tag{3-7-2}$$

当 $m\cos\omega t=0$ 时，式(3-7-2)即为阻尼振动方程。

当 $\beta=0$，即在无阻尼情况时式(3-7-2)变为简谐振动方程，系统的固有频率为 ω_0。方程(3-7-2)的通解为

$$\theta = \theta_1 e^{-\beta t}\cos(\omega_f t + \alpha) + \theta_2\cos(\omega t + \varphi_0) \tag{3-7-3}$$

由式(3-7-3)可见，受迫振动可分成两部分：

第一部分，$\theta_1 e^{-\beta t}\cos(\omega_f t+\alpha)$ 和初始条件有关，经过一定时间后衰减消失。

第二部分，说明强迫力矩对摆轮做功，向振动体传送能量，最后达到一个稳定的振动状态。振幅为

$$\theta_2 = \frac{m}{\sqrt{(\omega_0^2-\omega^2)^2+4\beta^2\omega^2}} \tag{3-7-4}$$

它与强迫力矩之间的相位差为

$$\varphi = \arctan\frac{2\beta\omega}{\omega_0^2-\omega^2} = \arctan\frac{\beta T_0^2 T}{\pi(T^2-T_0^2)} \tag{3-7-5}$$

由式(3-7-4)和式(3-7-5)可以看出，振幅 θ_2 与相位差 φ 的数值取决于强迫力矩 m、频率 ω、系统的固有频率 ω_0 和阻尼系数 β 四个因素，而与振动初始状态无关。

由 $\frac{\partial}{\partial\omega}[(\omega_0^2-\omega^2)^2+4\beta^2\omega^2]=0$ 的极值条件可得出，当强迫力的圆频率 $\omega=\sqrt{\omega_0^2-2\beta^2}$ 时，产生共振，θ 有极大值。若共振时圆频率和振幅分别用 ω_r、θ_r 表示，则

$$\omega_r = \sqrt{\omega_0^2-2\beta^2} \tag{3-7-6}$$

$$\theta_r = \frac{m}{2\beta\sqrt{\omega_0^2-2\beta^2}} \tag{3-7-7}$$

式(3-7-6)及式(3-7-7)表明，阻尼系数 β 越小，共振时圆频率越接近于系统固有频率，振幅 θ_r 也越大。图 3-7-1 和图 3-7-2 表示出在不同 β 值时受迫振动的幅频特性和相频特性。

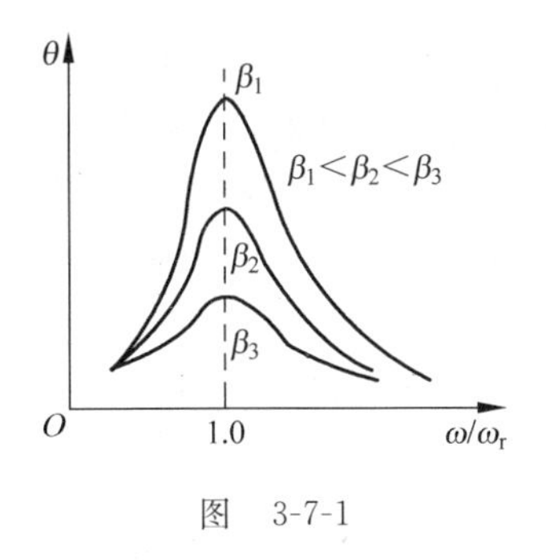

图　3-7-1

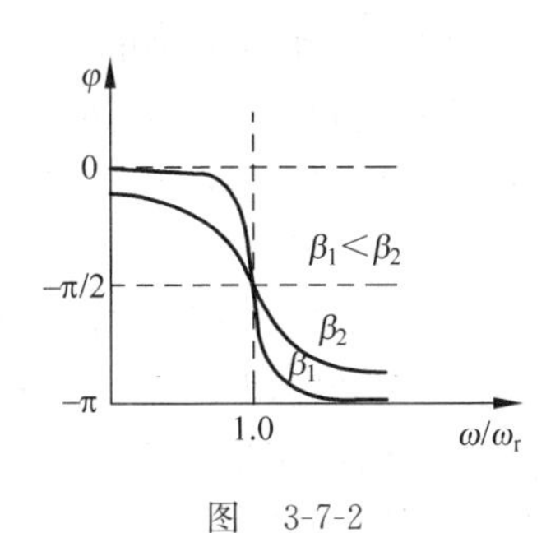

图　3-7-2

【实验仪器】

ZKY-BG 型玻尔共振仪由振动仪与电器控制箱两部分组成。振动仪部分如图 3-7-3 所示，铜质圆形摆轮 A 安装在机架上，弹簧 B 的一端与摆轮 A 的轴相连，另一端可固定在机架支柱上，在弹簧弹性力的作用下，摆轮可绕轴自由往复摆动。在摆轮的外围有一卷槽型缺口，其中一个长形凹槽 C 比其他凹槽长出许多。机架上对准长型缺口处有一个光电门 H，它与电器控制箱相连接，用来测量摆轮的振幅角度值和摆轮的振动周期。在机架下方有一

对带有铁芯的线圈 K，摆轮 A 恰巧嵌在铁芯的空隙，当线圈中通过直流电流后，摆轮受到一个电磁阻尼力的作用。改变电流的大小即可使阻尼大小相应变化。为使摆轮 A 作受迫振动，在电动机轴上装有偏心轮，通过连杆机构 E 带动摆轮，在电动机轴上装有带刻线的有机玻璃转盘 F，它随电机一起转动。由它可以从角度读数盘 G 读出相位差 φ。调节控制箱上的十圈电机转速调节旋钮，可以精确改变加于电机上的电压，使电机的转速在实验范围(30～45r/min)内连续可调，由于电路中采用特殊稳速装置、电动机采用惯性很小的带有测速发电机的特种电机，所以转速极为稳定。电机的有机玻璃转盘 F 上装有两个挡光片。在角度读数盘 G 中央上方 90°处也有光电门 I(强迫力矩信号)，并与控制箱相连，以测量强迫力矩的周期。

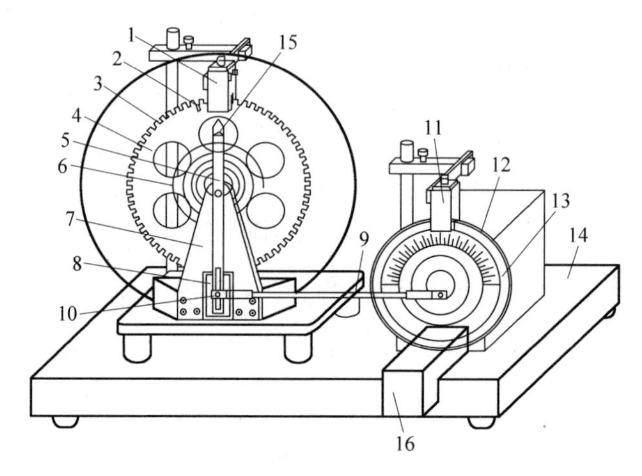

图 3-7-3　玻尔振动仪

1—光电门 H；2—长凹槽 C；3—短凹槽 D；4—铜质摆轮 A；5—摇杆 M；6—蜗卷弹簧 B；7—支承架；8—阻尼线圈 K；9—连杆 E；10—摇杆调节螺丝；11—光电门 I；12—角度盘 G；13—有机玻璃转盘 F；14—底座；15—弹簧夹持螺钉 L；16—闪光灯

受迫振动时摆轮与外力矩的相位差是利用小型闪光灯来测量的。闪光灯受摆轮信号光电门控制，每当摆轮上长型凹槽 C 通过平衡位置时，光电门 H 接收光，引起闪光，这一现象称为频闪现象。在稳定情况时，由闪光灯照射下可以看到有机玻璃指针 F 好像一直“停在”某一刻度处，所以此数值可方便地直接读出，误差不大于 2°。闪光灯放置位置如图 3-7-3 所示搁置在底座上，切勿拿在手中直接照射刻度盘。

摆轮振幅是利用光电门 H 测出摆轮读数 A 处圈上凹型缺口个数，并在控制箱液晶显示器上直接显示出此值，精度为 1°。

玻尔共振仪电器控制箱的前面板和后面板分别如图 3-7-4 和图 3-7-5 所示。

旋转电机转速调节旋钮，可改变强迫力矩的周期。

可以通过软件控制阻尼线圈内直流电流的大小，达到改变摆轮系统的阻尼系数的目的。阻尼挡位的选择通过软件控制，共分 3 挡，分别是“阻尼 1”、“阻尼 2”、“阻尼 3”。阻尼电流由恒流源提供，实验时根据不同情况进行选择(可先选择在“阻尼 2”处，若共振时振幅太小则可改用“阻尼 1”)，振幅在 150°左右。

闪光灯开关用来控制闪光与否，当按住闪光按钮、摆轮长缺口通过平衡位置时便产生闪光，由于频闪现象，可从相位差读盘上看到刻度线似乎静止不动的读数(实际上有机玻璃转

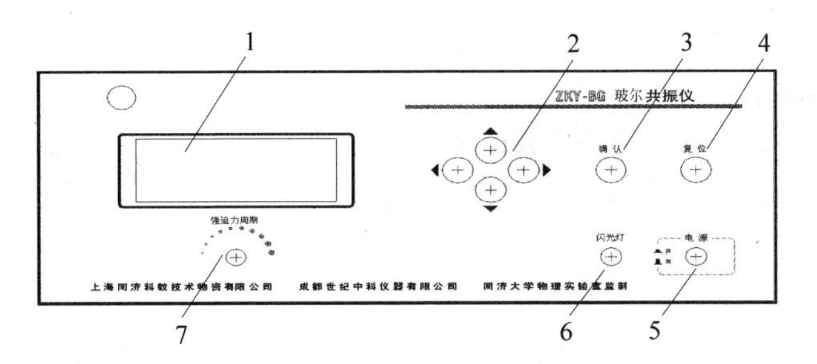

图 3-7-4　玻尔共振仪前面板示意图

1—液晶显示屏幕；2—方向控制键；3—确认按键；4—复位按键；
5—电源开关；6—闪光灯开关；7—强迫力周期调节电位器

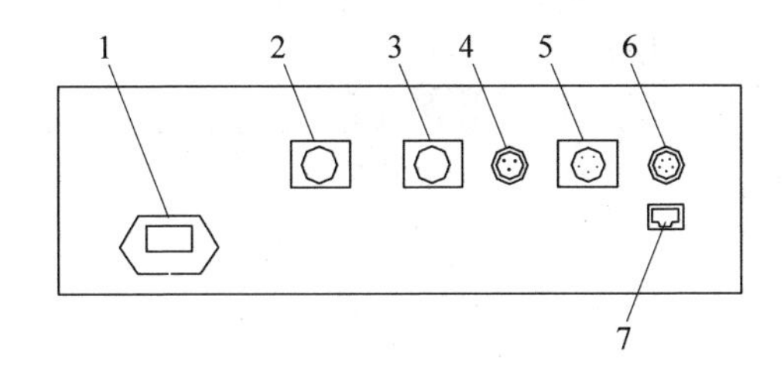

图 3-7-5　玻尔共振仪后面板示意图

1—电源插座(带保险)；2—闪光灯接口；3—阻尼线圈；4—电机接口；
5—振幅输入；6—周期输入；7—通信接口

盘 F 上的刻度线一直在匀速转动)，从而读出相位差数值。为使闪光灯管不易损坏，采用按钮开关，仅在测量相位差时才按下按钮。

电器控制箱与闪光灯和玻尔共振仪之间通过各种专业电缆相连接，不会产生接线错误之弊病。

【实验内容与步骤】

1. 实验准备

按下电源开关后，屏幕上出现欢迎界面，其中 NO. 0000X 为电器控制箱与电脑主机相连的编号。过几秒钟后屏幕上显示如图 3-7-6(a)所示“按键说明”字样。符号“◀”为向左移动；“▶”为向右移动；“▲”为向上移动；“▼”为向下移动。下文中的符号不再重新介绍。

注意：为保证使用安全，三芯电源线须可靠接地。

2. 选择实验方式

根据是否连接电脑选择“联网模式”或“单机模式”。这两种方式下的操作完全相同，故不再重复介绍。

3. 自由振荡——摆轮振幅 θ 与系统固有周期 T_0 的对应值的测量

自由振荡实验的目的，是为了测量摆轮的振幅 θ 与系统固有振动周期 T_0 的关系。

在图 3-7-6(a)的状态中按确认键，显示图 3-7-6(b)所示的实验类型，默认选中项为“自由振荡”，字体反白为选中。再按确认键，显示界面如图 3-7-6(c)所示。

用手转动摆轮 160°左右，放开手后按“▲”或“▼”键，测量状态由“关”变为“开”，控制箱

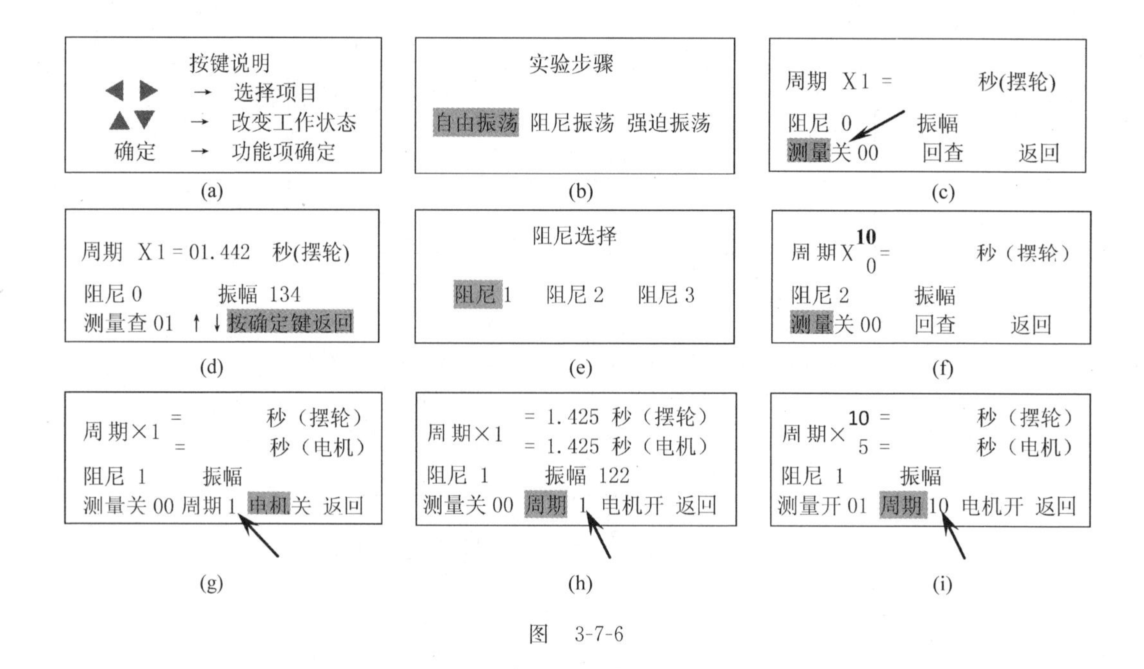

图 3-7-6

开始记录实验数据,振幅的有效数值范围为:160°~ 50°(振幅小于 160°测量开,小于 50°测量自动关闭)。测量显示关时,此时数据已保存并发送主机。

查询实验数据,可按"◀"或"▶"键,选中"回查"选项,再按确认键,结果如图 3-7-6(d)所示,表示第一次记录的振幅 $\theta_0=134°$,对应的周期 $T=1.442$s,然后按"▲"或"▼"键查看所有记录的数据,该数据为每次测量振幅相对应的周期数值,回查完毕,按确认键,返回到图 3-7-6(c)的状态。按此法可作出振幅 θ 与 T_0 的对应表。该对应表将在稍后的"幅频特性和相频特性"数据处理过程中使用。

若进行多次测量可重复操作,自由振荡完成后,选中"返回"选项,按确认键,回到图 3-7-6(b)进行其他实验。

因电器控制箱只记录每次摆轮周期变化时所对应的振幅值,因此有时转盘转过光电门几次,测量才记录一次(期间能看到振幅变化)。当回查数据时,有的振幅数值被自动剔除了(当摆轮周期的第 5 位有效数字发生变化时,控制箱记录对应的振幅值。控制箱上只显示 4 位有效数字,故大家无法看到第 5 位有效数字的变化情况,在电脑主机上则可以清楚地看到)。

4. 测定阻尼系数 β

在图 3-7-6(b)状态下,根据实验要求,按"▶"键,选中"阻尼振荡"选项,按确认键显示阻尼,如图 3-7-6(e)所示。阻尼分三个挡次,阻尼 1 最小,根据自己实验要求选择阻尼挡,例如选择"阻尼 2"挡,按确认键,显示如图 3-7-6(f)所示。

首先将角度盘指针 F 放在 0°位置,用手转动摆轮 160°左右,选取 θ_0 在 150°左右,按"▲"或"▼"键,测量由"关"变为"开"并记录数据,仪器记录 10 组数据后,测量自动关闭,此时振幅大小还在变化,但仪器已经停止计数。

阻尼振荡的回查同自由振荡类似,可参照上面的操作。若改变阻尼挡测量,重复阻尼 1 的操作步骤即可。

从液显窗口读出摆轮作阻尼振动时的振幅数值 $\theta_1, \theta_2, \cdots, \theta_n$，利用公式

$$\ln \frac{\theta_0 e^{-\beta t}}{\theta_0 e^{-\beta(t+nT)}} = n\beta \overline{T} = \ln \frac{\theta_0}{\theta_n} \tag{3-7-8}$$

求出 β 值，式中 n 为阻尼振动的周期次数，θ_n 为第 n 次振动时的振幅，$\overline{T}$ 为阻尼振动周期的平均值。可以测出 10 个摆轮振动周期值，然后取其平均值。一般阻尼系数需测量 2～3 次。

5. 测定受迫振动的幅度特性和相频特性曲线

在进行强迫振荡前必须先作阻尼振荡，否则无法实验。

仪器在图 3-7-6(b)状态下，选中“强迫振荡”选项，按确认键，显示如图 3-7-6(g)的画面，默认状态选中“电机”。

按“▲”或“▼”键，让电机启动。此时保持周期为 1，待摆轮和电机的周期相同，特别是振幅已稳定，变化不大于 1，表明两者已经稳定了(见图 3-7-6(h))，方可开始测量。

测量前应先选中“周期”选项，按“▲”或“▼”键把周期由 1(见图 3-7-6(g))改为 10(见图 3-7-6(i))，目的是为了减少误差，若不改周期，测量无法打开。再选中“测量”选项，按下“▲”或“▼”键，测量打开并记录数据(见图 3-7-6(i))。

一次测量完成，显示“测量”关后，读取摆轮的振幅值，并利用闪光灯测定受迫振动位移与强迫力间的相位差。

调节强迫力矩周期电位器，改变电机的转速，即改变强迫外力矩频率 ω，从而改变电机转动周期。电机转速的改变可按照 $\Delta\varphi$ 控制在 10° 左右来定，可进行多次这样的测量。

每次改变了强迫力矩的周期，都需要等待系统稳定，约需两分钟，即返回到图 3-7-6(h)的状态，等待摆轮和电机的周期相同，然后再进行测量。

在共振点附近由于曲线变化较大，因此测量数据相对密集些，此时电机转速的极小变化会引起 $\Delta\varphi$ 很大改变。电机转速旋钮上的读数是一参考数值，建议在不同 ω 时都记下此值，以便实验中快速寻找要重新测量时参考。

测量相位时应把闪光灯放在电动机转盘前下方，按下闪光灯按钮，根据频闪现象来测量，仔细观察相位位置。

强迫振荡测量完毕，按“◀”或“▶”键，选中“返回”选项，按确定键，重新回到图 3-7-6(b)的状态。

注意事项：

(1) 强迫振荡实验时，调节仪器面板“强迫力周期”旋钮，从而改变不同电机转动周期，该实验必须做 10 次以上，其中必须包括电机转动周期与自由振荡实验时的自由振荡周期相同的数值。

(2) 在做强迫振荡实验时，须待电机与摆轮的周期相同(末位数差异不大于 2)即系统稳定后，方可记录实验数据。且每次改变了强迫力矩的周期，都需要重新等待系统稳定。

(3) 因为闪光灯的高压电路及强光会干扰光电门采集数据，因此须待一次测量完成，显示测量关后(参看图 3-7-6(h))，才可使用闪光灯读取相位差。

(4) 学生做完实验后，需保存测量数据，才可在主机上查看特性曲线及振幅比值。

6. 关机

在图 3-7-6(b)的状态下，按住复位按钮保持不动，几秒钟后仪器自动复位，此时所做实

验数据全部清除，然后按下电源按钮，结束实验。

【数据记录和处理】

1. 测量摆轮振幅θ与系统固有周期T_0的关系

数据记入表 3-7-1。

表 3-7-1　振幅θ与T_0关系

振幅θ	固有周期T_0/s	振幅θ	固有周期T_0/s	振幅θ	固有周期T_0/s	振幅θ	固有周期T_0/s

2. 阻尼系数β的计算

利用下述公式对所测数据(表 3-7-2)按逐差法处理，求出β值：

$$5\beta\overline{T} = \ln\frac{\theta_i}{\theta_{i+5}} \tag{3-7-9}$$

式中，i为阻尼振动的周期次数；θ_i为第i次振动时的振幅。

表　3-7-2　　　　阻尼挡位________

序　号	振幅θ/(°)	序　号	振幅θ/(°)	$\ln\frac{\theta_i}{\theta_{i+5}}$
1		6		
2		7		
3		8		
4		9		
5		10		
$\ln\frac{\theta_i}{\theta_{i+5}}$平均值				

$10T$=________s，　$\overline{T}$=________s

3. 幅频特性和相频特性测量

(1) 将记录的实验数据填入表 3-7-1，并查询振幅θ与固有频率T_0的对应表，获取对应的T_0值，也填入表 3-7-1。

(2) 利用表 3-7-3 记录的数据，将计算结果填入表 3-7-4。

表 3-7-3 幅频特性和相频特性测量数据记录表

强迫力矩周期/s	相位差读取值 φ/(°)	振幅 θ 测量值/(°)	查表 3-7-1 得出的与振幅 θ 对应的固有频率 T_0

表 3-7-4

强迫力矩周期/s	φ 读取值/(°)	θ 测量值(°)	$\dfrac{\omega}{\omega_r}$	$\left(\dfrac{\theta}{\theta_r}\right)^2$	$\varphi=\arctan\dfrac{\beta T_0^2 T}{\pi(T^2-T_0^2)}$

以 ω 为横轴，$(\theta/\theta_r)^2$ 为纵轴，作出幅频特性 $(\theta/\theta_r)^2$-ω 曲线；以 ω/ω_r 为横轴，相位差 φ 为纵轴，作相频特性曲线。

在阻尼系数较小(满足 $\beta^2 \leqslant \omega_0^2$)和共振位置附近($\omega=\omega_0$)，由于 $\omega_0+\omega=2\omega_0$，从式(3-7-4)和式(3-7-7)可得出

$$\left(\frac{\theta}{\theta_r}\right)^2=\frac{4\beta^2\omega_0^2}{4\omega_0^2(\omega-\omega_0)^2+4\beta^2\omega_0^2}=\frac{\beta^2}{(\omega-\omega_0)^2+\beta^2}$$

据此可由幅频特性曲线求 β 值：

当 $\theta=\dfrac{1}{\sqrt{2}}\theta_r$，即 $\left(\dfrac{\theta}{\theta_r}\right)^2=\dfrac{1}{2}$ 时，由上式可得

$$\omega-\omega_0=\pm\beta$$

此 ω 对应于图 $\left(\dfrac{\theta}{\theta_r}\right)^2=\dfrac{1}{2}$ 处两个值 ω_1、ω_2，由此得出

$$\beta=\frac{\omega_2-\omega_1}{2}\text{(此内容一般不做)}$$

将此法与逐差法求得之 β 值作一比较并讨论，本实验重点应放在相频特性曲线测量。

注意事项：

在实验过程中，电脑主机上看不到 (θ/θ_r) 值和特性曲线，必须待实验完毕后并存储后，通过“实验数据查询”才可看到。

【误差分析】

因为本仪器中采用石英晶体作为计时部件，所以测量周期(圆频率)的误差可以忽略不计，误差主要来自阻尼系数 β 的测定和无阻尼振动时系统的固有振动频率 ω_0 的确定。且后者对实验结果影响较大。

在前面的原理部分我们认为弹簧的弹性系数 k 为常数，它与扭转的角度无关。实际上由于制造工艺及材料性能的影响，k 值随着角度的改变而略有微小的变化(3%左右)，因而造成在不同振幅时系统的固有频率 ω_0 有变化。如果取 ω_0 的平均值，则将在共振点附近使相位差的理论值与实验值相差很大。为此可测出振幅与固有频率 ω_0 的对应数值，在公式 $\varphi=\arctan\dfrac{\beta T_0^2 T}{\pi(T^2-T_0^2)}$ 中 T_0 采用对应于某个振幅的数值代入(可在自由振荡实验中作出 θ 与 T_0 的对应表，找出该振幅在自由振荡实验时对应的摆轮固有周期。若此 θ 值在表中查不

到，则可根据对应表中摆轮的运动趋势，用内插法，估计一个 T_0 值)，这样可使系统误差明显减小。振幅与共振频率 ω_0 相对应值可按照"实验内容与步骤"2 的方法来确定。

附录　ZKY-BG 型玻尔共振仪调整方法

玻尔共振仪各部分已经校正，请勿随意拆装改动，电器控制箱与主机有专门电缆相接，不会混淆，在使用前请务必清楚各开关与旋钮功能。

经过运输或实验后若发现仪器工作不正常可进行调整，具体步骤如下：

(1) 将角度盘指针 F 放在"0"处。

(2) 旋松连杆上锁紧螺母，然后转动连杆 E，使摇杆 M 处于垂直位置，然后再将锁紧螺母固定。

(3) 此时摆轮上一条长形槽口(用白漆线标志)应基本上与指针对齐，若发现明显偏差，可将摆轮后面三只固定螺丝略松动，用手握住蜗卷弹簧 B 的内端固定处，另一手即可将摆轮转动，使白漆线对准尖头，然后再将三只螺丝旋紧：一般情况下，只要不改变弹簧 B 的长度，此项调整极少进行。

(4) 若弹簧 B 与摇杆 M 相连接处的外端夹紧螺钉 L 放松，此时弹簧 B 外圈即可任意移动(可缩短、放长)，缩短距离不宜少于 6cm。在旋紧处端夹拧螺钉时，务必保持弹簧处于垂直面内，否则将明显影响实验结果。

将光电门 H 中心对准摆轮上白漆线(即长狭缝)，并保持摆轮在光电门中间狭缝中自由摆动，此时可选择阻尼挡为"1"或"2"，打开电机，此时摆轮将作受迫振动，待达到稳定状态时，打开闪光灯开关，此时将看到指针 F 在相位差度盘中有一似乎固定读数，两次读数值在调整良好时相差 1°以内(在不大于 2°时实验即可进行)，若发现相差较大，则可调整光电门位置。若相差超过 5°以上，必须重复上述步骤重新调整。

由于弹簧制作过程中的问题，在相位差测量过程中可能会出现指针 F 在相位差读数盘上两端重合较好，中间较差，或中间较好、两端较差现象。

实验八　空气比热容比的测定

【实验目的】

(1) 测量空气的比定压热容与比定容热容之比。

(2) 观测热力学过程中空气状态变化及基本规律。

(3) 学习用传感器精确测量气体压强和温度的原理与方法。

【实验仪器】

(1) 储气瓶一只(包括瓶、活塞两只、橡皮塞、打气球)。

(2) 硅压力传感器及同轴电缆。

(3) 电流型集成温度传感器及电缆。

(4) 三位半数字电压表、四位半数字电压表各一只。

【实验原理】

理想气体的比定压热容 c_p 和比定容热容 c_V 的关系由下式表达：

$$c_p - c_V = R \tag{3-8-1}$$

上式中，R 为气体普适常数。气体的比热容比值为

$$\gamma = \frac{c_p}{c_V} \tag{3-8-2}$$

气体的比热容比称为气体的绝热系数，它是一个重要的物理量。γ 值经常出现在热力学方程中。

实验装置如图 3-8-3 所示，我们以储气瓶内空气作为研究的热学系统，进行如下实验过程。

(1) 首先打开放气阀 C_2，储气瓶与大气相通，再关闭 C_2，瓶内充满与周围空气同温同压的气体。

(2) 打开充气阀 C_1，用充气球向瓶内打气，充入一定量的气体，然后关闭充气阀 C_1。此时瓶内空气被压缩，压强增大，温度升高。等待内部气体温度稳定，即达到与周围温度平衡，此时的气体处于状态 Ⅰ(p_1, V_1, T_0)。其中 V_1 是瓶中的气体体积。

(3) 迅速打开放气阀 C_2，使瓶内气体与大气相通，当瓶内压强降至 p_0 时，立刻关闭放气阀 C_2，将体积为 ΔV 的气体喷泻出储气瓶。由于放气过程较快，瓶内保留的气体来不及与外界进行热交换，可以认为是一个绝热膨胀的过程。在此过程后瓶中保留的气体由状态 Ⅰ(p_1, V_1, T_0)转变为状态 Ⅱ(p_0, V_2, T_1)。其中 V_2 为储气瓶体积，V_1 为保留在瓶中这部分气体在状态 Ⅰ(p_1, V_1, T_0)时的体积。

(4) 由于瓶内气体温度 T_1 低于室温 T_0，所以瓶内气体慢慢从外界吸热，直至达到室温 T_0 为止，此时瓶内气体压强也随之增大为 p_2，则稳定后的气体状态为Ⅲ(p_2, V_2, T_0)。从状态 Ⅱ 至状态 Ⅲ 的过程可以看作是一个等容吸热的过程。

气体由 Ⅰ→Ⅱ→Ⅲ 状态变化的过程如图 3-8-1、图 3-8-2 所示。

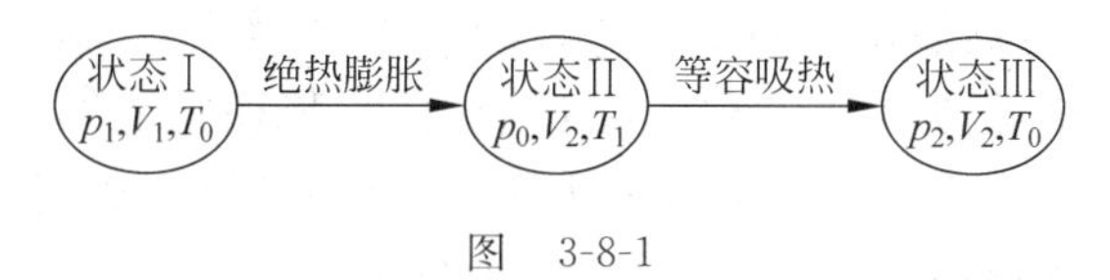

图　3-8-1

Ⅰ→Ⅱ 是绝热过程，由绝热过程方程得

$$p_1 V_1^{\gamma} = p_0 V_2^{\gamma} \tag{3-8-3}$$

状态 Ⅰ 和状态 Ⅲ 的温度均为 T_0，由气体状态方程得

$$p_1 V_1 = p_2 V_2 \tag{3-8-4}$$

合并式(3-8-3)、式(3-8-4)，消去 V_1、V_2 得

$$\gamma = \frac{\ln p_1 - \ln p_0}{\ln p_1 - \ln p_2} = \frac{\ln p_1/p_0}{\ln p_1/p_2} \tag{3-8-5}$$

由式(3-8-5)可以看出，只要测得 p_0、p_1、p_2 就可求得空气的比热容比 γ。

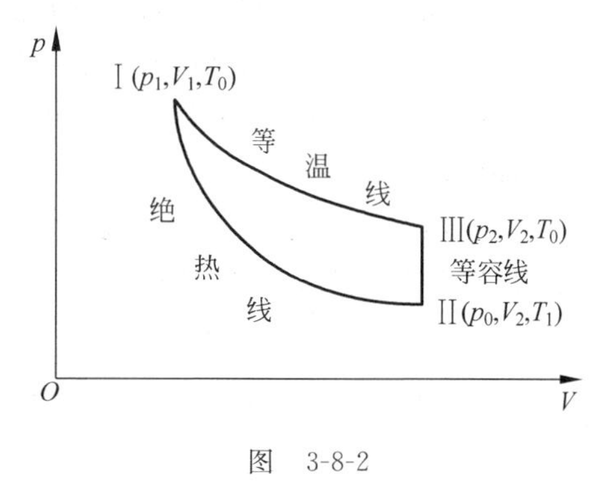

图　3-8-2

【实验装置】

图 3-8-3 所示实验装置中 1 为进气活塞 C_1；2 为放气活塞 C_2；3 为 AD590 电流型集成温度传感器，它是新型半导体温度传感器，温度测量灵敏度高，线性好，测温范围为：$-50 \sim 150$℃。AD590 接 6V 直流电源后组成一个稳流源，见图 3-8-4，它的测温灵敏度为

1μA/℃，若串接 5kΩ 电阻后，可产生 5mV/℃的信号电压，接 0～1.999V 量程四位半数字电压表，可检测到最小 0.02℃的温度变化；4 为气体压力传感器探头，由同轴电缆线输出信号，与仪器内的放大器及三位半数字电压表相接。测量气体压强灵敏度为 20mV/kPa。测量精度为 50Pa。当待测气体压强为 $p_0+10\text{kPa}$ 时，数字电压表显示为 200mV，这是电压表的最大量程，切勿超过。

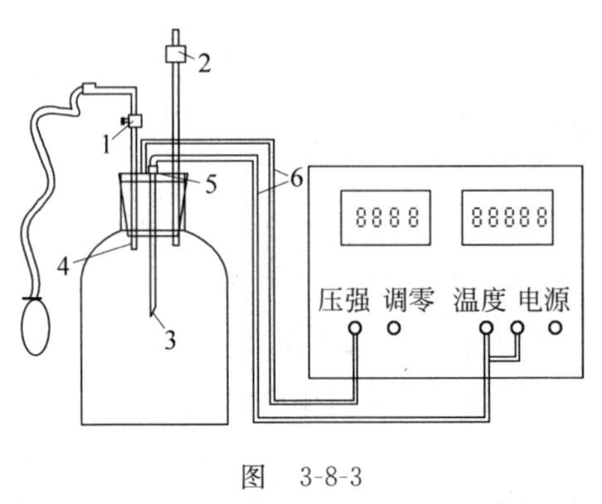

图　3-8-3

1—进气活塞 C_1；2—放气活塞 C_2；3—AD590 温度传感器；
4—气体压力传感器；5—704 胶粘剂；6—传感器导线

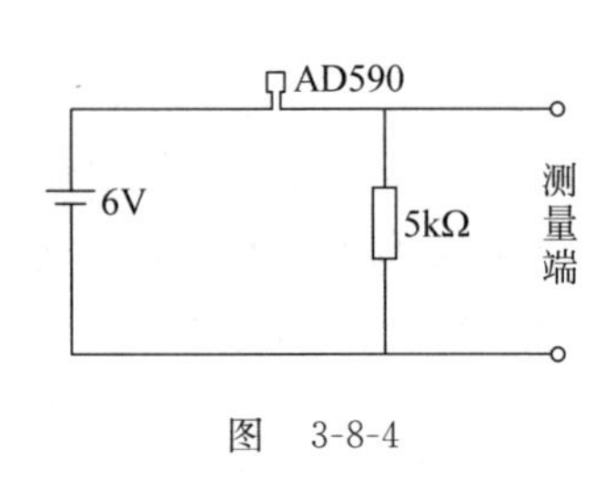

图　3-8-4

【实验步骤】

(1) 按图 3-8-3 接好仪器的电路，仪器后板面有一开关打向"内部"，表示从内部提供温度传感器电源。AD590 的正负极请勿接错。用 Forton 式气压计测定大气压强 p_0，用温度计测环境室温 T_0。开启电源，将电子仪器部分预热 20min。

(2) 把活塞 C_2 打开，然后调节调零电位器，把三位半数字电压表示值调到 0。

(3) 把活塞 C_2 关闭，活塞 C_1 打开。用打气球把空气稳定地徐徐送入储气瓶内。观察两个电压表值的变化，当表示压力的电压表达到某一值时，停止送气，待两个表的读数稳定时记录瓶内的压强 p_1 和温度 T_0 对应的电压表读数 p_1' 和 T_0'。

(4) 突然打开活塞 C_2，当储气瓶的空气压强降低至环境大气压强 p_0 时(这时放气声消失)，迅速关闭活塞 C_2。观察两个电压表值的变化。

(5) 当储气瓶内空气的温度上升至室温 T_0' 时，记下储气瓶内气体的压强 p_2' 和温度 T_0'，将数据记入表 3-8-1。

表　3-8-1

序号	$p_0/10^5\,\text{Pa}$	P_1'/mV	T_0'/mV	p_2'/mV	T_0'/mV	$p_1/10^5\,\text{Pa}$	$p_2/10^5\,\text{Pa}$	γ
1								
2								
3								
4								
5								

其中 $p_1=p_0+p_1'/2000$；$p_2=p_0+p_2'/2000$；其中 p_1' 和 p_2' 单位为 mV，$p_1'/2000$ 和 $p_2'/2000$ 的单位为 $1\times10^5\,\text{Pa}$。

(6) 用公式(3-8-5)进行计算，求得空气比热容比值。

(7) 重复步骤(2)～(6)五次，求得空气比热容比平均值。

注意事项：

(1) 玻璃瓶的气压不能超出三位半电压表的量程200mV。

(2) 实验中在打开活塞 C_2 放气时，当听到放气声结束时应迅速关闭活塞，提早或推迟关闭活塞 C_2 都将影响实验结果，引起误差。由于数字电压表尚有滞后显示，如用计算机实时测量，发现此放气时间约零点几秒，并与放气声产生消失很一致，所以关闭活塞 C_2 用听声方法更可靠些。

(3) 实验要求环境温度基本不变，如发生环境温度不断下降情况，可在远离实验仪处适当加温，以保证实验正常进行。

(4) 压力传感器头与测量仪器(主机)配套使用。上有号码相对应，各台仪器之间不可互相换用。

【思考题】

1. 状态Ⅰ→状态Ⅲ叫什么过程？本实验中气体状态是怎样变化的？能不能从状态Ⅰ直接变化至状态Ⅲ？为什么？

2. V_2 的体积是多少？V_1 的体积又是多少？

实验九　空气热机特性的研究

热机是将热能转换为机械能的机器。历史上对热机循环过程及热机效率的研究，曾为热力学第二定律的确立起了奠基性的作用。斯特林1816年发明的空气热机，以空气作为工作介质，是最古老的热机之一。虽然现在已发展了内燃机、燃气轮机等新型热机，但空气热机结构简单，便于帮助理解热机原理与卡诺循环等热力学中的重要内容，是很好的热学实验教学仪器。

【实验目的】

(1) 理解热机原理及循环过程。

(2) 测量不同冷热端温度时的热功转换值，验证卡诺定理。

(3) 测量热机输出功率随负载及转速的变化关系，计算热机实际效率。

【实验仪器】

空气热机实验仪，空气热机测试仪，电加热器及电源，计算机(或双踪示波器)。

【实验原理】

空气热机的结构及工作原理可用图3-9-1说明。热机主机由高温区、低温区、工作活塞及汽缸、位移活塞及汽缸、飞轮、连杆、热源等部分组成。

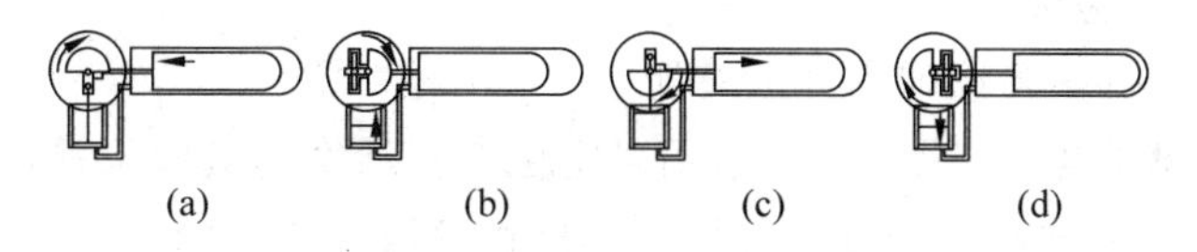

图3-9-1　空气热机的工作原理

热机中部为飞轮与连杆机构，工作活塞与位移活塞通过连杆与飞轮连接。飞轮的下方为工作活塞与工作汽缸，飞轮的右方为位移活塞与位移汽缸，工作汽缸与位移汽缸之间用通气管连接。位移汽缸的右边是高温区，可用电热方式或酒精灯加热，位移汽缸左边有散热片，构成低温区。

工作活塞使汽缸内气体封闭，并在气体的推动下对外做功。位移活塞是非封闭的占位活塞，其作用是在循环过程中使气体在高温区与低温区间不断交换，气体可通过位移活塞与位移汽缸间的间隙流动。工作活塞与位移活塞的运动是不同步的，当某一活塞处于位置极值时，它本身的速度最小，而另一个活塞的速度最大。

当工作活塞处于最底端时，位移活塞迅速左移，使汽缸内气体向高温区流动，如图 3-9-1(a)所示；进入高温区的气体温度升高，使汽缸内压强增大并推动工作活塞向上运动，如图 3-9-1(b)所示，在此过程中热能转换为飞轮转动的机械能；工作活塞在最顶端时，位移活塞迅速右移，使汽缸内气体向低温区流动，如图 3-9-1(c)所示；进入低温区的气体温度降低，使汽缸内压强减小，同时工作活塞在飞轮惯性力的作用下向下运动，完成循环，如图 3-9-1(d)所示。在一次循环过程中气体对外所做净功等于 p-V 图所围的面积。

根据卡诺对热机效率的研究而得出的卡诺定理，对于循环过程可逆的理想热机，热功转换效率为

$$\eta = A/Q_1 = (Q_1 - Q_2)/Q_1 = (T_1 - T_2)/T_1 = \Delta T/ T_1 \tag{3-9-1}$$

式中，A 为每一循环中热机做的功；Q_1 为热机每一循环从热源吸收的热量；Q_2 为热机每一循环向冷源放出的热量；T_1 为热源的绝对温度；T_2 为冷源的绝对温度。

实际的热机都不可能是理想热机，由热力学第二定律可以证明，循环过程不可逆的实际热机，其效率不可能高于理想热机，此时热机效率

$$\eta \leqslant \Delta T/T_1 \tag{3-9-2}$$

卡诺定理指出了提高热机效率的途径，就过程而言，应当使实际的不可逆机尽量接近可逆机。就温度而言，应尽量提高冷热源的温度差。

热机每一循环从热源吸收的热量 Q_1 正比于 $\Delta T/n$，n 为热机转速，η 正比于 $nA/\Delta T$。n、A、T_1 及 ΔT 均可测量，测量不同冷热端温度时的 $nA/\Delta T$，观察它与 $\Delta T/T_1$ 的关系，可验证卡诺定理。

当热机带负载时，热机向负载输出的功率可由力矩计测量计算而得，且热机实际输出功率的大小随负载的变化而变化。在这种情况下，可测量并计算出不同负载大小时的热机实际效率。

【仪器介绍】

本实验的仪器主要包括空气热机实验仪(实验装置部分)和空气热机测试仪两部分。

1. 空气热机实验仪

(1) 电加热型热机实验仪如图 3-9-2 所示。

飞轮下部装有双光电门，上边的一个用以定位工作活塞的最低位置，下边一个用以测量飞轮转动角度。热机测试仪以光电门信号为采样触发信号。

汽缸的体积随工作活塞的位移而变化，而工作活塞的位移与飞轮的位置有对应关系，在飞轮边缘均匀排列着 45 个挡光片，采用光电门信号上下沿均触发方式，飞轮每转 4°给出一

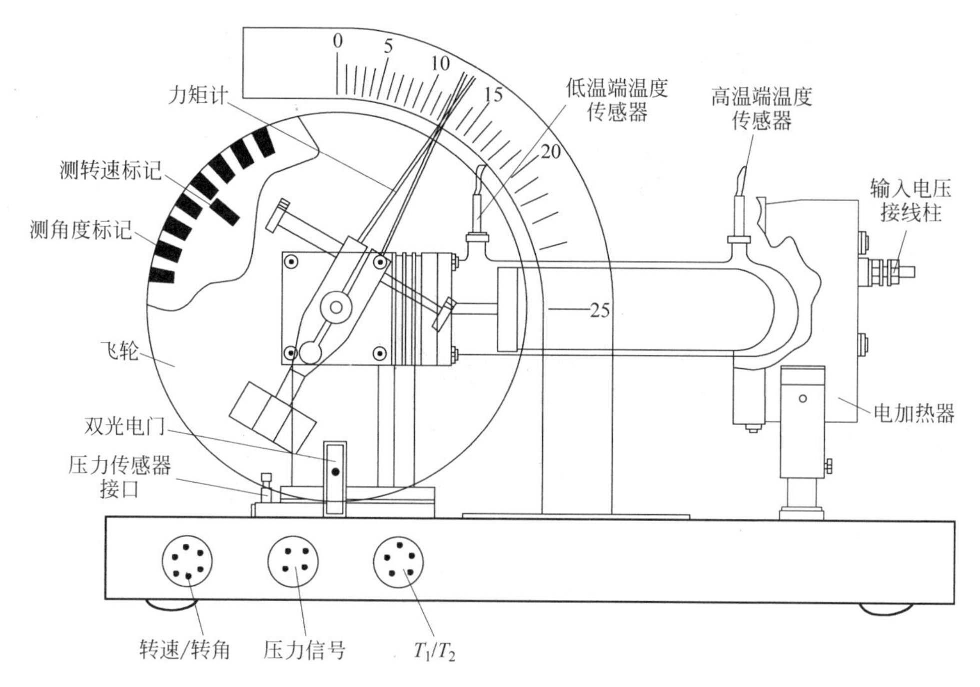

图 3-9-2　电加热型热机实验装置图

个触发信号，由光电门信号可确定飞轮位置，进而计算汽缸体积。

压力传感器通过管道在工作汽缸底部与汽缸连通，测量汽缸内的压力。在高温和低温区都装有温度传感器，测量高低温区的温度。底座上的三个插座分别输出转速/转角信号、压力信号和高低端温度信号，使用专门的线和实验测试仪相连，传送实时的测量信号。电加热器上的输入电压接线柱分别使用黄、黑两种线连接到电加热器电源的电压输出正负极上。

热机实验仪采集光电门信号、压力信号和温度信号，经微处理器处理后，在仪器显示窗口显示热机转速和高低温区的温度。在仪器前面板上提供压力和体积的模拟信号，供连接示波器显示 p-V 图。所有信号均可经仪器前面板上的串行接口连接到计算机。

加热器电源为加热电阻提供能量，输出电压从 24～36V 连续可调，可以根据实验的实际需要调节加热电压。

力矩计悬挂在飞轮轴上，调节螺钉可调节力矩计与轮轴之间的摩擦力，由力矩计可读出摩擦力矩 M，并进而算出摩擦力和热机克服摩擦力所做的功。经简单推导可得热机输出功率 $P=2\pi nM$，式中 n 为热机每秒的转速，即输出功率为单位时间内的角位移与力矩的乘积。

(2) 电加热器电源

① 加热器电源前面板简介(见图 3-9-3)

1—电流输出指示灯：当显示表显示电流输出时，该指示灯亮。

2—电压输出指示灯：当显示表显示电压输出时，该指示灯亮。

3—电流电压输出显示表：可以按切换方式显示加热器的电流或电压。

4—电压输出旋钮：可以根据加热需要调节电源的输出电压，调节范围为 24～36V，共分为 11 挡。

5—电压输出“－”接线柱：加热器的加热电压的负端接口。

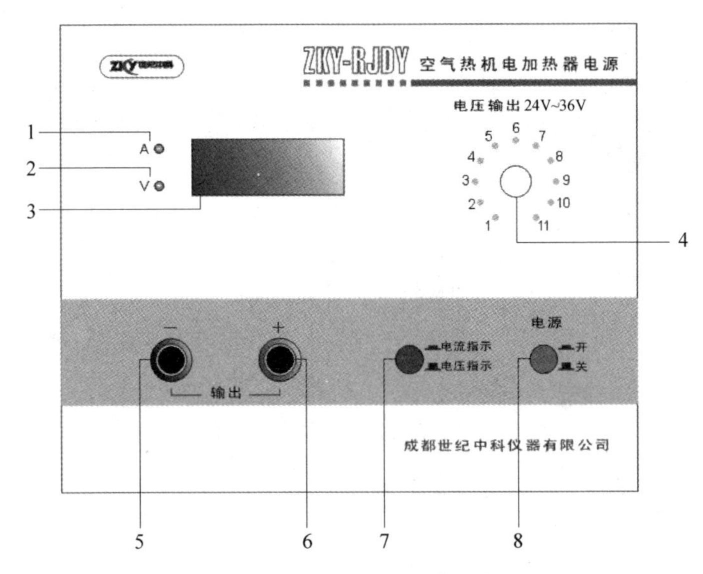

图 3-9-3 加热器电源前面板

6—电压输出“＋”接线柱：加热器的加热电压的正端接口。

7—电流电压切换按键：按下显示表显示电流，弹出显示表显示电压。

8—电源开关按键：打开和关闭仪器。

② 加热器电源后面板简介（见图 3-9-4）

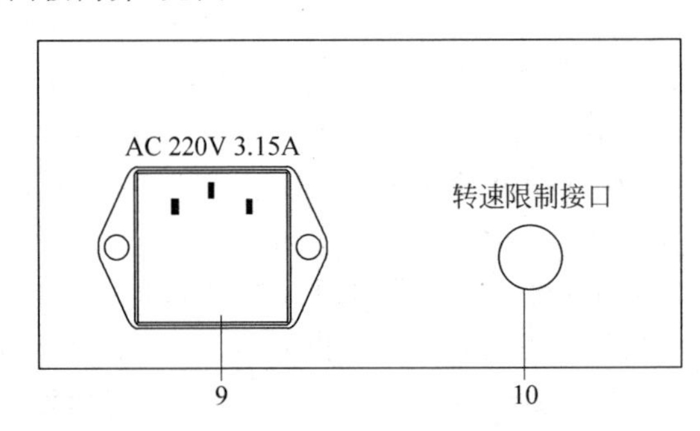

图 3-9-4 加热器后面板示意图

9—电源输入插座：输入 AC220V 电源，配 3.15A 保险丝。

10—转速限制接口：当热机转速超过 15r/s 后，主机会输出信号将电加热器电源输出电压断开，停止加热。

2. 空气热机测试仪

空气热机测试仪分为微机型和智能型两种型号。微机型测试仪可以通过串口和计算机通信，并配有热机软件，可以通过该软件在计算机上显示并读取 p-V 图面积等参数和观测热机波形；智能型测试仪不能和计算机通信，只能用示波器观测热机波形。

(1) 测试仪前面板简介（见图 3-9-5）

1—T_1 指示灯：该灯亮表示当前的显示数值为热源端绝对温度。

2—ΔT 指示灯：该灯亮表示当前显示数值为热源端和冷源端绝对温度差。

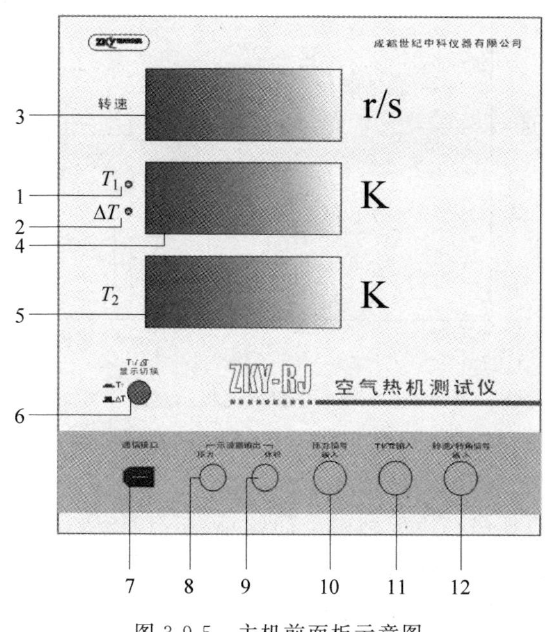

图 3-9-5　主机前面板示意图

3—转速显示：显示热机的实时转速，单位为“转/秒(r/s)”。

4—$T_1/\Delta T$ 显示：可以根据需要显示热源端绝对温度或冷热两端绝对温度差，单位“开尔文(K)”。

5—T_2 显示：显示冷源端的绝对温度值，单位“开尔文(K)”。

6—$T_1/\Delta T$ 显示切换按键：按键通常为弹出状态，表示 4 中显示的数值为热源端绝对温度 T_1，同时 T_1 指示灯亮。当按键按下后显示为冷热端绝对温度差 ΔT，同时 ΔT 指示灯亮。

7—通信接口：使用 1394 线将热机与通信器相连，再用 USB 线将通信器和计算机 USB 接口相连。如此可以通过热机软件观测热机运转参数和热机波形(仅适用于微机型)。

8—示波器压力接口：通过 Q9 线和示波器 Y 通道连接，可以观测压力信号波形。

9—示波器体积接口：通过 Q9 线和示波器 X 通道连接，可以观测体积信号波形。

10—压力信号输入口(四芯)：用四芯连接线和热机相应的接口相连，输入压力信号。

11—T_1/ T_2 输入口(五芯)：用六芯连接线和热机相应的接口相连，输入 T_1/ T_2 温度信号。

12—转速/转角信号输入口(五芯)：用五芯连接线和热机相应的接口相连，输入转速/转角信号。

(2) 测试仪后面板简介(见图 3-9-6)

13—转速限制接口：加热源为电加热器时使用的限制热机最高转速的接口；当热机转速超过 15r/s(会伴随发出间断蜂鸣声)后，热机测试仪会自动将电加热器电源输出断开，停止加热。

14—电源输入插座：输入 AC220V 电源，配 1.25A 保险丝。

15—电源开关：打开和关闭仪器。

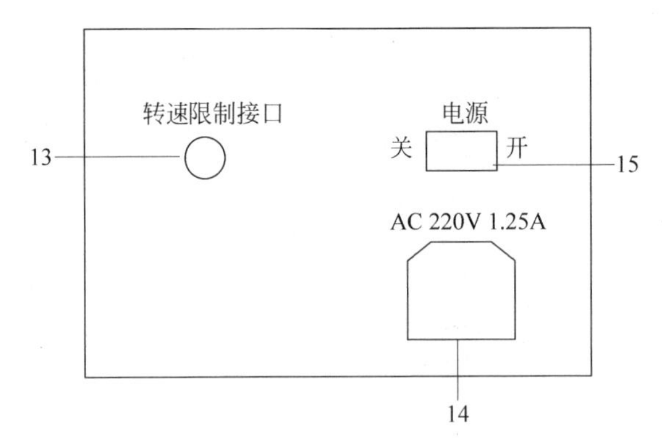

图 3-9-6 主机后面板示意图

【实验内容及步骤】

(1) 取下力矩计,将加热电压加到第 1 挡(24V 左右)。等待 6～10min,加热电阻丝已发红后,用手顺时针拨动飞轮,热机即可运转(若运转不起来,可看看热机测试仪显示的温度,冷热端温度差在 100℃以上时易于起动)。

(2) 调节示波器,观察压力和容积信号,以及压力和容积信号之间的相位关系等,并把 p-V 图调节到最适合观察的位置。等待约 10min,温度和转速平衡后,记录当前加热电压,并从热机测试仪(或计算机)上读取温度和转速,从双踪示波器显示的 p-V 图估算(或计算机上读取)p-V 图面积,记入表 3-9-1 中。

(3) 逐步加大加热功率(每次加大一挡),等待约 10min,温度和转速平衡后,重复以上测量 4 次以上,将数据记入表 3-9-1。

(4) 在最大加热功率下,用手轻触飞轮让热机停止运转,然后将力矩计装在飞轮轴上,拨动飞轮,让热机继续运转。调节力矩计的摩擦力(不要停机),待输出力矩、转速、温度稳定后,读取并记录各项参数于表 3-9-2 中。

(5) 保持输入功率不变,逐步增大输出力矩,重复以上测量 5 次以上。

表 3-9-1、表 3-9-2 中的热端温度 T_1、温差 ΔT、转速 n、加热电压 V、加热电流 I、输出力矩 M 可以直接从仪器上读出来,p-V 图面积 A 可以根据示波器上的图形估算得到,也可以从计算机软件直接读出(仅适用于微机型热机测试仪),其单位为焦耳(J);其他的数值可以根据前面的读数计算得到。

示波器 p-V 图面积的估算方法如下:根据仪器介绍和说明,用 Q9 线将仪器上的示波器输出信号和双踪示波器的 X、Y 通道相连。将 X 通道的调幅旋钮旋到"0.1V"挡,将 Y 通道的调幅旋钮旋到"0.2V"挡,然后将两个通道都打到交流挡位,并在"X-Y"挡观测 p-V 图,再调节左右和上下移动旋钮,可以观测到比较理想的 p-V 图。再根据示波器上的刻度,在坐标纸上描绘出 p-V 图,如图 3-9-7 所示。以图中椭圆所围部分每个小格为单位,采用割补法、近似法(如近似三角形、近似梯形、近似平行四边形等)等方法估算出每小格的面积,再将所有小格的面积加起来,得到 p-V 图的近似面积,单位为"V^2"。根据容积 V、压强 p 与输出电压的关系,可以将单位换算为焦耳。

容积(X 通道):$1V=1.333\times10^{-5}m^3$

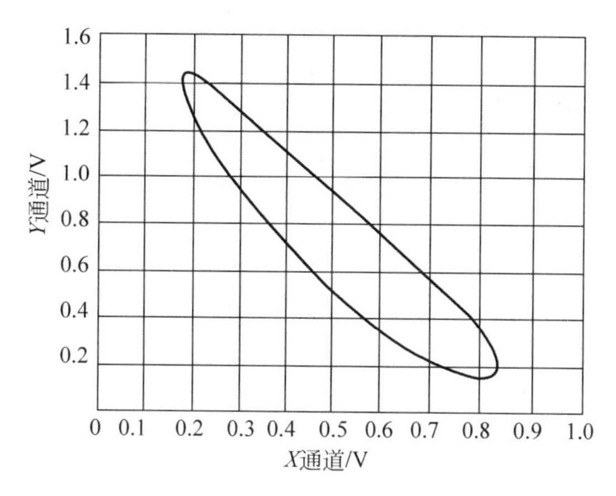

图 3-9-7　示波器观测的热机实验 p-V 曲线图

压力（Y 通道）：$1\text{V}=2.164\times10^4\text{Pa}$

则：$1\text{V}^2=0.288\text{J}$

注意事项：

(1) 加热端在工作时温度很高，而且在停止加热后 1h 内仍然会有很高温度，请小心操作，否则会被烫伤。

(2) 热机在没有运转状态下，严禁长时间大功率加热，若热机运转过程中因各种原因停止转动，必须用手拨动飞轮帮助其重新运转或立即关闭电源，否则会损坏仪器。

(3) 热机汽缸等部位为玻璃制造，容易损坏，请谨慎操作。

(4) 记录测量数据前须保证已基本达到热平衡，避免出现较大误差。等待热机稳定读数的时间一般在 10min 左右。

(5) 在读力矩时，力矩计可能会摇摆。这时可以用手轻托力矩计底部，缓慢放手后可以稳定力矩计。如还有轻微摇摆，则读取中间值。

(6) 飞轮在运转时，应谨慎操作，避免被飞轮边沿割伤。

(7) 热机实验仪上贴的标签不可撕毁，否则保修无效！

【数据处理与分析】

1. 记录表格（见表 3-9-1 和表 3-9-2）

表 3-9-1　测量不同冷热端温度时的热功转换值

加热电压 V	热端温度 T_1	温度差 ΔT	$\Delta T/T_1$	A（p-V 图面积）	热机转速 n	$nA/\Delta T$

表 3-9-2 测量热机输出功率随负载及转速的变化关系

输入功率 $P_i=VI=$

热端温度 T_1	温度差 ΔT	输出力矩 M	热机转速 n	输出功率 $P_o=2\pi nM$	输出效率 $\eta_{o/i}=P_o/P_i$

2. 数据处理

(1) 画出每一挡位温度和转速平衡后的 p-V 曲线图；

(2) 以 $\Delta T/T_1$ 为横坐标，$nA/\Delta T$ 为纵坐标，在坐标纸上作 $nA/\Delta T$ 与 $\Delta T/T_1$ 的关系图，验证卡诺定理；

(3) 以 n 为横坐标、P_o 为纵坐标，在坐标纸上作 P_o 与 n 的关系图，表示同一输入功率下，输出耦合不同时输出功率或效率随耦合的变化关系。

附录

简单故障处理如表 3-9-3 所示。

表 3-9-3 简单故障排除

故障现象	原因及处理办法
"强迫振荡"实验无法进行，一直无测量值显示	检查刻度盘上的光电门 I 指示灯是否闪烁。 1. 若此指示灯不亮，左右移动光电门，会看到指示灯亮，再将其调整到合适的不阻碍转盘运动的位置。 2. 指示灯长亮，不闪烁。说明光电门 I 位置偏高，使有机玻璃转盘 F 上的白线无法挡光，实验不能进行。调整光电门 I 的高度，直到合适位置即可。若不是以上情况，则"周期输入"小五芯电缆有断点或有粘连，拆开接上断点或排除粘连即可
"强迫振荡"实验进行时，按住闪光灯，电机周期会变	有两个原因： 1. 闪光灯的强光会干扰光电门 H 及光电门 I 采集数据。 2. 闪光灯的高压电路会对数据采集造成干扰。 因此必须待一次测量完成，显示"测量关"后，才可使用闪光灯读取相位差
幅频和相频特性曲线数据点非常密集	在做"强迫振荡"实验时，未调节强迫力矩周期电位器来改变电机的转速。每记录一组数据后，应该调节强迫力矩周期电位器来改变电机的转速，再进行测量
除 1、2 号集中器外，其他编号的集中器(如 3、4 号等)连接好后系统无法识别	系统默认的是 1、2 号集中器，如果是其他编号的集中器，则需要在软件界面"系统管理"/"连接装置管理"中添加，只有添加后才能被系统识别
"自由振荡"实验时无测量值显示	连接"振幅输入"的大五芯线内有断点或有粘连，拆开接上断点或排除粘连即可

第四章　电磁学实验

电磁测量是现代生产和科学研究中应用很广的一种实验方法和实用技术。电磁学实验的目的是学习电磁学中常用的典型测量方法，进行实验方法和实验技能的训练，培养看图、正确连接线路和分析判断实验故障的能力。

电磁学实验离不开电源和各种电测仪表。下面对常用的基本仪器和接线进行简单介绍。

一、电源

电源分为直流电源和交流电源两类。

直流电源：有干电池、蓄电池与晶体管稳压源三种。使用时应注意它们的最大输出电压和电流。

交流电源：常用的交流电源是频率为50Hz的市电，电压为380V和220V或者经过变压器升降电压后的交流电源。交流仪表的读数均为有效值，如220V，它的峰值为$220\times\sqrt{2}=310(\mathrm{V})$。

使用电源的注意事项如下：

(1) 选择适当的电源种类，输出电压、电流不能超过仪器规定的数值，以免损坏电源或仪器。

(2) 使用直流电源时要注意正、负极。

(3) 电源的两极在任何情况下不得短路（两极直接接通），短路会使通过的电流太大，将电源烧毁。

(4) 电源电压在30V以上会有触电危险，使用时务必注意。

二、电阻

电阻分为固定电阻和可变电阻。使用时要注意它们的额定阻值和额定功率，即允许通过的电流的大小。

1. 滑线变阻器

变阻器的用途是控制电路中的电压和电流。变阻器有两种接法，称为变流电路和分压电路，如图4-0-1所示。

(1) 变流电路

如图4-0-1(a)所示，A端和C端连在电路中，B端空着不用，当滑动C时，整个回路电阻改变了，因此，电流也改变了，所以叫变流电路。当C滑动到B端时，变阻器全部电阻串联在回路中,R_{AC}最大,这时回路电流最小。当 C 滑动到 A 端时,$R_{AC}=0$,回路电流最大。

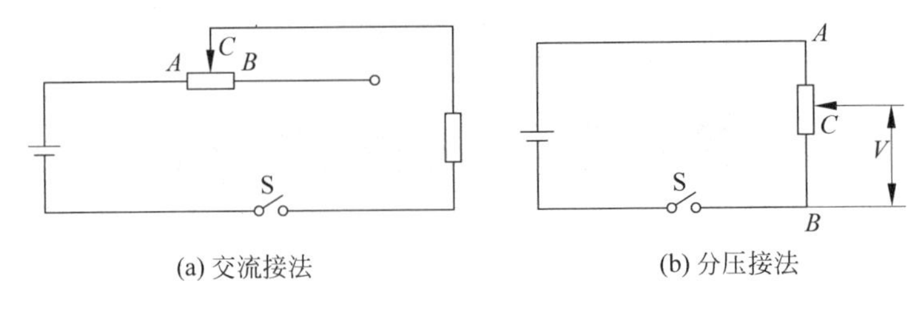

(a) 交流接法　　(b) 分压接法

图 4-0-1

为保证安全,接通电源前,一般应使 C 滑动到 B 端,使 R_{AC} 最大,电流最小,以后可逐渐减小电阻,使电流增至所需值。

(2) 分压电路

如图 4-0-1(b)所示,变阻器的两个固定端 A、B 分别与电源的两电极相连,滑动 C 和一个固定端 B(或 A)连接到用电部分。接通电源后,AB 两端的电压 V_{AB} 等于电源电压。随着滑动端 C 的位置改变,V_{BC} 也就改变。当 C 滑动至 A 端,$V_{BC}=V_{BA}$,输出电压最大;当 C 滑动至 B 端,$V_{BC}=0$。所以输出电压 V_{BC} 可以调节在从零到电源电压的任意数值上。

为保证安全,在接通电源时,一般使 $V_{BC}=0$。以后可逐渐滑动 C,使电压增至所需值。

2. 电阻箱

电阻箱的外形如图 4-0-2(a)所示。它的内部有一套由锰铜丝绕成的标准电阻,按图 4-0-2(b)连接。旋转电阻箱上的旋钮,可以得到不同的电阻值。例如,在图 4-0-2(b)中当 ×100 挡指 6 代表电阻为 600Ω,×10 挡指 6 则代表电阻为 60Ω,×1 挡指 2 则代表电阻为 2Ω,×0.1 挡指 0 代表电阻为 0.0Ω,这时 AB 间总电阻为 $6\times100+6\times10+2\times1+0\times0.1=662.0(\Omega)$。

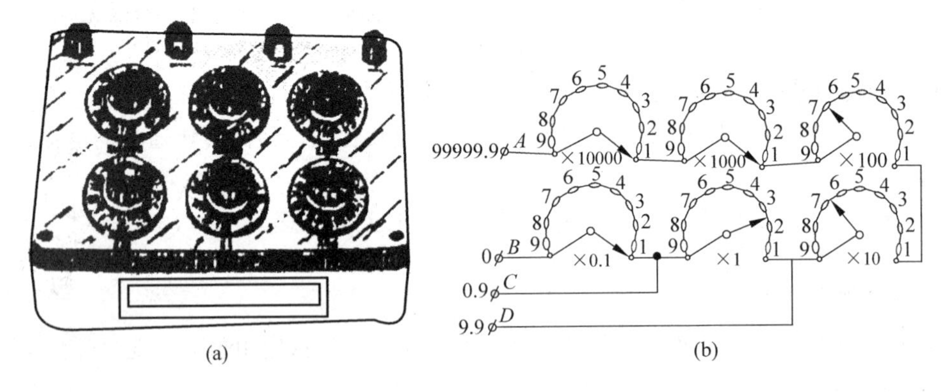

(a)　　(b)

图 4-0-2

电阻箱的规格如下:

(1) 总电阻　即最大电阻。如图 4-0-2 所示的电阻箱总电阻为 99 999.9Ω。

(2) 额定功率　指电阻箱每个电阻的功率额定值。一般电阻箱的额定功率为 0.25W,可以由它计算额定电流。例如,用 1000Ω 挡的电阻时允许的电流

$$I=\sqrt{\frac{W}{R}}=\sqrt{\frac{0.25}{1000}}=0.016(\mathrm{A})=16(\mathrm{mA})$$

可见，电阻值越大的挡，允许电流越小。很大的电流会使电阻发热，导致阻值不准，甚至烧毁。

(3) 电阻箱的等级　电阻箱根据其误差的大小，分为若干个准确度等级。一般分为0.02、0.05、0.1、0.2等，它表示电阻值相对误差的百分数。例如0.1级，当电阻为662Ω时，其误差为$662\times0.1\%\approx0.7(\Omega)$。

不同级别的电阻箱，规定允许的接触电阻标准亦不同。例如0.1级规定每个旋钮的接触电阻不得大于0.002Ω。在电阻较大时，它带来的误差微不足道；但在电阻较小时，这部分误差却相当可观。例如一个六钮电阻箱，当阻值为0.5Ω时，接触电阻所带来的相对误差为$6\times\frac{0.002}{0.5}\approx2.4\%$，为了减少接触电阻，一些电阻箱增加了小电阻的接头。如图4-0-2(b)所示的电阻箱，当电阻小于10Ω时，用B、D接头可使电流只经过×1Ω、×0.1Ω这两个旋钮，即把接触电阻限制在$2\times0.002=0.004(\Omega)$以下；当接触电阻小于1Ω时，用$B$、$C$接头可使电流只经过×0.1Ω这个旋钮，接触电阻就小于0.002Ω。

电阻箱准确度等级引起的误差和接触电阻误差之和就是电阻箱的误差。但是要注意电阻箱应经常清洗，否则其接触电阻往往会超过规定的允许值。

三、电表

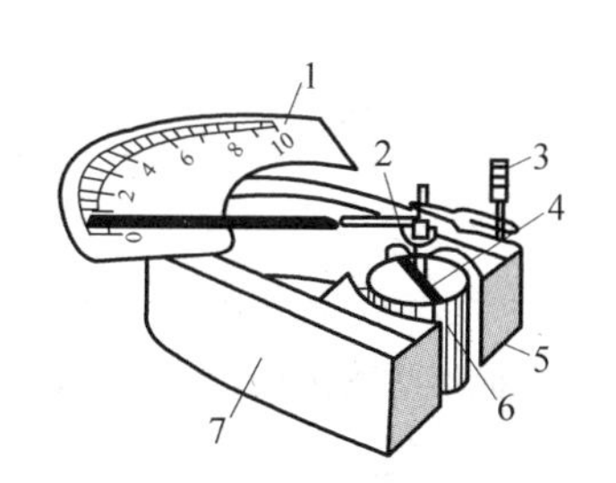

图4-0-3　电表结构简图

1—标度盘；2—游丝；3—零点调整螺丝；4—铁芯；5—极掌；6—线圈；7—永久磁铁

实验室用的电表大部分是磁电式电表，其内部结构如图4-0-3所示。永久磁铁的两个极上固定着带圆筒孔腔的极掌，极掌之间有圆柱形软铁芯，它的作用是使极掌和铁芯间的空隙中磁场很强，并且磁场线是以圆柱的轴为中心呈均匀辐射状。在圆柱形铁芯和极掌间空隙处放有长方形线圈，线圈上固定一根指针，当有电流流通时，线圈就受电磁力矩而偏转，直到跟游丝的反扭力矩平衡。线圈偏角的大小与所通入的电流成正比，电流方向不同，偏转方向也不同，这是磁电式电表的基本特征。

1. 指针式检流计

它的特征是指针零点在刻度的中央，便于检出不同方向的直流电。

检流计的主要规格是：

(1) 电流计常数　即偏转一小格代表的电流值，一般约为10^{-5} A/小格。

(2) 内阻　约100Ω。

指针式检流计主要用于检测小电流或小电压，使用时，常串联一根可变电阻，以免过大的电流损坏电表，此电阻称为保护电阻，如图4-0-4所示。

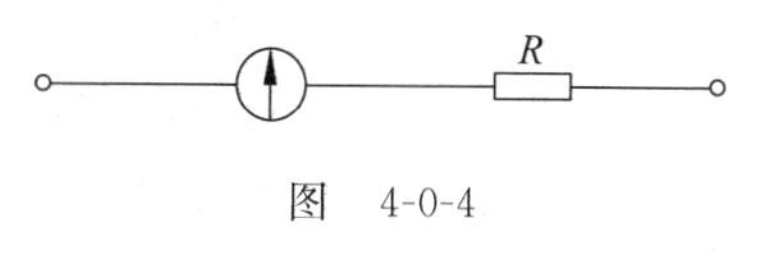

图　4-0-4

2. 直流伏特计(毫伏表)

伏特计的用途是测量电路中两点间电压的大小，它的主要规格如下：

（1）量程　即指针偏转满刻度时的电压值。例如，伏特计量程为 0—2.5V—10V—25V，表示该表有三个量程，第一个量程在加上 2.5V 时偏转满刻度，第二、三个量程加上 10V、25V 时偏转满刻度。

（2）内阻　即电表两端的电阻。同一伏特计在不同量程时，其内阻是不同的，例如，0—2.5V—10V—25V 伏特计，若它的三个量程内阻分别是 2500Ω、10 000Ω、2500Ω，可算出各量程的欧姆每伏数都是 1000Ω/V，所以伏特计内阻一般用 Ω/V 统一表示。可用下式计算某量程的内阻：

$$内阻=量程\times欧姆每伏数$$

3. 直流安培计（毫安计、微安计）

安培计的用途是测量电路中电流的大小，它的规格如下：

（1）量程　即指针偏转满度时的电流值，也有多量程的安培计。

（2）内阻　一般安培计内阻都在 0.1Ω 以下。毫安计、微安计的内阻可达一两百欧姆到一二千欧姆。

4. 电表的基本误差

根据相关的规定，电表的准确度等级分为 0.1、0.2、0.5、1.0、1.5、2.5 和 5.0 七级。

电表指针指示任一测量值所包含的最大基本误差为

$$\Delta m=\pm A_m\times K\%$$

式中，Δm 为最大绝对误差；A_m 为电表的量程；K 是电表的准确度等级。例如，准确度等级为 2.5 级、量程为 100mA 的安培计，测量值的最大误差 $\Delta I_{\max}=100\times2.5\%=2.5(\text{mA})$，即这个安培计的指针指任一测量值所包含的最大绝对误差是 2.5mA。对于一定的量程此值不变，与待测量大小无关。那么指针指示不同的测量值时，其相对误差如何呢？例如，当测量值为 $I_1=80\text{mA}$ 时，相对误差 $\dfrac{\Delta I_{\max}}{I_1}=\dfrac{2.5}{80}\times100\%\approx3.1\%$；当测量值为 $I_2=20\text{mA}$ 时，相对误差 $\dfrac{\Delta I_{\max}}{I_2}=\dfrac{2.5}{20}\times100\%\approx3.1\%$。由此可见，测量值越大，相对误差越小，所以使用电表时应选择合适的量程，一般尽量使指针偏转在刻度盘的 1/3 以上，以减少相对误差。

5. 使用电表的注意事项

（1）量程的选择　根据待测电流或电压，选择合适的量程。量程太小，过大的电流、电压会使电表损坏；量程太大，指针偏转太小，读数不准确。使用时应事先估计待测量的大小，选择稍大于待测量的量程，待测量最好约为仪表满刻度的 1/3 以上，以减少测量误差。对于多量程的电表，在不知道待测量范围时，为了安全起见，一般应先接大量程挡预测，在得出待测量的范围后，再换接与待测量最接近的量程，以获得更精确的测量值。读数时应根据电表准确度等级和最小分度距离的大小估计到最小刻度的 1/2～1/10。

（2）电流方向　直流电表的偏转方向与所通过的电流方向有关，所以接线时必须注意电表上接线柱的“＋”“－”标记，一般红色接线柱代表“＋”，黑色接线柱代表“－”。“＋”表示电流流入端，“－”代表电流流出端，切不可把极性接错，以免撞坏指针。

（3）电表的接法　安培计是用来测量电流的，用时必须串接在电路中，并应使电流从安培计“＋”端流入，从“－”端流出。伏特计是用来测量电压的，应当与被测电压两端并联，并应将伏特计的“＋”端接在高电位的一端，“－”端接在低电位的一端。

（4）机械零点调节　测量前，先检查表针是否指零，若未指零，应调节指针零点调整螺丝，使表针指在零刻度线上。

（5）视差问题　读数时应正确判断指针位置。为了减少视差，必须使视线垂直于刻度表面读数。精密的电表刻度尺旁附有镜面，当指针在镜中的像与指针重合时，所对准的刻度才是电表的准确读数。

根据我国的规定，电气仪表的主要技术性能以一定的符号来表示，并标记在仪表的面板上，见表 4-0-1。

表 4-0-1　常见电气仪表面板上的标记

名　称	符　号	名　称	符　号
指示测量仪表的一般符号	○	直流	—
检流计	(↑)	交流（单相）	～
		直流和交流	≃
安培计	A	以标度尺量限的百分数表示的准确度等级，例如 1.5 级	1.5
毫安计	mA		
微安计	μA		
伏特计	V	以指示值的百分数表示的准确度等级，例如 1.5 级	(1.5)
毫伏计	mV		
千伏计	kV	标度尺位置为垂直的	⊥
欧姆计	Ω	标度尺位置为水平的	⊓
兆欧计	MΩ	绝缘强度试验电压为 2kV	☆2
负端钮	—		
正端钮	＋		
公共端钮	•	接地用的端钮	⏚
磁电式仪表	⋂	调零器	⌒
静电系仪表	⫩	11 级防外磁场及电场	[II] • [II]

四、电学实验操作规程

（1）弄清实验仪器的规格，按电路图摆好仪器位置。

（2）连线时应注意电流的走向，电流表串联在线路中，电压表并联在线路中，注意正负极，打开开关。

（3）接好线路后，仔细检查，经教师同意后再接上电源。

（4）电源接通后，密切注意电表的反应。如发现不正常现象，马上断开电源。更换电路或暂时停做实验时，应立即断掉电源。

（5）不管电路中有无高压，要养成避免用手或身体接触电路中导体的习惯。

(6) 实验完毕,应将电路中的仪器放到安全位置,打开开关。拆线时,应先断开电源,仪器放回原处,清点无误后,方可离开实验室。

实验一 伏安法测电阻

【实验目的】

(1) 验证欧姆定律

(2) 掌握伏安法测电阻的方法。

(3) 学会电压表、电流表、电阻箱和滑线变阻器的正确用法。

【实验仪器】

直流稳压电源,电流表,电压表,滑线变阻器,电阻箱,单刀开关。

【实验原理】

通过一段导线的电流 I 与该导体两端的电压 V 成正比,与该导体的电阻 R 成反比,这就是欧姆定律。用数学表达式可表示为

$$I=\frac{V}{R} \quad 或 \quad R=\frac{V}{I} \tag{4-1-1}$$

若用电压表测得电阻两端的电压 V,同时用电流表测出通过该电阻的电流 I,由式(4-1-1)即可求得电阻 R,这种用电表直接测量出电压和电流数值,由欧姆定律计算电阻的方法,称为伏安法。伏安法原理简单,测量方便,尤其适用于测量非线性电阻的伏安特性。但是用这种方法进行测量时,电表的内阻会影响测量结果。下面就电表内阻的影响进行分析。

用伏安法测量电阻,可采用图 4-1-1 所示的两种接线方法。

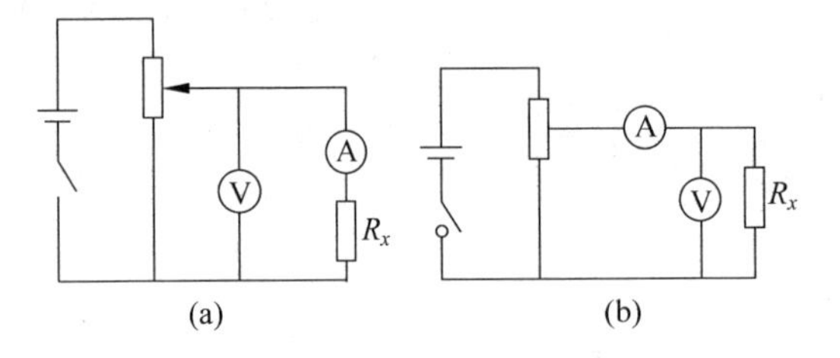

图 4-1-1 伏安法测量电阻线路图

在图 4-1-1(a)中,电流表的读数 I 为通过 R 的电流 I_x,电压表的读数 V 不是 V_x,而是 $V=V_x+V_A$,则待测电阻的测量值为

$$R=\frac{V}{I}=\frac{V_x+V_A}{I_x}=R_x+R_A=R_x\left(1+\frac{R_A}{R_x}\right) \tag{4-1-2}$$

式中,R_A 为电流表的内阻;$\frac{R_A}{R_x}$是电流表内阻给测量带来的相对误差。可见,采用图 4-1-1(a)的接法时,测得的 R 比实际值 R_x 偏大。如果知道 R_A 的数值,则待测电阻 R_x 可用下式计算:

$$R_x = \frac{V - V_A}{I} = R - R_A = R\left(1 - \frac{R_A}{R}\right) \tag{4-1-3}$$

在图 4-1-1(b)中，电压表的读数为 V_x，电流表的读数为 $I = I_x + I_V$。则待测电阻的测量值为

$$R = \frac{V}{I} = \frac{V_x}{I_x + I_V} = \frac{V_x}{I_x\left(1 + \frac{I_V}{I_x}\right)}$$

将 $\left(1+\frac{I_V}{I_x}\right)$ 用二项式定理展开，舍去高次项，可写为

$$R \approx \frac{V_x}{I_x}\left(1 - \frac{I_V}{I_x}\right) = R_x\left(1 - \frac{R_x}{R_V}\right)$$

式中，R_V 为电压表的内阻，$\frac{R_x}{R_V}$ 是电压表内阻给测量带来的相对误差。可见，采用图 4-1-1(b)的接法时，测得的电阻值 R 比实际 R_x 偏小。如果知道 R_V 的数值，则待测电阻 R_x 可由下式求得：

$$R_x = \frac{V_x}{I - I_V} = \frac{V_x}{I\left(1 - \frac{I_V}{I}\right)} \approx \frac{V_x}{I}\left(1 + \frac{I_V}{I}\right) = R\left(1 + \frac{R}{R_V}\right)$$

概括起来说，用伏安法测电阻时，由于线路方面的原因，测得的电阻值总是偏大或偏小，即存在一定的系统误差。

要确定究竟采用哪一种接法，必须事先对 R_x、R_A、R_V 三者的相对大小有粗略的估计。

当 $R_x \gg R_A$，而 R_V 未必比 R_x 大时，采用图 4-1-1(a)的接法。

当 $R_x \ll R_V$，R_x 又不过分大于 R_A 时，可采用图 4-1-1(b)的接法。

对于既满足 $R_x \gg R_A$，又满足 $R_x \ll R_V$ 关系的电阻，两种接法都可以。

【实验内容】

1. 用伏安法测 1000Ω 和 30Ω 的数值。测 1000Ω 电阻时，用 5mA 的电流表，电压调到约 2.00V，读出电流值，计算相应的电阻值；测 30Ω 电阻时，换用 100mA 电流表，电压调到约 2.00V，读出电流值，计算相应的电阻值(自己考虑应采用图 4-1-1 中(a)、(b)哪种线路接法好)。并将数据填入数据表格中。

2. 测 30Ω 电阻。使电压分别为 0.00V，0.50V，…，3.00V，记下相应的电流值，作伏安特性曲线，并由曲线斜率计算电阻值。

实验结果填入表 4-1-1 和表 4-1-2。

表 4-1-1

项　目	图 4-1-1(a)			图 4-1-1(b)		
	V/V	I/mA	R/Ω	V/V	I/mA	R/Ω
$R_1 = 1000\Omega$						
$R_2 = 30\Omega$						

表 4-1-2

V/V	0.00	0.50	1.00	1.50	2.00	2.50	3.00
I/mA							
R/Ω							
$\frac{\Delta R}{R}=\frac{\Delta V}{V}+\frac{\Delta I}{I}$							
$\Delta R_{系}=R\left(\frac{\Delta R}{R}\right)$							

注意事项：

(1) 每次换电表时，都要先降低电压，然后断开电源。

(2) 每次应把电阻箱首先拨到给定的电阻值上。

(3) ΔR 取一位有效数字。

实验二 电表改装与校准

电表在电测量中有着广泛的应用，因此如何了解电表和使用电表就显得十分重要。电流表(表头)由于构造的原因，一般只能测量较小的电流和电压，如果要用它来测量较大的电流或电压，就必须进行改装，以扩大其量程。万用表的原理就是对微安表头进行多量程改装而来，它在电路的测量和故障检测中得到了广泛的应用。

【实验目的】

(1) 测量表头内阻及满度电流。

(2) 掌握将 1mA 表头改成较大量程的电流表和电压表的方法。

(3) 设计一个 $R_{中}=1500\Omega$ 的欧姆表，要求在 E 为 1.3～1.6V 内能调零。

(4) 用电阻器校准欧姆表，画校准曲线，并根据校准曲线用组装好的欧姆表测未知电阻。

(5) 学会校准电流表和电压表的方法。

【实验仪器】

DH4508 型电表改装与校准实验仪一台，ZX21 电阻箱(可选用)一台。

【实验原理】

常见的磁电式电流表主要由以下几部分组成：放在永久磁场中，由细漆包线绕制的可以转动的线圈，用来产生机械反力矩的螺旋弹簧，指针和永久磁铁。当线圈内有电流通过时，载流线圈在磁场中就产生一磁力矩 $M_{磁}$，使线圈转动，从而带动指针偏转。当线圈转动时，螺旋弹簧将被扭动，产生一个阻碍线圈转动的阻力矩，其大小与线圈转动的角度成正比。当磁力矩与螺旋弹簧中的阻力矩相等时，线圈停止转动，此时指针偏转的角度与电流成正比，故电流表的刻度是均匀的，可由指针的偏转直接指示出电流值。

电流表允许通过的最大电流称为电流表的量程，用 I_g 表示，电流表的线圈有一定内阻，用 R_g 表示，I_g 与 R_g 是表示电流表特性的两个重要参数。

1. 测量电流表内阻

测量内阻 R_g 的常用方法有以下两种：

(1) 半电流法(中值法)

其测量原理图见图 4-2-1。当被测电流表接在电路中时,使其指针满偏,再用十进位电阻箱与被测电流表并联作为分流电阻,改变电阻值即改变分流程度,当被测电流表指针指示中间值,且标准表读数(总电流强度)仍保持不变(可通过调电源电压和 R_W 来实现),显然这时分流电阻值就等于电流表的内阻。

(2) 替代法

其测量原理图见图 4-2-2。当被测电流表接在电路中时,用十进位电阻箱替代它,且改变电阻值,当电路中的电压不变时,且电路中的电流(标准表读数)亦保持不变,则电阻箱的电阻值即为被测电流表内阻。

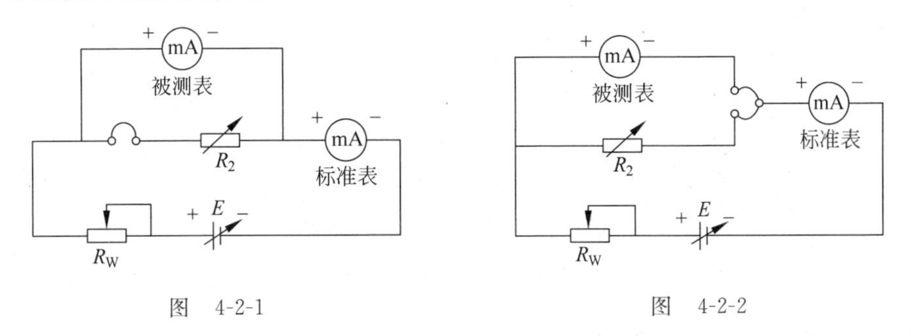

图　4-2-1　　　图　4-2-2

替代法是一种应用很广的测量方法,具有较高的测量准确度。

2. 改装为大量程电流表

根据电阻并联规律可知,如果在电流表表头两端并联一个阻值适当的电阻 R_2,如图 4-2-3 所示,使表头不能承受的那部分电流从 R_2 上通过,就能将电流表头的量程扩大。由表头和并联电阻 R_2 组成的整体(图中虚线框住的部分)就是改装后的电流表。如需将量程扩大 n 倍,则需并联的电阻 R_2 大小为

$$R_2 = R_g/(n-1) \tag{4-2-1}$$

用电流表测量电流时,电流表串联在被测电路中,所以要求电流表内阻较小。如果在表头上并联阻值不同的电阻,即可制成多量程的电流表。

3. 改装为电压表

有些表头能承受的电压很小,不能用来测量较大的电压。为了测量较大的电压,可以给表头串联一个阻值适当的电阻 R_M,如图 4-2-4 所示,使表头不能承受的那部分电压由电阻 R_M 分担。由表头和串联电阻 R_M 组成的整体就是改装后的电压表,串联的电阻 R_M 叫做扩程电阻。选取不同大小的 R_M,就可以得到不同量程的电压表。由图 4-2-4 可求得扩程电阻值为

$$R_M = \frac{U}{I_g} - R_g \tag{4-2-2}$$

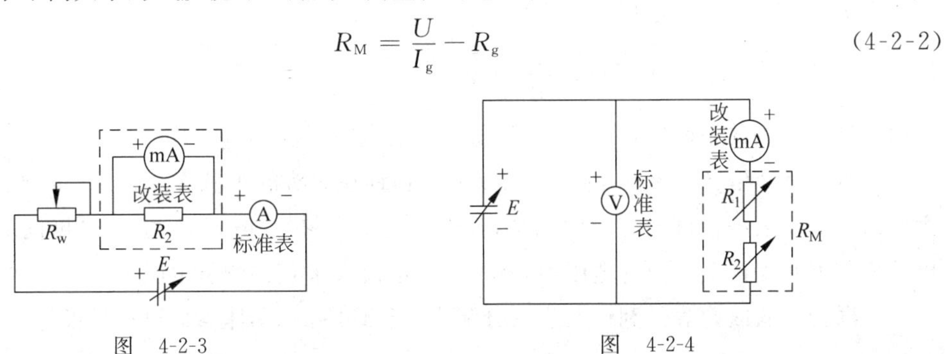

图　4-2-3　　　图　4-2-4

用电压表测电压时，电压表总是并联在被测电路上，为了不因并联电压表而改变电路的工作状态，要求电压表有较高的内阻。

4. 改装毫安表为欧姆表

用来测量电阻大小的电表称为欧姆表。根据调零方式的不同，可分为串联分压式和并联分流式两种。其原理电路如图 4-2-5 所示。

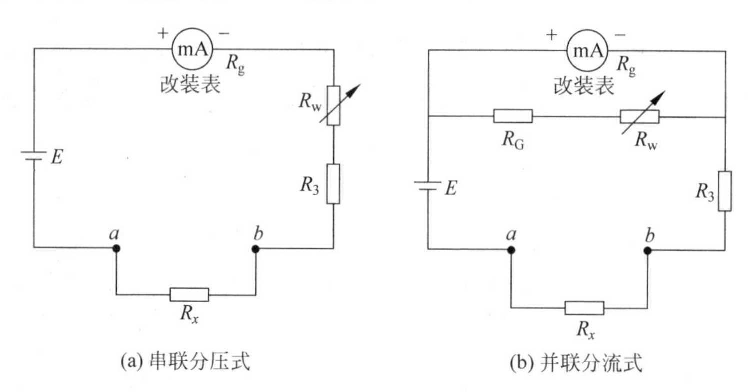

图 4-2-5 欧姆表原理图

图中 E 为电源，R_3 为限流电阻，R_W 为调“零”电位器，R_x 为被测电阻，R_g 为等效表头内阻。图 4-2-5(b)中，R_G 与 R_W 一起组成分流电阻。

欧姆表使用前先要调“零”点，即 a、b 两点短路（相当于 $R_x=0$），欧姆表使用前先要调“零”点，即 a、b 两点短路（相当于 $R_x=0$），调节 R_W 的阻值，使表头指针正好偏转到满度。可见，欧姆表的零点就在表头标度尺的满刻度处，与电流表和电压表的零点正好相反。

在图 4-2-5(a)中，当 a、b 端接入被测电阻 R_x 后，电路中的电流为

$$I=\frac{E}{R_g+R_W+R_3+R_x} \tag{4-2-3}$$

对于给定的表头和线路来说，R_g、R_W、R_3 都是常量。由此可见，当电源端电压 E 保持不变时，被测电阻和电流值有一一对应的关系。即接入不同的电阻，表头就会有不同的偏转读数，R_x 越大，电流 I 越小。短路 a、b 两端，即 $R_x=0$ 时，

$$I=\frac{E}{R_g+R_W+R_3}=I_g \tag{4-2-4}$$

这时指针满偏。

当 $R_x=R_g+R_W+R_3$ 时，

$$I=\frac{E}{R_g+R_W+R_3+R_x}=\frac{1}{2}I_g \tag{4-2-5}$$

这时指针在表头的中间位置，对应的阻值为中值电阻，显然 $R_{中}=R_g+R_W+R_3$。

当 $R_x=\infty$（相当于 a、b 开路）时，$I=0$，即指针在表头的机械零位。

所以欧姆表的标度尺为反向刻度，且刻度是不均匀的，电阻 R 越大，刻度间隔愈密。将电流表刻度盘上标上对应的电阻值，就可以用电流表来直接测量电阻了。

并联分流式欧姆表是利用对表头分流来进行调零的，具体参数可自行设计。

欧姆表在使用过程中电池的端电压会有所改变，而表头的内阻 R_g 及限流电阻 R_3 为常量，故要求 R_W 要跟着 E 的变化而改变，以满足调“零”的要求，设计时用可调电源模拟电池电压的变化，范围取 1.3～1.6V 即可。

【实验内容】

DH4508 型电表改装与校准实验仪的使用参见本实验附录。

仪器在进行实验前应对毫安表进行机械调零。

1）用中值法或替代法测出表头的内阻，按图 4-2-1 或图 4-2-2 接线，R_g = ________ Ω。

2）将一个量程为 1mA 的表头改装成 5mA 量程的电流表。

（1）根据式（4-2-1）计算出分流电阻值，先将电源调到最小，R_W 调到中间位置，再按图 4-2-3 接线。

（2）慢慢调节电源，升高电压，使改装表指到满量程（可配合调节 R_W 变阻器），这时记录标准表读数。注意：R_W 作为限流电阻，阻值不要调至最小值。然后调小电源电压，使改装表每隔 1mA（满量程的 1/5）逐步减小读数直至零点（将标准电流表选择开关置于 20mA 挡量程）；再调节电源电压按原间隔逐步增大改装表读数到满量程，在表 4-2-1 中记下标准表的读数。

表 4-2-1 mA

改装表读数	标准表读数			示值误差 ΔI
	减小时	增大时	平均值	
1				
2				
3				
4				
5				

（3）以改装表读数为横坐标，标准表由大到小及由小到大调节时两次读数的平均值为纵坐标，在坐标纸上作出电流表的校正曲线，并根据两表最大误差的数值定出改装表的准确度级别。

（4）重复以上步骤，将 1mA 表头改装成 10mA 表头，可按每隔 2mA 测量一次（可选做）。

（5）将面板上的电阻 R_g 和表头串联，作为一个新的表头，重新测量一组数据，并比较扩流电阻有何异同（可选做）。

3）将一个量程为 1mA 的表头改装成 1.5V 量程的电压表

（1）根据式（4-2-2）计算扩程电阻 R_M 的阻值，可用 R_1、R_2 进行实验。

（2）按图 4-2-4 连接校准电路。用量程为 2V 的数显电压表作为标准表来校准改装的电压表。

（3）调节电源电压，使改装表指针指到满量程（1.5V），记下标准表读数。然后每隔

0.3V 逐步减小改装读数直至零点，再按原间隔逐步增大到满量程，每次记下标准表相应的读数于表 4-2-2。

表 4-2-2 V

改装表读数	标准表读数			示值误差 ΔU
	减小时	增大时	平均值	
0.3				
0.6				
0.9				
1.2				
1.5				

(4) 以改装表读数为横坐标，标准表由大到小及由小到大调节时两次读数的平均值为纵坐标，在坐标纸上作出电压表的校正曲线，并根据两表最大误差的数值定出改装表的准确度级别。

(5) 重复以上步骤，将 1mA 表头改成 5V 表头，可按每隔 1V 测量一次(可选做)。

4) 改装欧姆表及标定表面刻度

(1) 根据表头参数 I_g 和 R_g 以及电源电压 E，选择 R_W 为 470Ω，R_3 为 1kΩ，也可自行设计确定。

(2) 按图 4-2-5(a)进行连线。将 R_1、R_2 电阻箱(这时作为被测电阻 R_x)接于欧姆表的 a、b 端，调节 R_1、R_2，使 $R_中=R_1+R_2=1500(\Omega)$。

(3) 调节电源 $E=1.5V$，调 R_W 使改装表头指示为零。

(4) 取电阻箱的电阻为一组特定的数值 R_{xi}，读出相应的偏转格数 d_i。利用所得读数 R_{xi}、d_i 绘制出改装欧姆表的标度盘，如表 4-2-3 所示。

表 4-2-3

$E=$________V，$R_中==$________Ω

R_{xi}/Ω	$\frac{1}{5}R_中$	$\frac{1}{4}R_中$	$\frac{1}{3}R_中$	$\frac{1}{2}R_中$	$R_中$	$2R_中$	$3R_中$	$4R_中$	$5R_中$
偏转格数 d_i									

(5) 按图 4-2-5(b)进行连线，设计一个并联分流式欧姆表，试与串联分压式欧姆表比较有何异同(可选做)。

【思考题】

1. 是否还有别的办法来测定电流表内阻？能否用欧姆定律来进行测定？能否用电桥来进行测定而又保证通过电流表的电流不超过 I_g？

2. 设计 $R_中=1500\Omega$ 的欧姆表，现有两块量程 1mA 的电流表，其内阻分别为 250Ω 和 100Ω，你认为选哪块较好？

附录　DH4508型电表改装与校准实验仪使用说明

1. 概述

指针式电流表、电压表、多用表广泛应用于各种电测场合，它们的指示都是用电流表来实现的。单纯的电流表一般只能用来测量较小的电流和电压，所以必须对电流表进行改装，才能应用于各种测量领域。

本仪器通过连线能完成改装电流表、电压表、欧姆表实验，通过实验能提高使用者应用电表的能力。

2. 主要技术参数

指针式被改装表：量程1mA，内阻约155Ω，精度1.5级。

(1) 电阻：调节范围0～9999.9Ω，0～99.9Ω，精度0.1级。

(2) 标准电流表：0～20 mA，0～200mA两量程，三位半数显，精度±0.5%。

(3) 标准电压表：0～2V，0～20V两量程，三位半数显，精度±0.5%。

(4) 可调稳压源：输出范围0～2V，0～20V两量程，稳定度0.1%/min，负载调整率0.1%。

(5) 供电电源：交流(220±22)V，50Hz。

(6) 外形尺寸：430mm×280mm×130mm。

3. 使用说明

本仪器内附指针式电流表、标准电压表、标准电流表、可调直流稳压电源、十进式电阻箱、专用导线及其他部件，无须其他配件便可完成多种电表改装实验。

本仪器的面板见图4-2-6。

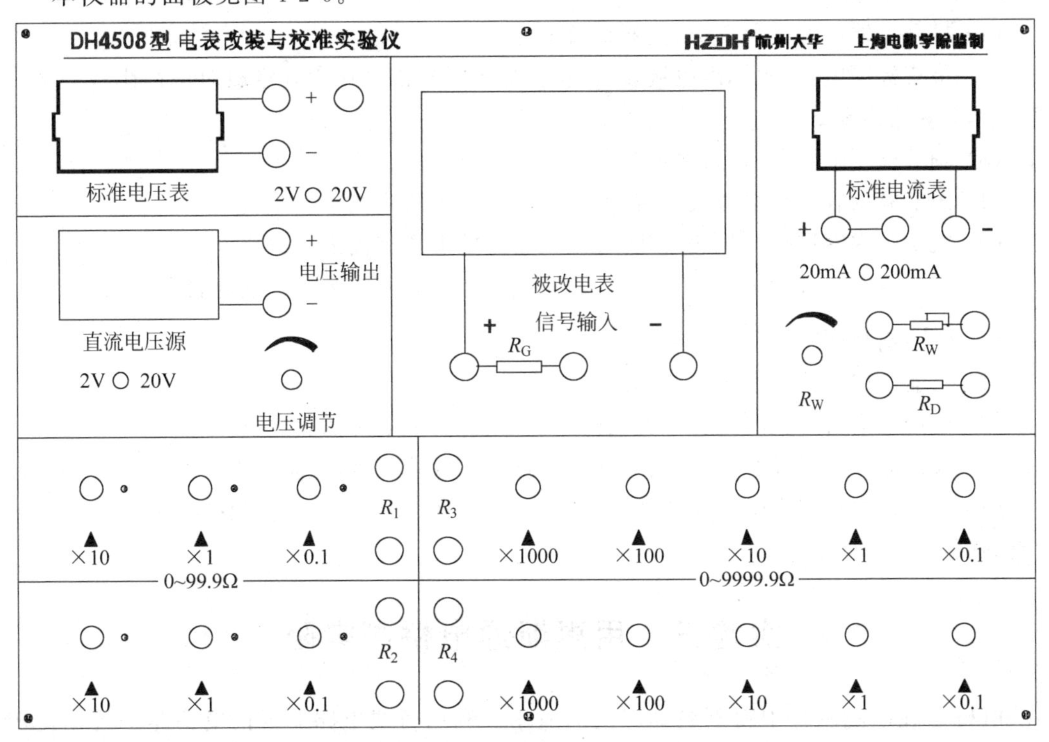

图4-2-6　面板示意图

可调直流稳压源分为2V、20V两个量程，通过“电压选择开关”选择所需的电压输出，调节“电压调节”电位器调节需要的电压。指针式电压表的指示也分为2V、20V两个量程。

标准数显电压表有2V、20V两个量程，通过“电压量程选择开关”选择不同的电压量程，需连接到对应的测量端方可测量。

标准数显电流表有20mA、200mA两个量程，通过“电流量程选择开关”选择不同的电流量程，需连接到对应的测量端方可测量。

4. 原理简介

(1) 改装较大量程的电流表

在表头两端并联一合适的电阻，对测量电路中的电流进行分流，使表头指示为满度时，线路的总电流为所需要改装量程的电流值，这时表头就被改装成较大量程的电流表。

(2) 改装成较大量程的电压表

将一合适阻值的电阻与电流表串联，使电流表满偏时，串联电路上的电压等于所需要改装量程的电压，这时电流表就被改装成电压表了。

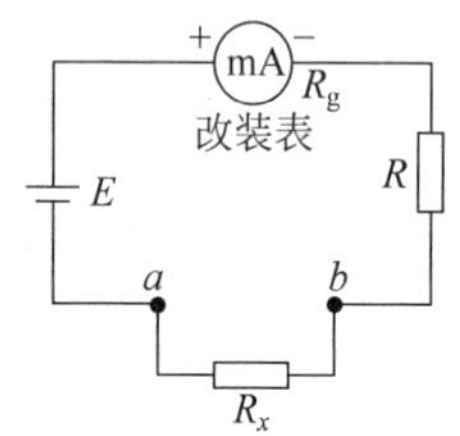

图 4-2-7 欧姆表示意图

(3) 改装成欧姆表

如图4-2-7所示，用一电源串联一合适的电阻，与电流表串联。当被测电阻R_x接入时，会使电流表偏转，不同的R_x会引起不同的电流表偏转。用标准电阻箱对电流表的偏转进行刻度标定后，就能用于测量电阻了，这时电流表被改装成欧姆表。详细的测量原理和线路见本实验内容。

5. 使用步骤

(1) 打开仪器后部电源开关，接通交流电源。

(2) 检查标准电压表、标准电流表，应正常显示。标准电压表在空载时因内阻较高会出现跳字，属正常现象。

(3) 调节稳压电源，应正常输出。

(4) 按实验内容进行电流表改装，并用改装成的电流表测未知电流。

(5) 按实验内容进行电压表改装，并用改装成的电压表测未知电压。

(6) 按实验内容进行串联式和并联式欧姆表改装，并用改装成的欧姆表测未知电阻。

6. 维护与保修

(1) 仪器应按实验要求正确使用。

(2) 使用完毕后应关闭电源开关，若长期不用应拔下电源插头。

(3) 仪器应存放于没有腐蚀性物质的环境中，并保持干燥，以防腐蚀。

(4) 在用户遵守规定的使用条件下，产品的保修期为12个月，超过保修期，厂家仍会提供良好的服务。

实验三 用惠斯通电桥测电阻

电桥法在电磁测量中得到极其广泛的应用。利用桥式电路制成的电桥是一种用比较法进行测量的仪器。电桥可以测量电阻、电容、电感、频率等许多物理量，也广泛应用于自动控制、无线电遥控技术中，惠斯通电桥是其中最简单的一种，可测量电阻范围为 $10\sim10^5\Omega$。

【实验目的】

(1) 了解惠斯通电桥的测量原理和方法。

(2) 掌握其线路连接并熟悉调节电桥平衡的操作步骤。

(3) 学会使用箱式惠斯通电桥，并掌握电桥灵敏度的概念。

【实验仪器】

指针式检流计1个，滑线变阻器1个，电键1个，标准电阻2个，电阻箱1个，单刀开关1个，待测电阻板(装有电阻 2.4kΩ、240Ω 或 200Ω、51Ω)1块，箱式电桥1台。

【实验原理】

1. 用惠斯通电桥测电阻

惠斯通电桥的电路如图 4-3-1 所示。

电阻 R_1、R_2、R_0、R_x 连成四边形，每一边称做电桥的臂，对角 A、B 与电源相接，对角 C、D 间接检流计，所谓“桥”就是指接有检流计的 CD 这条对角线，它的作用是将“桥”的两个端点 C、D 的电位直接进行比较(故又称比较法)，当 C、D 两点的电位相等时，检流计中无电流通过，电桥达到平衡。电流 I_1 流过电阻 R_1 和 R_0，I_2 流过 R_2 和 R_x，根据欧姆定律有

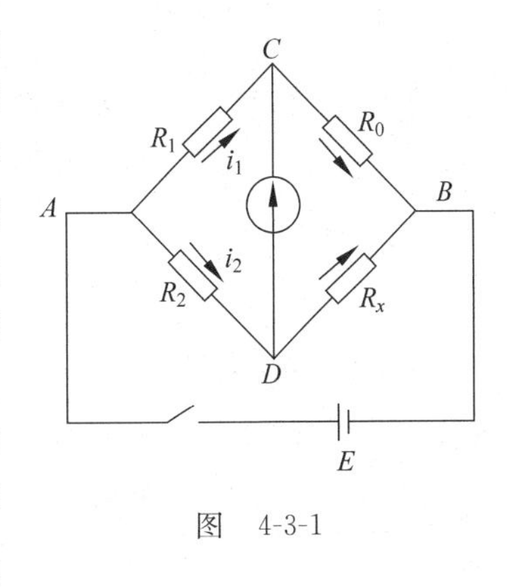

图 4-3-1

$$I_1R_1 = I_2R_2 \tag{4-3-1}$$

$$I_1R_0 = I_2R_x \tag{4-3-2}$$

$$R_x = \frac{R_2}{R_1}R_0 \tag{4-3-3}$$

比值$\frac{R_2}{R_1}$称为电桥的倍率，式(4-3-3)称为电桥的平衡条件。合格的电桥产品中，倍率是比较精确的。倍率的选择，除了满足 R_x=倍率×R_0 的关系外，还要尽量使 R_0 读出更多的位数。例如：R_x 为 1000Ω 时，取倍率为 1000，R_0 为 1Ω，则 $R_x=1000\times1\Omega=1\times10^3\Omega$，只有1位有效数字；若取倍率为1，$R_0=1000\Omega$，则 $R_x=1\times1000\Omega=1000\Omega$，有4位有效数字。

注意：若电桥严重不平衡时，检流计会因电流过大，使指针偏转过大而损坏。所以，测量时必须先要知道电阻 R_x 上的标称值，或用万用表粗测其值，将倍率与 R_0 预先拨到大致满足式(4-3-3)的数值。

2. 电桥灵敏度的概念

式(4-3-3)是电桥平衡的条件。在实验中电桥是否平衡就要看检流计的指针有无偏转。检流计的灵敏度总是有限的，故电桥亦有灵敏度的问题。电桥的相对灵敏度定义为电桥平衡后，比较臂电阻 R_0 改变一个相对微小量 $\Delta R_0/R_0$ 与检流计的指针偏转格数 Δn 的比值，电桥相对灵敏度 S 为

$$S = \frac{\Delta n}{\Delta R_0 / R_0} \tag{4-3-4}$$

电桥的相对灵敏度有时也简称为电桥灵敏度，S 越大，说明电桥越灵敏，带来的误差越小。

电桥的灵敏度和下列因素有关：

(1) 检流计的灵敏度 S_g 越高，电桥灵敏度也越高。

(2) 电源电压越高，电桥灵敏度越高，注意不要超过电阻允许的最大电流，故一般在电源电压一定的情况下讨论灵敏度。

(3) 检流计内阻越大，电桥灵敏度越低。

【实验内容】

1. 用自搭惠斯通电桥测电阻

图 4-3-2 是自搭电桥的测量线路图，滑线变阻器 R 在电路中起分压作用，可以保护电桥，方便调节。

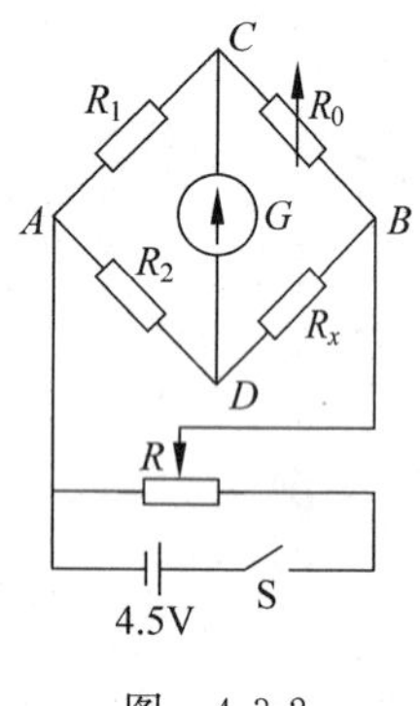

图 4-3-2

先使滑线变阻器输出很小的电压，调 R_0 使检流计指零，再稍加大分压，重复上述步骤，反复几次，直到分压最大时，读出的 R_0 才是最精确的。

(1) 按图 4-3-2 接线，电源电压调到 4.5V，电键断开，各接头必须干净、牢靠，使分压最小。

(2) 请教师检查线路，打开检流计锁扣，调整零点，接上电源。

(3) 根据 R_1、R_2 及 R_x 的标称值，估算 R_0 的大小，调好 R_0 后合上 S，若检流计指针偏转超过 15 格，应立即断电，重新检查线路。若偏转不超过 15 格，则开始测量。

先使滑线变阻器输出很小分压，调 R_0 使检流计为零，再稍加大分压，重复上述步骤，反复几次，直到分压最大，读出的 R_0 才是最精确的。

注意： 调节电阻箱时要注意连续性，进退位要连续，不要由“0”跃到“9”或反之。

(4) 断电后，换上其他电阻，重复以上步骤，数据记入表 4-3-1。

(5) 先拔下电源插头再拆线、整理仪器；在检流计指零时，轻轻将锁扣拨到“红点”。

表 4-3-1 用自搭惠斯通电桥电路测电阻 Ω

标 称 值	R_2	R_1	R_0	R_x
2.4×10^3				
240				
51				

2. 用箱式电桥测电阻

本实验用的箱式电桥为 QJ45 型携带式线路故障测试器，其面板如图 4-3-3 所示，级数为 0.1 级。

横向排列的四个旋钮是电阻箱 R_0 的四个旋钮，X 两侧的接线柱接待测电阻 R_x，右上角标有数字的旋钮为倍率，即 R_2/R_1，左下方 G 下三个按钮为检流计回路开关兼分压选择开

图 4-3-3　箱式电桥的面板分布图

关,其作用相当于改变检流计内阻,必须按照 0.01→0.1→1 的顺序先后按下 G 按钮,并且每次均调节 R_0,使检流计指零。测电阻时,将上排中央位置的用途选择键扳到“R”一边,用外接电源时将左边的开关扳向“断开”的位置,同时外接电源由右边 B 两侧按钮式接线柱接入(此时箱内电源自动断开)。

参照上述说明,自己设计步骤测出 3 个待测电阻。外接电源时注意正负极。调节时,若检流计指针偏向正方向,则应加大 R_0,反之亦然。

实验结果填入表 4-3-2。

表 4-3-2　用箱式电桥测电阻

标　称　值	R_2/R_1	R_0/Ω	R_x/Ω	U_B/Ω	$R_x \pm U_B/\Omega$
2.4kΩ	1/1				
240Ω	1/10				
51Ω	1/100				

其中 $U_A=0$;箱式电桥 $\Delta_{仪}=R_x\times$电桥级数%。

3. 测箱式电桥的灵敏度

在“实验内容二”的基础上待测电阻 R_x 选 2.4kΩ,当电桥平衡时,调节 R_0,使检流计指针偏转 5 小格左右——为 Δn。记录下此时的 ΔR_0 和 R_0 代入式(4-3-4),计算此时电桥的灵敏度 S 为多少。

自行设计表格。

【课前思考题】

1. “实验内容一”中,使分压最小应如何调?
2. 根据电桥原理,“实验内容二”中的倍率选取应注意什么?

3. 检流计在电桥中的作用是什么？怎样保护检流计？

4. 电桥的灵敏度和电桥臂电阻有无关系？

【课后思考题】

1. 惠斯通电桥测电阻的原理及优点是什么？

2. 理论上分析自制电桥中，若已知 R_1、R_2 的绝对误差，待测电阻 R_x 的相对误差如何计算？

实验四　用电位差计测量电动势

电位差计是电磁测量中最精密的仪器之一，它的准确度一般可达 0.05%，而一般电表，由于制造上的限制，精密度达到 0.5%就很不容易，因此常用电位差计精确测量电动势、电势差、电流、电阻等电学量。由于它有很高的精密度，还可以用来校准精密电表和直流电桥等直读式仪表。若配合以各种换能器，还可用于测量所有可以变换为电压的物理量，如对温度、压力、位移、速度等非电量的测量。用电位差计测量时，不会改变被测电路中的电流，因而不影响被测电路，保证了测量值的真实性，这是一般电表测量所做不到的。

【实验目的】

(1) 了解用补偿法测电动势的原理。

(2) 掌握电位差计测电动势的方法。

【实验仪器】

87-1 型学生式电位差计，标准电势与待测电势仪。

【实验原理】

用电压表测量电池电动势时，如图 4-4-1 所示，有电流 I 流过电池的内部，若电池内阻为 r，根据欧姆定律可知用电压表测得的电压为 $V=E-Ir$，即电压表只能测得电池的路端电压，而不是它的电动势 E，其中 Ir 表示在电池内阻上的电压降，因此用电压表不能直接测量电池的电动势。

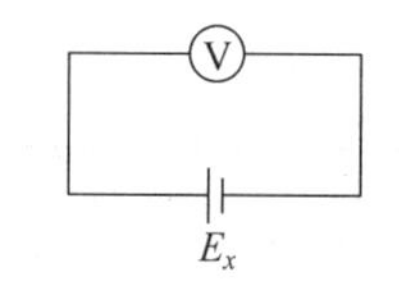

图 4-4-1　电压表测电动势

1. 补偿法

如图 4-4-2 所示，待测电池 E_x、标准电池 E_N 和检流计串联成一个回路。若两个电池的电动势不相等($E_x \neq E_N$)，则回路中有电流，检流计发生偏转。如果 $E_x=E_N$ 则回路中无电流，检流计指零，这种情况叫做待测电动势 E_x 得到了已知电势 E_N 的补偿，这时，根据已知的电动势，即可测出 E_x 的电动势。这种方法叫做补偿法。补偿法的特点是测量对象中无电流通过，因而不干扰被测量的数值，测量结果准确可靠。由于补偿法中待测电池没有电流通过，加上标准电池的电动势是十分准确和稳定的，所以测得的电动势是很准确的。但使用图 4-4-2 的线路，必须要求 E_N 连续可调，实际上，却没有连续可调的标准电池。为

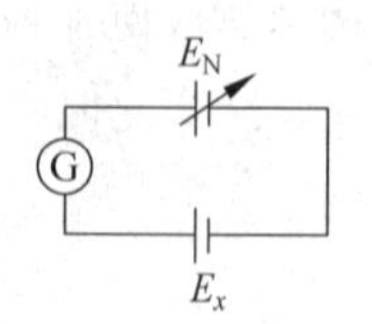

图 4-4-2　补偿法测电动势原理图

此，人们制造出电位差计来实现连续可调。

2. 电位差计

图 4-4-3 是电位差计的原理线路图，它由 3 个回路组成，即工作回路、校准回路和测量回路。工作回路由 E、R_P、R 组成，校准回路由 E_N、G、R_N 组成，测量回路由 E_x、G、R_x 组成。

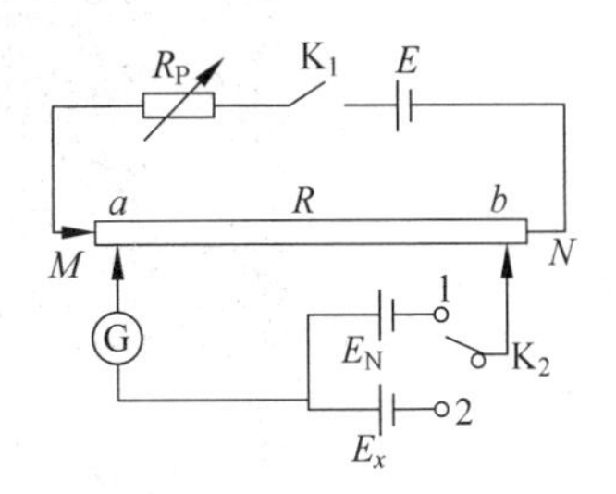

图 4-4-3　电位差计原理图

图中 E_x 为待测电动势，E_N 为标准电动势，电阻 R 是精确分度的，因此，R_N、R_x 都可以是精确数值（其中 R_N 和 R_x 分别为补偿 E_N 和 E_x 的电阻值）。E 为工作电源（电源电压 $E>E_N$，$E>E_x$）。开关 K_2 合至“1”，调 R_P 使检流计指针无偏转，此时流经 R 的电流为 I_0，则有

$$E_N = I_0 R_N \tag{4-4-1}$$

称 I_0 为工作电流。开关 K_2 合至“2”，调 R_x，当检流计指针无偏转时，则有

$$E_x = I_0 R_x \tag{4-4-2}$$

将式 $E_N=I_0R_N$ 与式 $E_x=I_0R_x$ 相比，得到

$$E_x = \frac{I_0 R_x}{I_0 R_N} E_N \tag{4-4-3}$$

则

$$E_x = \frac{R_x}{R_N} E_N = \frac{E_N}{R_N} R_x \tag{4-4-4}$$

从原理上讲，只要知道 E_N、R_N、R_x 的值，就可以计算出待测电势 E_x 的值，而对工作电流 I_0，只要求在调 R_N、R_x 时保持不变，就对测量结果没有影响。

为了测量简便，要求能从电位差计上直接读出被测电动势的值，分析式 $E_x=I_0R_x$，若 I_0 为某个标定的工作电流值，则 $R_x \sim E_x$ 就是单一对应关系，即 R 上的每欧姆电压降是固定值。例如：工作电流为 $I_0=1.000\text{mA}$，则每欧姆上的电压降就为 1mV，那么 R 就成了刻度为每欧姆 1mV 的一把电压尺，被测电动势就可由电压尺直接读出。

怎样知道工作电流是 1.000mA？由于一般毫安表达不到这么高的准确度，所以必须借助于电位器 R_P。用标准电池和准确度足够高的电阻 R_N，把工作电流校准到 1.000mA，而 R_N 的数值可由 $E_N=I_0R_N$ 计算出来。

将 K_2 合至“1”，R_N 给予定值。调 R_P，使检流计指针无偏转，则式 $E_N=I_0R_N$ 成立，此步骤称为“校准”。“校准”的目的就是要校准工作电流，以实现电压尺。

测量结果的准确度由式(4-4-3)决定，式中 E_N、R_N、R_x 的准确度对 E_x 的影响是明显的。我们认为当检流计指针无偏转时，就没有电流通过它，此时式(4-4-3)严格成立。由于检流计灵敏度的限制，当它的指针无偏转时，可能有微小电流通过它，因此检流计的灵敏度决定着式(4-4-3)近似成立的程度。式(4-4-3)中的 I_0 表示测量和校准时通过 R 的电流应该相同，这就要求标准电池和工作电源的电动势是稳定的。

由于电位差计使用标准电池、精度较高的电阻、稳定的工作电源和灵敏度较高的检流计，故它是较精密的测量仪器。

【实验内容】

87-1 型学生式电位差计如图 4-4-4 所示，标准电势与待测电势仪如图 4-4-5 所示。

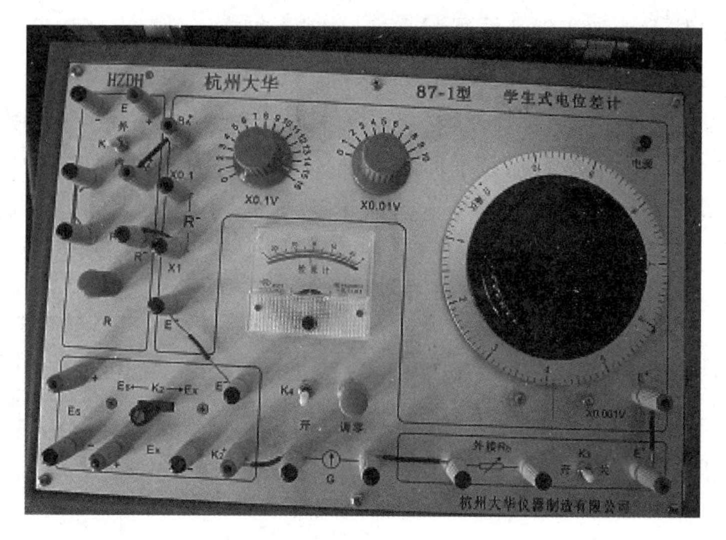

图 4-4-4 87-1 型学生式电位差计

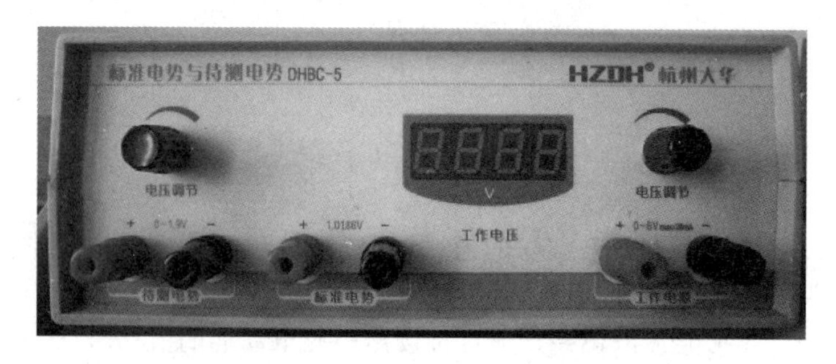

图 4-4-5 标准电势与待测电势仪

(1) 校准学生式电位差计

使用电位差计之前，先要进行校准，使电流达到规定值，这里给定工作电流 I_0 为 1V/单位电阻，即 $I_0=\frac{E_N}{R_N}=1\text{V}/$单位电阻。标准电势 $E_N=1.0186\text{V}$ 为一确定值，因此 $R_N=1.0186$ 单位电阻，调节电位差计上“0.1V”“0.01V”“0.001V”旋钮，使其间包括 1.0186 个单位电阻。用所附导线按原理线路图进行连接，将开关 K_3、K_4 拨到“开”，将 K_2 推向 E_S（点触式），并同时调节电位器 R，使检流计指零，则电流 I_0 已达到规定值，此过程称为校准。校准完毕后，电位器 R 不可再动，否则要重新校准。

(2) 测量干电池电动势

校准完毕后，就可以测量了，先估测干电池 E_x 的大小，并调节电位差计上“0.1V”“0.01V”“0.001V”旋钮，使这 3 个旋钮显示的读数和 E_x 估测值接近，将开关 K_2 拨到“E_x”端（这一步骤中电位器 R 不能变动），根据检流计的偏转情况，反复调节“0.1V”“0.01V”“0.001V”这 3 个旋钮，直到检流计指针指零，此时三个旋钮显示的读数即为 E_x 值。

重复“校准”与“测量”这两个步骤，测量 E_x 六次，取 E_x 的平均值作为测量结果。

(3) 测量干电池的内阻

在图 4-4-3 的 E_x 两侧接上图 4-4-6 所示线路，其余部分不变，R_1 为电阻箱。当闭合开

关 K 时，测得的就是电阻箱两端的电压，即干电池的路端电压，其值为

$$U = IR_1 = E_x - Ir$$

式中 r 为干电池的内阻，所以干电池的内阻值为

$$r = \frac{E_x - IR_1}{I} = \left(\frac{E_x}{U} - 1\right)R_1 \qquad (4\text{-}4\text{-}5)$$

如果 R_1 已知，只要分别测出当开关 K 断开和闭合时 a、b 两端的电压 E_x 和 U 然后代入公式即可求得 r。测得的 E_x 和 U 的数值填入表 4-4-1 中。

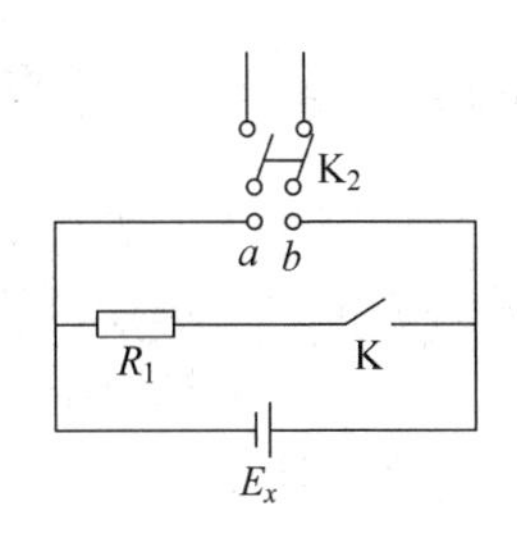

图　4-4-6

（4）测未知电势

将标准电势与待测电势仪的“待测电势”接线柱两端接在电位差计的 E_x 两端，就可以测未知的电势。“待测电势”从 0～1.9V 连续可调，调节旋钮，任意给定一个未知电势，按测量干电池电势的方法测未知电势的大小，总共测 6 组，填入表 4-4-2。

表　4-4-1

电阻 R_1/Ω	电动势/V	路端电压/V	$r=\left(\frac{E_x}{U}-1\right)R_1$	$\Delta E_x = \lvert\overline{E_x} - E_x\rvert$	$\Delta r_{ix} = \lvert\overline{r_x} - r_x\rvert$
500					
400					
300					
平均值					

表　4-4-2

测量次数	1	2	3	4	5	6
未知电势/V						

注意事项：

（1）使用电位差计必须先接通辅助回路，然后再接补偿回路，断电时须先断开补偿回路，再断开辅助回路。使用 K_2 必须用跃接法。

（2）标准电池只能短时间通过 1μA 左右的电流，否则将影响标准电池的精度，直到造成永久性电动势衰落，所以，校准中要注意选用 R_b 和“跃接”的方法，以保护标准电池，不能用伏特计测它的电动势。要防止标准电池震动。

（3）待测电不能供给大电流，所以测其内阻时 R' 值不能太小，应先定好 $R'=100\Omega$ 再接入电路。

（4）实验中只在测量 E' 时才合上开关 K_4，测量完毕立即断开，以免干电池放电过多。

附录　另一种电位差计——十一线电位差计介绍

如图 4-4-7 所示，AB 为一根粗细均匀的电阻丝，总长为 11m，它与直流电源组成的回路称为工作回路，由它提供稳定的工作电流 I_0；由待测电源 E_x、检流计 G、电阻丝 CD 构成的回路称为测量回路；由标准电源 E_S、检流计 G、电阻丝 CD 构成的回路称为校准回路。调节工作回路中电流 I_0 的大小可改变电阻丝 AB 上单位长度电位差 U_0 的大小。C、D 为 AB 上的两个活动接触点，可以在电阻丝上移动，以便在 AB 上选取适当的电位差来测量支路上的电位差(或电动势补偿)。

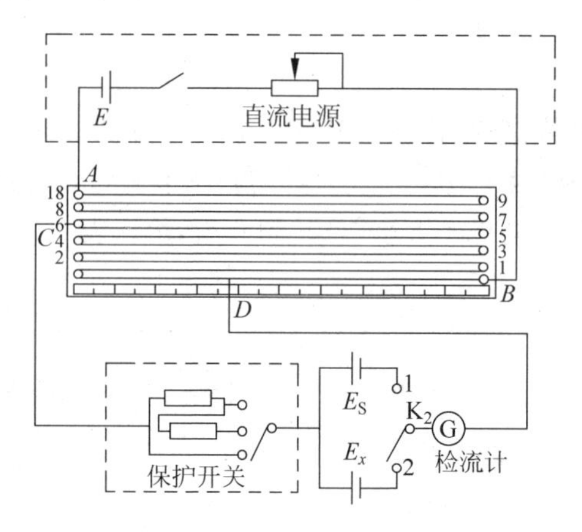

图 4-4-7　十一线电位差计原理图

1. 校准

当直流电源接通，K_2 既不与 E_S 接通，也不与 E_x 接通时，流过 AB 的电流 I_0 和 CD 两端的电压分别为

$$I_0 = \frac{E}{R + R_{AB}}$$

$$U_{CD} = U_C - U_D = \frac{E}{R + R_{AB}} R_{CD}$$

式中，R 为直流电源的总电阻，当电键 K_2 拨到"1"时，则 AB 两点间接有标准电源 E_S 和检流计 G。适当移动 C 和 D 的位置来改变 U_{CD}。当 $U_{CD}=E_S$ 时，检流计的指针指零，标准电池无电流通过，此时 U_{CD} 就是标准电池的电动势，电位差计达到了平衡。令 C、D 间长度为 l_S，因为电阻丝各处都粗细均匀，电阻率都相等，则电阻丝单位长度上的电压降为 $\frac{E_S}{l_S}$。

2. 测量

在保证工作电流 I_0 不变的条件下，将电键 K_2 拨到"2"，则 CD 两点间 E_S 换成了待测电源 E_x。由于一般情况下 $E_S \neq E_x$，因此检流计的指针将左偏或右偏，电位差计失去了平衡。此时如果合理移动 C 和 D 的位置，改变 U_{CD}，当 $U_{CD}=E_x$ 时，电位差计又重新达到平衡，使检流计 G 的指针再次指零。令 C、D 两点间的距离为 l_x，则待测电池的电动势为

$$E_x = E_S l_x / l_S$$

所以，调节电位差计平衡后，只要准确量取 l_x 的值，就很容易得到待测电源的电动势。

实验五　模拟法测绘静电场

本次实验通过对直流电流场等势线和电场线的描绘，掌握静电场的基本性质，了解关于模拟法的一些基本知识。

【实验目的】

（1）学习用稳恒电流场模拟法测绘静电场的原理和方法。

（2）测定同轴柱面电场的分布并验证高斯定理。

（3）测定和研究聚焦电场。

（4）加深对电场强度和电位概念的理解。

【实验原理】

在一些科学研究和生产实践中，往往需要了解带电体周围静电场的分布情况。一般来说，带电体的形状比较复杂，很难用理论方法计算静电场。用实验手段也很难直接测绘静电场。因为仪表（或其探测头）放入静电场，总要使被测场原有电场分布状态发生畸变。因此，人们常用“模拟法”间接测绘静电场分布。

模拟法在科学实验中有极广泛的应用，其本质上是用一种易于实现、便于测量的物理状态或过程的研究，以代替不易实现、不便测量的状态或过程的研究。为了克服直接测量静电场的困难，我们可以仿造一个与静电场分布完全一样的电流场，用容易直接测量的电流场模拟静电场。

静电场与稳恒电流场本是两种不同的场，但是它们两者之间在一定条件下具有相似的空间分布，即两种场遵守的规律在数学形式上相似。它们都可以引入电位 U，电场强度矢量 $\boldsymbol{E}$ 和电流密度矢量 $\boldsymbol{J}$ 都遵从高斯定理。对静电场，电场强度在无源区域内满足以下积分关系：

$$\oint \boldsymbol{E} \cdot \mathrm{d}\boldsymbol{S} = 0, \quad \oint \boldsymbol{E} \cdot \mathrm{d}\boldsymbol{l} = 0$$

对于稳恒电流场，电流密度矢量 $\boldsymbol{J}$ 在无源区域内也满足类似的积分关系：

$$\oint \boldsymbol{J} \cdot \mathrm{d}\boldsymbol{S} = 0, \quad \oint \boldsymbol{J} \cdot \mathrm{d}\boldsymbol{l} = 0$$

由此可见，$\boldsymbol{E}$ 和 $\boldsymbol{J}$ 在各自区域中满足同样的数学规律。若稳恒电流场空间均匀充满了电导率为 σ 的不良导体，不良导体内的电场强度 $\boldsymbol{E}'$ 与电流密度矢量 $\boldsymbol{J}$ 之间遵循欧姆定律

$$\boldsymbol{J} = \sigma \boldsymbol{E}'$$

因此，$\boldsymbol{E}$ 和 $\boldsymbol{E}'$ 在各自的区域中也满足同样的数学规律。在相同边界条件下，由电动力学的理论可以严格证明：像这样具有相同边界条件的相同方程，其解也相同。因此，我们可以用稳恒电流场来模拟静电场。也就是说静电场的电场线和等势线与稳恒电流场的电流密度矢量和等位线具有相似的分布，所以测定出稳恒电流场的电位分布也就求得了与它相似的静电场的电位分布。

【实验内容】

1. 模拟同轴电缆的静电场

利用稳恒电流的电场和相应的静电场其空间形成一致性，则只要保证电极形状一定，电

极电位不变，空间介质均匀，在任何一个考察点，均应有$U_{稳恒}=U_{静电}$，或$E_{稳恒}=E_{静电}$。下面以同轴电缆的“静电场”和相应的模拟场——“稳恒电流场”来讨论这种等效性。如图4-5-1(a)所示，在真空中有一半径为r_a的长圆柱导体A和一个内径为r_b的长圆筒导体B，它们同轴放置，分别带等量异号电荷。由高斯定理可知，在垂直于轴线上的任何一个截面S内，有均匀分布的辐射状电场线，不在这个平面的电场线，其分布与S面内电场线分布完全一样。因此，只需研究任一垂直横截面上的电场分布即可。

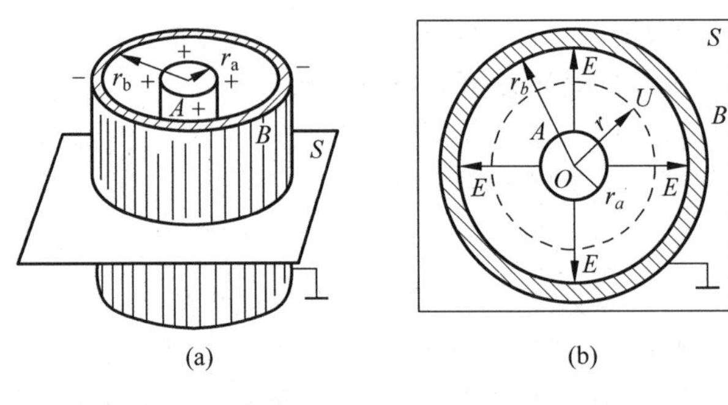

图　4-5-1

距轴心O半径为r处(图4-5-1(b))的各点电场强度为

$$E=\frac{\lambda}{2\pi\varepsilon_0 r}$$

式中λ为A(或B)的电荷线密度，其电位为

$$U_r=U_a-\int_{r_a}^{r}E\,\mathrm{d}r=U_a-\frac{\lambda}{2\pi\varepsilon_0}\ln\frac{r}{r_a} \tag{4-5-1}$$

若$r=r_b$时，$U_b=0$，则有

$$\frac{\lambda}{2\pi\varepsilon_0}=\frac{U_a}{\ln\frac{r_b}{r_a}}$$

代入式(4-5-1)得

$$U_r=U_a\frac{\ln\frac{r_b}{r}}{\ln\frac{r_b}{r_a}} \tag{4-5-2}$$

式(4-5-2)即为距圆心为r的任一点电势的理论值。

距中心r处场强为

$$E_r=\frac{\mathrm{d}U_r}{\mathrm{d}r}=\frac{U_a}{\ln\frac{r_b}{r_a}}\cdot\frac{1}{r} \tag{4-5-3}$$

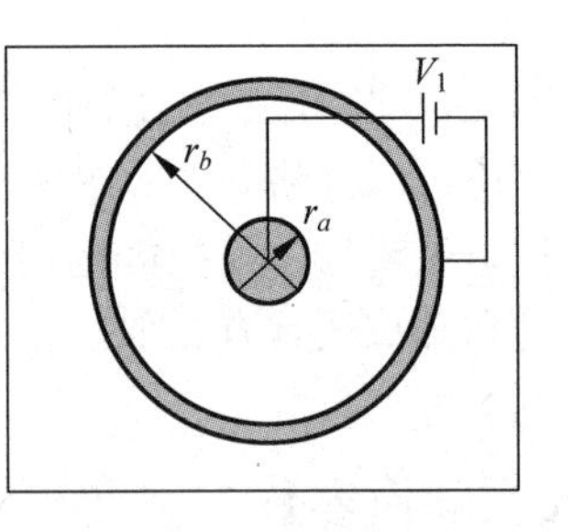

图　4-5-2

其中A、B间不是真空，而是充满一种均匀的不良导体，且A和B分别与电流的正负极相连，见图4-5-2。同轴电缆模拟电极间形成径向电流，形成了一个稳恒电流场E'_r。可以证明不良导体中的电场强度E'_r与原真空中的静电场E_r是相同的。

2. 模拟条件总结

模拟方法的使用有一定条件和范围，不能随意推广，否则将会得到荒谬的结论。用稳流电场模拟静电场的条件可归纳为几点：

（1）稳流场中电极形状应与被模拟的静电场的带电体几何形状相同。

（2）稳流场中的导电介质应是不良导体且电阻率分布均匀，并满足 $\sigma_{电极} \geqslant \sigma_{导电质}$ 才能保证电流场中的电极（良导体）的表面也近似是一个等位面。

（3）模拟所用电极系统与被模拟电极系统的边界条件相同。

【实验内容】

1. 测同轴电缆电场

（1）按电路图连线，连好后请老师检查。

（2）对 2.00V、3.00V、4.00V、5.00V、6.00V 的每个电位对称地取 8 个点。

（3）以 2.00V 的测量点确定圆心，以此圆心用圆规画出每个电位的等位线。所画出的圆与 8 个点的平均距离最小。再以 r_a 和 r_b 为半径，画出中心电极和圆环电极。

（4）然后根据电场线与等位线正交的原理，画出对称的 8 条电场线，标出电场方向。

（5）测量每条等位线的半径 r，计算并填写表 4-5-1。

（6）以 $\ln\frac{r_b}{r}$ 为横坐标、相应 U 实验值为纵坐标，作其关系曲线，应为直线（此直线应与各点的平均距离最小）。

表　4-5-1

$U_{实}$/V	2.00	3.00	4.00	5.00	6.00
r/cm					
$\ln\frac{r_b}{r}$					
$U_{理}$/V					
$U_{理}-U_{实}$/V					
$\frac{\lvert U_{理}-U_{实}\rvert}{U_{实}}\Big/\%$					

2. 模拟聚焦电场

当电子通过某种电场时，会向中心聚焦，犹如光束通过凸透镜后向中线聚焦一样，所以这种电场被称做聚焦电场，也被形象地称为“电子透镜”。阴极射线示波管中电场就是其中一种，聚焦电场是由第一加速电极 A_1 和第二加速电极 A_2 组成。A_2 的电位比 A_1 的电位高。电子经过此电场时，由于受到电场力的作用，使电子聚焦和加速，如图 4-5-3 所示。

本实验所用方法与“实验内容 1”相似，只是电极改为模拟聚焦电场的 4 块导体，如图 4-5-4 所示。其中(a)、(b)用导体连在一起，相当于 F_A 极，接电源负极。(c)、(d)连在一起，相当于 A_2 电极。实际上，F_A 和 A_2 电极之间的电场是很难从理论上计算出来的，我们只要从实际上测出电位分布，并大致画出电场分布就可以了。

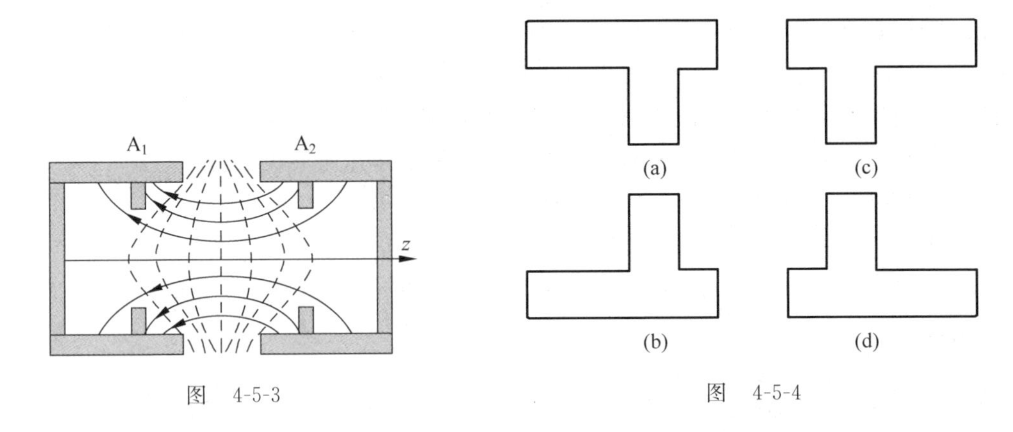

图 4-5-3

图 4-5-4

(1) 参考“实验内容 1”的实验方法，由低电位到高电位逐条测等位线(2～6V 每隔 1V 测出一条等位线)。由于这些等位线不能像“实验内容 1”那样用圆规画出，应该在两边曲线曲率较大的地方多做一些点。

(2) 将等位点连成等位线，写出电位值，并画出 7 条电场线。

注意事项：

(1) 使用同步探针时，应轻移轻放，避免变形，以致上、下探针不同步。测量时，应轻轻竖直按下探针按钮，使探测点与描绘点对应。

(2) 在所测的等位线上标出电压值。

(3) 在绘制的电力线上标出电场强度 E。

(4) 使用坐标纸进行打点，选取合适的中心位置以免某个方向出界。

【思考题】

1. 实验中，中心电极内和圆环电极以外是否有电场分布？为什么？
2. 示波器的电子枪里，第一加速阳极 A_1 与聚焦电极 F_A 之间的电场是否有聚焦作用？
3. 什么叫模拟法？使用模拟法的条件是什么？

附录 示波管的聚焦电场

示波管里的电子枪用于产生并形成高速、聚束的电子流，去轰击荧光屏使之发光。它主要由灯丝 F、阴极 K、控制极 G、第一阳极 A_1、聚焦电极 F_A 及第二阳极 A_2 组成。除灯丝外，其余电极的结构都为金属圆筒，且它们的轴芯都保持在同一轴线上。阴极被加热后，可沿轴向发射电子；控制极相对阴极来说是负电位，改变电位可以改变通过控制极小孔的电子数目，也就是控制荧光屏上光点的亮度。为了提高屏上光点亮度，又不降低对电子束偏转的灵敏度，现代示波管中，在偏转系统和荧光屏之间还加上一个后加速电极 A_3。

第一阳极加有对阴极而言约几百伏的正电压，在第二阳极上加有一个比第一阳极更高的正电压。穿过控制极小孔的电子束，在第一阳极和第二阳极高电位的作用下，得到加速，向荧光屏方向作高速运动。由于电荷的同性相斥，电子束会逐渐散开。通过第一阳极、第二阳极之间电场的聚焦作用，使电子重新聚集起来并交汇于一点。适当控制第一阳极和第二阳极之间电位差的大小，便能使焦点刚好落在荧光屏上，显现一个光亮细小的圆点。改变第一阳极和第二阳极之间的电位差，可起调节光点聚焦的作用，这就是示波器的“聚焦”和“辅助聚焦”调节的原理。第三阳极是示波管锥体内部涂上一层石墨形成的，通常加有很高的电压，它有 3 个作用：①使穿过偏转系统以后的电子进一步加速，使电子有足够的能量去轰击荧光屏，以获得足够的亮度；②石墨层涂在整个锥体上，能起到屏蔽作用；③电子束轰击荧光屏会产生二次电子，处于高电位的 A_3 可吸收这些电子。

像光束通过凸透镜（或透镜组）时，因玻璃的折射作用，使光束聚焦成一个又小又亮的点一样，电子束通过一个聚焦电场，在电场力的作用下，电子运动轨道改变而会合于一点，结果在荧光屏上得到一个又小又亮的点。产生这个聚焦点的静电场装置，在电子光学里称为静电电子透镜。

电极 F_A 与 A_2 电极组成一个静电透镜，它的作用原理如图 4-5-5 所示。

图 4-5-5 是 F_A 与 A_2 之间电场分布的截面图，虚线为等位线，实线为电场线，电场对 z 轴是对称分布的。电子束中某个散离轴线的电子沿轨道 S 进入聚集电场。在电场的前半区（左边）这个电子受到与电场线反方向的作用力 f。f 可分解为和轴线垂直指向分力 f_r 和与轴线平行的分力 f_z（图中 A 区）。f_r 使电子运动向轴线靠拢，起聚焦作用；f_z 的作用使电子沿 z 轴方向加速。电子到电场的后半区（右边）时，受到的作用力 f'，可分解为相应的 f'_r 和 f'_z 两个分量。f'_r 使电子离开轴线，起散焦作用，但因为在整个电场区域里电子都受到同方向的沿 z 轴的作用力（f_z 和 f'_z），电子在后半区的轴向速度比前半区的大。因此，在后半区，电子受 f'_r 的作用时间短，获得的离轴速度比在前半区获得的向轴速度小，总的效果是电子向轴线靠近了，整个电场对电子束起到了聚焦作用。我们称这种电场为聚焦电场。

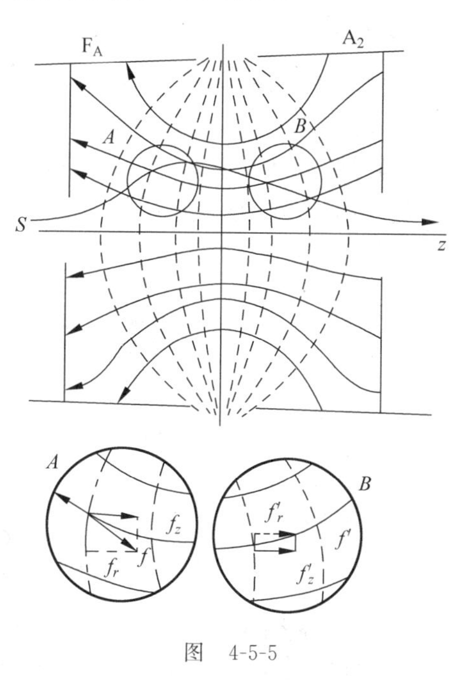

图　4-5-5

实验六　灵敏电流计的研究

灵敏电流计是一种灵敏度很高的磁电式仪表，可测 $10^{-4} \sim 10^{-10}$ A 的微弱电流或 $10^{-3} \sim 10^{-6}$ V 的微小电压，还可用作精密电桥、精密电位差计的平衡指示器，是实验室常用的仪器之一。

【实验目的】

(1) 了解灵敏电流计的原理和构造特点。

(2) 学习灵敏电流计主要特性参数（灵敏度、临界阻尼电阻和内电阻）的测量方法。

(3) 学会正确使用灵敏电流计。

【实验仪器】

稳压电源、直流复射式电流计、电阻箱、滑线变阻器、直流电压表、标准电阻等。

【实验原理】

1. 基本结构

如图 4-6-1(a)所示，矩形线圈悬挂于永久磁铁和圆柱形铁芯之间，以悬丝为轴转动。在磁极与铁芯的缝隙之间磁场呈均匀辐射状，如图 4-6-1 (b)所示。线圈首尾两端分别与上下悬丝相接，并有一轻薄的反射镜(3)固定在悬丝的前表面。以一束平行光投射到反射镜上，当电流流过线圈时，磁场作用于线圈的力矩使线圈以悬丝为轴转动，反射镜和线圈转动的角度相同。由反射镜反射的光束随之改变方向，投影在标尺上形成“光线指针”。如果在光路中加入几块固定反射镜，可使光束多次反射后投射到标尺上，大大加长了指针的长度，进一步提高了灵敏度。采用这种读数系统的灵敏电流计称为复射式检流计。

2. 线圈转动的阻尼特性

灵敏电流计工作的等效电路如图 4-6-2 所示，其中 R 为外电路等效电阻，R_g 为电流计内阻。当开关 K 由 P 转向 O，通过电流计的电流由零变为 I_g。线圈由原来的平衡位置“零点”开始转动到达新的平衡位置 θ_0。

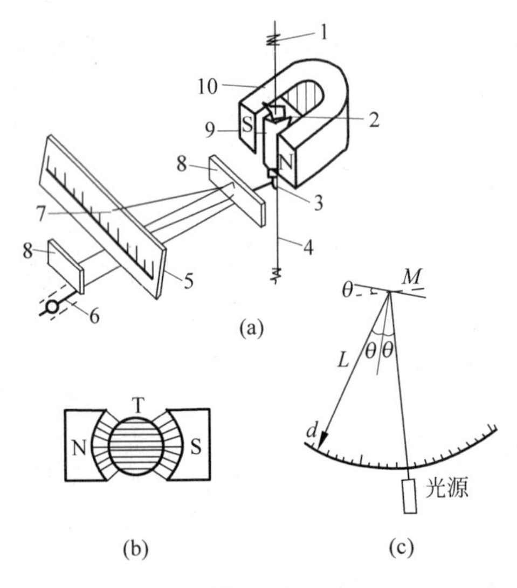

图 4-6-1

1—张丝弹簧片；2—张圈；3—反射镜；4—张丝；5—标度尺；
6—光源光阑；7—光标；8—反光镜；9—软铁芯；10—磁铁

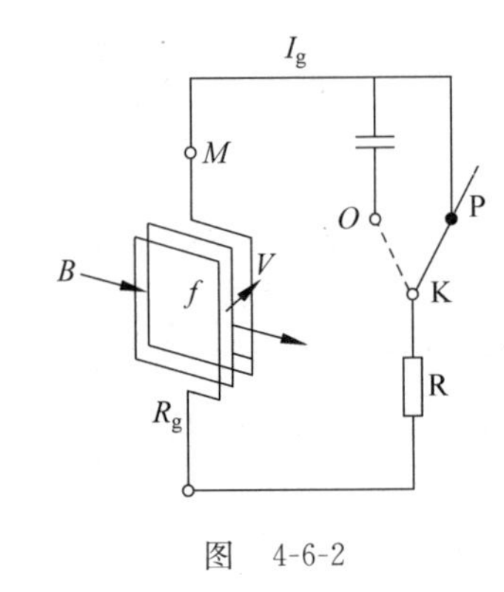

图 4-6-2

由于电流与磁场的作用，线圈所受的磁力矩为

$$M_B = NBSI_g \tag{4-6-1}$$

式中，S 为线圈的截面积；N 为匝数；B 为磁铁与铁芯之间的磁感应强度。

线圈转动过程中，悬丝产生的弹性恢复力矩为

$$M_\theta = - D\theta \tag{4-6-2}$$

式中 D 为悬丝的弹性扭转系数，负号表示转向与力矩 M_θ 反向。当线圈停留在某一位置时，则有 $M_B + M_\theta = 0$，即 $NBSI_g = D\theta$，可得

$$I_g = \frac{D}{NBS}\theta \tag{4-6-3}$$

如图 4-6-1(c)所示，由光的反射定律，标尺读数 d 与 B 的关系是 $d=L\cdot 2\theta$。L 为标尺与反射镜之间的距离。将 $\theta=\dfrac{d}{2L}$代入式(4-6-3)，得

$$I_g = \frac{D}{2LNBS}d = Kd \tag{4-6-4}$$

可见 I_g 与标尺读数 d 成正比，其中 $K=\dfrac{D}{2LNBS}$称为电流分度值，它表示光标移动单位长度时线圈内所通过的电流，K 的倒数称为电流计的灵敏度。

线圈在偏转中，除受磁力矩和弹性恢复力矩以外，还受到空气阻尼和电磁阻尼的作用，空气阻尼可以忽略，电磁阻尼力矩为

$$M_P = NBSi \tag{4-6-5}$$

其中 i 是线圈在运动过程中因切割磁力线在闭合回路中产生的感应电流，即

$$i =-\frac{NBS}{R+R_g}\cdot\frac{\mathrm{d}\theta}{\mathrm{d}t}$$

则

$$M_P =-\frac{(NBS)^2}{R+R_g}\cdot\frac{\mathrm{d}\theta}{\mathrm{d}t}$$

令 $P=\dfrac{(NBS)^2}{R+R_g}$，称为电磁阻尼系数。显然电磁阻尼力矩不仅和电流计本身的结构有关，还与外电路等效电阻 R 有关，电流计的外电路确定后，P 为常数。

电流计线圈在运动过程中，所受的合力矩为 $M=M_B+M_\theta+M_P$，由刚体转动定律得到线圈离开平衡位置到达新的平衡位置时，运动方程为：$M_B+M_\theta+M_P=J\dfrac{\mathrm{d}^2\theta}{\mathrm{d}t^2}$，其中 J 为线圈的转动惯量，整理可得

$$J\frac{\mathrm{d}^2\theta}{\mathrm{d}t^2}+P\frac{\mathrm{d}\theta}{\mathrm{d}t}+D\theta = NBSI_g \tag{4-6-6}$$

此系二阶常微分方程，其解由 P 和 $2\sqrt{JD}$的大小来确定，方程的解有三种形式。

(1) 当阻尼系数 $P>2\sqrt{JD}$时，方程(4-6-6)的解为

$$\theta_1 = \theta_0 + C_1\mathrm{e}^{-\sigma_1 t} + C_2\mathrm{e}^{-\sigma_2 t} \tag{4-6-7}$$

其中

$$\sigma_1 = \frac{P}{2J}+\frac{1}{2J}\sqrt{P^2-4JD},\quad \sigma_2 = \frac{P}{2JD}-\frac{1_2}{2J}\sqrt{P^2-4JD_3}$$

式中，C_1、C_2 是待定系数，由初始条件$\left(t=0,\theta_1=0,\dfrac{\mathrm{d}\theta_1}{\mathrm{d}t}=0\right)$给出。从式(4-6-7)看出，当 $t\to\infty$时，$\theta_1\to\theta_0$，说明当线圈离开 θ_1 为 0 的位置到 $\theta_1\to\theta_0$ 的过程中作非周期运动。所以电流计给定时，外电路等效电阻 R 越小，阻尼力矩越大，线圈向平衡位置的移动就越慢，此时称为过阻尼运动状态。如图 4-6-3 中曲线 3 所示。

(2) 当阻尼系数 $P<2\sqrt{JD}$时，方程(4-6-6)的解为

$$\theta_2 = \theta_0 + \theta_A\mathrm{e}^{-\frac{P}{2J}t}\sin(\omega t+\varphi) \tag{4-6-8}$$

其中 θ_A 和 φ 是由初始条件决定的待定系数，而 $\omega=\dfrac{\sqrt{4JD-P^2}}{2J}$。由式(4-6-8)知，线圈在平

衡位置附近作振幅衰减的振动，称为欠阻尼振动。

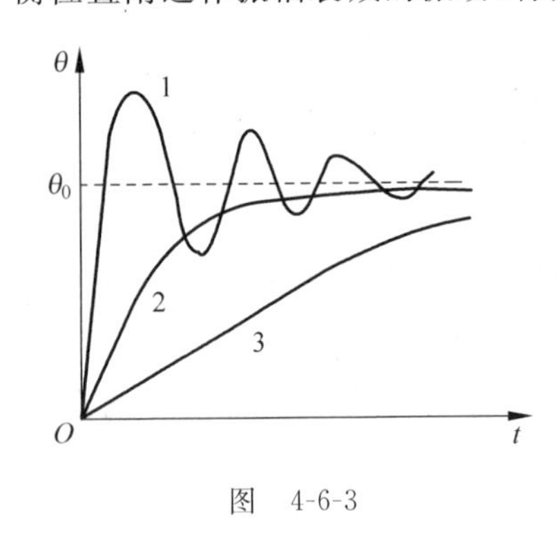

图 4-6-3

当电流计给定时，外电流等效电阻 R 越大，阻尼力矩越小，振幅衰减速度越小，振动的周期越短。线圈要经过多个周期的摆动才能停在平衡位置，如图 4-6-3 中曲线 1 所示。

(3) 当阻尼系数 $P=2\sqrt{JD}$ 时，方程(4-6-6)的解为

$$\theta_3=\theta_0+(C_3+C_4t)e^{-\frac{P}{2J}t} \tag{4-6-9}$$

式中，C_3、C_4 是待定系数，其结果和式(4-6-7)相似，是非周期运动。$\frac{d\theta_3}{dt}>\frac{d\theta_1}{dt}$，所以当 $P=2\sqrt{JD}$ 时，线圈运动到平衡位置的时间最短，称为临界阻尼状态，如图 4-6-3 中曲线 2 所示。当电流计给定后，满足 $P=2\sqrt{JD}$ 条件的外电路等效电阻用 R_C 表示，称为外临界电阻。R_C+R_g 称为临界电阻。

实际电路中，外电路等效电阻不一定为 R_C，此时可通过在电流计两端并联或与电流计串联适当电阻，使外电路总电阻等于 R_C。电流计处于临界阻尼状态时，测量迅速、准确。一般实验中，常常选择外电路总电阻略大于临界外阻($1.1\sim1.2R_C$)，使线圈的运动有微小的周期性，略过平衡位置再返回，这样便于观察和读数。

3. 测量电流分度值 K

实验电路如图 4-6-4 所示。电源 E 经过滑线变阻器 R_P 一次分压后，用电压表指示一次分压输出电压值 V，再由 R_1、R_0 二次分压，在小电阻 R_0(=4.8Ω)上得到微弱电压 V_0。通过电流计的电流 $I_g=\frac{V_0}{R_2+R_g}$。当 $R_2\gg R_0$ 时，V_0 可表示为 $V_0=\frac{VR_0}{R_1+R_0}$，代入 I_g 的表达式得

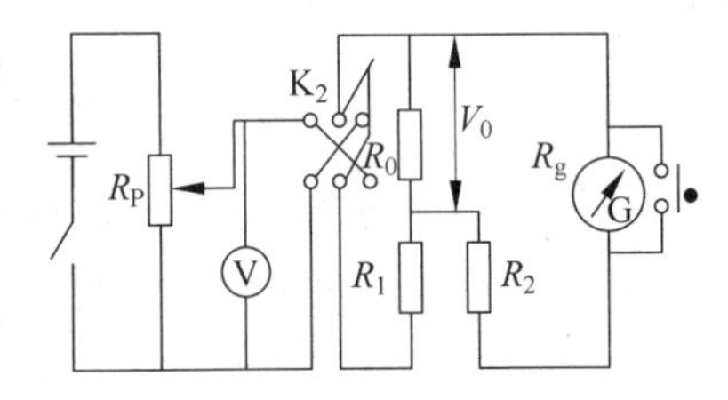

图 4-6-4 测量电路图

$$I_g=\frac{VR_0}{(R_1+R_0)(R_2+R_g)} \tag{4-6-10}$$

由于电流分度值 $K=\frac{I_g}{d}$，所以

$$K=\frac{VR_0}{(R_1+R_0)(R_2+R_g)d} \tag{4-6-11}$$

当 $R_1>R_0$ 时，$K=\frac{VR_0}{(R_2+R_g)R_1d}$。

4. 半偏法测内阻

在测定内阻 R_g 时，对应某个 R_2 值可测得电流计光标偏转格数 d_1，由式(4-6-11)可知

$$d_1=\frac{R_0}{R_1}\cdot\frac{V}{K(R_2+R_g)}$$

保持 R_0、R_1、V 均不变，调节 R_2 使得光标偏转格数为 d_2，且令 $d_2=d_1/2$，则有

$$d_2=\frac{R_0}{R_1}\cdot\frac{V}{K(R_2'+R_g)} \tag{4-6-12}$$

式中 R_2' 为此时 R_2 的阻值，经整理可得

$$R_g = R_2' - 2R_2 \tag{4-6-13}$$

这样从测量光标由 d 偏转到 $\frac{1}{2}d$ 前后对应的 R_2 值可测得电流计内阻 R_g。

注意事项：

（1）电流计的线圈及悬丝很精细，应注意保护，不允许过重的振动和过分的扭转。不要随意搬动电流计；搬动电流计必须使其短路，轻拿轻放。搁置不用时，也应将电流计短路。

（2）实验过程中，应仔细调节电路，避免使光标偏出标尺。发现光标不动或偏离出标尺时，应请教师指导。

（3）使用中经常注意零点有无变化，如有变化应及时调整。

（4）若光标在零点附近摆动不停，只要在光标摆动到零位置时按下阻尼开关 S，光标将迅速停下来。

（5）不准用万用表、欧姆表去直接测量电流计的内阻。

【实验内容】

1. 观察电流计的三种运动状态并测量临界电阻 R_C

（1）按图 4-6-4 接好线路，为了保护电流计，开始时应将 R_P 调至分压值最小，$R_0 = 4.8\Omega$，$R_1 = 45\text{k}\Omega$。

（2）将电流计置于直接挡，根据铭牌标出的外临界电阻值 R_C，先取 $R_2 > 4R_C$，合上 K_2，调节 R_P 使电流计光标偏转约 40mm，光标稳定后迅速将 K_2 断开，观察光标回到零位置时的运动状态。

（3）取 $R_2 < 1/4R_C$，再观察光标回到零位置时的运动状态。

（4）取 $R_2 = R_C$，重复上述内容，并将现象记录下来，填入表格内。

（5）改变 R_2 值，使光标刚刚作不振荡回零运动，记录下此时的 R_2 值，即为外临界电阻 R_C。

2. 测定电流计内阻 R_g

（1）调节 R_2（用 AC15/2 型电流计，$R_2 = 400\Omega$；用 AC15/4 型电流计，$R_2 = 40\Omega$），调节 R_P，使电流计光标偏转最大为 60mm。

（2）调节 R_2 使电流计偏转 30mm，记录此时 R_2 阻值，标为 R_2'（此过程中不能改变 V、R_1、R_2 的数值）。

（3）应用半偏法公式 $R_g = R_2' - 2R_2$，计算出 R_g。

（4）为了消除指针左右指示不对称产生的误差，所以在电流计左偏后测量出 R_g，再使 K_2 换向，令电流计光标右偏测一次 R_g。

（5）重复上述步骤，连续测量三组，将记录填在表格内，计算出平均值 $\overline{R_g}$。

3. 测电流分度值 K

（1）取 $R_2 = R_C$，调节 R_P 值使指针向左偏转 60mm，在不改变 V、R_1、R_2 的条件下，测出向右偏转的数值 $d_右$。

（2）记录下 V、R_1、R_2 及 $d_左$、$d_右$ 的读数值。

（3）实验完毕，经教师检查数据后，将电流计置于短路挡再拆除线路。

【数据处理】

电流计型号：________；内阻 R_g = ________；

电流分度值 K = ________；外临界电阻 R_C = ________。

1. 观察阻尼特性，将观察到的现象填入表 4-6-1 中。

表　4-6-1

R_2/Ω	电流计偏转	线圈运动状态	线圈静止需要的时间（长、短、很短）
$R_2>4R_C$	$d\to 0$		
	$0\to d$		
$R_2<1/4R_C$	$d\to 0$		
	$0\to d$		
$R_2=R_C$	$d\to 0$		
	$0\to d$		

2. 测定电流计内阻 R_g

结果填入表 4-6-2。

表　4-6-2　　Ω

次序		R_2	R_2'	$R_g=R_2'-2R_2$	$\overline{R_g}$
1	左偏				
	右偏				
2	左偏				
	右偏				
3	左偏				
	右偏				

计算 $U_{\overline{R_g}}$ 及 $E_{\overline{R_g}}$，报告实验结果：$R_g=\overline{R_g}\pm U_{\overline{R_g}}$ 及 $E_{\overline{R_g}}$。

3. 测定电流分度值 K

计算 $U_{\overline{K}}$ 和 $E_{\overline{K}}$ $\left(E_{\overline{K}}=\dfrac{U_{\overline{K}}}{\overline{K}}\times 100\%\right)$。报告实验结果：$\overline{K}\pm U_{\overline{K}}$ 及 $E_{\overline{K}}$。

【思考题】

1. 灵敏电流计为什么比普通电表灵敏？使用电流计时要注意哪些问题？电流计闲置不用时，为什么要短路？

2. 图 4-6-4 所示测量电路中各仪器起何作用？增大 R_1，增大电压 V 时，各种情况下，电流计的偏转 d 如何变化？

3. 已知一灵敏电流计的内阻 $R_g=1\text{k}\Omega$，外临界电阻 $R_C=1.3\text{k}\Omega$，量程为 I_{gm}，用它来测量一个真空光电管 F 在可见光范围内的光电流 I，光电管的内阻很大，相对于 R_g 及 R_C 来说可看作无限大。

图 4-6-5(a)的测量电路中，电流计可否工作于临界阻尼状态？

图 4-6-5(b)的电路又如何？它能测量的最大光电流 I_m' 是 I_{gm} 的几倍？如果要测得的光

电流大于 I'_m 怎么办?

图 4-6-5(c)的电路中,电流计能否工作于临界阻尼状态?量限是否比图 4-6-5(b)的扩大了?

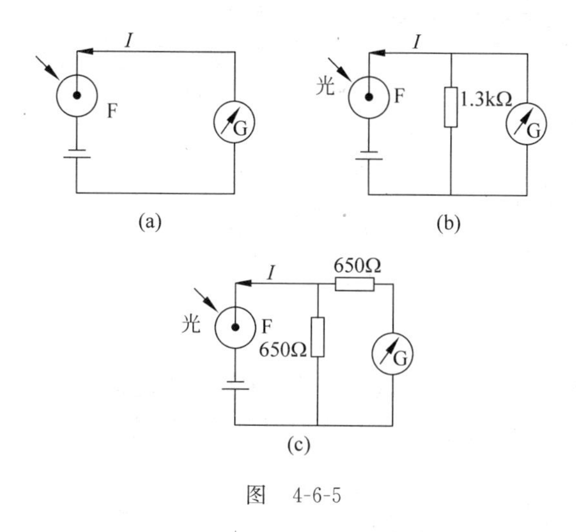

图　4-6-5

实验七　示波器的使用

阴极射线示波器简称为示波器,它是观察、测量电信号的一种电子仪器。一切可以转化为电压的其他电学量(如电流、电功率、阻抗等)和非电学量(温度、位移、压强、磁场等)以及它们随时间的变化过程,都可以用示波器实时观察。

【实验目的】

(1) 了解示波器的结构和原理。

(2) 掌握示波器各旋钮的作用和使用方法。

(3) 会校准示波器。

(4) 学会用示波器观察电信号波形和李萨如图形,测量电压、频率和相位等。

【实验仪器】

示波器,低频信号发生器,6V、50Hz 小电源。

【实验原理】

1. 示波器的构成介绍

通用示波器一般由示波管、扫描发生器、*XY* 偏转系统、同步系统以及电源 5 个部分组成,如图 4-7-1 所示。下面分别就各个部分加以说明。

(1) 示波管

示波管左端为一电子枪,右端为荧光屏,如图 4-7-2 所示。电子枪加热后发射电子束,电子在阳极电压的作用下经加速聚焦后打在荧光屏上,屏上的荧光物即发光形成一亮点。在电子枪与荧光屏之间有两对相互垂直的平行极板,称为偏转板。横向一对称为 *X* 轴偏转板(又称水平偏转板或横偏),在示波器面板上对应时间灵敏度(TIME/DIV)。纵向一对称为 *Y* 轴偏转板(又称垂直偏转板或纵偏),在示波器面板上对应电压灵敏度(V/DIV)。如果

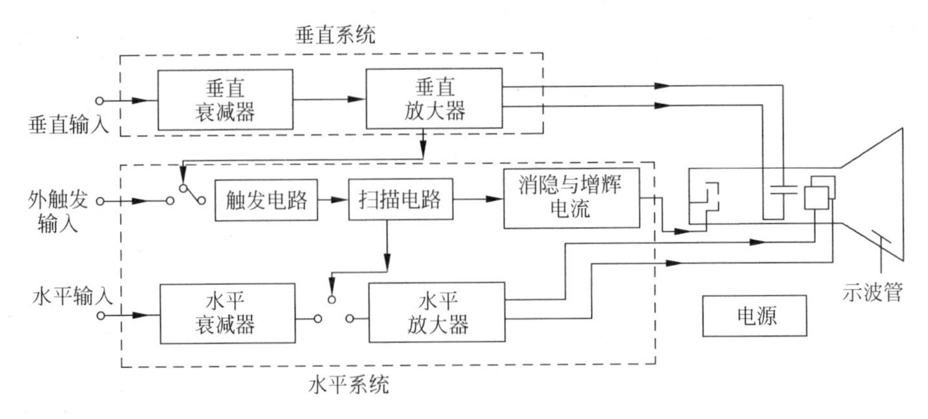

图 4-7-1 示波器的组成

偏转板上加上电压，则平行板间建立起电场，当电子束通过偏转板间时，将受电场的作用而发生偏转，从而使电子束在荧光屏上的亮点位置也随着改变。

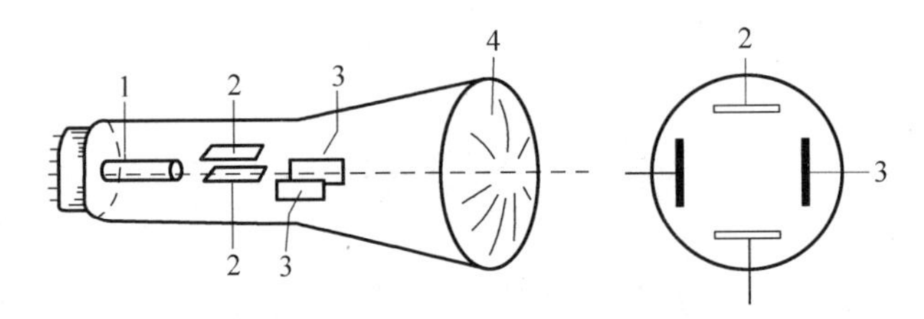

图 4-7-2 示波管的构造

1—电子枪；2—Y 轴偏转板；3—X 轴偏转板；4—荧光屏

(2) 扫描发生器

扫描发生器就是锯齿形电压发生器，它能输出一个锯齿形的电压，如图 4-7-3 所示。

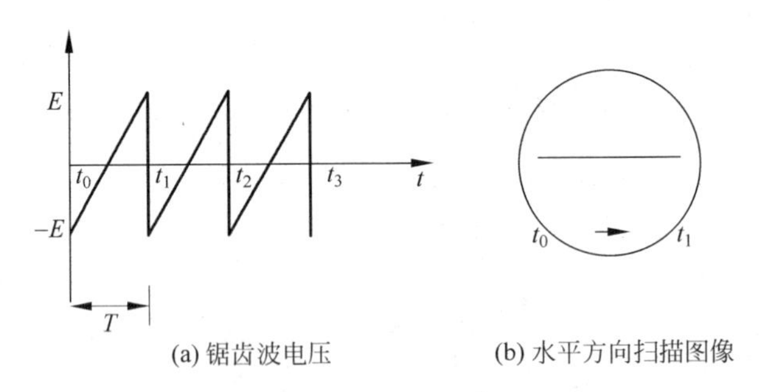

图 4-7-3 扫描电压和扫描图像

如果在 Y 偏转板上不加电压，把扫描发生器输出的锯齿电压加在 X 轴偏转板两端，则平行板间产生一个随锯齿电压变化而变化的电场，此变化电场使电子束在荧光屏上的光点移动，在亮点移动的过程中，当扫描速度加快，超过人眼视觉惰性时，由于荧光屏上的余辉和视觉暂留作用，我们在荧光屏上看到的是一条水平亮线。

如果在 Y 轴偏转板上加上正弦电压，而 X 偏转板上不加电压，则在纵偏板间产生一个随正弦电压变化而变化的电场，电子束在此电场的作用下在纵方向上下偏转，于是荧光屏上的亮点在纵方向随时间作正弦振荡，我们在屏上看到的是一条竖直亮线。

如果在纵偏转板上加上正弦电压，同时在横偏转板上加上锯齿形电压，则电子束同时参与水平和竖直两个方向上的运动，故屏上亮点的位移将是方向相垂直的两种位移的合成位移。此时，我们看到屏上是与纵偏转信号一致的正弦图形，如图 4-7-4 所示。

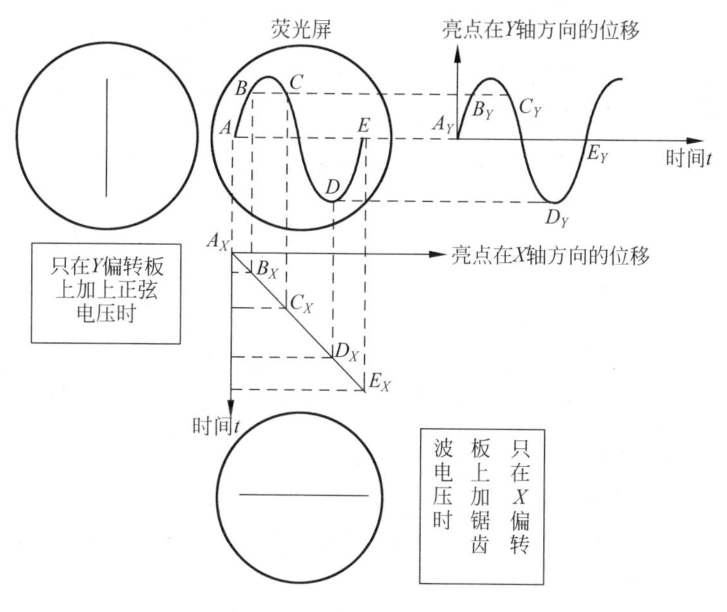

图 4-7-4　亮点的合成位移图

如果正弦波与锯齿波的周期相同(即频率相同)，则屏上出现一个周期的完整稳定波形。当正弦波的频率为锯齿波频率的 n 倍时(n 为整数)，屏上出现 n 个周期的完整波形。如果两信号频率的比值不是整数，屏上的图形将复杂、零乱而不稳定。

(3) 同步触发系统

要在屏上得到稳定的图形，必须保证信号频率是锯齿波频率的整数倍。这一点，只靠人工调节扫描电压的频率往往不能准确地满足，特别是信号频率较高时尤其困难，同步电路就是为解决这个问题而设置的。同步电路实际上就是自动频率跟踪电路，在人工调节到信号频率接近扫描电压频率的整数倍(即图形接近稳定)时，加入“同步”信号，扫描电压的频率就会自动跟踪信号频率，而使信号频率准确地等于扫描电压的整数倍，从而获得稳定的波形。同步系统包括“同步选择”和“同步放大”两部分。同步选择是一个选择开关，通过它可选择不同的同步信号，同步放大则是将同步信号放大后加到扫描发生器去。为了达到“同步”目的，示波器采用三种方式：①“内整步”：将待测信号一部分加到扫描发生器，当待测信号频率有微小变化时，它将迫使扫描频率追踪其变化，保证波形的完整稳定；②“外整步”：从外部电路中取出信号加到扫描发生器，迫使扫描频率变化，保证波形的完整稳定；③“电源整步”：整步信号从电源变压器获得。一般在观察信号时，都采用“内整步”(或称为“内触发”)。

(4) 放大系统

放大系统包括水平轴(即 X 轴)和垂直轴(即 Y 轴)放大两部分。为了观察电压幅度不同的信号波形，示波器内设有衰减器和放大器，对大信号衰减，对小信号放大，从而使荧光屏上显示出适中的图形。

(5) 电源部分

电源部分供给以上各部分工作的各种电压，以保证示波器能正常工作。

2. 用李萨如图形测定频率的原理

如果在示波器的 X 轴和 Y 轴同时输入正弦电压，荧光屏上亮点的运动将是两个互相垂直振动的合成。当两个正弦电压的频率相同或成简单整数比时，荧光屏上亮点的合成轨迹为一稳定的闭合曲线，叫李萨如图形。如果我们在某一李萨如图形的边缘上各作一条水平切线和一条垂直切线，并分别读出它们与图形相切的切点数，则加在 Y 轴上的信号频率 f_y 与加在 X 轴上的信号频率 f_x 之比，等于水平切线上的切点数与垂直切线上的切点数之比。即

$$\frac{f_y}{f_x}=\frac{\text{水平切线上的切点数}}{\text{垂直切线上的切点数}} \tag{4-7-1}$$

如果其中的一个电信号的频率是已知的，即可用此公式测定另一个电信号的频率。

如图 4-7-5 中，

$$f_y/f_x=1/2$$

实验中，示波器 X 端(CH1 端)接固定 50Hz 信号，Y 端(CH2 端)接待测信号，频率根据相应比例调节，观察并记录相应图形。

3. 测正弦波的峰-峰值 $V_{P\text{-}P}$、周期 T 的原理

用示波器观察正弦波波形，若该信号输入通道的偏转灵敏度为 V_0，单位为伏/厘米(V/cm)，被测正弦波的正、负峰之间的距离在荧光屏上所占的高度为 H 厘米，则

$$V_{P\text{-}P}=V_0\cdot H$$

若正弦波此时的时间扫描轴的单位是 t/cm，一个周期的正弦波形在荧光屏上横轴所占长度为 L，则

$$T=t\cdot L$$

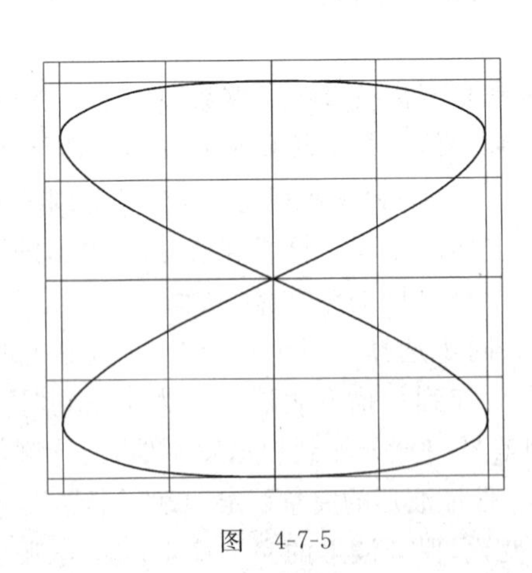

图 4-7-5

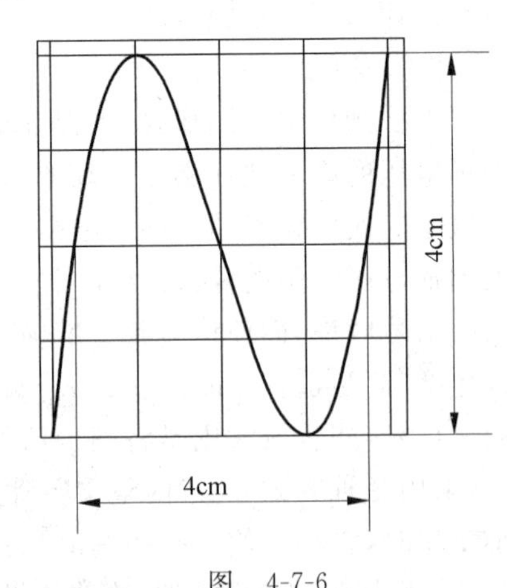

图 4-7-6

如图 4-7-6 中，如果偏转灵敏度 V_0 为 0.1V/cm，扫描频率 t 为 0.5ms/cm，从图上可以看出，$H=4$cm，$L=4$cm，那么，信号峰-峰值 $V_{P\text{-}P}=0.1\times4=0.4$(V)，周期 $T=0.5\times4=2.0$(ms)，则

$$f=\frac{1}{T}=\frac{1}{2.0}\times1000=500(\text{Hz})$$

本实验所用示波器为 YB4320F 型双踪示波器，其外形见图 4-7-7，它具有以下特点：灵敏感高，最高偏转系数 1mV/DIV；Y 衰减、扫描开关均采用数字编码开关；具有交替触发功能，可同时观察两路不相干信号；触发锁定：触发同步电路呈全自动同步状态，无须人工调节；自动聚焦：测量进程中聚焦电平自动校正。

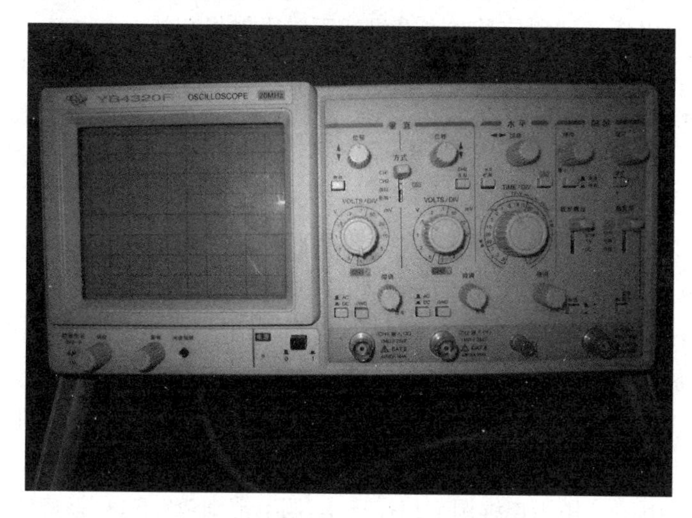

图 4-7-7　YB4320F 示波器外形图

主要按键以及旋钮的功能如下：

(1) 电源开关：摁下此开关，仪器电源接通，指示灯亮。

(2) 聚焦：用以调节示波管电子束的焦点，使显示的光点成为细而清晰的圆点。

(3) 校准信号：此端口输出幅度为 2V、频率为 1kHz 的方波信号。

(4) 垂直位移：用以调节光迹在垂直方向的位置。

(5) 垂直方式：选择垂直系统的工作方式。

CH1：只显示 CH1 通道的信号。

CH2：只显示 CH2 通道的信号。

双踪：用于同时观察两路信号，此时两路信号交替显示，该方式适合于在扫描速率较快时使用。

断续：两路信号断续工作，适合于在扫描速率较慢时，同时观察两路信号。

叠加：用于显示两路信号相加的结果，当 CH2 极性开关被按入时，则两信号相减。

CH2 反相：按下此键，CH2 的信号被反相。

(6) 灵敏度选择开关(VOLTS/DIV)：选择垂直轴的偏转系数，从 1mV/DIV～5V/DIV 分 11 个挡级调整，可根据被测信号的电压幅度选择合适的挡级。

(7) 垂直微调旋钮：用以连续调节垂直轴偏转系数，调节范围≥2.5 倍。该旋钮顺时针旋到底时为校准位置。此时可根据“VOLTS/DIV”开关度盘位置和屏幕显示幅度读取该信号的电压值。

(8) 耦合方式(AC GND DC)：垂直通道的输入耦合方式选择。

AC：信号中的直流分量被隔开，用以观察信号的交流成分。

DC：信号与仪器通道直接耦合，当需要观察信号的直流分量或被测信号的频率较低时应选用此方式。

GND：输入端处于接地状态，用以确定输入端为零电位时光迹所在位置。

(9) 水平位移：用以调节光迹在水平方向的位置。

(10) 电平：用以调节被测信号在变化至某一电平时触发扫描。

(11) 极性：用以选择被测信号在上升沿或下降沿触发扫描。

(12) 扫描方式：选择产生扫描的方式。

自动：当无触发信号输入时，屏幕上显示扫描光迹，一旦有触发信号输入，电路自动转换为触发扫描状态，调节电平可使波形稳定的显示在屏幕上，此方式适合观察频率在50Hz以上的信号。

常态：无信号输入时，屏幕上无光迹显示；有信号输入时，且触发电平旋钮在合适位置上，电路被触发扫描。当被测信号频率低于50Hz时，必须选择该方式。

锁定：仪器工作在锁定状态后，无须调节电平即可使波形稳定地显示在屏幕上。

(13) ×5 扩展：按下后扫描速度扩展5倍。

(14) 扫描时间系数(TIME/DIV)：0.1μs/DIV～0.5s/DIV 按1-2-5进位共分21挡，误差为±5%。

(15) 扫描微调旋钮：用于连续调节扫描速率，调节范围≥2.5倍，该旋钮顺时针旋到底时为校准位置。此时可根据“TIME/DIV”开关度盘位置和屏幕显示幅度读取该信号的周期值。

(16) 触发源：用于选择不同的触发源。

CH1：在双踪显示时，触发信号来自CH1通道；单踪显示时，触发信号则来自被显示的通道。

CH2：在双踪显示时，触发信号来自CH2通道；单踪显示时，触发信号则来自被显示的通道。

电源：电源频率成为触发信号。

外接：触发信号来自于外接输入端口。

(17) 触发耦合：AC、高频抑制、TV、DC (TV耦合能观察TV-V、TV-H，由扫描开关自动转换)。

(18) X-Y控制键：在X-Y工作方式时，垂直偏转信号接入CH2输入端，水平偏转信号接入CH1输入端。

(19) 释抑：一般都称为“触发释抑”，指的是暂时将示波器的触发电路封闭一段时间(即释抑时间)，在这段时间内，即使有满足触发条件的信号波形点示波器也不会触发。触发释抑是为了稳定显示波形而设置的功能，主要是针对大周期重复而在大周期内有很多满足触发条件的不重复的波形点而专门设置的。

(20) 交替触发：两个通道送入不同信号，为保证同步，使用交替触发。

【实验内容】

1. 校准示波器(以校准通道1为例，也可对CH2以同样方式校准)

(1) 触发耦合开关置“AC”挡。

(2) 调整示波器在屏幕上出现一条水平亮线；调出水平亮线(扫描基线)时可按表4-7-1

所示设定各个控制键。

表　4-7-1

电　　源	弹　　出
亮度	顺时针方向旋转()
聚焦	中间
AC-GND-DC	接地
垂直移位	中间(×5)扩展键弹出
垂直工作方式	CH1
触发方式	自动
触发电平	中间
TIME/DIV	0.5ms/DIV
其他各键均弹出	

(3) 设置 VOLTS/DIV 旋钮(CH1 灵敏度选择开关)到 0.5V/DIV,设置 TIME/DIV(时间系数选择旋钮)0.5ms/DIV;

(4) 找到"校准信号"($2V_{P\text{-}P}$,1kHz),此校准信号为方波。把示波器 $2V_{P\text{-}P}$的校准信号连至 CH1 输入端(仪器内部共地,此时可省去接地)。

(5) 通过位移旋钮将波形图像调整到一个合适的位置(方便读格),将微调控制开关旋钮顺时针旋到校准位置,如果示波器读出数据 $V_{P\text{-}P}=2V$,$f=1kHz$ 说明示波器已校准,校准后方可接着做后面实验;否则,示波器没有校准,后续实验数据不准确。

2. 测量信号的频率和电压

将信号发生器的正弦波输出与示波器的 CH1 通道相连,将示波器的输入信号耦合置"AC",按下"CH1"键,适当调整 CH1 通道的灵敏度和扫描频率,如果波形不稳定,则适当调节电平,直到出现稳定的正弦波形。改变信号发生器的频率和电压,用示波器测量信号的电压和频率,测量结果填入表 4-7-2。

表　4-7-2

信号发生器输出		示波器测量结果							
f/Hz	$V_{有效}$/V	Y/cm	所用挡位/(V/DIV)	$V_{P\text{-}P}$/V	X/cm	所用挡位/(TIME/DIV)	T/s	f/Hz

提示:有效值 $U=\frac{V_{P\text{-}P}}{2\sqrt{2}}$。

3. 用李萨如图形测量频率

(1) 将 50Hz 小电源信号输入 CH1,信号发生器信号输入 CH2。

(2) 按下 X-Y 按钮,适当调整输入频率,满足式(4-7-1),便可得李萨如图形。按照表中要求,改变频率比,得到稳定的李萨如图形,并填写表 4-7-3。

表 4-7-3

$f_y:f_x$	2∶1	3∶1	2∶3	4∶1
f_x	50Hz			
李萨如图形				
f_y 实验值				
f_y 计算值				

4. 用李萨如图形测量 *RC* 电路上的相位差

相位差的测定：在有 R、L、C 的电路中，除电阻 R 外，其他两个元件(L、C)的电流和电压均有相位差。本实验将在阻容串联的交流电路中，利用李萨如图形测量信号电压的相位差。

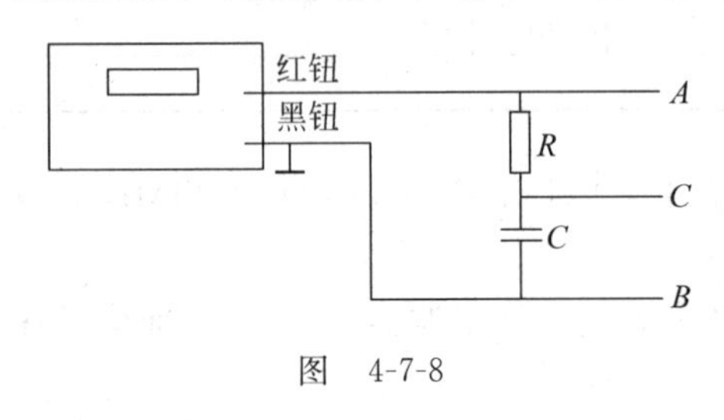

图 4-7-8

电路如图 4-7-8 所示，设加在 RC 串联电路中的信号电压为

$$U_{AB}=U_{m}\sin 2\pi ft$$

则电容上输出的电压为

$$U_{CB}=U_{cm}\sin(2\pi ft-\Delta\varphi)$$

其中，U_m、U_{cm} 为电压振幅，f 为信号频率，$-\Delta\varphi$ 为电容上的电压落后信号电压的相位角。若将 U_{AB} 和 U_{CB} 分别输入至 CH1 和 CH2 的输入端，由于频率相同，相位差恒定，故在屏上形成稳定的斜椭圆的李萨如图形。令 $t=0$，则有

$$U_{AB}=0,\quad U_{CB}=U_{co}=-U_{cm}\sin\Delta\varphi$$

两信号相位差的正弦为

$$\sin\Delta\varphi=-\frac{U_{co}}{U_{cm}}$$

则 $\Delta\varphi=\arcsin\left(-\frac{U_{co}}{U_{cm}}\right)$。

由此可见，只要将椭圆的几何中心置于屏上的坐标原点，则椭圆与 Y 轴的两个交点的距离为 $2U_{co}$，与椭圆相切的两水平线之间的距离为 $2U_{cm}$，只要从屏上读出 $2U_{co}$ 和 $2U_{cm}$ 的值即可求出 $\Delta\varphi$，得到信号相位差的实验值，负号表示 U_{CB} 落后于 U_{AB}，如图 4-7-9 和图 4-7-10 所示。

根据电路矢量图得到理论值：

$$\Delta\varphi=\arctan\frac{U_{AC}}{U_{CB}}$$

电阻 R 上 $U_{AC}=IR$，电压与电流同相位。

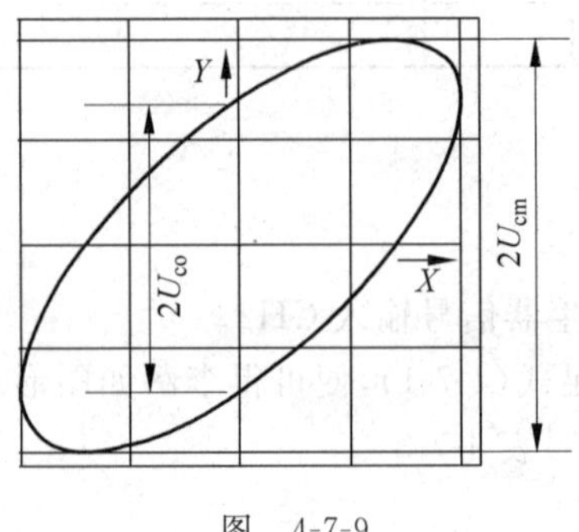

图 4-7-9

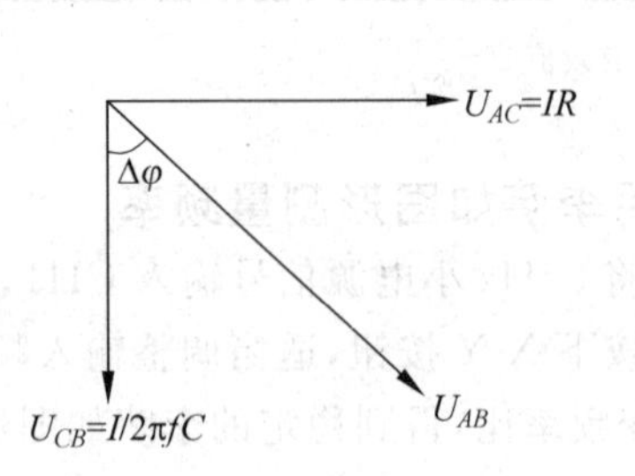

图 4-7-10

电容 C 上，

$$I = C\frac{\mathrm{d}u}{\mathrm{d}t} = C\frac{\mathrm{d}U_{\mathrm{cm}}\sin(2\pi ft - \Delta\varphi)}{\mathrm{d}t} = 2\pi fC \cdot U_{\mathrm{cm}}\cos(2\pi ft - \Delta\varphi)$$

即电容上电流比电压落后$\frac{\pi}{2}$，其值大小 $I=2\pi fC \cdot U_{CB}$，则

$$U_{CB} = \frac{I}{2\pi fC}$$

则理论值

$$\Delta\varphi = \arctan\frac{U_{AC}}{U_{CB}} = \arctan(2\pi fRC)$$

其中 $R=200\Omega$，$C=2.20\mu\mathrm{F}$，改变频率 f，将测得的数据记入表 4-7-4，并计算 $\Delta\varphi$。

表　4-7-4

$R=200\Omega$，　$C=2.20\mu\mathrm{F}$

频率/Hz	200	300	400	500	600
$2U_{\mathrm{co}}$					
$2U_{\mathrm{cm}}$					
$\Delta\varphi$ 实验值					
$\Delta\varphi$ 理论值					
二者差值					

用坐标纸画出 $\Delta\varphi$-f 曲线，并说明结论。

【思考题】

1. 观察并记录其他波形的一些特性，如方波、三角波等。
2. 自行查询李萨如图形的更多资料，进行详细了解。

实验八　用霍尔效应测霍尔电势和磁感应强度

霍尔效应是导电材料中的电流与磁场相互作用而产生电动势的效应。1879 年美国霍普金斯大学研究生霍尔在研究金属导电机构时发现了这种电磁现象，故称霍尔效应。后来曾有人利用霍尔效应制成测量磁场的磁传感器，但因金属的霍尔效应太弱而未能得到实际应用。随着半导体材料和制造工艺的发展，人们又利用半导体材料制成霍尔元件，由于它的霍尔效应显著而得到实用和发展，现在广泛用于非电量检测、电动控制、电磁测量和计算装置方面。在电流体中的霍尔效应也是目前在研究中的“磁流体发电”的理论基础。近年来，霍尔效应实验不断有新发现。1980 年原西德物理学家冯·克利青(K. von Klitzing)研究二维电子气系统的输运特性，在低温和强磁场下发现了量子霍尔效应，这是凝聚态物理领域最重要的发现之一。目前对量子霍尔效应正在进行深入研究，并取得了重要应用，例如用于确定电阻的自然基准，可以极为精确地测量光谱精细结构常数等。

在磁场、磁路等磁现象的研究和应用中，霍尔效应及其元件是不可缺少的，利用它观测

磁场直观、干扰小、灵敏度高。

【实验目的】

(1) 了解霍尔效应原理及测量霍尔元件有关参数。

(2) 描绘霍尔元件的 V_H-I_s，V_H-I_M 曲线，了解霍尔电势差 V_H 与霍尔元件控制(工作)电流 I_s、励磁电流 I_M 之间的关系。

(3) 学习利用霍尔效应测量磁感应强度 B 及磁场分布。

(4) 判断霍尔元件载流子的类型，并计算其浓度和迁移率。

(5) 学习用“对称交换测量法”消除负效应产生的系统误差。

【实验原理】

霍尔效应从本质上讲是运动的带电粒子在磁场中受洛伦兹力的作用而引起的偏转。当带电粒子(电子或空穴)被约束在固体材料中，这种偏转就导致在垂直电流和磁场的方向上产生正负电荷在不同侧的聚积，从而形成附加的横向电场。

如图 4-8-1 所示，磁场 B 位于 z 轴的正向，与之垂直的半导体薄片上沿 x 轴正向通以电流 I_s(称为控制电流或工作电流)，假设载流子为电子(N 型半导体材料)，它沿着与电流 I_s 相反的 x 轴负向运动。

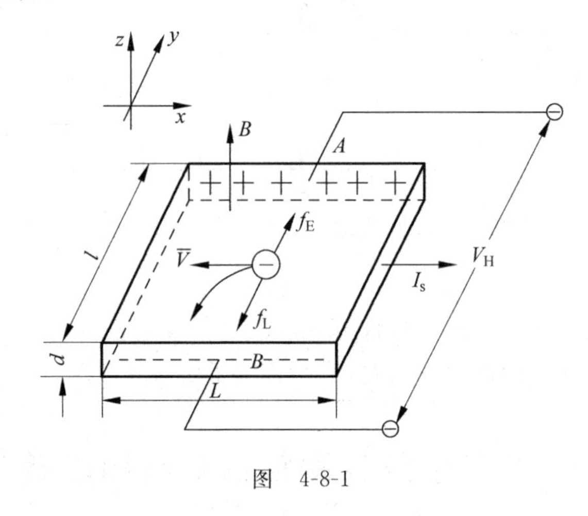

图 4-8-1

由于洛伦兹力 f_L 的作用，电子即向图中虚线箭头所指的位于 y 轴负方向的 B 侧偏转，并使 B 侧形成电子积累，而相对的 A 侧形成正电荷积累。与此同时运动的电子还受到由于两种积累的异种电荷形成的反向电场力 f_E 的作用。随着电荷积累量的增加，f_E 增大，当两力大小相等(方向相反)时，$f_L=-f_E$，则电子积累便达到动态平衡。这时在 A、B 两端面之间建立的电场称为霍尔电场 E_H，相应的电势差称为霍尔电压 V_H。

设电子按均一速度$\bar{v}$向图示的 x 负方向运动，在磁场 B 作用下，所受洛伦兹力为 $f_L=-e\bar{v}B$，式中 e 为电子电量，$\bar{v}$为电子漂移平均速度，B 为磁感应强度。同时，电场作用于电子的力为 $f_E=-eE_H=-eV_H/l$，式中 E_H 为霍尔电场强度，V_H 为霍尔电压，l 为霍尔元件宽度。

当达到动态平衡时，

$$f_L=-f_E, \quad \bar{v}B=V_H/l \tag{4-8-1}$$

设霍尔元件宽度为 l，厚度为 d，载流子浓度为 n，则霍尔元件的控制（工作）电流为

$$I_s = ne\bar{V}ld \tag{4-8-2}$$

由上面两式可得

$$V_H = E_H l = \frac{1}{ne} \cdot \frac{I_s B}{d} = R_H \frac{I_s B}{d} \tag{4-8-3}$$

即霍尔电压 V_H（A、B 间电压）与 I_s、B 的乘积成正比，与霍尔元件的厚度成反比，比例系数 $R_H=\frac{1}{ne}$称为霍尔系数，它是反映材料霍尔效应强弱的重要参数，根据材料的电导率 $\sigma=ne\mu$ 的关系，还可以得到

$$R_H = \mu/\sigma = \mu\rho \tag{4-8-4}$$

式中 ρ 为材料的电阻率；μ 为载流子的迁移率，即单位电场下载流子的运动速度。一般电子迁移率大于空穴迁移率，因此制作霍尔元件时大多采用 N 型半导体材料。

当霍尔元件的材料和厚度确定时，设

$$K_H = \frac{R_H}{d} = \frac{1}{ned} \tag{4-8-5}$$

将式(4-8-5)代入式(4-8-3)中得

$$V_H = K_H I_s B \tag{4-8-6}$$

式中 K_H 称为元件的灵敏度，它表示霍尔元件在单位磁感应强度和单位控制电流下的霍尔电势大小，其单位是 mV/(mA・T)，一般要求 K_H 越大越好。

若需测量霍尔元件中载流子迁移率 μ，则有

$$\mu = \frac{\bar{V}}{E_I} = \frac{\bar{V} \cdot L}{V_I} \tag{4-8-7}$$

将式(4-8-2)、式(4-8-5)、式(4-8-7)联立求得

$$\mu = K_H \cdot \frac{L}{l} \cdot \frac{I_s}{V_I} \tag{4-8-8}$$

其中，V_I 为霍尔元件两侧面之间的电势差；E_I 为由 V_I 产生的电场强度；L、l 分别为霍尔元件长度和宽度。

由于金属的电子浓度 n 很高，所以它的 R_H 或 K_H 都不大，因此不适宜作霍尔元件。此外元件厚度 d 越薄，K_H 越高，所以制作时，往往采用减少 d 的办法来增加灵敏度，但不能认为 d 越薄越好，因为此时元件的输入和输出电阻将会增加，这对锗元件是不希望的。

应当注意，当磁感应强度 B 和元件平面法线成一角度时（见图 4-8-2），作用在元件上的有效磁场是其法线方向上的分量 $B\cos\theta$，此时

$$V_H = K_H I_s B\cos\theta \tag{4-8-9}$$

所以一般在使用时应调整元件两平面方位，使 V_H 达到最大，即 $\theta=0$，

$$V_H = K_H I_s B\cos\theta = K_H I_s B$$

由式(4-8-9)可知，当控制（工作）电流 I_s 或磁感应强度 B 两者之一改变方向时，霍尔电压 V_H 的方向随之改变；若两者方向同时改变，则霍尔电压 V_H 极性不变。

霍尔元件测量磁场的基本电路如图 4-8-3 所示，将霍尔元件置于待测磁场的相应位置，并使元件平面与磁感应强度 B 垂直，在其控制端输入恒定的工作电流 I_s，霍尔元件的霍尔电压输出端接毫伏表，测量霍尔电势 V_H 的值。

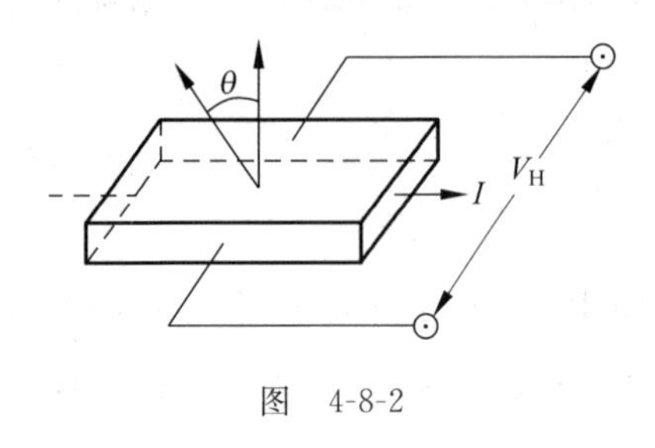

图 4-8-2

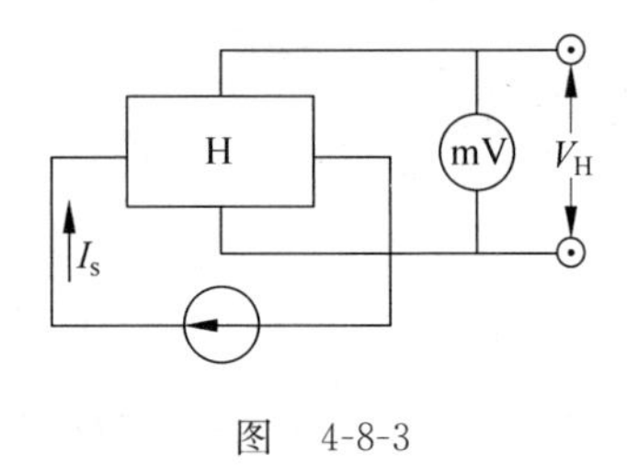

图 4-8-3

【实验仪器】

本套仪器由 ZKY-HS 霍尔效应实验仪和 ZKY-HC 霍尔效应测试仪两大部分组成。

1. ZKY-HS 霍尔效应实验仪

本实验仪由电磁铁、二维移动标尺、三个换向闸刀开关、霍尔元件及引线组成。

(1) C 型电磁铁

电磁铁线包绕向见图 4-8-4。

(2) 二维移动标尺及霍尔元件

水平标尺 0～50mm，纵向标尺 0～30mm

霍尔元件材料：N 型砷化镓

长度 L：300μm；宽度 l：100μm；厚度 d：2μm

霍尔片上有 4 只引脚(见图 4-8-5)，其中编号为 1、2 的两只为霍尔工作电流端，编号为 3、4 的两只为霍尔电压输出端，同时将这 4 只引脚焊接在玻璃丝布板上，然后引到仪器换向闸刀开关上，可以方便地进行实验(具体位置关系见图示)。

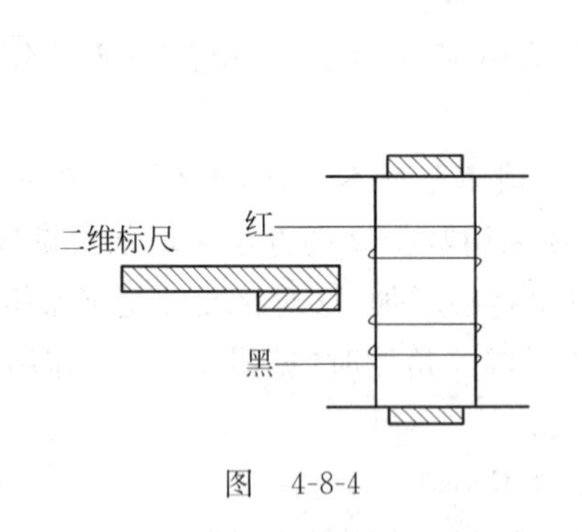

图 4-8-4

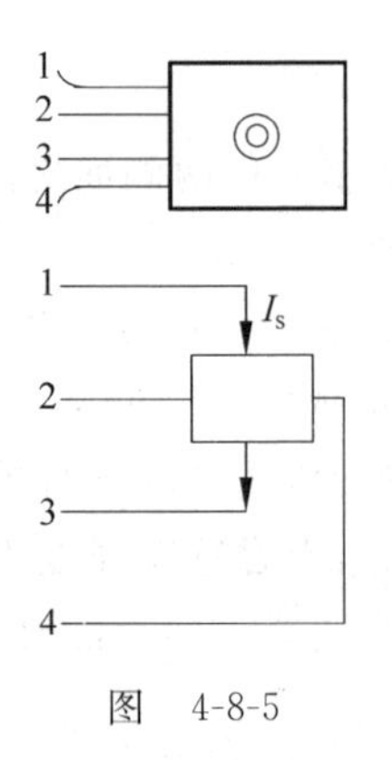

图 4-8-5

霍尔元件灵敏度 K_H(单位：mV/(mA · T))、霍尔元件不等位电势 V 在每台实验仪面板上用标牌标示。

(3) 三个双刀双掷闸刀开关分别对励磁电流 I_M、工作(控制)电流 I_s、霍尔电势 V_H 进行通断和换向控制，如图 4-8-6 所示。

2. ZKY-HC 霍尔效应测试仪

仪器背部为 220V 交流电源插座及保险丝。

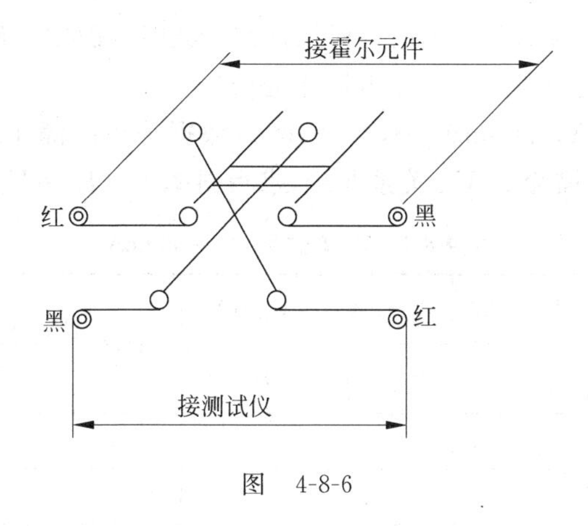

图　4-8-6

仪器面板分为三大部分：

(1) 励磁电流 I_M 输出：前面板右侧

三位半数码管显示输出电流值 I_M(mA)。

输出直流恒流可调 0～1000mA(用调节旋钮调节)。

(2) 霍尔元件工作(控制)电流 I_s 输出：前面板左侧

三位半数码管显示输出电流值 I_s(mA)。

输出直流恒流可调 1.50～10.00mA(用调节旋钮调节)。

注意：只有在接通负载时，恒流源才能输出电流，数显表上才有相应显示。

以上两组恒流源只能在规定的负载范围内恒流，与之配套的"实验仪"上的负载符合要求。若要作他用须注意。

(3) 霍尔电压 V_H 输入：前面板中部

四位数码管显示输入电压值 V_H(mV)。

测量范围：±199.9mV

若要测量交流磁场和研究交流工作电流对霍尔元件的影响等，则必须另外提供有效值与以上直流恒流源相近的交流电源，方可进行实验。

【实验内容】

按仪器面板上的文字和符号提示将 ZKY-HS 霍尔效应实验仪与 ZKY-HC 霍尔效应测试仪正确连接。

(1) ZKY-HC 霍尔效应测试仪面板右下方为提供励磁电流 I_M 的恒流源输出端(0～1000mA)，接霍尔效应实验仪上电磁铁线圈电流的输入端(将接线端口与接线柱连接)。

(2) "测试仪"左下方为提供霍尔元件控制(工作)电流 I_s 的恒流源(1.50～10.00mA)输出端，接"实验仪"霍尔元件工作电流输入端(将插头插入插座)。

(3) "实验仪"上霍尔元件的霍尔电压 V_H输出端，接"测试仪"中部下方的霍尔电压输入端。

(4) 将测试仪与 220V 交流电源接通。

1. 研究霍尔效应与霍尔元件特性

(1) 测量霍尔元件灵敏度 K_H，计算载流子浓度 n。

(若实验室配备有特斯拉计，可选做此实验)

① 调节励磁电流 I_M 为 0.8A，使用特斯拉计测量此时气隙中心磁感应强度 B 的大小。

② 移动二维标尺，使霍尔元件处于气隙中心位置。

③ 调节 I_s=2.00mA，3.00mA，…，10.00mA（数据采集间隔 1.00mA），记录对应的霍尔电压 V_H 填入表 4-8-1，描绘 I_s-V_H 关系曲线，求得斜率 K_1（$K_1=V_H/I_s$）。

表 4-8-1 V_H-I_S 关系，I_M=800mA

I_s/mA	V_1/mV	V_2/mV	V_3/mV	V_4/mV	$V_H=\frac{\lvert V_1\rvert+\lvert V_2\rvert+\lvert V_3\rvert+\lvert V_4\rvert}{4}$/mV
	$+I_M+I_s$	$-I_M+I_s$	$-I_M-I_s$	$+I_M-I_s$	
2.00					
3.00					
4.00					
5.00					
6.00					
7.00					
8.00					
9.00					
10.00					

④ 据式(4-8-6)可求得 K_H，据式(4-8-5)可计算载流子浓度 n。

（2）测定霍尔元件的载流子迁移率 μ。

① 调节 I_s=2.00mA，3.00mA，…，10.00mA（间隔为 1.00mA），记录对应的输入电压降 V_I 填入表 4-8-4，描绘 I_s-V_I 关系曲线，求得斜率 K_2（$K_2=I_s/V_I$）。

② 若已知 K_H、L、l，据式(4-8-8)可以求得载流子迁移率 μ。

（3）判定霍尔元件半导体类型（P 型或 N 型）或者反推磁感应强度 B 的方向。

① 根据电磁铁线包绕向及励磁电流 I_M 的流向，可以判定气隙中磁感应强度 B 的方向。

② 根据换向闸刀开关接线以及霍尔测试仪 I_s 输出端引线，可以判定 I_s 在霍尔元件中的流向。

③ 根据换向闸刀开关接线以及霍尔测试仪 V_H 输入端引线，可以得出 V_H 的正负与霍尔片上正负电荷积累的对应关系。

④ 由 B 的方向、I_s 流向以及 V_H 的正负并结合霍尔片的引脚位置可以判定霍尔元件半导体的类型（P 型或 N 型）。反之，若已知 I_s 流向、V_H 的正负以及霍尔元件半导体的类型，可以判定磁感应强度 B 的方向。

（4）测量霍尔电压 V_H 与励磁电流 I_M 的关系

霍尔元件仍位于气隙中心，调节 I_s=10.00mA，调节 I_M=100mA，200mA，…，1000mA（间隔为 100mA），分别测量霍尔电压 V_H 值填入表 4-8-2，并绘出 I_M-V_H 曲线，验证线性关系的范围，分析当 I_M 达到一定值以后，I_M-V_H 直线斜率变化的原因。

表 4-8-2 V_H-I_S 关系，$I_s=10.00$mA

I_M/mA	V_1/mV	V_2/mV	V_3/mV	V_4/mV	$V_H=\frac{\lvert V_1\rvert+\lvert V_2\rvert+\lvert V_3\rvert+\lvert V_4\rvert}{4}$/mV
	$+I_M+I_s$	$-I_M+I_s$	$-I_M-I_s$	$+I_M-I_s$	
100					
200					
300					
400					
500					
600					
700					
800					
900					
1000					

2. 测量电磁铁气隙中磁感应强度 *B* 的大小及分布情况

(1) 测量电磁铁气隙中磁感应强度 B 的大小

① 调节励磁电流 I_M 为 0～1000mA 范围内的某一数值。

② 移动二维标尺，使霍尔元件处于气隙中心位置。

③ 调节 $I_s=2.00$mA，3.00mA，…，10.00mA（数据采集间隔 1.00mA），记录对应的霍尔电压 V_H 填入表 4-8-1，描绘 I_s-V_H 关系曲线，求得斜率 K_1（$K_1=V_H/I_s$）。

④ 将给定的霍尔灵敏度 K_H 及斜率 K_1 代入式(4-8-6)可求得磁感应强度 B 的大小。

(若实验室配备有特斯拉计，可以实测气隙中心 B 的大小，与计算的 B 值比较。)

(2) 考察气隙中磁感应强度 B 的分布情况

① 将霍尔元件置于电磁铁气隙中心，调节 $I_M=1000$mA，$I_s=10.00$mA，测量相应的 V_H。

② 将霍尔元件从中心向边缘移动每隔 5mm 选一个点测出相应的 V_H，填入表 4-8-3。

表 4-8-3 V_H-X 关系，$I_M=1000$mA，$I_s=10.00$mA

X/mm	V_1/mV	V_2/mV	V_3/mV	V_4/mV	$V_H=\frac{\lvert V_1\rvert+\lvert V_2\rvert+\lvert V_3\rvert+\lvert V_4\rvert}{4}$/mV
	$+I_M+I_s$	$-I_M+I_s$	$-I_M-I_s$	$+I_M-I_s$	
0					
5					
10					
15					
20					
25					
30					

③ 由以上所测 V_H 值，填入表 4-8-4，由式(4-8-6)计算出各点的磁感应强度，并绘出 B-X 图，显示出气隙内 B 的分布状态。

为了消除附加电势差引起霍尔电势测量的系统误差，一般按 $\pm I_M$、$\pm I_s$ 的四种组合测量求其绝对值的平均值。

表 4-8-4 I_s-V_1 关系

I_s/mA									
V_1/V									

【实验系统误差及其消除】

测量霍尔电势 V_H 时，不可避免地会产生一些副效应，由此而产生的附加电势叠加在霍尔电势上，形成测量系统误差。这些副效应有以下几种。

1. 不等位电势 V_0

由于制作时，两个霍尔电势极不可能绝对对称地焊在霍尔片两侧，如图 4-8-7(a)所示，霍尔片电阻率不均匀、控制电流极的端面接触不良，如图 4-8-7(b)所示，都可能造成 A、B 两极不处在同一等位面上，此时虽未加磁场，但 A、B 间存在电势差 V_0，此称不等位电势。$V_0=I_sV$，V 为两等位面间的电阻，由此可见，在 V 确定的情况下，V_0 与 I_s 的大小成正比，且其正负随 I_s 的方向而改变。

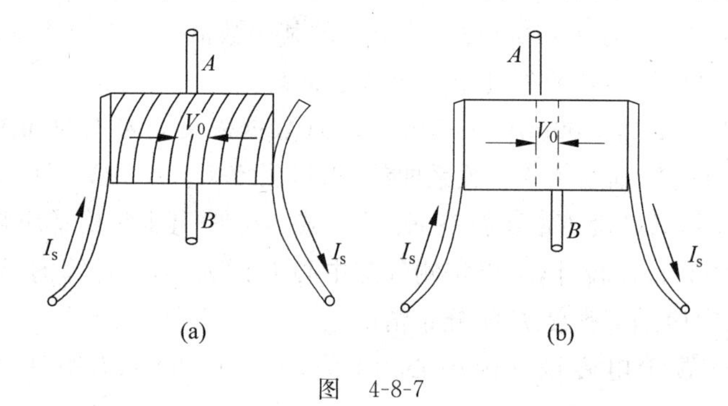

图 4-8-7

2. 爱廷豪森效应

当元件的 x 方向通以工作电流 I_s，z 方向加磁场 B 时(见图 4-8-8)，由于霍尔片内的载流子速度服从统计分布，有快有慢，在达到动态平衡时，在磁场的作用下慢速与快速的载流子将在洛伦兹力和霍尔电场的共同作用下，沿 y 轴分别向相反的两侧偏转，这些载流子的动能将转化为热能，使两侧的温升不同，因而造成 y 方向上的两侧的温差(T_A-T_B)。

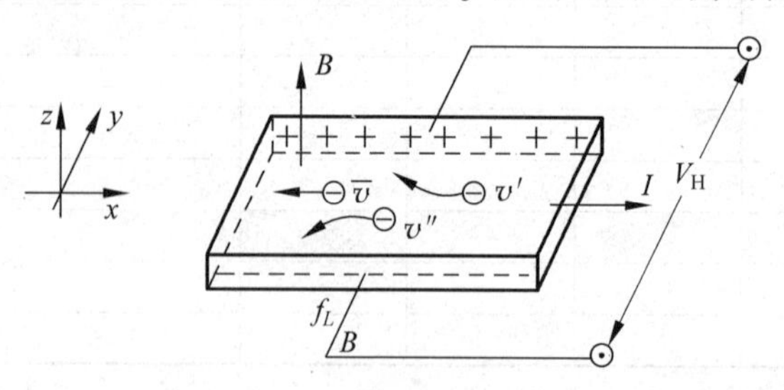

图 4-8-8 正电子运动平均速度

(图中 $v'<\bar{v}$，$v''>\bar{v}$)

因为霍尔电极和元件两者材料不同，电极和元件之间形成温差电偶，这一温差在 A、B 间产生温差电动势 V_E，$V_E \propto IB$。

这一效应称爱廷豪森效应，V_E 的大小与正负号与 I、B 的大小和方向有关，和 V_H 与 I、B 的关系相同，所以不能在测量中消除。

3. 伦斯脱效应

由于控制电流的两个电极与霍尔元件的接触电阻不同，控制电流在两电极处将产生不同的焦耳热，引起两电极间的温差电动势，此电动势又产生温差电流（称为热电流）Q，热电流在磁场作用下将发生偏转，结果在 y 方向上产生附加的电势差 V_N 且 $V_N \propto QB$，这一效应称为伦斯脱效应，由上式可知 V_H 的符号只与 B 的方向有关。

4. 里纪-勒杜克效应

霍尔元件在 x 方向有温度梯度 $\frac{\mathrm{d}T}{\mathrm{d}x}$，引起载流子沿梯度方向扩散而有热电流 Q 通过元件，在此过程中载流子在 z 方向的磁场 B 作用下，在 y 方向引起类似爱廷豪森效应的温差 $T_A - T_B$，由此产生的电势差 $V_R \propto QB$，其符号与 B 的方向有关，与 I_s 的方向无关。

为了减少和消除以上效应引起的附加电势差，利用这些附加电势差与霍尔元件控制（工作）电流 I_s，磁场 B（及相应的励磁电流 I_M）的关系，采用对称（交换）测量法进行测量。

当 $+I_M$、$+I_s$ 时，$V_{AB1} = V_H + V_0 + V_E + V_N + V_R$

当 $+I_M$、$-I_s$ 时，$V_{AB2} = -V_H - V_0 - V_E + V_N + V_R$

当 $-I_M$、$-I_s$ 时，$V_{AB3} = +V_H - V_0 + V_E - V_N - V_R$

当 $-I_M$、$+I_s$ 时，$V_{AB4} = -V_H + V_0 - V_E - V_N - V_R$

对以上四式作如下运算：

$$\frac{1}{4}(V_{AB1} - V_{AB2} + V_{AB3} - V_{AB4}) = V_H + V_E$$

可见，除爱廷豪森效应以外的其他副效应产生的电势差会全部消除，因爱廷豪森效应所产生的电势差 V_E 的符号和霍尔电势 V_H 的符号与 I_s 及 B 的方向关系相同，故无法消除，但在非大电流和非强磁场下，$V_H \gg V_E$，因而 V_E 可以忽略不计，$V_H \approx V_H + V_E = \frac{V_1 - V_2 + V_3 - V_4}{4}$。

一般情况下，当 V_H 较大时，V_{AB1} 与 V_{AB3} 同号，V_{AB2} 与 V_{AB4} 同号，而两组数据反号，故

$$(V_{AB1} - V_{AB2} + V_{AB3} - V_{AB4})/4 = (|V_{AB1}| + |V_{AB2}| + |V_{AB3}| + V_{AB4}|)/4$$

即用四次测量值的绝对值之和求平均值即可。

注意事项：

(1) 霍尔元件及二维移动标尺易于折断及变形，应注意避免受挤压、碰撞等。实验前应检查两者及电磁铁是否松动、移位，并加以调整。

(2) 霍尔电压 V_H 测量的条件是霍尔元件平面与磁感应强度 B 垂直，此时 $V_H = K_H I_s B\cos\theta = K_H I_s B$，即 V_H 取得最大值，仪器在组装时已调整好，为防止搬运、移动中发生的形变、位移，实验前应将霍尔元件移至电磁铁气隙中心，调整霍尔元件方位，使其在 I_M、I_s 固定时，达到输出 V_H 最大。

(3) 为了不使电磁铁过热而受到损害，或影响测量精度，除在短时间内通以励磁电流

I_M，读取有关数据外，其余时间最好断开励磁电流开关。

(4) 仪器不宜在强光照射、高温、强磁场和有腐蚀气体的环境下工作和存放。

实验九　太阳能电池特性实验

能源短缺和地球生态环境污染已经成为人类面临的最大问题。21 世纪初进行的世界能源储量调查显示，全球剩余煤炭只能维持约 216 年，石油只能维持 45 年，天然气只能维持 61 年，用于核发电的铀也只能维持 71 年。另一方面，煤炭、石油等矿物能源的使用，产生大量的 CO_2、SO_2 等温室气体，造成全球变暖，冰川融化，海平面升高，暴风雨和酸雨等自然灾害频繁发生，给人类带来无穷的烦恼。根据计算，现在全球每年排放的 CO_2 已经超过 500 亿 t。我国能源消费以煤为主，CO_2 的排放量占世界的 15%，仅次于美国，所以减少排放 CO_2、SO_2 等温室气体，已经成为刻不容缓的大事。推广使用太阳辐射能、水能、风能、生物质能等可再生能源是今后的必然趋势。

广义地说，太阳光的辐射能、水能、风能、生物质能、潮汐能都属于太阳能，它们随着太阳和地球的活动，周而复始地循环，几十亿年内不会枯竭，因此我们把它们称为可再生能源。太阳的光辐射可以说是取之不尽、用之不竭的能源。太阳与地球的平均距离为 1.5×10^8 km。在地球大气圈外，太阳辐射的功率密度为 1.353kW /m^2，称为太阳常数。到达地球表面时，部分太阳光被大气层吸收，光辐射的强度降低。在地球海平面上，正午垂直入射时，太阳辐射的功率密度约为 1kW /m^2，通常被作为测试太阳电池性能的标准光辐射强度。太阳光辐射的能量非常巨大，从太阳到地球的总辐射功率比目前全世界的平均消费电力还要大数十万倍。每年到达地球的辐射能相当于 49000 亿 t 标准煤的燃烧能。太阳能不但数量巨大，用之不竭，而且是不会产生环境污染的绿色能源，所以大力推广太阳能应用是全球趋势。

太阳能发电有两种方式。一种是光-热-电方式，一种是光-电方式。光-热-电转换方式通过利用太阳辐射产生的热能发电，一般是由太阳能集热器将所吸收的热能转换成蒸汽，再驱动汽轮机发电，太阳能热发电的缺点是效率很低而成本很高。光-电直接转换方式是利用光生伏特效应而将太阳光能直接转化为电能，光-电转换的基本装置就是太阳能电池。

与传统发电方式相比，太阳能发电目前成本较高，所以通常用于远离传统电源的偏远地区。2002 年。国家有关部委启动了“西部省区无电乡通电计划”，通过太阳能和小型风力发电解决西部七省区无电乡的用电问题。随着研究工作的深入与生产规模的扩大，太阳能发电的成本下降很快，而资源枯竭与环境保护导致传统电源成本上升。太阳能发电有望在不久的将来在价格上可以与传统电源竞争，太阳能应用具有光明的前景。

根据所用材料的不同，太阳能电池可分为硅太阳能电池、化合物太阳能电池、聚合物太阳能电池、有机太阳能电池等。其中硅太阳能电池是目前发展最成熟的，在应用中居主导地位。

本实验研究单晶硅、多晶硅、非晶硅 3 种太阳能电池的特性。

【实验目的】

（1）进行太阳能电池的暗伏安特性测量。

（2）测量太阳能电池的开路电压和光强之间的关系。

（3）测量太阳能电池的短路电流和光强之间的关系。

（4）进行太阳能电池的输出特性测量。

【实验原理】

太阳能电池利用半导体PN结受光照射时的光伏效应发电，其基本结构就是一个大面积平面PN结，图4-9-1为PN结示意图。

P型半导体中有相当数量的空穴，几乎没有自由电子。N型半导体中有相当数量的自由电子，几乎没有空穴。当两种半导体结合在一起形成PN结时，N区的电子（带负电）向P区扩散，P区的空穴（带正电）向N区扩散，在PN结附近形成空间电荷区与势垒电场。势垒电场会使载流子向扩散的反方向作漂移运动，最终扩散与漂移达到平衡，使流过PN结的净电流为零。在空间电荷区内，P区的空穴被来自N区的电子复合，N区的电子被来自P区的空穴复合，使该区内几乎没有能导电的载流子，又称为结区或耗尽区。

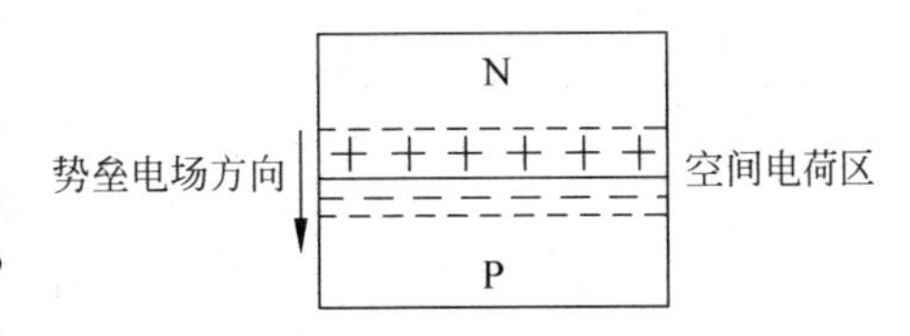

图4-9-1　半导体PN结示意图

当光电池受光照射时，部分电子被激发而产生电子-空穴对，在结区激发的电子和空穴分别被势垒电场推向N区和P区，使N区有过量的电子而带负电，P区有过量的空穴而带正电，PN结两端形成电压，这就是光伏效应，若将PN结两端接入外电路，就可向负载输出电能。

在一定的光照条件下，改变太阳能电池负载电阻的大小，测量其输出电压与输出电流，得到输出伏安特性，如图4-9-2中实线所示。

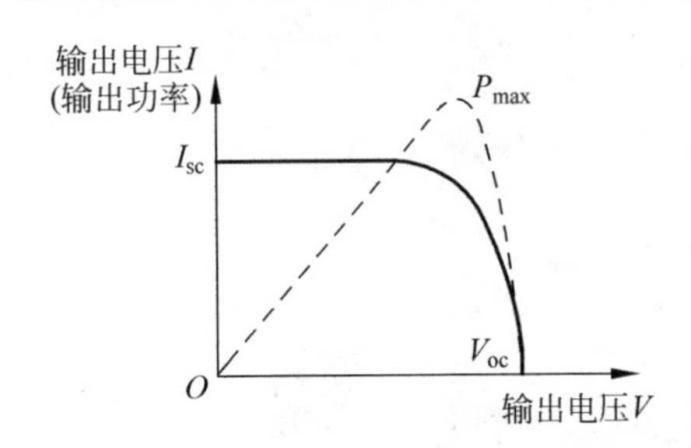

图4-9-2　太阳能电池的输出特性

负载电阻为零时测得的最大电流 I_{sc} 称为短路电流。

负载断开时测得的最大电压 V_{oc} 称为开路电压。

太阳能电池的输出功率为输出电压与输出电流的乘积。同样的电池及光照条件，负载电阻大小不一样时，输出的功率是不一样的。若以输出电压为横坐标，输出功率为纵坐标，绘出的 P-V 曲线如图4-9-2中虚线所示。

输出电压与输出电流的最大乘积值称为最大输出功率 P_{max}。

填充因子FF定义为

$$FF = \frac{P_{max}}{V_{oc} \times I_{sc}} \tag{4-9-1}$$

填充因子是表征太阳电池性能优劣的重要参数，其值越大，电池的光电转换效率越高，一般的硅光电池FF值在0.75～0.8之间。

转换效率 η_s 定义为

$$\eta_s = \frac{P_{max}}{P_{in}} \times 100\% \tag{4-9-2}$$

P_{in} 为入射到太阳能电池表面的光功率。

理论分析及实验表明，在不同的光照条件下，短路电流随入射光功率线性增长，而开路电压在入射光功率增加时只略微增加，如图 4-9-3 所示。

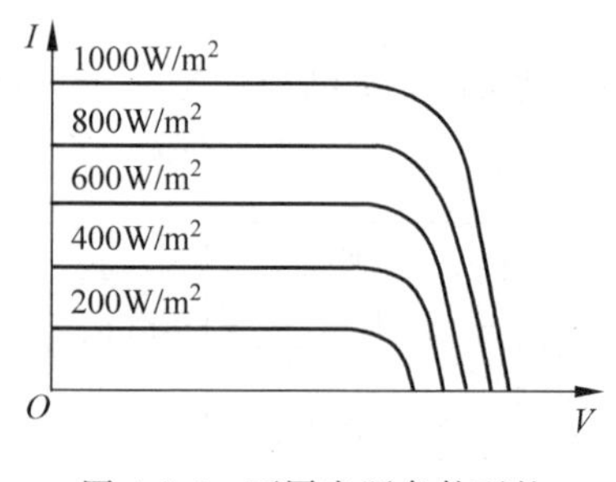

图 4-9-3　不同光照条件下的 I-V 曲线

硅太阳能电池分为单晶硅太阳能电池、多晶硅薄膜太阳能电池和非晶硅薄膜太阳能电池三种。

单晶硅太阳能电池转换效率最高，技术也最为成熟。其在实验室中最高的转换效率为 24.7%，规模生产时的效率可达到 15%，在大规模应用和工业生产中仍占据主导地位。但由于单晶硅价格高，大幅度降低其成本很困难，为了节省硅材料，发展了多晶硅薄膜和非晶硅薄膜作为单晶硅太阳能电池的替代产品。

多晶硅薄膜太阳能电池与单晶硅比较，成本低廉，而效率高于非晶硅薄膜电池，其实验室最高转换效率为 18%，工业规模生产的转换效率可达到 10%。因此，多晶硅薄膜电池可能在未来的太阳能电池市场上占据主导地位。

非晶硅薄膜太阳能电池成本低，重量轻，便于大规模生产，有极大的潜力。如果能进一步解决稳定性及提高转换率，无疑是太阳能电池的主要发展方向之一。

【实验仪器】

太阳能电池实验装置如图 4-9-4 所示，电源面板如图 4-9-5 所示。

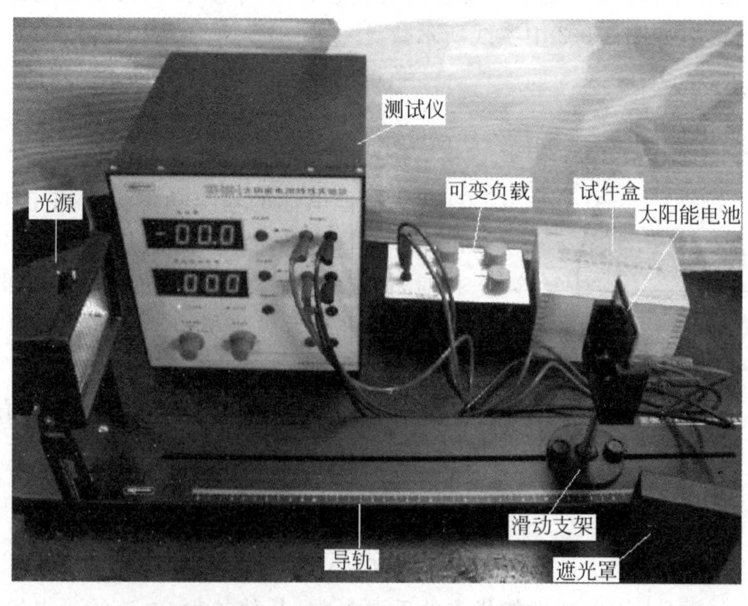

图 4-9-4　太阳能电池实验装置

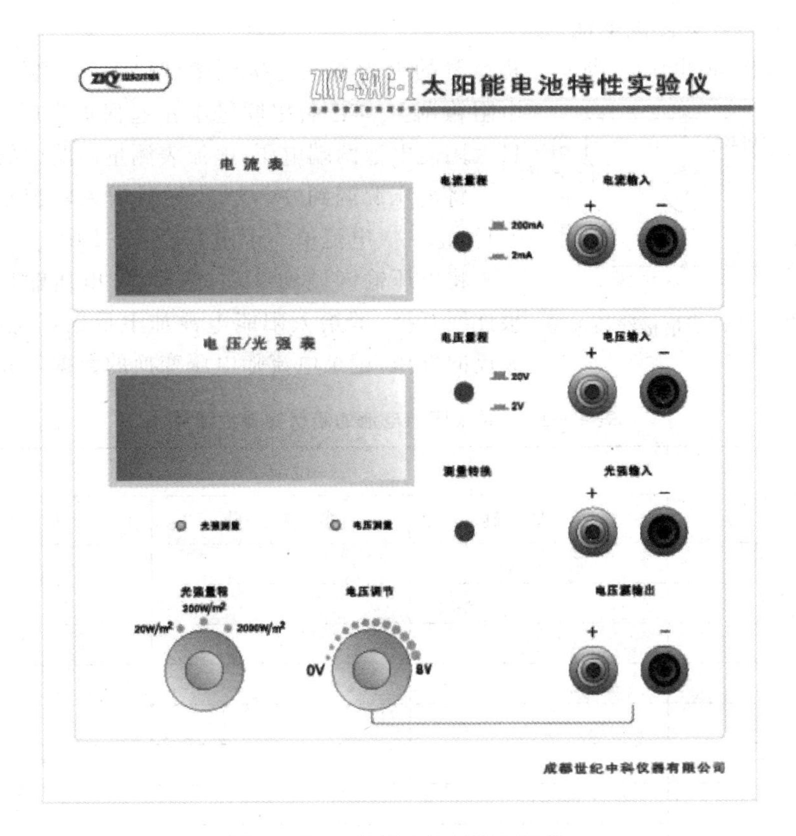

图 4-9-5 太阳能电池特性实验仪

光源采用碘钨灯，它的输出光谱接近太阳光谱。调节光源与太阳能电池之间的距离可以改变照射到太阳能电池上的光强，具体数值由光强探头测量。测试仪为实验提供电源，同时可以测量并显示电流、电压、光强的数值。

电压源：可以输出 0～8V 连续可调的直流电压，为太阳能电池伏安特性测量提供电压。

电压/光强表：通过“测量转换”按键，可以测量输入“电压输入”接口的电压，或接入“光强输入”接口的光强探头测量到的光强数值。表头下方的指示灯确定当前的显示状态。通过“电压量程”或“光强量程”，可以选择适当的显示范围。

电流表：可以测量并显示 0～200mA 的电流，通过“电流量程”选择适当的显示范围。

【实验内容】

1. 硅太阳能电池的暗伏安特性测量

暗伏安特性是指无光照射时，流经太阳能电池的电流与外加电压之间的关系。

太阳能电池的基本结构是一个大面积平面 PN 结，单个太阳能电池单元的 PN 结面积已远大于普通的二极管。在实际应用中，为得到所需的输出电流，通常将若干电池单元并联。为得到所需输出电压，通常将若干已并联的电池组串联。因此，它的伏安特性虽类似于普通二极管，但取决于太阳能电池的材料、结构及组成组件时的串并联关系。

本实验提供的组件是将若干单元并联。要求测试并画出单晶硅、多晶硅、非晶硅太阳能电池组件在无光照时的暗伏安特性曲线。

用遮光罩罩住太阳能电池。

测试原理图如图 4-9-6 所示。将待测的太阳能电池接到测试仪上的“电压输出”接口，电阻箱调至 50Ω 后串联进电路起保护作用，用电压表测量太阳能电池两端电压，电流表测量回路中的电流。

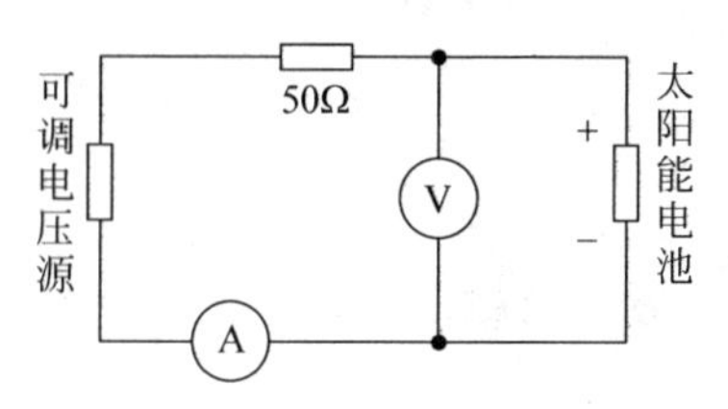

图 4-9-6 伏安特性测量接线原理图

将电压源调到 0V，然后逐渐增大输出电压，每间隔 0.1V 记一次电流值。记录到表 4-9-1 中。

将电压输入调到 0V。然后将“电压输出”接口的两根连线互换，即给太阳能电池加上反向的电压。逐渐增大反向电压，记录电流随电压变换的数据于表 4-9-1 中。

表 4-9-1 3 种太阳能电池的暗伏安特性测量

电压/V	电流/mA		
	单 晶 硅	多 晶 硅	非 晶 硅
−8			
−7			
−6			
−5			
−4			
−3			
−2			
−1			
0			
0.3			
0.6			
0.9			
1.2			
1.5			
1.8			
2.1			
2.4			
2.7			
3			
3.3			
3.6			
3.9			

以电压作横坐标，电流作纵坐标，根据表 4-9-1 画出三种太阳能电池的伏安特性曲线。讨论太阳能电池的暗伏安特性与一般二极管的伏安特性有何异同。

2. 开路电压、短路电流与光强关系测量

打开光源开关，预热 5min。

打开遮光罩。将光强探头装在太阳能电池板位置，探头输出线连接到太阳能电池特性测试仪的“光强输入”接口上。测试仪设置为“光强测量”。由近及远移动滑动支架，测量距光源一定距离的光强 I，将测量到的光强记入表 4-9-2。

表 4-9-2 3 种太阳能电池开路电压与短路电流随光强变化关系

距离/cm		10	15	20	25	30	35	40	45	50
光强 $I/(\mathrm{W/m^2})$										
单晶硅	开路电压 V_{oc}/V									
	短路电流 I_{sc}/mA									
多晶硅	开路电压 V_{oc}/V									
	短路电流 I_{sc}/mA									
非晶硅	开路电压 V_{oc}/V									
	短路电流 I_{sc}/mA									

将光强探头换成单晶硅太阳能电池，测试仪设置为“电压表”状态。按图 4-9-7(a)接线，按测量光强时的距离值(光强已知)，记录开路电压值于表 4-9-2 中。

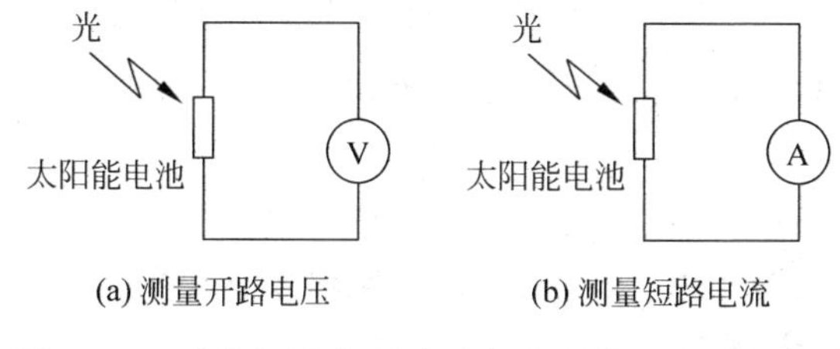

图 4-9-7 开路电压、短路电流与光强关系测量示意图

按图 4-9-7(b)接线，记录短路电流值于表 4-9-2 中。

将单晶硅太阳能电池更换为多晶硅太阳能电池，重复测量步骤，并记录数据。

将多晶硅太阳能电池更换为非晶硅太阳能电池，重复测量步骤，并记录数据。

根据表 4-9-2 的数据，画出 3 种太阳能电池的开路电压随光强变化的关系曲线。

根据表 4-9-2 的数据，画出 3 种太阳能电池的短路电流随光强变化的关系曲线。

3. 太阳能电池输出特性实验

按图 4-9-8 接线，以电阻箱作为太阳能电池负载。在一定光照强度下(将滑动支架固定在导轨上某一个位置)，分别将 3 种太阳能电池板安装到支架上，通过改变电阻箱的电阻值，记录太阳能电池的输出电压 V 和电流 I，并计算输出功率 $P_0=V\times I$，填于表 4-9-3 中。

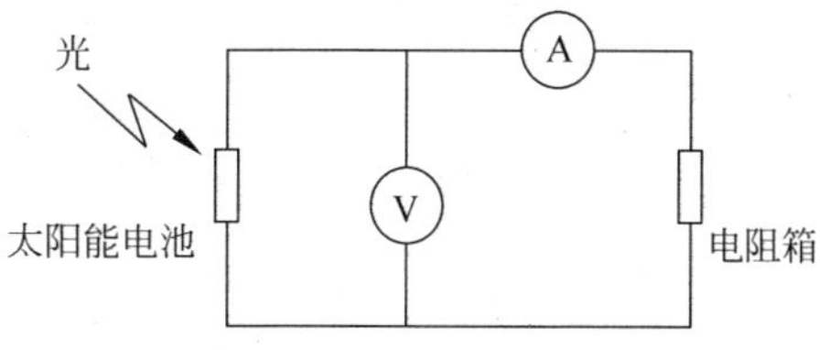

图 4-9-8 测量太阳能电池输出特性

根据表 4-9-3 中的数据作 3 种太阳能电池的输出伏安特性曲线及功率曲线，并与图 4-9-2 比较。

找出最大功率点，对应的电阻值即为最佳匹配负载。

由式(4-9-1)计算填充因子。

由式(4-9-2)计算转换效率。入射到太阳能电池板上的光功率 $P_{in}=I\times S_1$，式中 I 为入射到太阳能电池板表面的光强，S_1 为太阳能电池板面积。

若时间允许，可改变光照强度(改变滑动支架的位置)，重复前面的实验。

表 4-9-3　3 种太阳能电池输出特性实验　光强 I=________ W/m^2

单晶硅	输出电压 V/V	0	0.2	0.4	0.6	0.8	1	1.2	1.4	1.6	…
	输出电流 I/A										
	输出功率 P_0/W										
多晶硅	输出电压 V/V	0	0.2	0.4	0.6	0.8	1	1.2	1.4	1.6	…
	输出电流 I/A										
	输出功率 P_0/W										
非晶硅	输出电压 V/V	0	0.2	0.4	0.6	0.8	1	1.2	1.4	1.6	…
	输出电流 I/A										
	输出功率 P_0/W										

注意事项：

(1) 在预热光源的时候，需用遮光罩罩住太阳能电池，以降低太阳能电池的温度，减小实验误差。

(2) 光源工作及关闭后的约 1h 内，灯罩表面的温度都很高，请不要触摸。

(3) 可变负载只能适用于本实验，否则可能烧坏可变负载。

(4) 220V 电源需可靠接地。

第五章　光学实验

光学仪器的应用十分广泛。例如，它可以将像放大、缩小或记录存储；可以实现不接触的高精度测量；可以利用光谱仪研究原子、分子和固体结构；测量各种物质成分和含量等。特别是由于激光的产生和发展，近代光学和电子技术的密切配合，材料和工艺上的革新，新兴科学技术的产生等，使光学仪器在科研国民经济和国防各部门中，几乎成为不可缺少的工具，因此我们对一些光学仪器的核心部件进行初步了解，并做一些基本的光学实验是非常必要的。

光学实验和力学、电学实验比较，有它自己的特点。即实验学习和理论学习联系得更加紧密，实验中出现的各种现象和操作中的许多步骤都需要理论指导和前面实验的基础，如果不加思考，盲目操作，不仅事倍功半，而且还会损坏仪器。做光学实验要小心谨慎，认真观察。

1. 光学仪器的使用和维护

光学仪器种类繁多，就其几何光路而言，一般可以归纳为显微(放大)、望远(移近)和摄影(投影)三大类光学系统，每种光学仪器一般由其中的一类或两类再配合一些光学元件，辅以不同的机械操纵机构和不同的读数装置而成，近代光学仪器和电子技术密切配合产生了高精度的光电探测装置。这些机件构造都很精密，特别是光学仪器的核心部件——光学元件，如各种棱镜、透镜、反射镜、分化板、光栅、狭缝等，对它们的光学性能——如表面光洁度、平行度、透光率等都有一定的要求。它们大多是玻璃制品，极易损坏，所以做光学实验必须遵守下列规则：

(1) 实验前必须认真阅读有关仪器的附录。必须在了解仪器和元件的使用方法和操作要求后，才能动手使用仪器和元件。

(2) 光学仪器的光学表面经过精细加工，不准用手触摸，只能接触非光学表面部分及磨砂面，如透镜边缘、棱镜上下底面等。

(3) 光学表面有轻微污痕和指印时，用特制镜头纸或清洁鹿皮轻轻拂去，不能加压力测试，更不准用手、手帕、衣服或其他纸片擦拭。镜头纸应保持清洁。若表面有严重污痕、指印时，应由实验管理人员用乙醚、丙酮或酒精等清洗。光栅和镀膜表面粘污更需要特殊方法处理，但其性能也很难恢复，故使用时更需要谨慎爱护。

(4) 光学表面如有灰尘，可用实验室专用脱脂软毛笔轻轻掸去，或用橡皮球将灰尘吹去，切不可用其他物品擦拭。

(5) 光学元件多为玻璃制品，使用时要轻拿轻放，勿使元件碰撞，更要避免摔坏，暂时不用或已经用完的元件，要放回盒中原处。暗室中操作时，要小心谨慎，摸索仪器时手应贴着桌面，动作要轻缓，以免碰倒或带落仪器或元件。

(6) 光学仪器构造都很精密，一经拆卸就很难恢复，禁止私自随意拆卸仪器。

(7) 光学仪器的机械部分都是经过精密加工的，如分光仪的狭缝、刻度盘，读数显微镜的测微鼓轮，迈克耳孙干涉仪的蜗杆等，操作时要动作轻缓，全神贯注，在未了解其使用操作方法前不得乱拨乱拧，以免造成损坏。

(8) 仪器用完应放回箱内或加罩，防止沾染尘土。

(9) 仪器箱内应放置干燥剂，以防仪器受潮和玻璃表面发霉。

2. 大学物理实验中常用的光源

(1) 白炽灯　它是以热辐射形式发射光能的电光源。它以高熔点的钨丝为发光体，通电后温度约 2500K，达到白炽发光。玻璃泡内抽成真空，冲进惰性气体，以减少钨的蒸发。这种灯的光谱是连续光谱。白炽灯可做白光光源和一般照明用。使用低压灯泡要特别注意是否与电源电压相适应，避免误接电压较高的电源插座，造成损坏事故。

(2) 钠光灯　钠光灯是光学实验中最常用的单色光源之一。它是一种气体放电光源，在钠光谱中有 589.0nm 和 589.6nm 两条波长很接近的强光谱线，通常取其平均，以 589.3nm 作为黄光的标准参考波长。钠光灯的发光物质是金属钠的蒸气，它的放电状态是电弧放电，钠光灯泡两端电压约 20V、电流为 1.0～1.3A，工作时需配轭流圈，电源电压为交流 220V。点燃后需要等待一段时间才能应用，一旦点燃不要轻易熄灭它，否则将影响灯泡寿命。点燃后不得撞击或移动。

(3) 汞灯(水银灯)　汞灯分低压和高压两种，实验中常用的是低压汞灯。汞灯也是一种气体放电光源，其光谱在可见光范围内有 5 条强谱线，见表 5-0-1。

表 5-0-1

λ/nm	579.0	577.0	546.1	491.6	435.6	404.7
颜色	黄 1	黄 2	绿	蓝绿	蓝	紫

汞灯的光强比钠灯大，但使用方法与钠灯相同。

使用汞灯时需要注意：

① 汞灯熄灭后，不能马上点燃，必须等待其冷却到室温时才能再行点燃，故在实验过程中不能随便开关电源。

② 由于紫外光很强，会刺伤眼睛，不能用眼睛直接观察。

(4) 激光光源　氦氖激光器是最常用的一种激光光源，其输出波长为 632.8nm，发出的光为鲜红色，具有很强的方向性(发散角很小)、单色性以及很高的空间相干性。使用时，需要将其连接在专用的激光电源上。激光管两端是由多层介质膜片组成的光学谐振腔，是激光器的重要组成部分，使用时注意保持清洁，防止灰尘和油污沾染，点燃时严格按照说明书控制(电流范围不得超过额定值或低于阈值，否则激光易闪耀或熄灭)。由于激光管两端加有高电压(1500～8000V)，所以操作时应严防触电，以免发生人身事故，激光器射出的激光束光波能量集中，所以切勿迎着激光束直接观看激光，否则激光直射眼底，将造成视网膜永久性的烧伤。

实验一　薄透镜焦距的测定

【实验目的】

（1）学会测量薄透镜焦距的几种基本方法。

（2）进一步掌握薄透镜的成像规律。

【实验原理】

1. 薄透镜成像公式

透镜可分为凸透镜和凹透镜两类，它们对光线的作用分别是会聚和发散。当一束平行于透镜主光轴的光线通过凸透镜后，将会聚于主光轴上，会聚点 F 称为该凸透镜的焦点，凸透镜光心 O 到焦点 F 的距离称为焦距 f，如图 5-1-1(a)所示。一束平行于主光轴的光线通过凹透镜后将发散。发散光的延长线与主光轴的交点 F 称为该凹透镜的焦点，凹透镜光心 O 到焦点 F 的距离称为凹透镜的焦距 f，如图 5-1-1(b)所示。

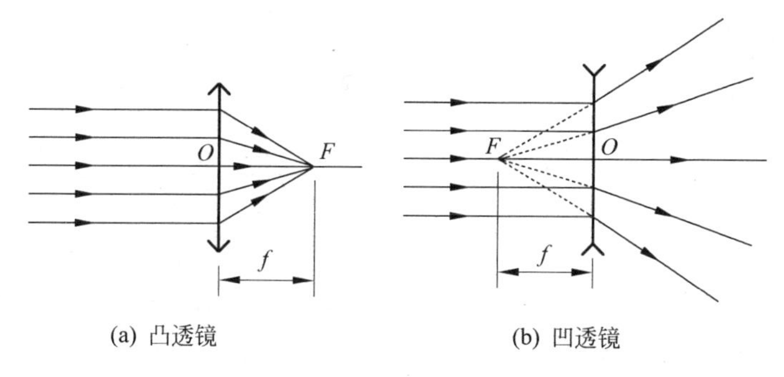

图 5-1-1　透镜成像

当透镜厚度远远小于其焦距时，这种透镜称为薄透镜。在近轴光线的条件下，薄透镜成像的规律可表示为

$$\frac{1}{u}+\frac{1}{v}=\frac{1}{f} \tag{5-1-1}$$

式中，u 为物距；v 为像距；f 为透镜的焦距。u、v 和 f 均从透镜的光心 O 算起。物距 u 一般取正值，像距 v 的正负由像的实虚来确定。实像时，v 为正，虚像时，v 为负。凸透镜的焦距一般取正值，凹透镜的焦距一般取负值。

2. 凸透镜焦距的测量原理

测量凸透镜焦距可使用三种方法。

（1）自准法（平面镜法）

如图 5-1-2 所示，若物体 AB 处于凸透镜的前焦平面时，物体上各点发出的光线通过凸透镜将变为平行光。此时，物距 u 即等于透镜焦距 f。若用与主光轴垂直的平面镜将平行光反射回去，再经透镜会聚后将成为一个大小与物体相同的倒立实像 $A'B'$，$A'B'$ 也必定位

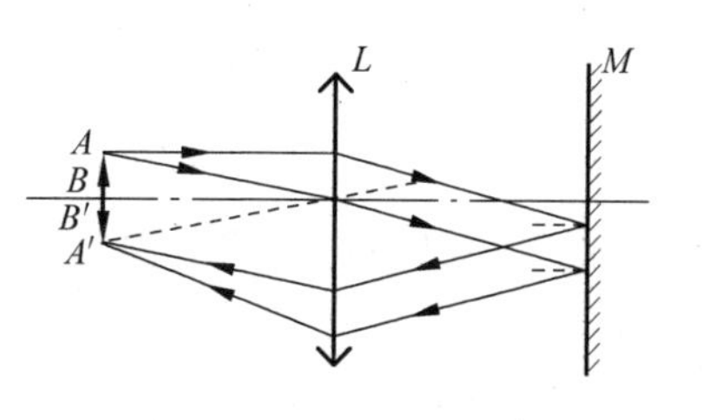

图 5-1-2　凸透镜自准法

于原物所处的前焦平面上。测出物体与透镜的距离,即为该透镜的焦距。

(2) 物距像距法

如图 5-1-3 所示,当物体 AB 在有限距离时,物体发出的光线经过凸透镜折射后,将成像在透镜的另一侧,测出物距 u 和像距 v 后,代入公式$\frac{1}{u}+\frac{1}{v}=\frac{1}{f}$即可算出透镜的焦距:

$$f=\frac{uv}{u+v} \tag{5-1-2}$$

(3) 共轭法(二次成像法)

如图 5-1-4 所示,设物与像屏间距离为 S,且 $S>4f$,并保持不变。移动透镜位置,当透镜在 O_1 处时,屏上可获得放大的清晰的实像 A_1B_1;当透镜在 O_2 处时,屏上又获得一个缩小的清晰的实像 A_2B_2。若 O_1 与 O_2 之间的距离为 d,由公式$\frac{1}{u}+\frac{1}{v}=\frac{1}{f}$可以导出该透镜的焦距为

$$f=\frac{S^2-d^2}{4S} \tag{5-1-3}$$

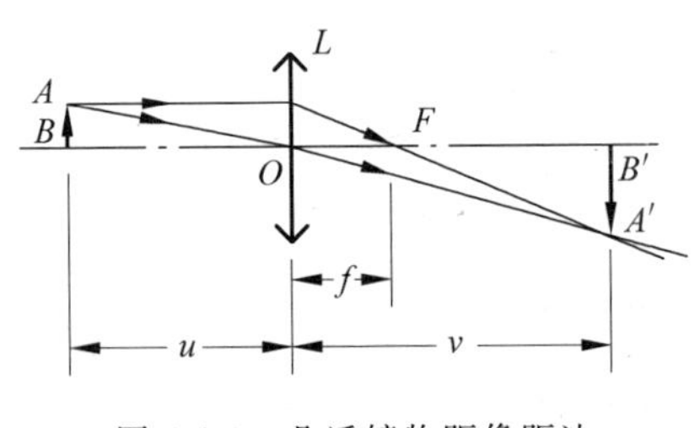

图 5-1-3 凸透镜物距像距法

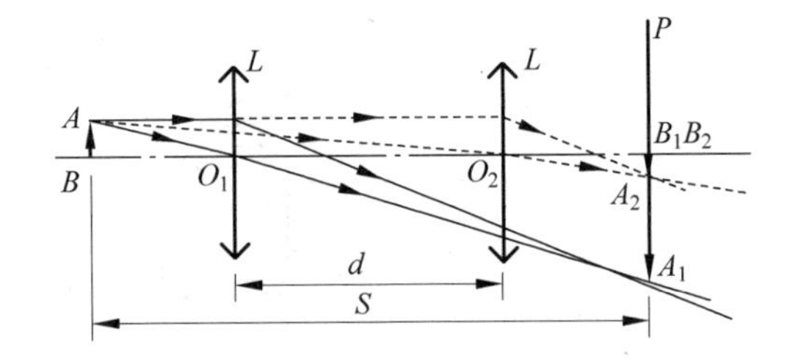

图 5-1-4 凸透镜共轭法

3. 凹透镜焦距的测量原理

(1) 物距像距法

凹透镜是发散透镜,它形成的像是虚像,不能在像屏上成像,因此测量凹透镜的焦距时,需要借助凸透镜。

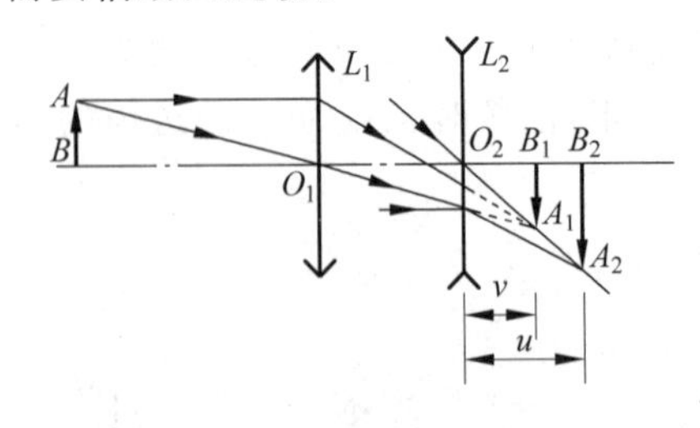

图 5-1-5 凹透镜物距像距法

如图 5-1-5 所示,从物体 AB 发出的光线经凸透镜 L_1 折射后成像于 A_1B_1,若凸透镜和像 A_1B_1 之间插入一个焦距为 f 的凹透镜 L_2,且 O_2B_1 小于凹透镜的焦距 f,则凸透镜所成的像可看作是凹透镜的虚物。由凹透镜的光路图可知,在凹透镜焦距内的虚物将形成实像 A_2B_2。根据光路的可逆性,如果将物置于 A_2B_2,经凹透镜 L_2 折射后,必定在 A_1B_1 处成虚像,这时物距 $u=O_2B_2$,像距 $v=O_2B_1$,而凹透镜的焦距 f 为负值,由公式$\frac{1}{u}+\frac{1}{v}=\frac{1}{f}$可以导出该透镜的焦距为

$$f=\frac{uv}{u-v} \tag{5-1-4}$$

(2) 自准法(平面镜法)

如图 5-1-6 所示，将物点 A 放在凸透镜 L_1 的主光轴上，成像于 A' 点。若在 L_1 和 A' 之间插入待测的凹透镜 L_2 和平面反射镜 M，使 L_2 的光心 O_2 与 L_1 的光心 O_1 在同一轴线上，调节 L_2，使由平面镜 M 反射回去的光线经 L_2、L_1 折射后，仍成像在 A 点。此时，从凹透镜射到平面镜上的光将是一束平行光，A' 点就成为由平面镜 M 反射回去的平行光束的虚焦点，即为凹透镜 L_2 的焦点。

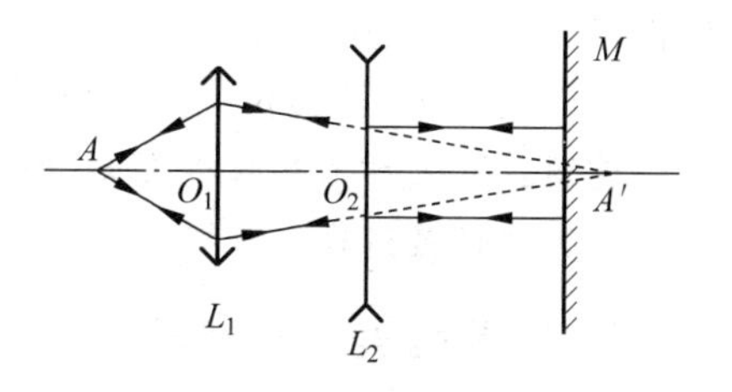

图 5-1-6　凹透镜自准法

【实验仪器】

光源(白炽灯)、狭缝(物屏)、毛玻璃屏(像屏)、凸透镜一块、凹透镜一块、平面镜一块。

【实验步骤】

1. 光学元件同轴等高的调整

在进行几何光学实验时，必须将所有光学元件的主光轴调节到一条水平直线上。本实验用透镜成像的共轭法进行调整。

(1) 在光具座上按图 5-1-7 放置光源、物屏、透镜(只用 L_1)和像屏，并使物屏和像屏之间的距离大于 4 倍透镜焦距。先用目测法将光源、物屏、透镜和像屏的中心轴调节成大致重合后，再固定物屏和像屏。将所有光学器件紧挨着放在一起，目测高度是否大致相同，是否同轴，可观察光学器件上调节左右的刻度尺，调到大致一致。

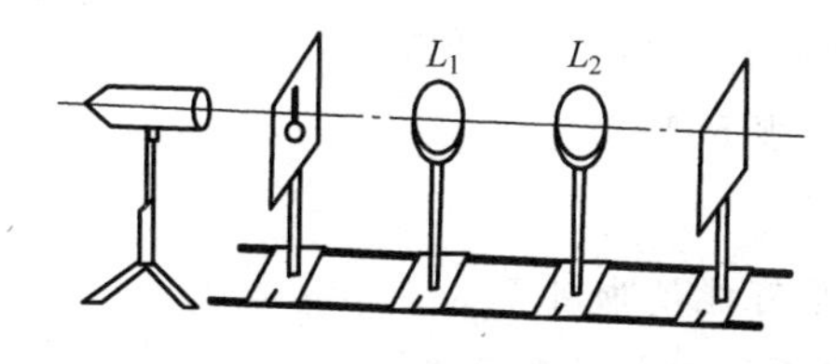

图 5-1-7　同轴等高调节

(2) 按图 5-1-7 所示将凸透镜在 O_1、O_2 位置上反复移动，屏上分别得到放大和缩小的像(A_1B_1 和 A_2B_2)，同时调节透镜高度，观察两次成像(注意准确判断什么是像)，直到像点 B_1 和 B_2 重合，A_1 和 A_2 在同一垂直方向上变化，此时即达到了同轴等高。

2. 凸透镜焦距的测量

(1) 自准法

在调好的光学系统中，用平面镜替换像屏(如图 5-1-2 所示)，然后改变凸透镜至狭缝(像屏)的距离，直至在狭缝旁出现一明亮、清晰的狭缝像时停止。测出狭缝到透镜的距离，即为凸透镜的焦距，测量 5 次，求平均值。数据填入表 5-1-1。

(2) 物距像距法

取三种不同的物距：$u>2f$，$2f>u>f$ 及 $u=2f$(凸透镜的焦距已由自准法测出)，分别测出相应的像距 v，根据式(5-1-2)计算出透镜的焦距 f，并求出平均值。自行设计数据表格并计算误差。测量时，应注意观察像的特点(大小、取向等)，分别画出光路图，并作出说明，数据填入表 5-1-2。

(3) 共轭法

如图 5-1-4 所示，使狭缝与像屏间距 $S>4f$。移动透镜 L，获得放大和缩小的两次清晰的像，记下两次成像时透镜的位置，测出 O_1、O_2 之间的距离 d，改变狭缝与像屏的距离 S，取三个不同的 S 值，得到相应的 d 值，分别由式(5-1-3)求出 f 值，并求其平均值，见表 5-1-3。

注意：间距 S 不要取得太大，否则将使一个像缩小得很小，以致难以确定凸透镜在哪一个位置上成像最清晰。

3. 凹透镜焦距的测量

(1) 物距像距法

① 在光具座上按图 5-1-5 放置物屏、凸透镜 L_1、凹透镜 L_2 和像屏。照亮物屏并调整各器件至同轴等高。

② 移去凹透镜，调节凸透镜和像屏的位置，使像屏上得到一个清晰的、缩小倒立的实像，固定 L_1，记下像屏的位置 B_1。

③ 在像屏和 L_1 之间插入凹透镜 L_2，移动像屏直至重新获得清晰的像，记下 L_2 的位置 L_2O_2 和此时像屏的位置 B_2。

④ 用 $u=O_2B_2$，$v=O_2B_1$ 代入式(5-1-4)，计算凹透镜的焦距 f_2。

⑤ 改变 L_1 的位置，重复步骤②～④，再测一次 f_2，求平均值，数据记入表 5-1-4。

(2) 自准法

① 将物屏上的狭缝调整在透镜 L_1 的主光轴上，如图 5-1-6 所示。移动 L_1 使在像屏上获得清晰的像。固定 L_1 并记下像屏的位置 A'。

② 用平面镜替换像屏，并在 L_1 和平面镜之间插入凹透镜 L_2。移动 L_2 和平面镜，直至物屏上得到清晰的像为止。记下 L_2 的位置 O_2，则凹透镜的焦距 $f=O_2A'$。

③ 改变 L_1 位置，再测一次 f，求平均值，数据记入表 5-1-5。

注意事项：

(1) 注意尽量调节各光具中心等高共轴，以使像尽可能清晰可见。

(2) 取放光具时要轻拿轻放，放回光具座后面，避免碰倒或掉到桌下。

(3) 在光具座上读数时，注意刻度的表示，有进位时需要进位，不能机械照读。

(4) 凹透镜焦距为负值，虚物成实像时，物距是负值，计算时应该加以注意。

【数据表格及数据处理】

1. 用自准法测凸透镜焦距

表 5-1-1

次数	1	2	3	4	5	平均($\bar{f}$)
物屏位置Ⅰ/cm						
透镜位置Ⅱ/cm						
$f=\lvert$Ⅰ−Ⅱ$\rvert$/cm						
U_A/cm						

误差计算：$f=\bar{f}\pm U_f=$ $\left(\text{其中 } U_B=\frac{1}{\sqrt{3}}\text{mm}\right)$

$$E_r=\frac{U_f}{\bar{f}}\times 100\%=$$

2. 物距像距法测凸透镜焦距

表　5-1-2

次　　数	$f<u<2f$	$u=2f$	$u>2f$	平均($\bar{f}$)
物屏位置 x_1/cm				
像屏位置 x_2/cm				
透镜位置 x/cm				
$u=\|x-x_1\|$/cm				
$v=\|x-x_2\|$/cm				
$f=\frac{uv}{u+v}\Big/$cm				
U_A/cm				

误差计算：$f=\bar{f}\pm U_f=$　　　　$\left(\text{其中 } U_B=\frac{1}{\sqrt{3}}\text{mm}\right)$

$$E_r=\frac{U_f}{\bar{f}}\times 100\%=$$

3. 共轭法测凸透镜焦距

表　5-1-3

次　数	1	2	3	平均($\bar{f}$)
物屏位置Ⅰ/cm				
第一次成像位置Ⅱ/cm				
第二次成像位置Ⅲ/cm				
像屏位置Ⅳ/cm				
$S=\|Ⅳ-Ⅰ\|$/cm				
$d=\|Ⅳ-Ⅱ\|$/cm				
$f=\frac{S^2-d^2}{4S}\Big/$cm				
U_A/cm				

误差计算：$f=\bar{f}\pm U_f=$　　　　$\left(\text{其中 } U_B=\frac{1}{\sqrt{3}}\text{mm}\right)$

$$E_r=\frac{U_f}{\bar{f}}\times 100\%=$$

4. 用物距像距法测凹透镜焦距

表 5-1-4

次　数	1	2	3	平均($\bar{f}$)
虚物位置 x_1/cm				
实像位置 x_2/cm				
凹透镜位置 x/cm				
$u=\lvert x-x_1\rvert$/cm				
$v=\lvert x-x_2\rvert$/cm				
$f=\dfrac{uv}{u-v}$/cm				
U_A/cm				

误差计算：$f=\bar{f}\pm U_f=$　　　　$\left(其中\ U_B=\dfrac{1}{\sqrt{3}}\text{mm}\right)$

$$E_r=\frac{U_f}{\bar{f}}\times 100\%=$$

5. 用自准法测凹透镜焦距

表 5-1-5

次　数	1	2	3	平均($\bar{f}$)
虚物位置 x_1/cm				
透镜位置 x_2/cm				
$f=\lvert x_1-x_2\rvert$/cm				
U_A/cm				

误差计算：$f=\bar{f}\pm U_f=$　　　　$\left(其中\ U_B=\dfrac{1}{\sqrt{3}}\text{mm}\right)$

$$E_r=\frac{U_f}{\bar{f}}\times 100\%=$$

实验二　分光仪的调整与使用

分光仪是一种精确测量光线偏折角度的光学仪器。利用分光仪可以测量棱镜或其他具有镜面表面的光学元件的角度，可以测量光在棱镜或晶体中的折射角、折射率，可以测量三棱镜的色散率及反射、折射、衍射和干涉等实验中的角度。与光栅配合时，可做光的衍射实验；与偏振器配合时，可做光的偏振实验。

分光仪用途广泛，它的调整思想、方法和技巧在光学仪器中有一定的代表性，学会对它的调节和使用方法，有助于掌握操作更为复杂的光学仪器。

【实验目的】

(1) 了解分光仪的构造和原理，学会调整分光仪。

(2) 测定三棱镜的顶角。

(3) 观察色散现象,测定玻璃三棱镜对汞灯绿光的折射率。

【实验原理】

1. 分光仪简介

现以JJY型1′分光仪为例介绍其结构和调整方法。其外形结构如图5-2-1所示,它包括4个主要部分:①平行光管;②望远镜(可与圆周刻度盘同轴转动);③载物台(可与游标盘同轴转动);④度盘读数装置。这四部分中平行光管是固定的,另外三部分均可围绕一个公共轴——分光仪主轴转动。

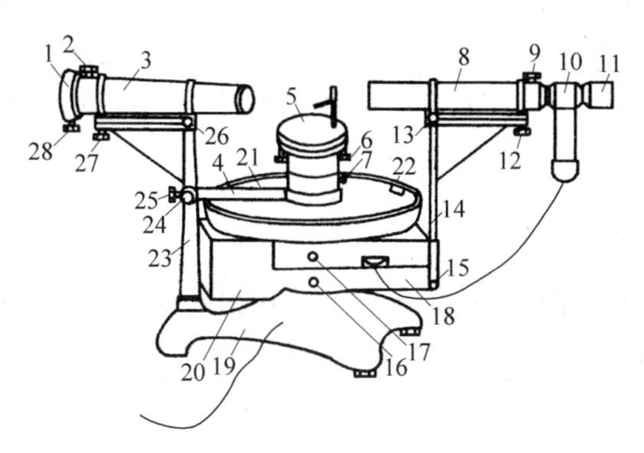

图5-2-1　JJY型1′分光仪

1—狭缝装置;2—狭缝装置锁紧螺钉;3—平行光管部件;4—制动架(二);5—载物台;6—载物台调平螺钉(3只);7—载物台锁紧螺钉;8—望远镜部件;9—目镜锁紧螺钉;10—阿贝式自准直目镜;11—目镜视度调节手轮;12—望远镜光轴高低调节螺钉;13—望远镜光轴水平调节螺钉;14—支臂;15—望远镜微调螺钉;16—转座与度盘止动螺钉;17—望远镜止动螺钉;18—制动架(一);19—底座;20—转座;21—游标盘;22—度盘;23—立柱;24—游标盘微调螺钉;25—游标盘止动螺钉;26—平行光管光轴水平调节螺钉;27—平行光管光轴高低调节螺钉;28—狭缝宽度调节手轮

下面分别介绍这几部分的结构和调节方法。

(1) 平行光管

平行光管的构造如图5-2-1中所示,它是一个柱形圆筒,在筒的一端装有一个可伸缩的套筒。套筒末端有一狭缝装置1,可以改变缝宽。平行光管另一端有一个消色差会聚透镜组(即物镜)。伸缩狭缝套筒可改变狭缝与物镜之间的距离。当狭缝位于物镜焦平面时,外来光源通过狭缝射出的光经过物镜后便成为平行光。套筒的位置由紧定螺丝固定。

立柱(23)固定在底座上,平行光管(3)安装在立柱上,平行光管的光轴位置可以通过立柱上的调节螺钉(26、27)来进行微调,平行光管带有一狭缝装置(可沿光轴移动和转动),狭缝的宽度在0.02～2mm内可以调节。

(2) 望远镜

阿贝式自准直望远镜(8)安装在支臂(14)上,支臂与转座(20)固定在一起,并套在度盘上,当松开止动螺钉(7)时,转座与度盘可以相对转动,当旋紧止动螺钉时,转座与度盘一起旋转。旋转制动架(一)(18)与底座上的止动螺钉(17)时,借助制动架(一)末端上的调节螺钉(15)可以对望远镜进行微调(旋转)。同平行光管一样,望远镜系统的光轴位置也可以通过调节螺钉(12、13)进行微调。望远镜系统的目镜(10)可以沿光轴移动和转动,目镜的视度可以调节。

(3) 载物台

它包括三部分。

① 载物台 载物台(5)套在游标盘上,可以绕中心轴旋转,旋紧载物台锁紧螺钉(7)和制动架(二)与游标盘的止动螺钉(25)时,借助立柱上的调节螺钉(24)可以对载物台进行微调(旋转)。放松载物台锁紧螺钉时,载物台可根据需要升高或降低。调到所需位置后,再把锁紧螺钉旋紧,载物台有3个调平螺钉(6)用来调节使载物台面与旋转中心线垂直。

② 圆盘刻度盘 在底座(19)的中央固定一中心轴,度盘(22)和游标盘(21)套在中心轴上,可以绕中心轴旋转,度盘下端有一推力轴承支撑,使旋转轻便灵活。度盘上刻有720等份的刻线,每一格的格值为30′,对径方向设有两个游标读数装置,测量时,读出两个读数值,然后取平均值,这样可以消除偏心引起的误差。

③ 转轴 无调节要求。

(4) 度盘读数装置

在垂直于分光仪主轴的平面中安置了一个360°刻度的圆盘度盘和一对左、右对称的游标盘,它们均可以绕分光仪主轴旋转。度盘能与载物台共轴转动,整个圆周刻有720等份的刻线,格值30′。一对游标盘与望远镜固连,每个游标在14°30′的圆弧上等分刻有30个刻线(游标30格与圆盘度盘29格相等),格值29′。按照游标读数原理,当度盘和游标盘重叠时,每一对准刻线格值为1′。(为什么?)为了消除偏心差,采用两个游标读数,然后取其平均值。消除偏心差的原理见本实验后面的备注。

角度值的读法以游标盘的零线为准,先读出圆盘度值和分值A(每格30′),再找到游标上与度盘上刚好重合的刻线,读得游标上的分值B(每格1′),将两次读数相加,得$A+B$,即为读数值θ,见图5-2-2。

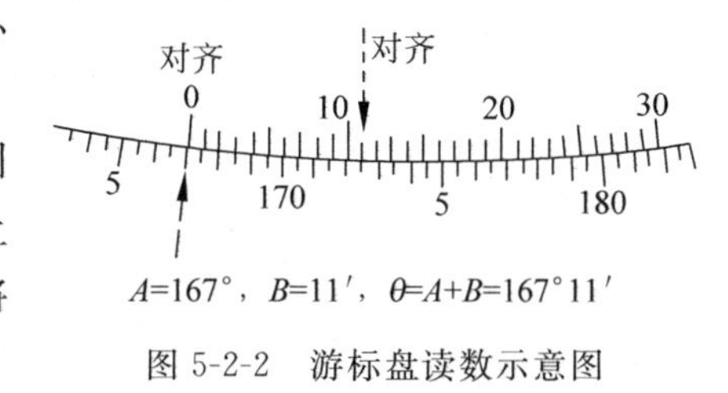

图 5-2-2 游标盘读数示意图

2. 三棱镜顶角的测量

测量三棱镜顶角的方法有反射法和自准法两种,我们用自准法测量。如图5-2-3所示,利用望远镜自身产生的平行光,固定望远镜,转动载物台,使载物台上的三棱镜的AB面对准望远镜,使AB面反射的十字像与望远镜筒中的双十字丝上交叉点重合,即望远镜光轴与三棱镜AB面垂直,记下两边的游标读数θ_1、θ_2,然后再转动载物台,使AC面反射的十字像与双十字丝上交叉点重合,即望远镜光轴与AC面垂直,记下两边游标读数θ_1'和θ_2'。设棱镜相对望远镜转过的角度为φ,则

$$\bar{\varphi}=\frac{1}{2}(\varphi_1+\varphi_2)=\frac{1}{2}[(\theta_1'-\theta_1)+(\theta_2'-\theta_2)]$$

而棱镜主截面的顶角$\alpha=180°-\bar{\varphi}$。

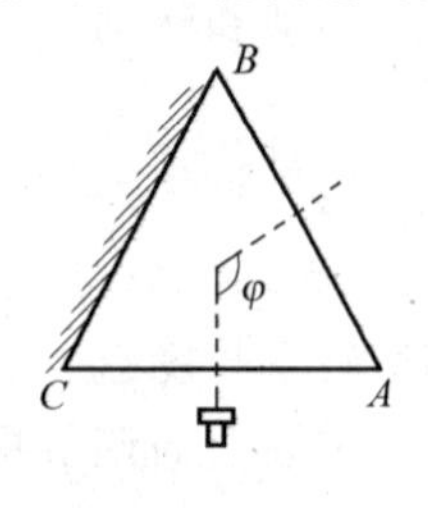

图 5-2-3

3. 三棱镜折射率的测量

物质的折射率与通过物质的波长有关。当光从空气入射到折射率为n的介质分界面时,光发生折射,根据折射定律有

$$n=\frac{\sin i_1}{\sin i_2} \tag{5-2-1}$$

式中，i_1 为入射角，i_2 为折射角。

当一束单色光通过三棱镜时，在入射面 AB 和出射面 AC 上都要发生折射，如图 5-2-4 所示，出射光线 R 与入射光线 I 之间的夹角称为偏向角 δ，入射光方向不同时，偏向角 δ 的大小也不同。当入射光在某一特定位置时，偏向角 δ 有最小值，称为最小偏向角，用 $\delta_{\min}$ 表示。通过折射定律式(5-2-1)和简单的几何关系可得棱镜对该单色光的折射率

$$n=\frac{\sin\frac{1}{2}(\delta_{\min}+\alpha)}{\sin\frac{1}{2}\alpha} \tag{5-2-2}$$

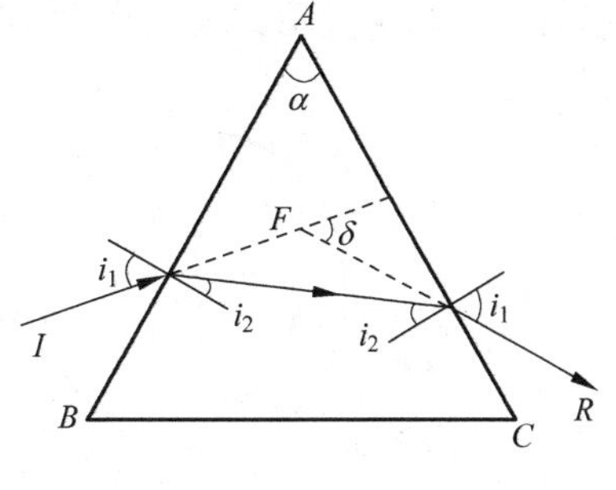

图 5-2-4　棱镜的折射

式中 α 为三棱镜的顶角。

通过三棱镜顶角和最小偏向角的测量，可求得三棱镜的折射率。

【实验仪器】

分光仪，光学平行平板——圆形平晶、三棱镜、汞灯。

【实验内容】

1. 分光仪的调整

为了准确测定光线偏向角，必须对分光仪进行正确调节，使之达到两个主要目的。

(1) 使平行光管发出平行光，望远镜聚焦于无穷远(即适合于观察平行光)。

(2) 使平行光管和望远镜的光轴都垂直于分光仪的主轴，这样才能真正地测出光线的偏向角，否则测得的将是它的投影。

分光仪是一种精密的光学仪器，它的结构比较复杂，调节旋钮很多，调节前一定要对照分光仪的结构图和实物了解各旋钮的作用，再动手按次序调节。

(1) 目测粗调

把仪器摆正，先用目视法将望远镜和平行光管轴调到大致与分光仪主轴垂直，主要调螺钉 12、27，使平行光管和望远镜光轴大致在一条直线上，再调螺钉 6，使载物台平面大致与分光仪主轴垂直。

(2) 目镜的调焦

目镜调焦的目的是使眼睛通过目镜能很清楚地看到目镜中分划板上的刻线，如图 5-2-5 所示。

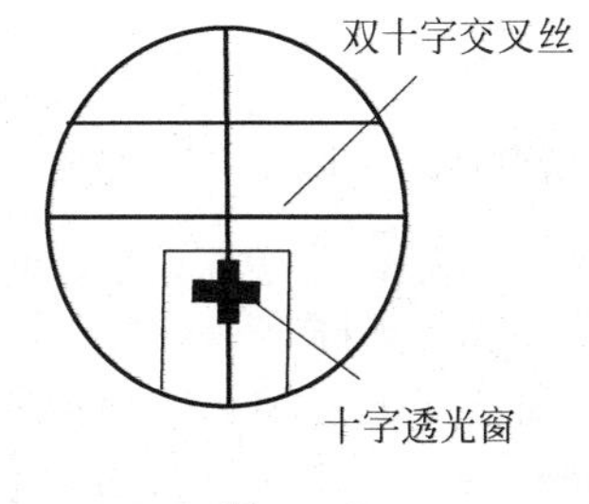

图　5-2-5

调焦方法如下。

先把目镜调焦手轮(11)旋出，然后一边旋进，一边从目镜中观察，直至分划板刻线成像清晰，再慢慢地旋出手轮，至目镜中的像的清晰度将被破坏而未破坏时为止。

(3) 望远镜的调焦

望远镜调焦的目的是将目镜分划板上的十字线调整到物镜的焦平面上，也就是望远镜对无穷远调焦。其方法如下。

① 接上灯源。(把从变压器出来的 6.3V 电源插头插到底座的插座上，把目镜照明器上的插头插到转座的插座上。)

② 把一望远镜光轴位置的调节螺钉(12、13)调到适中的位置。

③ 在载物台的中央放上附件光学平行平板，如图 5-2-6 所示，其反射面对着望远镜物镜，且与望远镜光轴大致垂直，视场中见到多了一个绿色十字反射像，如图 5-2-7 所示。

图 5-2-6　　　　图 5-2-7

④ 通过调节载物台的调平螺钉(6)中离望远镜最近的一个螺钉和转动载物台，使望远镜的反射像和望远镜在同一直线上。

⑤ 从目镜中观察，此时可以看到一亮斑，松开目镜锁紧螺钉(9)，前后移动目镜，对望远镜进行调焦，使亮十字线成清晰像；然后，利用载物台上的调平螺钉(6)中离望远镜最近的一个螺钉和望远镜微调机构(15)，把这个亮十字线调节到与分划板上方的十字线重合，往复移动目镜，使亮十字和十字线无视差地重合。

(4) 调整望远镜的光轴垂直于旋转主轴

① 调整望远镜光轴上下位置调节螺钉(12)，使反射回来的亮十字精确地成像在十字线上。

② 拧紧载物台锁紧螺钉(7)，把游标盘连同载物台平行平板旋转 180°时，观察到的亮十字可能与十字丝有一个垂直方向的位移，就是说，亮十字可能偏高或偏低，如图 5-2-8(a)所示。

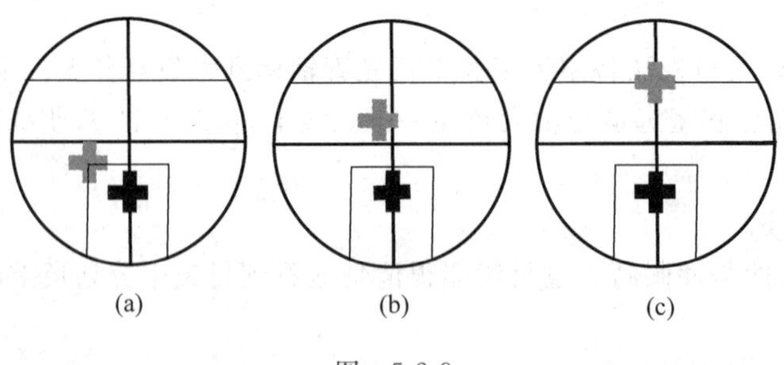

图 5-2-8

③ 调节载物台调平螺钉(6)中离望远镜最近的一个螺钉，使位移减少一半，如图 5-2-8(b)所示。

④ 调整望远镜光轴上下位置调节螺钉(12)，使垂直方向的位移完全消除。

⑤ 把游标盘连同载物台、平行平板再转过 180°，检查其重合程度。重复③和④使偏差得到完全校正，如图 5-2-8(c)所示。

(5) 将分划板十字线调成水平和垂直

当载物台连同光学平行平板相对于望远镜旋转时，观察亮十字是否水平地移动，如果分划板的水平刻线与亮十字的移动方向不平行，就要转动目镜，使亮十字的移动方向与分划板的水平刻线平行，注意不要破坏望远镜的调焦，然后将目镜锁紧螺钉旋紧。

(6) 平行光管的调焦(以下用于最小偏向角的测量)

其目的是把狭缝调整到物镜的焦平面上，也就是平行光管对无穷远调焦。方法如下：

① 去掉目镜照明器上的光源，打开狭缝，用漫射光照明狭缝。

② 在平行光管物镜前放一张白纸，检查在纸上形成的光斑，调节光源的位置，使得在整个物镜孔径上照明均匀。

③ 除去白纸，把平行光管光轴左右位置调节螺钉(26)调到适中的位置，将望远镜管正对平行光管，从望远镜目镜中观察，调节望远镜微调机构(15)和平行光管上下位置调节螺钉(27)，使狭缝位于视场中心。

④ 松开狭缝装置锁紧螺钉(2)，前后移动狭缝机构，使狭缝清晰地成像在望远镜分划板平面上，调节狭缝宽度调节手轮(28)使狭缝像宽度约 1mm。

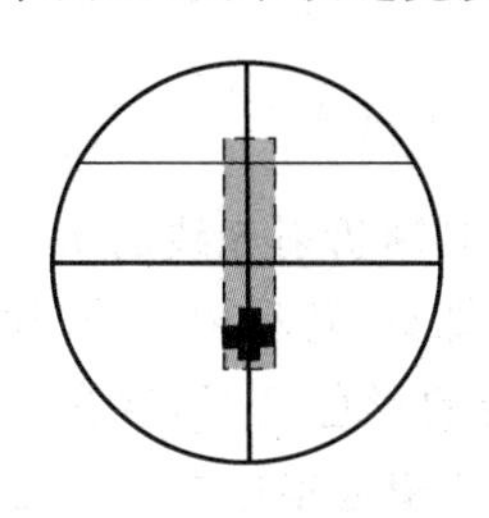

图 5-2-9　狭缝像

(7) 调整平行光管的光轴垂直于旋转主轴

调整平行光管光轴上下位置调节螺钉(27)，升高或降低狭缝像的位置，使得狭缝对目镜视场的中心对称。

(8) 将平行光管狭缝调成垂直

旋转狭缝机构(1)，使狭缝与目镜分划板的垂直刻线平行，如图 5-2-9 所示，注意不要破坏平行光管的调焦，然后将狭缝装置锁紧螺钉(2)旋紧。

2. 三棱镜顶角的测定

前面只是调节了望远镜光轴垂直于分光仪主轴和平晶平面，尚没有调好载物台的水平。(为什么？请考虑!)为了正确测定三棱镜主截面上的顶角，还必须调节载物台水平，使三棱镜的主截面严格垂直于分光仪主轴。调整方法根据自准直原理进行。

(1) 使三棱镜的主截面与分光仪主轴垂直

① 按图 5-2-10 把三棱镜放在载物台上，使它的一个光学面 AB 垂直于载物台调平螺丝 S_1S_2 连线。

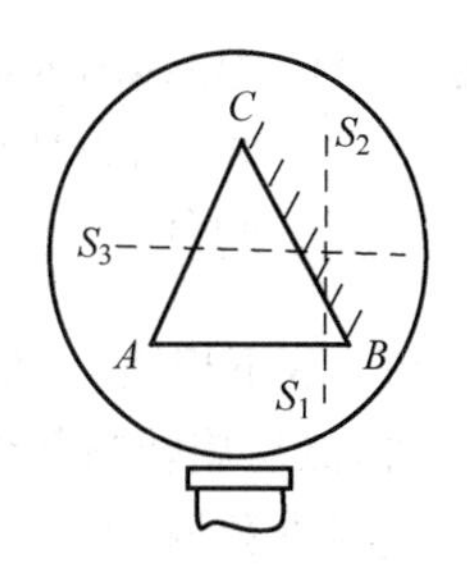

图 5-2-10　三棱镜的放置

② 旋紧螺丝 17 固定望远镜，旋转载物台使棱镜 AB 面正对望远镜，调节螺钉 S_1 使十字像与双十字丝上交叉点重合，此时望远镜光轴垂直于光学面 AB。(注意：望远镜水平已调好，不能再动!)

③ 旋转载物台，将棱镜另一光学面 AC 正对望远镜，通过螺丝 S_3 作同样调节，使 AC 面垂直于望远镜光轴。

④ 重复以上步骤，使三棱镜的两个光学侧面 AB 和 AC 均能严格垂直于望远镜光轴，这样便调得棱镜主截面垂直于分光仪主轴了。

(2) 测三棱镜顶角

① 调好游标盘的位置，使游标在测量过程中不被平行光管或望远镜挡住，锁紧制动架

(二)和游标盘、载物台和游标盘的止动螺钉。

② 使望远镜对准 AB 面,锁紧转座与度盘、制动架(一)和底座的止动螺钉。

③ 旋转制动架(一)末端上的调节螺钉,对望远镜进行微调(旋转),使亮十字与十字丝完全重合。

④ 记下对径方向上游标所指示的度盘的两个读数 θ_1、θ_2。

⑤ 放松制动架(一)与底座上的止动螺钉,旋转望远镜,使之对准 AC 面,锁紧制动架(一)与底座上的止动螺钉。

⑥ 重复步骤③、④得到对径方向上游标所指示的度盘的两个读数 θ'_1、θ'_2,数据记入表 5-2-1。棱镜相对于望远镜转过的角度为

$$\bar{\varphi} = \frac{1}{2}(\varphi_1 + \varphi_2) = \frac{1}{2}[(\theta'_1 - \theta_1) + (\theta'_2 - \theta_2)]$$

⑦ 计算顶角

$$\alpha = 180° - \bar{\varphi}$$

3. 测量汞灯绿光最小偏向角

(1) 调整平行光管(见实验内容 1.(6)~(8)部分)。

使平行光管发出平行光并使其光轴与望远镜光轴平行。

(2) 将三棱镜放在载物台上,见图 5-2-11。将平行光管对准光源,判断折射光线的出射方向,用眼睛迎着光线可能的出射方向,放松制动架(一)和底座的止动螺钉,转动望远镜,找到平行光管的狭缝像,可以看到几条平行的彩色谱线,观察三棱镜色散现象。将望远镜转至此方位,使从望远镜中能清楚地看到彩色谱线,认定绿色谱线。

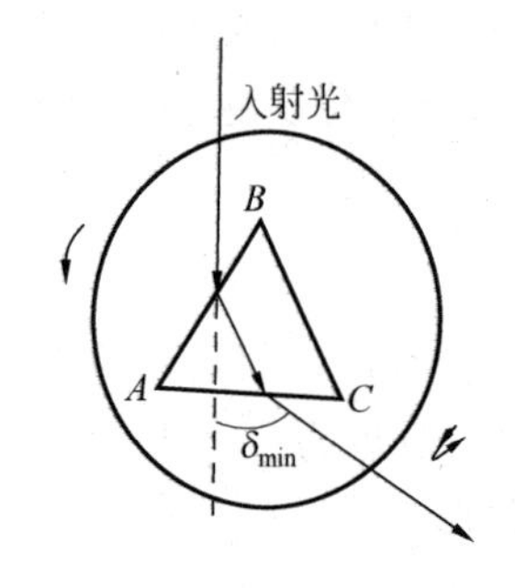

图 5-2-11　最小偏向角示意图 δ_{min} 为最小偏向角

(3) 放松制动架(二)和游标盘的止动螺钉,慢慢转动载物台,开头从望远镜看到的绿色狭缝像沿某一方向移动,当转到这样一个位置,即看到的狭缝像刚刚开始要反向移动,此时的棱镜位置就是平行光束以最小偏向角射出的位置。

(4) 锁紧制动架(二)与游标盘的止动螺钉。

(5) 利用微调机构,精确调整,使分划板的十字线精确地对准狭缝(在狭缝中央)。

(6) 记下对径方向上游标所指示的度盘的两个读数 θ_1、θ_2。

(7) 取下棱镜,放松制动件(一)与底座的止动螺钉。转动望远镜,使望远镜直接对准平行光管,然后旋转制动件(一)与底座上的止动螺钉。对望远镜进行微调,使分划板的十字线精确地对准狭缝。

(8) 记下对径方向上游标所指示的度盘的两个读数 θ'_1、θ'_2,数据记入表 5-2-2。

(9) 计算绿光最小偏向角:

$$\delta_{min} = \frac{1}{2}[(\theta'_1 - \theta_1) + (\theta'_2 - \theta_2)]$$

4. 求折射率

将以上测得的三棱镜顶角和绿光的最小偏向角 δ_{min} 代入式(5-2-2),求得玻璃对汞灯绿光的折射率。

5. 测三棱镜的色散曲线(选作内容)

分别测出汞灯红、黄、蓝、紫各色谱线的最小偏向角,代入式(5-2-2),求出它们的折射率。最后以折射率 n 为纵坐标、以谱线波长为横坐标作三棱镜的色散曲线。各色谱线波长可查阅光学实验基本知识。

【数据表格】

1. 测三棱镜顶角

表　5-2-1

棱镜号:　　　　分光仪号:　　　　$\Delta_{仪}=1'=0.00029\text{rad}$

游标位置 / 测量内容	(左)1	(右)2
棱镜第一光学面位置 θ		
棱镜第二光学面位置 θ'		
$\varphi=\|\theta'-\theta\|$ 或 $\varphi=360°-\|\theta'-\theta\|$		
$\bar{\varphi}=\frac{1}{2}(\varphi_1+\varphi_2)$		
$\alpha=180°-\bar{\varphi}$		

注意:测读过程中,要注意载物台转动过程中是否跨越过了圆盘刻度盘刻度的零点,如越过了零点,则必须按式 $\varphi=360°-|\theta'-\theta|$ 计算载物台转过的角度。

2. 测汞灯绿光最小偏向角

表　5-2-2

游标位置 / 测量内容	(左)1	(右)2
绿光最小偏向角射出位置 θ		
狭缝位置 θ'		
$\|\theta'-\theta\|$ 或 $360°-\|\theta'-\theta\|$		
$\delta_{\min}=\frac{1}{2}[(\theta_1'-\theta_1)+(\theta_2'-\theta_2)]$		

3. 计算玻璃对汞灯绿光的折射率

$$n=\frac{\sin\frac{1}{2}(\delta_{\min}+\alpha)}{\sin\frac{1}{2}\alpha}=$$

【课前思考题】

1. 怎样判断望远镜已聚焦于无穷远了?怎样判断望远镜光轴已垂直于分光仪主轴?
2. 如果从目镜中看不清双十字丝分划板应调什么?
3. 如果从目镜中看不到十字反射像应调什么?
4. 如果十字反射像不清晰应调什么?有视差调什么?
5. 如果十字反射像不在双十字丝上边交叉点上,应怎样调节?

【课后思考题】

1. 扼要说明用自准法测顶角这种方法的基本原理和测量步骤。

2. 在望远镜分划板的下方有一透光十字窗，为什么反射回来的亮十字像要与分划板上方的双十字丝上边交叉点重合才恰好说明平晶平面与望远镜垂直？试用光路图证明。

【备注】

对于双游标消除偏心差的原理，如图 5-2-12 所示，图中外圆表示刻度盘，其中心在 O 点；内圆表示载物台，其中心在 O'点，两游标与载物台相连，并在其直径的两端，它们与刻度盘的圆弧相接触。通过点 O'的虚线表示两个游标零线的连线。假定载物台从 φ_1 转到 φ_2，实际转过的角度为 θ，而刻度盘上的读数为 φ_1、φ_1'、φ_2、φ_2'。计算得到的转角为 $\theta_1=\varphi_2-\varphi_1$，$\theta_2=\varphi_2'-\varphi_1'$。根据几何定理，$\alpha_1=\dfrac{1}{2}\theta_1$，$\alpha_2=\dfrac{1}{2}\theta_2$，而 $\theta=\alpha_1+\alpha_2$，故载物台实际转过的角度

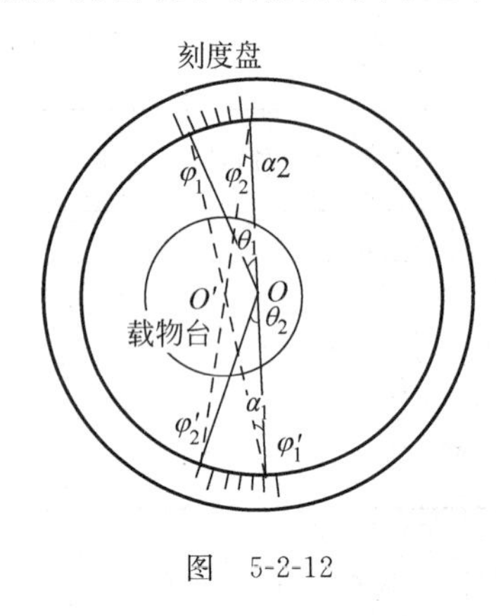

图 5-2-12

$$\theta=\frac{1}{2}(\theta_1+\theta_2)=\frac{1}{2}[(\varphi_2-\varphi_1)+(\varphi_2'-\varphi_1')]$$

由上式可知，两游标读数的平均值即为载物台实际转过的角度，因而使用两个游标的读数装置，可以消除偏心差。

实验三 等厚干涉

【实验目的】

(1) 了解等厚干涉现象和特点。

(2) 学会使用干涉法测量透镜曲率半径和细丝的微小直径。

(3) 掌握读数显微镜的用法。

【实验仪器】

测量显微镜，钠光灯，牛顿环，劈尖。

【实验原理】

1. 牛顿环

当一个曲率半径很大的平凸透镜放在一个平面玻璃上时(见图 5-3-1)，在透镜的凸面和平面之间形成一个从中心 O 向四周逐渐增厚的空气劈层，当单色光垂直照射下来时，从空气层的上下两个表面反射的光束 1 和光束 2 在上表面相遇时产生干涉，因为光程差相同的地方是以 O 点为中心的同心圆，因此等厚干涉的条纹也是一组以 O 为中心的明暗相间的同心圆环，称为牛顿环。由于从下表面反射的光多走两倍空气劈层厚度的距离，以及在下表面反射时，是从光疏介质到光密介质而存在半波损失，故 1、2 两光束的光程差为

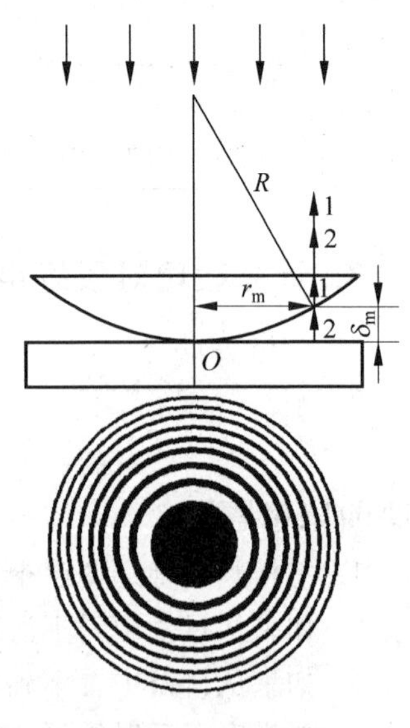

图 5-3-1 牛顿环

$$\Delta = 2\delta + \lambda/2$$

式中，λ 为入射光的波长；δ 是空气层厚度。空气折射率 $n\approx1$。当光程差 Δ 为半波长的奇数倍时为暗环，若第 m 个暗环处的空气层厚度为 δ，则有

$$\Delta = (2m+1)\lambda/2$$

由图中的几何关系 $R^2=r^2+(R-\delta)^2$，化简得

$$r^2 = 2hR - \delta^2$$

一般空气层厚度远小于所使用的平凸透镜的曲率半径 R，即$\delta\ll R$，可得

$$\delta = \frac{r^2}{2R}$$

代入后得

$$\Delta = \frac{r^2}{R} + \frac{\lambda}{2} = (2m+1)\frac{\lambda}{2}$$

于是关于第 m 级干涉暗条纹有

$$R = r_m^2/m\lambda, \quad m = 0,1,2,\cdots$$

式中 r_m 是第m 个暗环的半径。可见，我们若测得第 m 个暗环的半径 r_m，便可由已知 λ 只求 R，或者由已知 R 求 λ 了。但是，由于玻璃接触处受压，引起局部的弹性形变，使透镜凸面与平面玻璃不可能很理想地只以一个点相接触，所以圆心位置很难确定，环的半径 r_m 也就不易测准。同时因玻璃表面的不洁净所引入的附加光程差，使实验中看到的干涉级数并不代表真正的干涉级数 m。为此，我们将上式作一变换，将式中半径换成直径 D_m，并通过取两个暗条纹的直径的平方差来消除附加光程带来的误差，则有

$$R = D_m^2/4m\lambda \Rightarrow D_m^2 = 4mR\lambda \Rightarrow D_m^2 - D_n^2 = 4(m-n)R\lambda$$

透镜的曲率半径为

$$R = \frac{D_m^2 - D_n^2}{4(m-n)\lambda}$$

可见，如果我们测得第 m 个暗环及第 n 个暗环的直径，就可由计算透镜的曲率半径 R。经过上述的公式变换，避开了难测的量 r，从而提高了测量的精度，这是物理实验中常采用的方法。

2. 劈尖

如图 5-3-2 所示，将两块平面玻璃板叠在一起，一端夹入细丝，将在两玻璃板间形成一等厚线平行于交棱的空气薄膜层(亦称劈尖)。当一束平行单色光垂直入射时，由空气层上、下表面所反射的两束光将在空气层上表面处形成等厚干涉，其干涉条纹是一簇平行于交棱的明暗相间且等间距的直条纹。

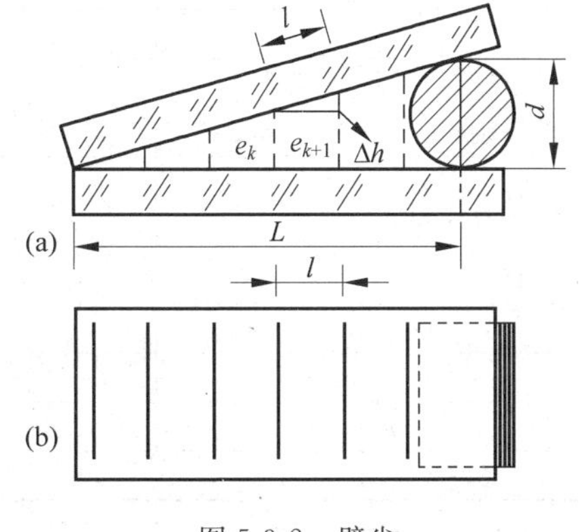

图 5-3-2　劈尖

根据光的相干加强和相干削弱的条件知，当薄膜上、下表面所反射的两束光的光程差满足 $\Delta=2e_k+\lambda/2=(2k+1)\lambda/2$(其中，$e_k$ 为第 k 级条纹所对应的空气膜厚度；$k=0,1,2,\cdots$)时将形成暗条纹。设两相邻暗纹的间距为 l(它所对应的空气层厚度为 $\Delta h=\lambda/2$)，劈尖交棱到细丝处的距离为 L，细丝直径为 d，夹角为 θ，于是由图 5-3-2 所示几何关系可得

$$\theta \approx \tan\theta = \frac{\Delta h}{l} = \frac{\lambda}{2l}$$

实验时常测出 N 条暗纹间的间隔 l_N，再根据公式

$$\theta = \frac{N\lambda}{2l_N}$$

求出劈尖夹角 θ。

【实验内容】

测平凸透镜的曲率半径。

1. 观察牛顿环

(1) 将牛顿环仪按图所示放置在读数显微镜镜筒和入射光调节木架的玻璃片的下方，木架上的透镜要正对着钠光灯窗口，调节玻璃片角度，使通过显微镜目镜观察时视场最亮。

(2) 调节目镜，使显微镜筒下降到接近玻璃片，看清目镜视场的十字叉丝，然后缓慢上升，直到观察到干涉条纹，再微调玻璃片角度及显微镜，使条纹更清楚。

(3) 调节牛顿环的调节螺丝使中心是暗斑。

2. 测牛顿环直径

(1) 使显微镜的十字叉丝交点与牛顿环中心重合，并使水平方向的叉丝与标尺平行(与显微镜筒移动方向平行)。

(2) 转动显微镜测微鼓轮，使显微镜筒沿一个方向移动，同时数出十字叉丝移过的暗环数，直到十字叉丝与第 55 环相切为止。

(3) 反向转动鼓轮，当十字叉丝和第 50 环相切时，记录读数显微镜的位置读数(读数精确到百分之一毫米)，然后继续转动鼓轮，使十字叉丝依次与 $m=49,48,\cdots,45$ 和 $n=20,19,\cdots,15$ 各级暗环相切并记下读数。

(4) 继续沿同方向转动鼓轮，越过干涉圆环中心，记下十字叉丝依次与另一边 $n=15,16,\cdots,20$ 和 $m=45,46,\cdots,50$ 各级暗环相切，在整个测量过程中，鼓轮应沿着一个方向转动，中途不可倒转，防止产生空程差。所得数据记入表 5-3-1 中。

【数据表格】

表 5-3-1 牛顿环透镜编号

环的级别	m/mm	50	49	48	47	46	45	平均值
环的位置/mm	右							
	左							
环的直径	D_m/mm							
环的级别	n/mm	20	19	18	17	16	15	
环的位置/mm	右							
	左							
环的直径	D_n/mm							
D_m^2/mm^2								
D_n^2/mm^2								
$(D_m^2-D_n^2)/\text{mm}^2$								
$\Delta(D_m^2-D_n^2)/\text{mm}^2$								

3. 测量劈尖夹角

(1) 将被测薄纸片(或细丝)夹在两块玻璃之间,置于读数显微镜底座台面上,调节显微镜高度,用反光镜将入射光垂直射入劈尖,观察劈尖干涉条纹。

(2) 由式 $d=NL\lambda/2l_N$ 可知,当波长为已知时,只要读出干涉条纹数 N 和长度 l_N 即可推算出相应的薄纸厚度 d(或细丝直径)。实验时根据待测物厚度不同,产生的干涉条纹的数目 N 不同,测出 N 条暗纹间的间隔 l_N,根据公式 $\theta=\dfrac{N\lambda}{2l_N}$ 求出劈尖夹角 θ。

(3) 表格自行设计。

【数据处理】

1. 牛顿环

(1) 按照数据表格填入测得的数据,每个环左右位置的差取绝对值就是该环的直径。

(2) 求出直径的平方,间隔 30 环的两环的直径的平方相减,得出 6 组数据求平均值 $\overline{D_m^2-D_n^2}$。

(3) 把求得的平均值代入公式 $R=\dfrac{D_m^2-D_n^2}{4(m-n)\lambda}$,其中 $m-n=30$,λ 取钠黄光的平均波长 589.3nm。

(4) 计算 R 不确定度

为了简化不确定度的计算,本实验只考虑由逐差法引起的误差。

由公式 $R=\dfrac{D_m^2-D_n^2}{4(m-n)\lambda}$ 运用不确定度的传递公式可得

$$U_R=\frac{U_{\overline{D_m^2-D_n^2}}}{4(m-n)\lambda}$$

$\overline{D_m^2-D_n^2}$ 是用逐差法得出的六组数据后求得的平均值,在忽略仪器误差的情况下 $\overline{D_m^2-D_n^2}$ 的不确定度就近似只计算 A 类不确定度 S。

$$U_{\overline{D_m^2-D_n^2}}=S=\sqrt{\frac{\sum\left[(D_{mi}^2-D_{ni}^2)-(\overline{D_m^2-D_n^2})\right]^2}{N(N-1)}}$$

$$U_R=\frac{1}{4(m-n)\lambda}\sqrt{\frac{\sum\left[(D_{mi}^2-D_{ni}^2)-(\overline{D_m^2-D_n^2})\right]^2}{N(N-1)}}$$

$$R=\overline{R}\pm U_R$$

$$E_R=\frac{U_R}{\overline{R}}\times 100\%$$

不确定度计算过程中保留两位有效数字,最后不确定度的结果 ΔR 只保留一位有效数字。

2. 劈尖交角数据处理自行设计

【思考题】

1. 牛顿环的干涉圆环是由哪两束相干光干涉产生的?
2. 牛顿环中各级条纹间隔有无变化?试作出解释。
3. 试比较牛顿环和劈尖的干涉条纹的异同点,并说明原因。
4. 当增加被测物厚度时,劈尖干涉条纹有何变化?试解释。

附录 读数显微镜

图 5-3-3 所示的读数显微镜是物理实验中常用的一种助视测量仪器，可用于观察微小物体和测量微小位移。其结构由机械和光学两部分组成：光学部分是一个显微镜，其工作原理与普通显微镜相同；机械部分又包括读数和显微镜的调焦两部分。实验所使用读数显微镜的读数机构与螺旋测微器的读数机构使用方法相同：一个与丝杠(量程为 50mm)联动的测微螺旋将 1mm 螺距等分为 100 个分格，测微螺旋每转动 1 个分格将带动显微镜或载物平台(因读数显微镜结构而异)在支架上横向移动 0.01mm，因而其最小分度为 0.01mm (读数时估读到 0.001mm 位，$\Delta_{仪}=0.005$mm)。

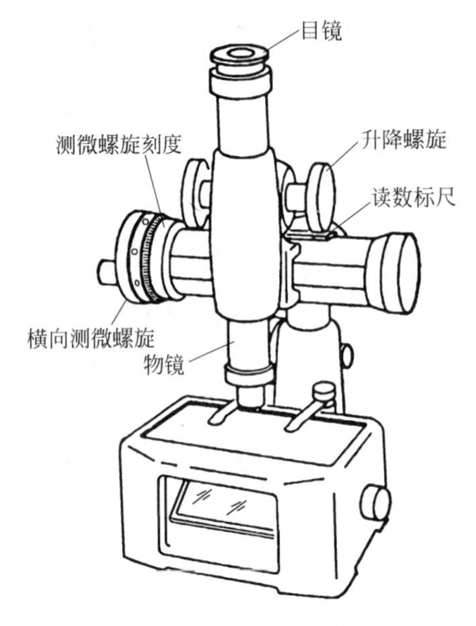

图 5-3-3 读数显微镜

读数显微镜的主要操作步骤如下：

(1) 适当安装读数显微镜使之对准待测物体。

(2) 调节目镜，以看清十字叉丝。

(3) 调焦(改变物到物镜间的距离)使目镜中能清晰地看到待测物体的像，并做到"当眼睛上下、左右移动时，所看到的十字叉丝与待测物像之间无相对移动"，即消除视差。

所谓视差是指当两个物体静止不动时，改变观察者的位置，出现一个物体相对于另一物体有明显位移的现象。光学仪器的视差则是指当人眼移动时，出现像相对于十字叉丝有明显位移的现象。只有当像与叉丝不在同一平面上时才会出现视差。消除光学仪器中存在的视差只需要仔细调焦(望远镜调节物镜与目镜间的距离，显微镜则改变物到物镜间的距离)，使物体通过物镜所成的像恰好与叉丝所在平面重合即可。

(4) 先旋转测微螺旋将十字叉丝对准待测物体上的某点(或某条线)A，记录读数 X_A；继续沿同一方向转动测微螺旋，将十字叉丝对准待测物体上的另一点 B，记录读数 X_B，两次读数之差 $|X_A-X_B|$ 即为 AB 间的距离。两次读数时要注意：测微螺旋只能向同一个方向移动，以消除空回误差。

所谓空回误差是指当测微螺旋正转途中突然反转，可滑动的显微镜或载物台并不立即在支架上随之移动的现象。它是由丝杠与测微螺旋间存在的间隙引起的。可通过实验粗略测量某读数显微镜存在的空回误差：可沿某一方向旋转测微螺旋，直至待测物体开始移动，记录读数 X_1；然后立即反向旋转测微螺旋，直至待测物体重新移动，再记录读数 X_2，两次读数之差值 $|X_1-X_2|$ 即为仪器的空回误差。

实验四 衍射光栅

衍射光栅是根据单缝衍射和多缝干涉原理制成的一种分光元件。它能产生谱线间距较宽的匀排光谱。所得光谱线的亮度比用棱镜分光时要小些，但光栅的分辨本领比棱镜大，条纹清晰。光栅不仅适合于可见光，还能用于红外和紫外光波，常用在光谱仪上。光栅在结构上有平面光栅、阶梯光栅和凹面光栅等几种，同时又分为透射式和反射式两类。本实验选用透射式平面刻痕光栅或全息光栅。

透射式平面刻痕光栅是在光学玻璃片上刻画大量相互平行、宽度和间距相等的刻痕而制成的。当光照射在光栅面上时，刻痕处由于散射不易透光，光线只能在刻痕间的狭缝中通过。因此，光栅实际上是一排密集、均匀而又平行的狭缝。现代使用的光栅多是原刻光栅的复制品。

【实验目的】

（1）用光栅观察水银光谱，并测出绕射角与波长的关系曲线——色散曲线。

（2）进一步熟悉分光仪的调节和使用。

（3）测定光栅常数。

【实验原理】

若以单色平行光垂直照射在光栅面上，则透过各狭缝的光线因衍射将向各个方向传播，经透镜会聚后相互干涉，并在透镜焦平面上形成一系列被相当宽的暗区隔开的、间距不同的明条纹，称为衍射光谱线。按照光栅衍射理论，衍射光谱中明条纹的位置由下式决定：

$$(a+b)\sin\varphi_K=\pm K\lambda$$

或

$$d\sin\varphi_K=\pm K\lambda,\quad K=0,1,2,\cdots \tag{5-4-1}$$

式中，$d=(a+b)$称为光栅常数，a表示缝的宽度，b表示不透光部分的宽度，λ为光波波长，K为光谱级数，φ_K是K级光谱线的衍射角。在$\varphi=0$方向上观察到中央极强的明纹，称为零级谱线，其他各级的谱线对称分布在零级谱线两侧。如果光源中包含几种不同的波长，从式(5-4-1)可以看出，同一级K，其衍射角φ_K对不同波长的光也是不同的。于是复色光将被分解，而在中央$K=0$处，各色光仍重叠在一起，组成中央明条纹。其他各级都会出现一排按波长排列的彩色谱线，称为光栅光谱(图5-4-1)。若谱线的波长为已知，只要测出与该谱线相关的φ角，就可以计算出光栅常数；同样，若光栅常数为已知，只要测出与待测谱线相关的φ角，也可以计算波长。

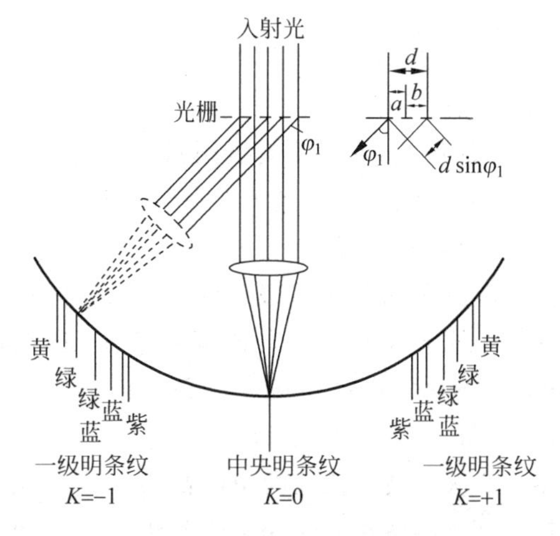

图5-4-1　光谱衍射光谱示意图

现在来看同一级各种波长之谱线的“角距离”$\Delta\varphi$与波长差$\Delta\lambda$的关系，微分式(5-4-1)得

$$d\cos\varphi_K \Delta\varphi = K\Delta\lambda \tag{5-4-2}$$

$$\frac{\Delta\varphi}{\Delta\lambda} = \frac{K}{d\cos\varphi_K} \approx \text{常数} \tag{5-4-3}$$

对同一级不同波长光谱来说，其相应的各φ_K值的变化并不大。$\cos\varphi_K$近似是一个常数，所以任何一级光谱，其各谱线“角距离”$\Delta\varphi_K$与它们所对应的波长差$\Delta\lambda$成正比，因此光栅色散曲线(φ_K-λ)几乎是一条直线。这就是光栅光谱叫做匀排光谱的原因。在本实验中，用水银灯做已知波长的光源。某一波长衍射角可以从分光仪上直接读出，这样可以测出光栅的色散曲线。

【实验仪器】

分光仪、汞灯(又名水银灯，其有关内容请参看光学实验的基本知识)、平晶(用于调整分光仪)、全息光栅。

【实验步骤】

1) 调整分光仪，使望远镜适合于观察平行光，并使其光轴垂直于分光仪主轴。使平行光管发出平行光且平行于望远镜光轴。如图5-4-2所示为光栅绕射装置简图。

2) 测定光栅的色散曲线——φ_K-λ曲线

(1) 使光栅平面垂直于望远镜光轴。

把光栅放到载物台上，其放置法如图5-4-3所示，使光栅平面处在S_2、S_3的中垂线上，调节S_2、S_3使光栅平面反射的黄十字像与叉丝重合。

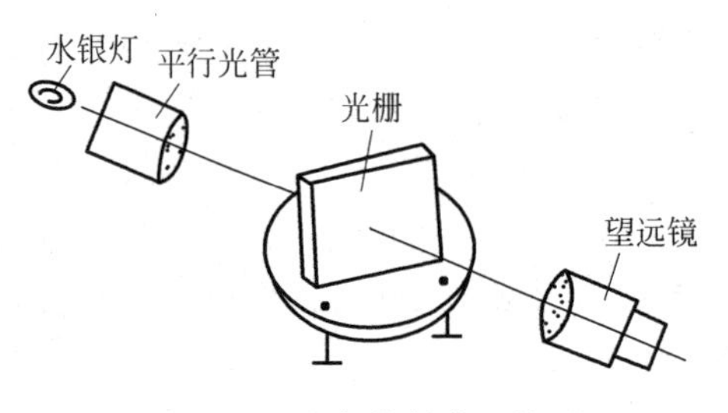

图5-4-2 光栅绕射装置简图

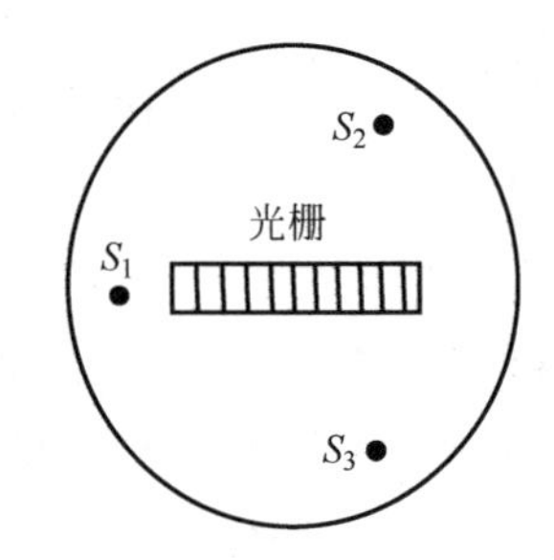

图5-4-3 光栅平面的正确放置法

(2) 使光栅刻痕平行于分光仪主轴。

转动望远镜就会观察到各级谱线，但光栅刻痕倾斜时就会发现在视场内左边的条纹与右边的条纹不一般高，这时调节载物台S_1直到各个条纹一般高为止。

(3) 使平行光垂直地入射到光栅平面上。

将望远镜转到零级亮纹位置，使视场中零级条纹(白色狭缝像)与垂直叉丝重合，并调节平行光管水平，使狭缝像中点与叉丝交点重合。这步调好后，必须固定载物台，注意与转轴紧连，拧紧刻度盘固定螺丝。

(4) 测量各级谱线的绕射角

① 转动望远镜测出左1、2级各波长谱线的角位置$\theta_{左\mathrm{I}}$、$\theta_{左\mathrm{II}}$(相对两游标的读数)。

② 转动望远镜测出右1、2级各波长谱线的角位置$\theta_{右\mathrm{I}}$、$\theta_{右\mathrm{II}}$(相对两游标的读数)，记入

表 5-4-1，则衍射角为 $\varphi=\frac{1}{2}(\varphi_{\mathrm{I}}+\varphi_{\mathrm{II}})=\frac{1}{2}\left(\frac{\lvert\theta_{左\mathrm{I}}-\theta_{右\mathrm{I}}\rvert}{2}+\frac{\lvert\theta_{左\mathrm{II}}-\theta_{右\mathrm{II}}\rvert}{2}\right)$。

（5）以波长 λ 为横轴，φ 为纵轴，在同一坐标轴上画出 1、2 级光谱的色散曲线。从分析两条色散曲线的斜率能得出什么结论？

3）利用式（5-4-1），测出光栅常数 $d=\frac{K\lambda}{\sin\varphi_K}$。

【数据表格】

表　5-4-1

光栅号________　分光仪号________

测量内容 测量位置		角位置 $\theta_{左}$		角位置 $\theta_{右}$		$\varphi_{\mathrm{I、II}}=\lvert\theta_{右}-\theta_{左}\rvert/2$		$\varphi=\frac{1}{2}(\varphi_{\mathrm{I}}+\varphi_{\mathrm{II}})$	d/mm
		Ⅰ	Ⅱ	Ⅰ	Ⅱ	Ⅰ	Ⅱ		
0 级亮条纹						/	/		
1 级	λ_1（紫）								
	λ_2（蓝）								
	λ_3（蓝绿）								
	λ_4（绿）								
	λ_5（黄$_2$）								
	λ_6（黄$_1$）								
2 级	λ_1（紫）								
	λ_2（蓝）								
	λ_3（蓝绿）								
	λ_4（绿）								
	λ_5（黄$_2$）								
	λ_6（黄$_1$）								
平均值									
测量结果表达式	$d=\bar{d}\pm U_{\bar{d}}=$								

不确定度计算

$$U_{\bar{d}}=$$

$$E=\frac{U_{\bar{d}}}{\bar{d}}\times100\%=$$

作图及结论。

【思考题】

1. 比较光栅光谱与棱镜光谱的异同，用棱镜作实际观察。
2. 说明为什么要保证平行光垂直入射及光栅刻痕平行于光轴。
3. 光栅刻线与狭缝垂直时，能否看到衍射光谱？
4. 利用光栅光谱怎样测波长？

实验五 偏振光的研究

光的偏振现象是波动光学中一种重要现象，对于光的偏振现象的研究，使人们对光的传播（反射、折射、吸收和散射等）的规律有了新的认识。特别是近年来利用光的偏振性开发出了各种偏振光元件，使偏振光仪器和偏振光技术在现代科学技术中发挥了极其重要的作用，在光调制器、光开关、光学计量、应力分析、光信息处理、光通信、激光和光电子学器件等方面都有着广泛的应用。

【实验目的】

(1) 观察光的偏振现象，熟悉光偏振的基本规律。

(2) 测量平面玻璃的布儒斯特角及玻璃的相对折射率。

【实验原理】

光是电磁波，它的电矢量 $\boldsymbol{E}$ 和磁矢量 $\boldsymbol{H}$ 相互垂直，且又垂直于光的传播方向，通常用电矢量代表光矢量，并将光矢量和光的传播方向所构成的平面称为光的振动面，按光矢量的不同振动状态，可以把光分为五种偏振态：如矢量沿着一个固定方向振动，称线偏振光或平面偏振光；如在垂直于传播方向内，光矢量的方向是任意的，且各个方向的振幅相等，则称为自然光；如果有的方向光矢量振幅较大，有的方向振幅较小，则称为部分偏振光；如果光矢量的大小和方向随时间作周期性变化，且光矢量的末端在垂直于光传播方向的平面内的轨迹是圆或椭圆，则分别称为圆偏振光或椭圆偏振光（如图 5-5-1 所示）。

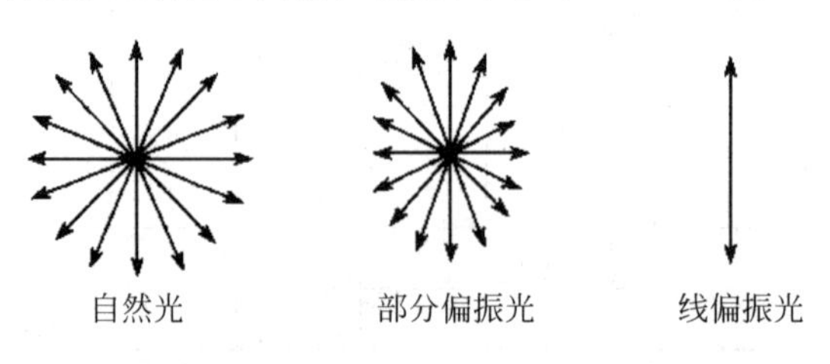

图 5-5-1 自然光、部分偏振光和线偏振光

能使自然光变成偏振光的装置和器件称为起偏器，用来检验偏振光的装置和器件称为检偏器。实际上我们用的起偏器和检偏器是通用的。

下面介绍获得和检验偏振光的简单方法。

根据布儒斯特定律，当自然光以

$$\varphi_b = \arctan \frac{n_2}{n_1} \tag{5-5-1}$$

的入射角从折射率为 n_2 的介质入射到折射率为 n_1 的介质表面上时，其反射光为完全的线偏振光，振动面垂直于入射面；而透射光为部分偏振光。φ_b 称为布儒斯特角。如果自然光以 φ_b 从空气入射到一叠平行玻璃片堆上，则经过多次反射和折射，最后从玻璃片堆透射出来的光也接近于线偏振光，$\varphi_b \approx 57°$，如图 5-5-2 所示。

按照马吕斯定律，强度为 I_0 的线偏振光通过检偏器后，透射光的强度为

$$I = I_0 \cos^2 \varphi \tag{5-5-2}$$

式中，φ 为入射光偏振方向与检偏器偏振轴之间的夹角，I_0 为检偏器光轴与起偏器光轴平行时的出射光强；显然，当以光线传播方向为轴转动检偏器时，透射光强度 I 将发生周期性变化。当 $\varphi=0°$时，透射光强度最大；当 $\varphi=90°$时，透射光强为最小值(消光状态)，接近于全暗；当 $0°<\varphi<90°$时，透射强度 I 介于最大值和最小值之间。因此，根据透射光强度变化的情况，可以区别线偏振光、自然光和部分偏振光。图 5-5-3 表示了自然光通过起偏器和检偏器的变化。

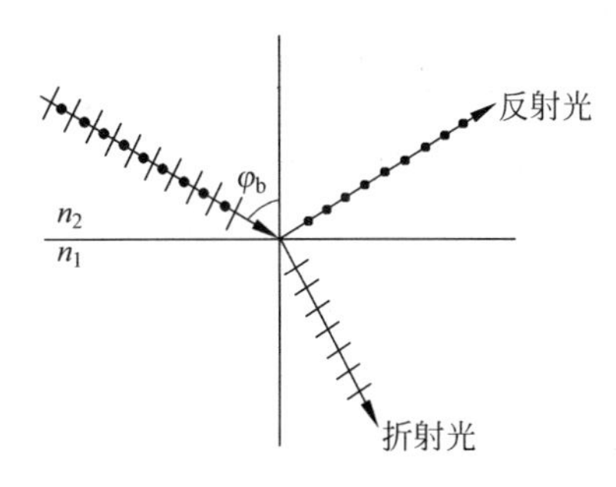

图 5-5-2　用玻璃片产生反射偏振光

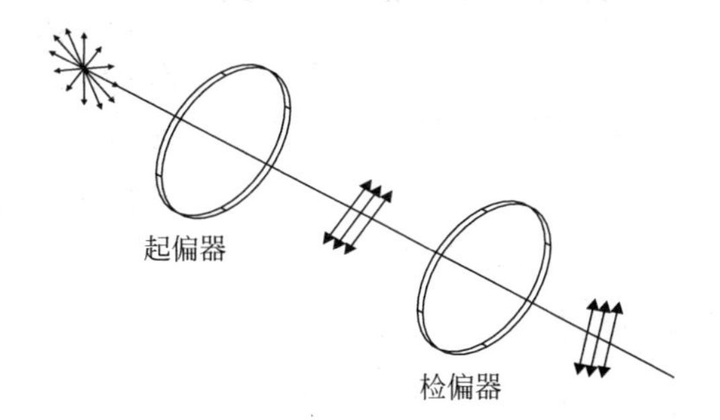

图 5-5-3　自然光通过起偏器和检偏器的变化

【实验仪器】

分光仪，检偏器，平面黑玻璃板，白光光源，汞灯，玻璃堆。

【实验步骤】

(1) 调节分光仪，使其适合观察平行光。

(2) 记录望远镜正对平行光管时的角位置 φ_0。把光柱调节在望远镜十字中心处，固定望远镜、转台，记录左右游标读数，如图 5-5-4 所示。

(3) 调节载物台，使其与分光仪的主轴垂直，然后在载物台上放一平板黑玻璃片，玻璃片要与载物台垂直，同时调整望远镜位置(载物台不动)，将平行光管发出的光经玻璃片正好反射到望远镜中。看到反射光后，固定望远镜，此角度暂时不记录。

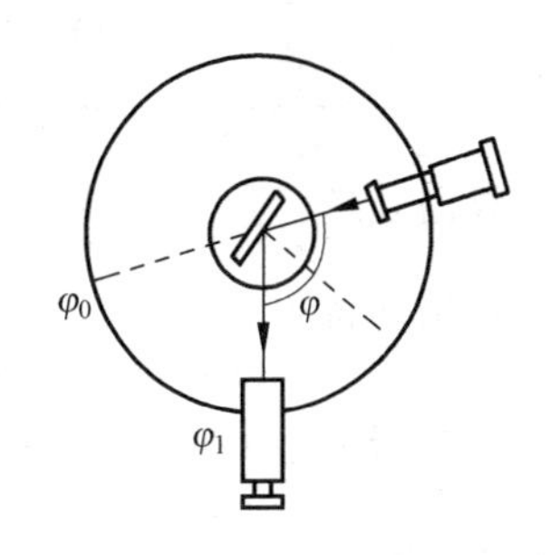

图 5-5-4　测量布儒斯特角的示意图

(4) 在望远镜前放置一检偏器，其偏振方向与玻璃的入射面垂直，此时在望远镜中能看到亮纹，将检偏器的偏振方向旋转一周，观察反射光的亮度变化，最后将检偏器转到从望远镜观察到的亮度最暗处。

(5) 松开望远镜转轴的固定旋钮，继续转动载物台和望远镜相对位置，观察反射光亮度变化。检偏器的偏振方向与玻璃片的入射面始终保持平行。当相对位置转到某一角度时，亮度最弱，接近全暗，记录此时的角度 φ_1'，则有

$$|\varphi_1'-\varphi_0|=180°-2\varphi,\quad \varphi=\frac{180°-|\varphi_1'-\varphi_0|}{2} \tag{5-5-3}$$

式中，φ 为布儒斯特角。

(6) 重复以上步骤，数据记入表 5-5-1，求平均值 $\bar{\varphi}$。

(7) 用公式 $\tan\bar{\varphi}=\frac{n_2}{n_1}$求出黑色玻璃片的相对折射率。式中 n_1 为空气的折射率，n_2 为

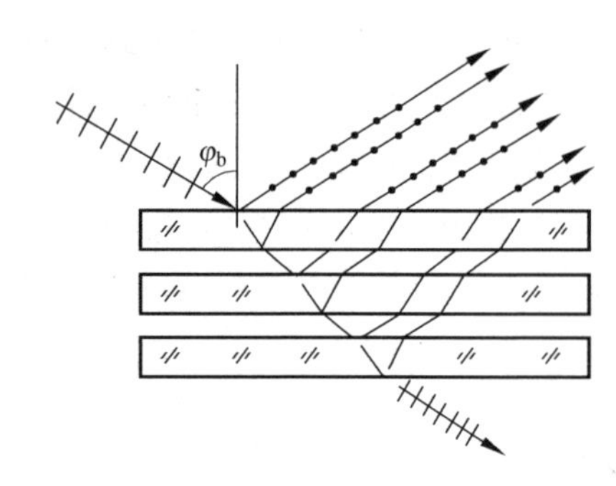

图 5-5-5 用玻璃片堆产生线偏振光

所求黑色玻璃片的折射率。

(8) 观察用玻璃堆产生线偏振光。若入射光以起偏角射到多层平行玻璃片上,经过多次反射最后投射出来的光接近线偏振光。其振动面平行于入射面,由多层玻璃组成的这种投射起偏器称为玻璃片堆,如图 5-5-5 所示。

具体方法:将玻璃堆垂直放在分光仪载物台上(载物台垂直于分光仪主轴),使望远镜与入射光分居两侧,入射光以起偏角入射,检偏器偏振方向与入射面平行时,调节望远镜位置后能看到亮纹。当检偏器偏振方向与入射面垂直时,看不到亮纹。

【数据表格】

表 5-5-1

实验内容 \ 次数		1	2	3	平均
φ_0	$\varphi_{0左}$ 游标读数				
	$\varphi_{0右}$ 游标读数				
φ_1'	$\varphi_{1左}'$ 游标读数				
	$\varphi_{1右}'$ 游标读数				
$\varphi_左=\dfrac{180°-\lvert\varphi_{1左}'-\varphi_{0左}\rvert}{2}$					
$\varphi_右=\dfrac{180°-\lvert\varphi_{1右}'-\varphi_{0右}\rvert}{2}$					

数据处理:

布儒斯特角 $\bar{\varphi}=\dfrac{1}{2}\lvert\bar{\varphi}_左+\bar{\varphi}_右\rvert=$

相对折射率 $\tan\bar{\varphi}=\dfrac{n_2}{n_1}=$

【思考题】

1. 光的偏振说明了光是一种什么样的波?
2. 产生偏振光的方法有哪几种?
3. 光的双折射产生的原因是什么?

实验六 双棱镜干涉

【实验目的】

(1) 学习在光具座上对光具组进行调节的技术。

(2) 观察、描述双棱镜干涉的现象及其特点。

(3) 学会用双棱镜干涉的方法测定光的波长。

【实验仪器】

光具座、钠光灯(589.3nm)、半导体激光器(650.0nm)、扩束镜、可调狭缝、双棱镜、凸透镜、测微目镜等。

【实验原理】

1. 双棱镜干涉原理

如果能设法把同一个光源发出的光分成两束,在空间经过不同路径后再相遇就会产生干涉,利用双棱镜干涉就可以使一个光源发出的光分成两束相干的光。

如图 5-6-1 所示,双棱镜可以看作是由两个折射角很小的直角棱镜组成的,借助棱镜界面的两次折射,可将光源(单缝)发出的光的波阵面分成沿不同方向传播的两束光,这两束光相当于由虚光源 S_1 和 S_2 发出的两束相干光,于是在它们相重叠的区域内产生干涉,将光屏垂直插入上述重叠区域中的任何位置,均可以看到明暗相间的干涉条纹。

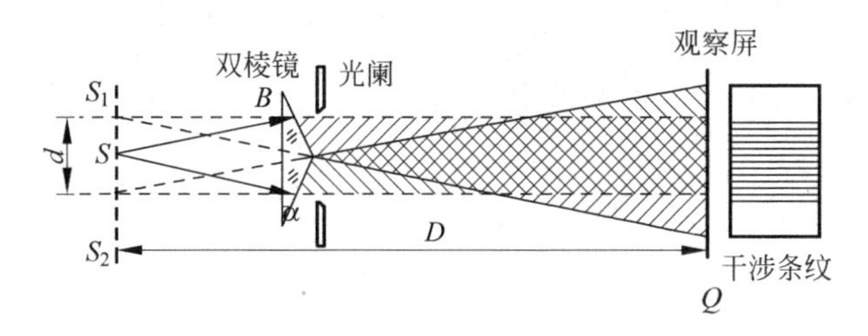

图 5-6-1　光路示意图

设两虚光源距离为 d,其连线到观察屏的距离为 D,若屏中央 O 点与 S_1 和 S_2 的距离相等,则在 O 点处形成与单缝 S 平行的中央明条纹,其余的条纹分别明暗相间对称地分列在中央明条纹的两侧。

如图 5-6-2 所示,假定 P 是光屏上的任一点,它与 O 点的距离为 x,若 $D \gg d$,则近似有 $\delta/d \approx x/D$。于是光程差为

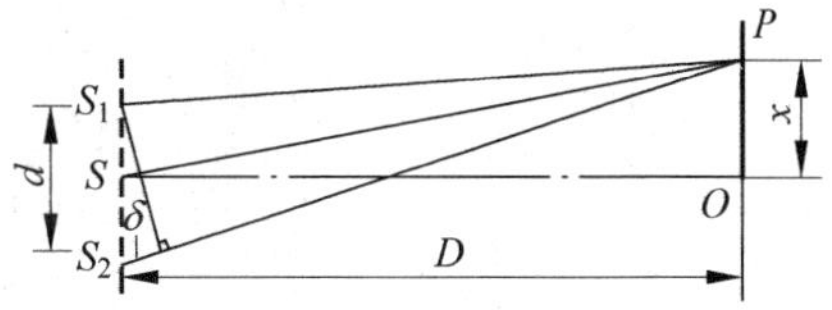

$$\delta = \frac{xd}{D}$$

图 5-6-2　光路简图

当 $\delta=\frac{xd}{D}=k\lambda$,亦即 $x=\frac{D}{d}k\lambda$ 时($k=0,\pm1,\pm2,\cdots$),两束光在 P 点相互加强,形成明条纹。

当 $\delta=\frac{xd}{D}=(2k+1)\frac{\lambda}{2}$,亦即 $x=\frac{D}{d}(2k+1)\frac{\lambda}{2}$时,两束光在 P 点相互削弱,形成暗条纹。

则两相邻明条纹或暗条纹间的距离为

$$\Delta x = x_{k+1} - x_k = \frac{D}{d}\lambda$$

于是

$$\lambda = \frac{d}{D}\Delta x$$

如果可以测出 d、D 及 Δx,就可以算出 λ。

2. 共轭法测 D 和 d 的原理

由于 S_1 和 S_2 的连线并不一定在 S 处，而是在 S 的附近，D 应为连线至光屏的距离，不能直接测量，S_1 和 S_2 是虚像，也无法直接测量其间距 d。为了准确测量 d 和 D 值，可以采取共轭法。

如图 5-6-3 所示，在光路中增加焦距为 f 的凸透镜，要求 $D>4f$（自己想想为什么）。移动透镜，能够找到两个位置，获得虚光源在光屏上的两次清晰成像。一次成放大像，设它们的间距为 d_1，另一次成缩小像，设它们的间距为 d_2，两次成像透镜移动的距离为 A，则经推导可证明（留做思考题）

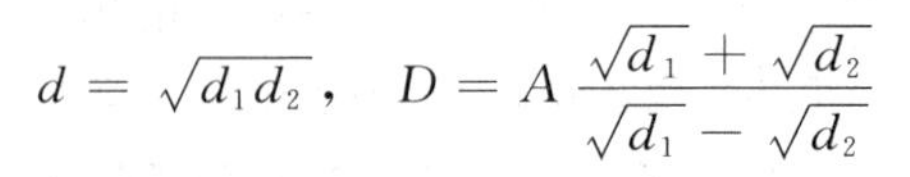

$$d=\sqrt{d_1 d_2}, \quad D=A\frac{\sqrt{d_1}+\sqrt{d_2}}{\sqrt{d_1}-\sqrt{d_2}}$$

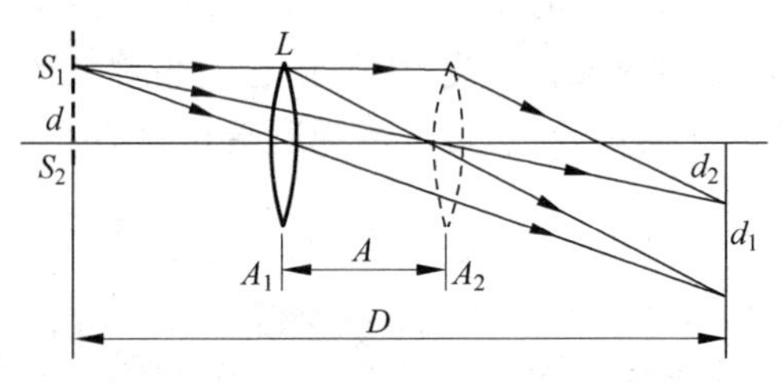

图 5-6-3 用共轭法测 D 及 d 图

【实验内容】

1. 实验光路

图 5-6-4 是以 He-Ne 激光器为光源的实验装置，图 5-6-5 是以钠光灯为光源的实验装置。

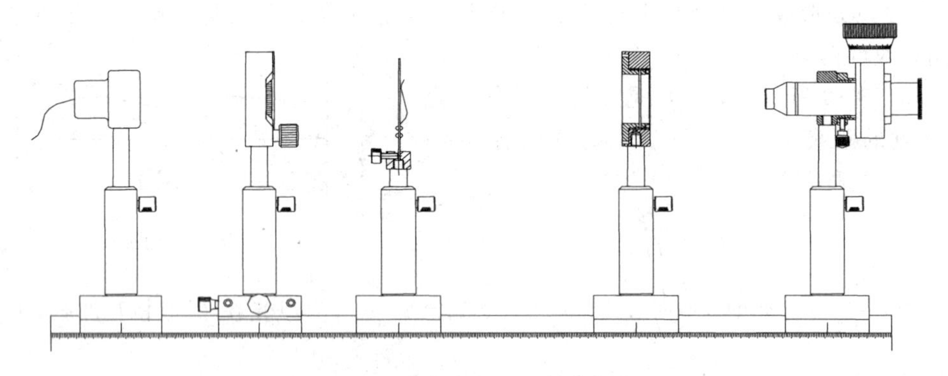

图 5-6-4 激光光源的实验装置

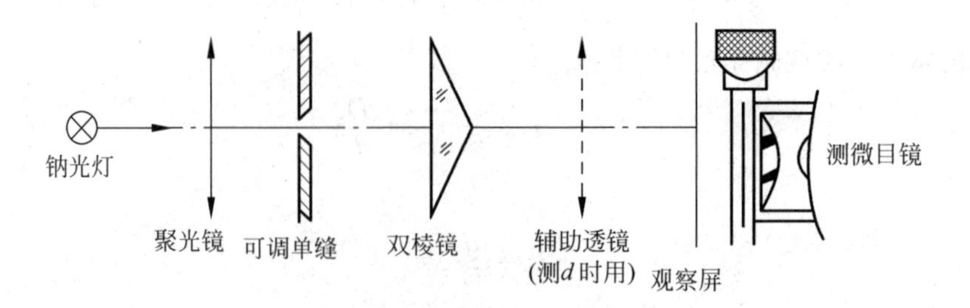

图 5-6-5 钠光灯光源的实验装置

2. 调整光路获得干涉条纹

调整各光学元件的光轴重合是做好本实验的关键之一，由于实验中采用激光或钠光灯做光源时的调整方法略有不同，所以下面分别叙述。

(1) 激光光源

① 开启激光器，使光束直接射到光屏上，沿光具座轴向移动光屏，观察光点是否移动，调整激光器方向直至光点不动为止。将光屏旋转，透过屏观察光点是否移动，沿与光具座垂直的方向平移激光器，观察光点位置，使光屏旋转前后光点打在光屏的同一位置，此时，激光束已和光具座轴线平行且调整到光具座轴线所在的铅直平面上。

② 依次在光路中放入扩束镜、狭缝，每放入一元件经调整后均保证光束的中心在屏上原光点的位置。(不必再移动光屏检查，为什么?)

③ 将狭缝调窄，直至光屏上观察到单缝衍射现象，再调整缝宽使光屏上的衍射中央亮条纹在1cm左右(再次检查光束中心是否在原位置)。放入双棱镜，调窄缝的取向与棱脊平行，并使照到双棱镜上的光束被棱脊平分，此时可在光屏上看到很密的干涉条纹。换上测微目镜观察。

(2) 用钠光灯做光源

① 开启钠光灯，使单色光经会聚透镜后照亮狭缝，初步调节聚光透镜、可调狭缝、双棱镜、测微目镜等同轴等高，并使狭缝和双棱镜棱脊平行，且都与光具座垂直。先把测微目镜靠近双棱镜观察，如看到一个模糊的亮带，可稍微旋转双棱镜方位使能看到干涉条纹。

② 调节狭缝宽度，观察干涉图像的变化直至条纹清晰。

③ 移动测微目镜，使之逐渐远离双棱镜，随时调节双棱镜横向位置，直至距狭缝40cm以上(略大于$4f$)还能看到清晰的干涉条纹为止。

3. 观察、描述双棱镜干涉现象及特点

(1) 缓慢调整狭缝与双棱镜间的距离，观察干涉条纹疏密程度的变化，找出这种变化的定性规律，并做出解释，再次调整该间距(此间距要小于透镜的焦距，为什么?)直到干涉条纹较多，且便于测读为止。

(2) 改变光屏与狭缝的距离，则干涉条纹的疏密程度也将变化。试找出变化的规律，并作出解释。以测微目镜替代光屏，选择适当的位置固定之，使干涉条纹疏密适中，便于测读(一般在视场中的干涉条纹数至少有15条以上)，并保证$D>4f$，实验所用凸透镜焦距为10cm左右，所以一般取D在40cm左右。

4. 测量光波的波长

(1) 测量干涉条纹的间距Δx

用测微目镜测量干涉暗条纹所在位置对应的读数，用逐差法计算Δx。起始条纹可以任取，但要保证能把下面表格数据填完整，如果条纹不满15条，请参照表5-6-1自行设计。读数过程中不允许倒转。

(2) 用共轭法测量D及d

在双棱镜与测微目镜间放入一凸透镜，调节等高共轴。移动透镜，当获得虚光源在测微目镜的分划板上两次清晰成像(放大像和缩小像)时，记录透镜在光具座上的相应两个位置A_1和A_2，则$A=|A_1-A_2|$；同时用测微目镜测量虚光源放大像的位置d_{11}和d_{12}，及缩小像

的两个位置 d_{21} 和 d_{22}，数据记入表 5-6-2，计算 d 及 D 值。

表 5-6-1 mm

X_1		X_2		X_3		X_4		X_5		平均值
X_{11}		X_{12}		X_{13}		X_{14}		X_{15}		
$10\Delta x$										
$\Delta x=$										

表 5-6-2 mm

d_{11}		d_{21}		A_1	
d_{12}		d_{22}		A_2	
$d_1=\lvert d_{11}-d_{12}\rvert=$		$d_2=\lvert d_{12}-d_{22}\rvert=$		$A=\lvert A_1-A_2\rvert=$	

$$d=\sqrt{d_1 d_2}=$$

$$D=A\frac{\sqrt{d_1}+\sqrt{d_2}}{\sqrt{d_1}-\sqrt{d_2}}=$$

(3) 计算光波波长

$$\lambda=\frac{d}{D}\Delta x=$$

将计算出的 λ 值与标准波长相比较，分析误差产生的原因，要求相对误差不超过 5%。

注意事项：

(1) 若为激光光源，严禁眼睛直视未扩束的激光光束。

(2) 注意消除测微目镜的回程误差，记录数据时应沿一个方向旋转鼓轮，如已达到一端则不能继续转动，以免损坏螺纹。

【思考题】

1. 双棱镜是怎样实现双光束干涉的？

2. 相干光源的间距是如何测量的？应如何选择辅助透镜的焦距？如果选择不当，将会出现什么问题？

3. 对实验内容中的 3.(1)、(2)步骤中看到的现象进行总结、解释。

4. 推导结论 $d=\sqrt{d_1 d_2}$ 和 $D=A\dfrac{\sqrt{d_1}+\sqrt{d_2}}{\sqrt{d_1}-\sqrt{d_2}}$。

5. 本实验中为什么要求双棱镜的顶角很小？

第六章　近代物理综合实验

实验一　用光电效应测普朗克常数

光电效应是指一定频率的光照射在金属表面时会有电子从金属表面逸出的现象。光电效应实验对于认识光的本质及早期量子理论的发展，具有里程碑式的意义。

自古以来，人们就试图解释光的本质，到 17 世纪，研究光的反射、折射、成像等规律的几何光学基本确立。牛顿等人在研究几何光学现象的同时，根据光的直线传播特性，认为光是一种微粒流，微粒从光源飞出来，在均匀物质内以力学规律作匀速直线运动。微粒流学说很自然地解释了光的直线传播等性质，在 17、18 世纪的学术界占有主导地位，但在解释牛顿环等光的干涉现象时遇到了困难。

惠更斯等人在 17 世纪就提出了光的波动学说，认为光是以波的方式产生和传播的，但早期的波动理论缺乏数学基础，很不完善，没有得到重视。19 世纪初，托马斯·杨发展了惠更斯的波动理论，成功地解释了干涉现象，并提出了著名的杨氏双缝干涉实验，为波动学说提供了很好的证据。1818 年，年仅 30 岁的菲涅尔在法国科学院关于光的衍射问题的一次悬奖征文活动中，从光是横波的观点出发，圆满地解释了光的偏振，并以严密的数学推理，定量地计算了光通过圆孔、圆板等形状的障碍物所产生的衍射花纹，推出的结果与实验符合得很好，使评奖委员会大为叹服，他由此荣获了这一届的科学奖，波动学说逐步为人们所接受。1856—1865 年，麦克斯韦建立了电磁场理论，指出光是一种电磁波，光的波动理论得到确立。

19 世纪末，物理学已经有了相当的发展，在力、热、电、光等领域，都已经建立了完整的理论体系，在应用上也取得巨大成果。当物理学家普遍认为物理学发展已经到顶峰时，从实验上陆续出现了一系列重大发现，揭开了现代物理学革命的序幕，光电效应实验在其中起了重要的作用。

1887 年赫兹在用两套电极做电磁波的发射与接收的实验中，发现当紫外光照射到接收电极的负极时，接收电极间更易于产生放电，赫兹的发现吸引了许多人去做这方面的研究工作。斯托列托夫发现负电极在光的照射下会放出带负电的粒子，形成光电流，它的大小与入射光强度成正比，光电流实际是在照射开始时立即产生的，无须时间上的积累。1899 年，汤姆孙测定了光电流的荷质比，证明光电流是阴极在光照射下发射出的电子流。赫兹的助手勒纳德从 1889 年就从事光电效应的研究工作，1900 年，他用在阴阳极间加反向电压的方法研究电子逸出金属表面的最大速度，发现光源和阴极材料都对截止电压有影响，但光的强度对截止电压无影响，电子逸出金属表面的最大速度与光强无关，这是勒纳德的新发现，他因在这方面的工作获得 1905 年的诺贝尔物理学奖。

光电效应的实验规律与经典的电磁理论是矛盾的，按经典理论，电磁波的能量是连续的，电子接收光的能量获得动能，应该是光越强，能量越大，电子的初速度越大；实验结果是电子的初速与光强无关。按经典理论，只要有足够的光强和照射时间，电子就应该获得足够的能量逸出金属表面，与光波频率无关；实验事实是对于一定的金属，当光波频率高于某一值时，金属一经照射，立即有光电子产生，当光波频率低于该值时，无论光强多强，照射时间多长，都不会有光电子产生。光电效应使经典的电磁理论陷入困境，包括勒纳德在内的许多物理学家提出了种种假设，企图在不违反经典理论的前提下，对上述实验事实作出解释，但都过于牵强附会，经不起推理和实践的检验。

1900年，普朗克在研究黑体辐射问题时，先提出了一个符合实验结果的经验公式，为了从理论上推导出这一公式，他采用了玻耳兹曼的统计方法，假定黑体内的能量是由不连续的能量子构成，能量子的能量为 $h\nu$。能量子的假说具有划时代的意义，但是无论是普朗克本人还是他的许多同时代人当时对这一点都没有充分认识。爱因斯坦以他惊人的洞察力，最先认识到量子假说的伟大意义并予以发展，1905年，在其著名论文《关于光的产生和转化的一个试探性观点》中写道："在我看来，如果假定光的能量在空间的分布是不连续的，就可以更好地理解黑体辐射、光致发光、光电效应以及其他有关光的产生和转化的现象的各种观察结果。根据这一假设，从光源发射出来的光能在传播中将不是连续分布在越来越大的空间之中，而是由一个数目有限的局限于空间各点的光量子组成，这些光量子在运动中不再分散，只能整个地被吸收或产生。"作为例证，爱因斯坦由光子假设得出了著名的光电效应方程，解释了光电效应的实验结果。

爱因斯坦的光子理论由于与经典电磁理论抵触，一开始受到了怀疑和冷遇。一方面是因为人们受传统观念的束缚，另一方面是因为当时光电效应的实验精度不高，无法验证光电效应方程。密立根从1904年开始做光电效应实验，历经十年，用实验证实了爱因斯坦的光量子理论。两位物理大师因在光电效应等方面的杰出贡献，分别于1921年和1923年获得诺贝尔物理学奖。

光量子理论创立后，在固体比热、辐射理论、原子光谱等方面都获得成功，人们逐步认识到光具有波动和粒子二象属性。光子的能量 $E=h\nu$ 与频率有关，当光传播时，显示出光的波动性，产生干涉、衍射、偏振等现象；当光和物体发生作用时，它的粒子性又显现出来。后来科学家发现波粒二象性是一切微观物体的固有属性，并发展了量子力学来描述和解释微观物体的运动规律，使人们对客观世界的认识前进了一大步。

【实验目的】

(1) 了解光电效应的规律，加深对光的量子性的理解。

(2) 测量普朗克常数 h。

【实验原理】

光电效应的实验原理如图6-1-1所示。入射光照射到光电管阴极K上，产生的光电子在电场的作用下向阳极A迁移构成光电流，改变外加电压 U_{AK}，测量出光电流 I 的大小，即可得出光电管的伏安特性曲线。

光电效应的基本实验事实如下：

(1) 对应于某一频率，光电效应的 I-U_{AK} 关系如图6-1-2所示。从图中可见，对一定的频率，有一电压 U_0，当 $U_{AK} \leqslant U_0$ 时，电流为零，这个相对于阴极的负值的阳极电压 U_0 被称为截止电压。

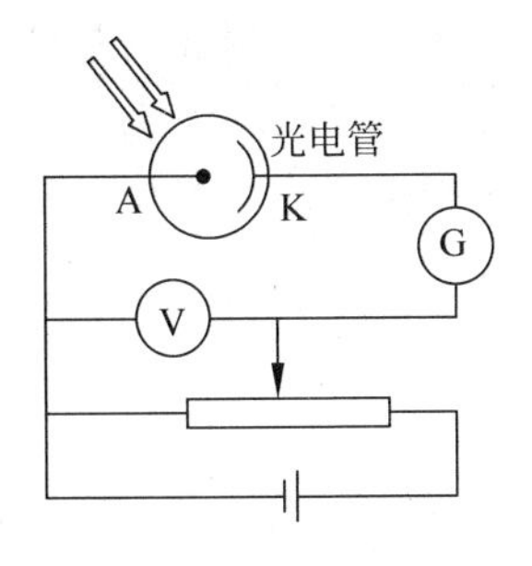

图 6-1-1　光电效应原理图

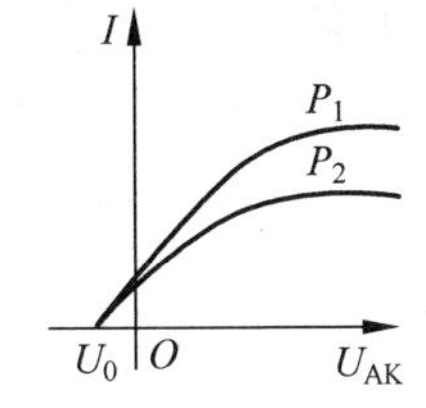

图 6-1-2　同一频率，不同光强时光电管的伏安特性曲线

(2) 当 $U_{AK} \geqslant U_0$ 后，I 迅速增加，然后趋于饱和，饱和光电流 I_M 的大小与入射光的强度 P 成正比。

(3) 对于不同频率的光，其截止电压的值不同，如图 6-1-3 所示。

(4) 作截止电压 U_0 与频率 ν 的关系图如图 6-1-4 所示。U_0 与 ν 呈正比关系。当入射光频率低于某极限值 ν_0（ν_0 随不同金属而异）时，不论光的强度如何，照射时间多长，都没有光电流产生。

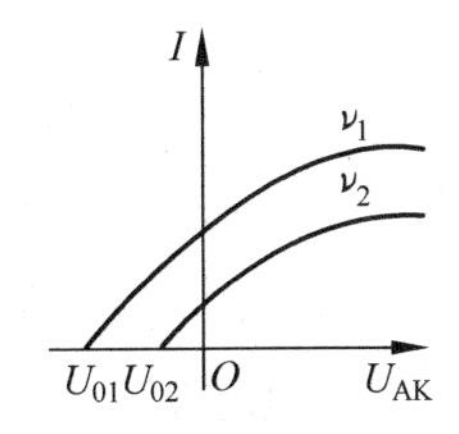

图 6-1-3　不同频率时光电管的伏安特性曲线

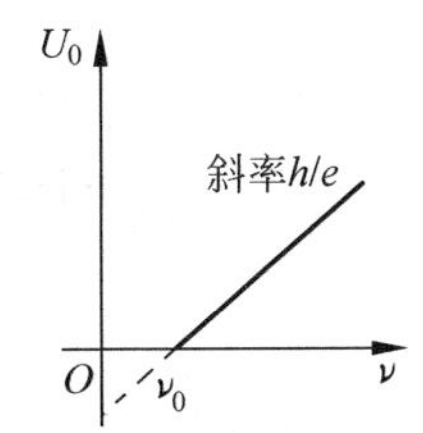

图 6-1-4　截止电压 U 与入射光频率 ν 的关系图

(5) 光电效应是瞬时效应。即使入射光的强度非常微弱，只要频率大于 ν_0，在开始照射后立即有光电子产生，所经过的时间至多为 10^{-9} s 的数量级。

按照爱因斯坦的光量子理论，光能并不像电磁波理论所想象的那样分布在波阵面上，而是集中在被称为光子的微粒上，但这种微粒仍然保持着频率（或波长）的概念，频率为 ν 的光子具有能量 $E=h\nu$，h 为普朗克常数。当光子照射到金属表面上时，被金属中的电子全部吸收，无须积累能量的时间。电子把一部分能量用来克服金属表面对它的吸引力，剩余的就变为电子离开金属表面后的动能，按照能量守恒原理，爱因斯坦提出了著名的光电效应方程

$$h\nu = \frac{1}{2}mv_0^2 + A \tag{6-1-1}$$

式中，A 为金属的逸出功；$\frac{1}{2}mv_0^2$ 为光电子获得的初始动能。

由该式可见，入射到金属表面的光频率越高，逸出的电子动能越大，所以即使阳极电位比阴极电位低时也会有电子落入阳极形成光电流，直至阳极电位低于截止电压，光电流才为零，此时有关系

$$eU_0 = \frac{1}{2}mv_0^2 \tag{6-1-2}$$

阳极电位高于截止电压后，随着阳极电位的升高，阳极对阴极发射的电子的收集作用越强，光电流随之上升；当阳极电压高到一定程度，已把阴极发射的光电子几乎全收集到阳极，再增加U_{AK}时I不再变化，光电流出现饱和，饱和光电流I_M的大小与入射光的强度P成正比。

光子的能量$h\nu_0 < A$时，电子不能脱离金属，因而没有光电流产生。产生光电效应的最低频率(截止频率)是$\nu_0 = A/h$。

将式(6-1-2)代入式(6-1-1)可得

$$eU_0 = h\nu - A \tag{6-1-3}$$

此式表明截止电压U_0是频率ν的线性函数，直线斜率$k=h/e$，只要用实验方法得出不同的频率对应的截止电压，求出直线斜率，就可算出普朗克常数h。

爱因斯坦的光量子理论成功地解释了光电效应规律。

【实验仪器】

ZKY-GD-4智能光电效应(普朗克常数)实验仪。仪器由汞灯及电源、滤色片、光阑、光电管、智能实验仪构成，仪器结构如图6-1-5所示，实验仪的调节面板如图6-1-6所示。实验仪有手动和自动两种工作模式，具有数据自动采集、存储、实时显示采集数据、动态显示采集曲线(连接普通示波器，可同时显示5个存储区中存储的曲线)，及采集完成后查询数据的功能。

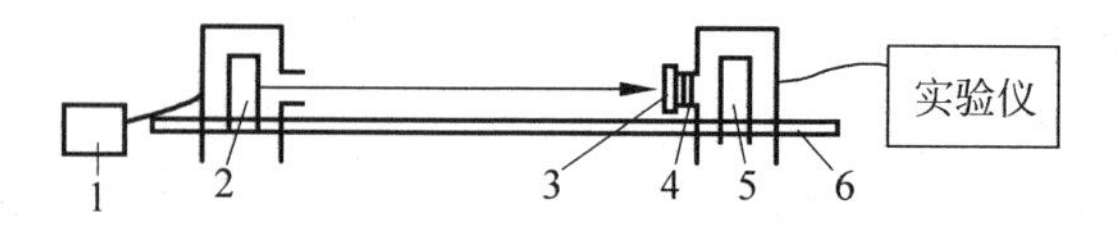

图6-1-5 ZKY-GD-4仪器结构图

1—汞灯电源；2—汞灯；3—滤色片；4—光阑；5—光电管；6—基座

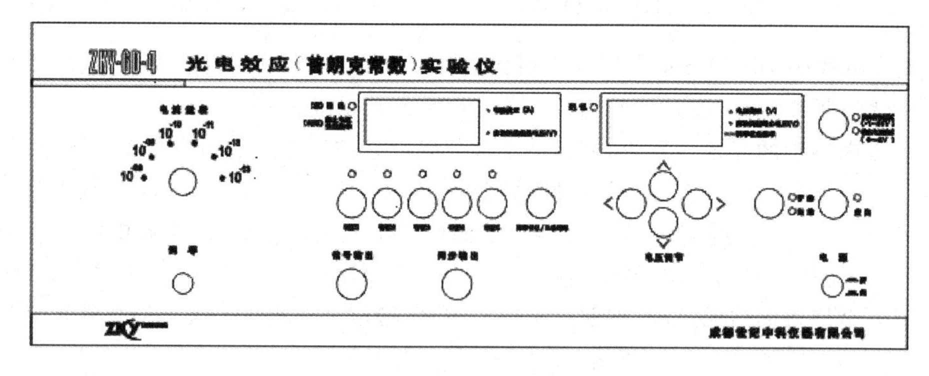

图6-1-6 实验仪面板图

【实验内容】

1. 测试前准备

将实验仪及汞灯电源接通(汞灯及光电管暗箱遮光盖盖上)，预热20min。

调整光电管与汞灯距离约为40cm并保持不变。

用专用连接线将光电管暗箱电压输入端与实验仪电压输出端(后面板上)连接起来

（红—红，蓝—蓝）。

将“电流量程”选择开关置于所选挡位，进行测试前调零。实验仪在开机或改变电流量程后，都会自动进入调零状态。调零时应将光电管暗箱电流输出端K与实验仪微电流输入端（后面板上）断开，旋转“调零”旋钮使电流指示为000.0。调节好后，用高频匹配电缆将电流输入连接起来，按“调零确认/系统清零”键，系统进入测试状态。

若要动态显示采集曲线，需将实验仪的“信号输出”端口接至示波器的“Y”输入端，“同步输出”端口接至示波器的“外触发”输入端。示波器“触发源”开关拨至“外”，“Y衰减”旋钮拨至约“1V/格”，“扫描时间”旋钮拨至约“20μs/格”。此时示波器将用轮流扫描的方式显示5个存储区中存储的曲线，横轴代表电压U_{AK}，纵轴代表电流I。

2. 测普朗克常数h

（1）问题讨论及测量方法

理论上，测出各频率的光照射下阴极电流为零时对应的U_{AK}，其绝对值即该频率的截止电压，然而实际上由于光电管的阳极反向电流、暗电流、本底电流及极间接触电位差的影响，实测电流并非阴极电流，实测电流为零时对应的U_{AK}也并非截止电压。

光电管制作过程中阳极往往被污染，沾上少许阴极材料，入射光照射阳极或入射光从阴极反射到阳极之后都会造成阳极光电子发射，U_{AK}为负值时，阳极发射的电子向阴极迁移构成了阳极反向电流。

暗电流和本底电流是热激发产生的光电流与杂散光照射光电管产生的光电流，可以在光电管制作，或测量过程中采取适当措施以减小它们的影响。

极间接触电位差与入射光频率无关，只影响U_0的准确性，不影响U_0-ν直线斜率，对测定h无大的影响。

由于本实验仪器的电流放大器灵敏度高、稳定性好，光电管阳极反向电流、暗电流水平也较低，在测量各谱线的截止电压U_0时，可采用零电流法，即直接将各谱线照射下测得的电流为零时对应的电压U_{AK}的绝对值作为截止电压U_0。此法的前提是阳极反向电流、暗电流和本底电流都很小，用零电流法测得的截止电压与真实值相差较小。且各谱线的截止电压都相差ΔU对U_0-ν曲线的斜率无大的影响，因此对h的测量不会产生大的影响。

（2）测量截止电压

测量截止电压时，“伏安特性测试/截止电压测试”状态键应为截止电压测试状态。“电流量程”开关应处于10^{-13}A挡。

① 手动测量

使“手动/自动”模式键处于手动模式。

将直径4mm的光阑及365.0nm的滤色片装在光电管暗箱光输入口上，打开汞灯遮光盖。此时电压表显示U_{AK}的值，单位为V；电流表显示与U_{AK}对应的电流值I，单位为所选择的“电流量程”。用电压调节键→、←、↑、↓可调节U_{AK}的值，→、←键用于选择调节位，↑↓键用于选择调节值的大小。

从低到高调节电压（绝对值减小），观察电流值的变化，寻找电流为零时对应的U_{AK}，以其绝对值作为该波长对应的U_0的值，并将数据记于表6-1-1中。为尽快找到U_0的值，调节时应从高位到低位，先确定高位的值，再顺次往低位调节。

依次换上404.7nm、435.8nm、546.1nm、577.0nm的滤色片，重复以上测量步骤。

② 自动测量

按“手动/自动”模式键切换到自动模式。

此时电流表左边的指示灯闪烁，表示系统处于自动测量扫描范围设置状态，用电压调节键可设置扫描起始和终止电压。

对各条谱线，我们建议扫描范围大致设置为：365nm，－1.90～－1.50V；405nm，－1.60～－1.20V；436nm，－1.35～－0.95V；546nm，－0.80～－0.40V；577nm，－0.65～－0.25V。

实验仪设有5个数据存储区，每个存储区可存储500组数据，并有指示灯表示其状态。灯亮表示该存储区已存有数据，灯不亮为空存储区，灯闪烁表示系统预选的或正在存储数据的存储区。

设置好扫描起始和终止电压后，按动相应的存储区按键，仪器将先清除存储区原有数据，等待约30s，然后按4mV的步长自动扫描，并显示、存储相应的电压、电流值。

扫描完成后，仪器自动进入数据查询状态，此时查询指示灯亮，显示区显示扫描起始电压和相应的电流值。用电压调节键改变电压值，就可查阅到在测试过程中，扫描电压为当前显示值时相应的电流值。读取电流为零时对应的U_{AK}，以其绝对值作为该波长对应的U_0的值，并将数据记入表6-1-1中。

表 6-1-1

U_0-ν 关系　光阑孔 ϕ=　mm

波长 λ/nm		365.0	404.7	435.8	546.1	577.0
频率 $\nu/10^{14}$ Hz		8.214	7.408	6.879	5.490	5.196
截止电压 U/V	手动					
	自动					

数据处理：由表6-1-1的实验数据，得出U_0-ν直线的斜率k，即可用$h=ek$求出普朗克常数，并与h的公认值h_0比较求出相对误差$E=\frac{h-h_0}{h_0}$，式中$e=1.602\times10^{-19}$C，$h_0=6.626\times10^{-34}$J·s。

按“查询”键，查询指示灯灭，系统回复到扫描范围设置状态，可进行下一次测量。

在自动测量过程中或测量完成后，按“手动/自动”键，系统回复到手动测量模式，模式转换前工作的存储区内的数据将被清除。

若仪器与示波器连接，则可观察到U_{AK}为负值时各谱线在选定的扫描范围内的伏安特性曲线。

3. 测光电管的伏安特性曲线

此时，“伏安特性测试/截止电压测试”状态键应为伏安特性测试状态。“电流量程”开关应拨至10^{-10}A挡，并重新调零。

将直径4mm的光阑及所选谱线的滤色片装在光电管暗箱光输入口上。

测伏安特性曲线可选用“手动/自动”两种模式之一，测量的最大范围为－1～50V，自动测量时步长为1V，仪器功能及使用方法如前所述。

仪器与示波器连接：

(1) 可同时观察5条谱线在同一光阑、同一距离下伏安饱和特性曲线。

（2）可同时观察某条谱线在不同距离（即不同光强）、同一光阑下的伏安饱和特性曲线。

（3）可同时观察某条谱线在不同光阑（即不同光通量）、同一距离下的伏安饱和特性曲线。

由此可验证光电管饱和光电流与入射光成正比。

记录所测 U_{AK} 及 I 的数据到表 6-1-2 中，在坐标纸上作对应于以上波长及光强的伏安特性曲线。

表　6-1-2

I-U_{AK} 关系

365.0nm	U_{AK}/V												
	$I/10^{-10}A$												
404.7nm	U_{AK}/V												
	$I/10^{-10}A$												
435.8nm	U_{AK}/V												
	$I/10^{-10}A$												
546.1nm	U_{AK}/V												
	$I/10^{-10}A$												
577.0nm	U_{AK}/V												
	$I/10^{-10}A$												

在 U_{AK} 为 50V 时，将仪器设置为手动模式，测量并记录对同一谱线、同一入射距离，光阑分别为 2mm、4mm、8mm 时对应的电流值于表 6-1-3 中，验证光电管的饱和光电流与入射光强成正比。

表　6-1-3

I_M-P 关系　$U_{AK}=$　　V　$\lambda=$　　nm　$L=$　　mm

光阑孔 ϕ			
$I/10^{-10}A$			

也可在 U_{AK} 为 50V 时，将仪器设置为手动模式，测量并记录对同一谱线、同一光阑时，光电管与入射光在不同距离，如 300mm、400mm 等对应的电流值于表 6-1-4 中，同样验证光电管的饱和电流与入射光强成正比。

表　6-1-4

I_M-P 关系　$U_{AK}=$　　V　$\lambda=$　　nm　$\phi=$　　mm

入射距离 L		
$I/10^{-10}A$		

实验二　全息照相实验

全息照相技术是一种记录和再现光波的方法，它属于近代光学的范畴。由于全息照相能够把物体表面上发出的光波的全部信息记录下来，并能完全再现被摄物光波的全部信息，因此它在精密计量、无损检验、信息存储和处理、遥感技术和生物医学等方面有着广泛的应用。

全息照相的基本原理是以波的干涉和衍射为基础的，它对于其他波动过程，如红外、微波、X 光以及声波、超声波等也可适用，故有相应的微波全息、X 光全息、超声全息等，使全息技术发展成为科学技术上的一个新领域。

【实验目的】

(1) 学习拍摄静态全息照片的技术和再现观察的方法。

(2) 了解全息照相技术的主要特点。

【实验仪器】

(1) He-Ne 激光器及电源、遮光板、毛玻璃各一片。

(2) 扩束镜 L_1 (f=4.5mm)两个。

(3) 分束镜 S(7∶3)一个。

(4) 全反镜 M 两个。

(5) 全息干板一个，磁光座若干，曝光定时器一个，干板架一个。

(6) 光学平台一张，冲洗设备一套，吹风机一个。

【实验原理】

全息照相与普通照相无论在原理上还是方法上都有本质的区别。普通照相是以几何光学的折射定律为基础，利用透镜把物体成像在平面上，记录各点的光强(振幅)分布，物、像之间各点一一对应，只是二维平面图像上的各点与三维物体各点之间的对应，因此并不完全逼真，即使一般所谓的"立体照相"也多是利用双目视差的错觉，而不是物体的真正三维图像。而全息是以光的干涉、衍射等物理光学的规律为基础，借助参考光波用干涉的方法记录物的反射光波(称为物光)的振幅与位相的全部信息。在记录介质如感光干板上得到的不是物体的像而是干涉条纹。全息照片可以看作是一个复杂的衍射光栅。

1. 光波的信息

任何物体表面上所发出的光波，可看成是由其表面上各物点所发出的光波的总和，其表达式为

$$Y=\sum_{i=1}^{n}A_i\cos\left(\omega t+\phi_i-\frac{2\pi x_i}{\lambda}\right)=A\cos\left(\omega t+\phi-\frac{2\pi x}{\lambda}\right)$$

上式中，振幅 A 和位相 $\left(\omega t+\phi-\frac{2\pi x}{\lambda}\right)$ 为此光波的两个主要特性。由于本实验由单色光做光源，所以位相信息中反映光颜色特征的 ω(或 λ)可不予讨论。

全息照相在记录被摄物表面光波振幅信息的同时，也记录位相的信息，因而它具有立体感。

2. 全息照相的记录原理——物光和参考光在感光板上的干涉

光的干涉理论分析指出，干涉图像中亮条纹和暗条纹之间明暗程度的差异，主要取决于参与干涉的两束光波的强度（振幅的平方），而干涉条纹的疏密程度则取决于这两束光位相的差别（光程差）。全息照相就是采用干涉的方法，以干涉条纹的形式记录物光波的全部信息。由于利用光的干涉进行全部记录，就要求光源满足相干条件，一般使用相干性极好的激光作为光源，光路如图 6-2-1 所示。

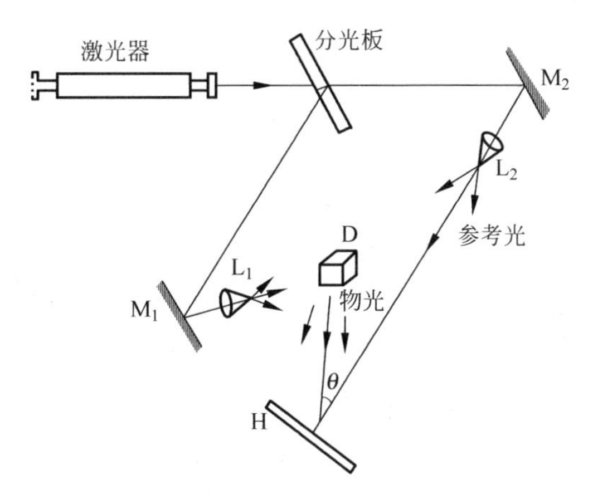

图 6-2-1　拍摄全息照片的光路图

图 6-2-1 中，激光经过分光板后分成两束光，一束由分光板反射的光经平面镜 M_1 反射后，再被透镜 L_1 扩束，然后均匀地照射在被摄物 D 的整个表面上，再由 D 的表面漫反射的物光照射到全息干板 H 上；另一束由分光板透射经平面镜 M_2 反射，再由扩束镜 L_2 扩束后直接投射到全息干板 H 上，这一束光称为参考光。由于物光和参考光是同一束光分开的，因此是相干光，当它们在全息干板上相遇时就互相干涉形成干涉条纹被记录下来。

由物体表面漫反射形成的物光波可以看成是由无数物点发出的光波的总和，因而感光干板上记录下来的干涉图像就是由这些物点所发出的复杂物光和参考光相互干涉的结果，一个物点的物光形成一组干涉条纹，结果形成许多不同疏密、不同走向和不同反差的干涉条纹组，这些干涉条纹组就是被摄物的全息图。利用高倍显微镜观察，看到的将是一幅在均匀的颗粒状的背景上叠加的不规则的、断续的细条纹光栅似的结构。

3. 全息照相技术的再现原理——再现光束被全息图衍射

全息照相在全息干板上记录的不是被摄物的直观图像，而是复杂的干涉条纹，故在观察时必须采用一定的再现手段。再现观察光路如图 6-2-2 所示，将扩束的激光（再现光束）从特定的方向射向全息照片，观察者透过照片沿一定的方向观察，就能看到被摄物立体的像。

全息照片的再现是由于全息照片上每一组干涉条纹都好比一幅复杂的光栅，再现光束通过时由于衍射而出现物光的波面，照片上的无数组条纹的衍射光叠加将呈现出被摄物的全貌。实验和理论证明，只有在再现光束按原参考光与干板的夹角方向射向全息照片时，再现的物像才与被摄物的形象相同，其几何关系如图 6-2-3 所示，否则看到的被摄物像将有所改变甚至根本看不清楚。

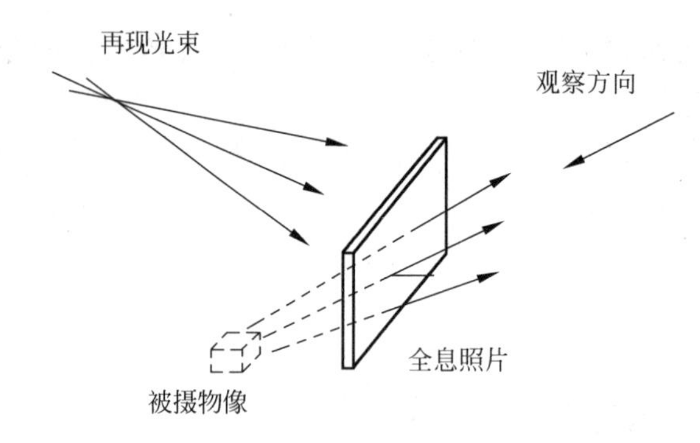

图 6-2-2 全息照片的再现观察方式

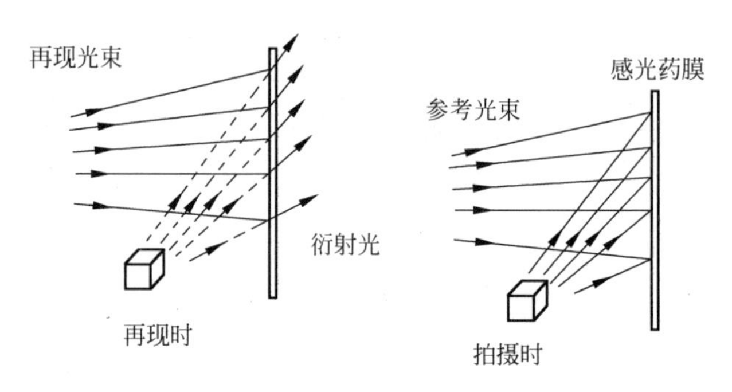

图 6-2-3 全息照相记录与再现的几何关系

4. 全息照相的特点

(1) 全息照片所再现出的被摄物形象是完全逼真的三维立体图像,视差显著。

(2) 照片可分割,其任何一片碎片都可以显现出完整的图像,只是衍射光的强度减弱了些,清晰度有所下降。

(3) 再现的被摄物像亮度可以调节,再现光波越强,再现的物像就越亮。

(4) 由于激光的相干长度较大,所以再现像的景深范围较大。这对全息显微术就特别重要,因为一般高倍显微镜视场中的景深只有几个微米,用它来观察细小物体的运动就很困难,而利用全息照相技术则比较方便。

(5) 同一块全息干板可以进行多次曝光,只要每次拍摄曝光前稍改变全息干板的方位(转动一个小角度),或改变参考光的入射方向,或改变物体的空间位置,这些不同景物的形象就可以在同一干板上重叠记录,并可以无干扰地再现而不重叠。再现时,只要适当转动全息照片,就可以逐个地观察到不同的物像。

【实验内容】

1) 按照光路图摆好各元件,干板先暂时用白屏代替。

2) 打开激光电源,使光斑是单模输出。

3) 调整光路,包括分束镜、扩束镜、反射镜及物体的角度、高度、左右位置等(注意基本保持光程不变),从扩束镜出来的光斑尺寸大于被摄物体,使之能全部照亮物体。用细线测量光程,调整使物光和参考光的光程大致相等,夹角在 30°左右,都能够均匀地照射在白屏上。注意避免杂散光干扰。

4）选用适当的分束比。照射到全息干板上的参考光和物光光强之比不要太悬殊，以3∶1～5∶1为好。在干板架上放置白屏，挡住参考光，调整物光扩束镜（前后位置、角度）和被摄物，使尽量多的物光反射到屏上，然后调整参考光角度和扩束镜，直到满足上述比例要求，取下白屏。

5）精量光程。使两种光束的光程尽量相等，两者的光程差控制在3cm以内。

6）曝光和冲洗

（1）调整曝光定时器，曝光时间一般为几秒到几十秒，视物的大小、表面情况、干板感光灵敏度和光源的强弱而定。最佳时间是通过试拍确定的。

（2）关闭光源，在黑暗中把全息干板夹在干板架上（勿用手摸干板中央部分，只可触边沿），使感光乳剂面朝向被摄物体。

（3）干板放好后，注意环境的安静和稳定，肃静一两分钟后即可开动快门进行曝光。

（4）将感光板放入显影液中显影2～3min，取出用清水冲洗后再放入定影液中定影5min，再用清水冲洗并吹干干板（注意：定影前的过程全部在暗绿灯下操作）。

（5）观察再现的物像。如图6-2-2所示，让再现光以原参考光束对干板的方位射下全息图，在全息照片后面原物所在的方位可以观察到物的虚像。

注意事项：

（1）不可用眼睛直视激光，以免损伤眼睛。

（2）不要靠近激光管和电源。

（3）实际的全息干板比毛玻璃片要小一些，调节光路时尽量使物光和参考光所形成的两团光斑都能高强度并且重合性比较好地照在毛玻璃片的下部偏中位置。

（4）放干板时使其涂有药液面向里，用手轻触干板边缘表面，较为粗糙的一面就是涂有药液的一面。

（5）显影和定影时也让干板的药液面冲里，并且顺序不可颠倒。

【思考题】

1. 为什么用全息图片的一部分也能再现整个物体的像？
2. 为什么要求光路中的物光和参考光的光程尽量相等？
3. 为什么个别光学元件安置不牢靠，将导致拍摄失败？
4. 全息照相和普通照相有什么不同点？

附录　全息技术的应用

1. 替代作用

从照相方面讲，全息是一种全新的技术。因为全息照片有逼真的立体感，用它来代替普通照片有独特的效果。在国外，已有人用全息照片做成书的插页，做成商标，做成立体广告；博物馆用它来代替珍贵文物展出。国外有一家机床制造公司，到另一个国家召开商品介绍会，就用全息照片代替实物办了一个机床展览会。展览厅里全部是各种机床的全息照片，这些全息照片看起来和真的机床没有什么两样，反而更加引起参观者的兴趣。

构思精巧的全息照片也是一件精美绝伦的艺术品。美国和法国等国家都有全息照片博物馆，集中了全世界最精美的作品。

全息照相还可以将珍贵的历史文物记录下来，万一有文物古迹遭到严重破坏，即使荡然无存，我们仍然可以根据全息照相重建。比如像北京圆明园那样的名胜，当年被英法联军焚毁，虽然打算重建，因为不知道整个面貌，就难以完全恢复。如果全息照相提早100多年发明的话，事情就好办了。

2. 全息电视

从立体景象的全息照片得到启发，科学家想到了全息电影和全息电视。实验性的全息立体电影已经在苏联出现。放映这种电影时，观众看到的景象并不在银幕上，而是在观众之中，使人有身临其境的真实感觉。至于全息电视，因为它涉及的技术问题比较复杂，目前还在研究。

全息照相的另一项重要应用是制作可以在一些特殊场合代替玻璃的全息光学元件。这种特殊的光学元件具有加工方便、小巧、轻、薄等优点。一个凹透镜可以使光束发散，一束平行光波照上去变为球面波；我们前面谈到的用小颗粒拍摄的全息照片也会把平行光参考光束变为球面波，这样的全息照片也就是一个特殊的凹透镜。用类似的方法可以制作出凸透镜、柱面透镜等光学元件。这种元件和纸一样薄，一样轻，还不会碎。现在已经有用全息光学元件做成的望远镜，它的厚度和一般近视镜片差不多。还有人报道用全息光学元件做成窗玻璃。这种奇异的窗玻璃不会影响人的视线，却能反射大量的阳光，兼有窗帘的功能；更有趣的是，可以把它反射的阳光集中到装在窗檐下的一排太阳能电池上，转化为电能，供室内使用，真是一举三得。

全息照相技术有明察秋毫的本领。因为全息照片能精确地再现原来被拍摄的物体，我们可以用它作标准检查原物有没有变化；事实上只要有1μm的变化，就可以用全息照相技术检查出来。科研生产部门，还让激光全息摄影来担任成品内在质量的“检验员”。检验时，给被检物加上一点压力或加点热；如果物体内部有裂痕、微孔，它的表面就会发生相应的变化。尽管这种变化的程度极为细微，肉眼根本无法觉察，但在全息摄影这对“火眼金睛”下，所有这些瑕疵、隐患统统暴露无遗。这种方法除了可以精密地检查内在质量外，还有对被检物毫发无损的优点，特别适用于贵重物品，例如珍贵文物、古代雕塑品的检测等。希腊科学家曾用这种方法查出古代塑像受风化的程度。生产上用这种方式检查精密零件、飞机蒙皮、飞机轮胎的内在质量。在国外的飞机轮胎工厂里，已经起用了激光全息照相“检验员”。这种方法还被用来进行生物学研究，比如研究大脑受力时产生的形变，研究蘑菇的生长速度等。

3. 防伪作用

全息照相包含着丰富的信息，而且完全取决于制作时采用的景物和拍摄方式，就像加了密码一样，没有原始印版，无法复制。因而，它成为防止伪造的有效手段。已经在纸币、信用卡、磁卡及外交签证等凭证上出现各种全息标识以防伪造。在我国，也已有不少厂商采用全息照相商标来防止有人伪造商标，欺骗顾客。

4. 存储技术

还在发展之中的是全息存储技术。我们在谈全息照相特点时提到过的存储信息，也就是记录信息的能力。从理论上计算，用光盘存储信息，每平方厘米可以存储的信息约为10^6b，而用全息存储，每平方厘米可以存10^8b，高100倍！而且读出信息的时间只有百万分之一秒！

现在，已经可以把信息存到材料里面去，全息照相用的材料不是一薄层底片，而是整个一块晶体，可以存入10万册图书，一个图书馆只要保存几块记录晶体就可以了。这看来带有一点幻想色彩，然而是有希望做到的。更重要的是全息存储的发展将会促进计算机的发展、换代。

一般的全息照片只能一张一张制作，价格也很高；除了科研上的使用以外，只能当作高级艺术品。20世纪80年代出现了一种新的压印全息技术。用这种方式制造全息照片，先要做成一块金属的微浮雕板；把它当作印版，在镀有金属膜的特殊纸张上压出全息照片。这比印邮票还要方便，可以大批生产，成本大大降低，应用面也越来越广。

这种全息照相不仅有立体感，而且在阳光或灯光下呈现多种色彩，衬在银白色的金属背景上，显得更为绚丽。人们用它来装饰书刊、玩具、旅游纪念品，很具魅力。

实验三　热电偶定标

热电偶的重要应用是测量温度，它是把非电学量转换成电学量测量的一个例子。用热电偶测温有许多优点，如测温范围宽（$-200\sim2000$℃）、灵敏度和准确度高（可达10^{-3}℃以下）、结构简单不易损坏等。此外，热电偶的热容量小，受热点也可做得很小，因而对温度变化响应快，对测量对象的状态影响小，可以用来作温度场的实时测量和监控。

【实验原理】

1. 热电偶的原理

把两种不同材料的导体连接成闭合回路（接点焊接或熔接），即构成一热电偶，如图6-3-1所示。如果将它们的两个接点分别置于温度为t和t_0的环境中，则回路内就会产生热电偶势，这种现象称为势电效应或温差电效应。热电偶就是基于这种效应来测量温度。

在热电偶回路中产生的热电动势由接触电势和温差电势两部分组成。温差电势是因为同一导体的两端温度不同，高温端的电子能量比低温端的电子能量大，因而高温端跑向低温端的电子数目比低温端跑向高温端的要多，使高温端因电子减少而带正电，低温端因电子过剩而带负电，从而在高、低温之间产生一个从高温端指向低温端的电场，该电场将阻滞电子从高温端向低温端扩散，加速电子从低温端向高温端扩散，最后达到动态平衡，使导体两端保持一个电势差，这个电势差就是温差电势。

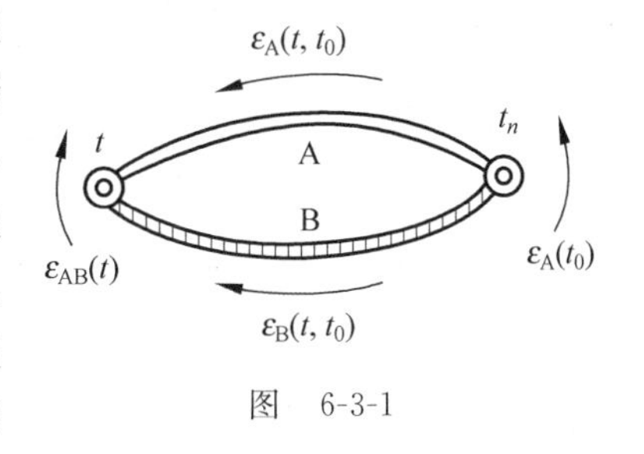

图　6-3-1

接触电势发生在两种不同导体的接触点间，当两种不同导体A、B接触时，由于材料不同，两导体的电子密度不同，电子从接触面的两个方向扩散的速度也就不同。假如A导体的电子密度大于B导体，则接触处，电子从A扩散到B的数目比从B扩散到A的数目多，结果A因为失去电子而带正电，B因得到电子而带负电。因此，在A、B接触面上便形成了一个从A指向B的电场。这个电场对电子从A到B的扩散起阻滞作用，对从B到A的扩散起加速作用。达到动平衡后，使接触面间维持稳定的电势差，就是接触电势。接触电势的大小除与两种导体的性质有关外，还与接触点的温度有关，温度越高，接触电势差越大。

由上所述，热电偶回路中的总电动势是4个电势的代数和（见图6-3-1），导体A和导体B自身的温差电势$\varepsilon_A(t,t_0)$、$\varepsilon_B(t,t_0)$和两个接触点的接触电势$\varepsilon_{AB}(t)$、$\varepsilon_{AB}(t_0)$。由于温差电势比接触电势要小，故总电动势的方向取决于高温端的接触电势方向。当两接触点温度相同时，温差电势消失，接触电势仍然存在，但因两接触点电势大小相等、方向相反，所以回路中总电势为零。

热电偶回路中热电动势的大小除了和组成电偶的材料有关外，还取决于两接触点的温度，因而它可表示为两函数之差，即

$$\varepsilon = f(t) - f(t_0) \tag{6-3-1}$$

使用热电偶时，常常使其中一个接触点的温度保持在$t_0=0$℃或不变，即$f(t_0)$始终保持为常数，则热电动势便成为一端温度t的函数，即

$$\varepsilon = f(t) \tag{6-3-2}$$

一般把$f(t)$写成幂函数形式：

$$\varepsilon = a + bt + ct^2 + \cdots \tag{6-3-3}$$

式中，常数$a,b,c,\cdots$由实验测定。

在常温范围内使用热电偶，要求准确度不是特别高时，可以取一级近似：

$$\varepsilon = a + bt \tag{6-3-4}$$

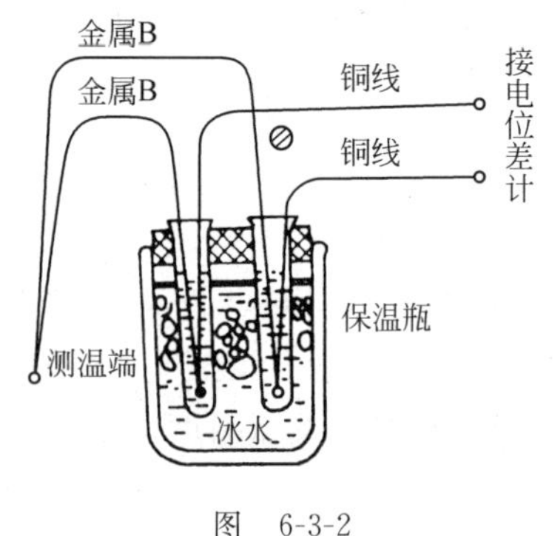

图 6-3-2

式中，a由恒温端温度确定，若取$t_0=0$℃，则$a=0$；b称为热电偶系数，它代表工作端温度每变化1℃时，热电动势的变化量，其大小取决于组成热电偶的材料。表6-3-1列出了几种常用热电偶的材料和性能。

利用热电偶测量温度时，通常将t_0端置于冰水混合的保温瓶中，使$t_0=0$℃，另一端与待测物体相接触，再用电位差计测量热电偶回路中的电动势，其接法如图6-3-2所示，根据已知的ε-t曲线可查到待测温度。

表6-3-1 常用热电偶材料和性能

类型代号	组合热电偶的材料①	测量范围，用途
B	铂铑30-铂铑6	200～1750℃，测高温用，100℃以下，$b\approx 0$
E	镍铬合金-铜镍合金	−250～800℃，温差系数高，500℃时$b=81\mu V/℃$
J	铁-铜镍合金	0～760℃，工业上使用广泛
K	镍铬合金-镍铝合金	−260～1260℃，温差系数高，工业上常用
R	铂铑13-铂	0～1500℃，做标准温度计或精密测温用
T	铜-铜镍合金	−250～350℃，$b=40\mu V/℃$，常用

注：①写在前边的材料为正极。

2. 热电偶定标

用实验方法测量热电偶的热电动势与工作端温度之间的关系曲线，称为对热电偶定标。

定标方法有两种。

(1) 纯金属定点法。纯金属在熔化或凝固过程中(即由固态转化为液态或由液态变为固态时),其熔化或凝固温度不随环境温度而变化,从而形成一个相对的平衡点。分度时,就可利用这些纯金属平衡点具有固定不变的温度为已知温度,测出热电偶在这些已知温度时对应的电动势,利用最小二乘法以多项式拟合实验曲线,求出 $a,b,c,\cdots$ 常数。这种定标方法准确度很高,已被定为国际温标的重要复现、校标的基准。

(2) 比较法。用一标准的测温仪器(如标准水银温度计或已知高一级的标准热电偶)与未知热电偶置于同一能改变温度的油浴或水浴槽中进行对比,做出 ε-t 定标曲线,这种定标方法设备简单,操作简便,是最常见的一种定标方法,本实验就采用此法。

【实验内容】

(1) 按图 6-3-3 所示连接线路。注意电偶有正负极之分。冷端置于冰水共存的保温瓶中($t_0=0$℃),热端和水银温度计固定在管式炉的卡子上,可同时移入管式炉的油罐中,如果测量时无冰水,可将冷端保持在冷水中,用水银温度计测出冷水温度 t_1,可用式 $\varepsilon=a+bt$ 把实测的热电动势 ε_1 换算成参考点为零度时的电动势 ε,即 $\varepsilon=\varepsilon_1+a$,式中 $a=bt_1$。本实验采用铜-康铜热电偶,$b=0.042$mV/℃。(康铜是铜 60%、镍 40%的合金)

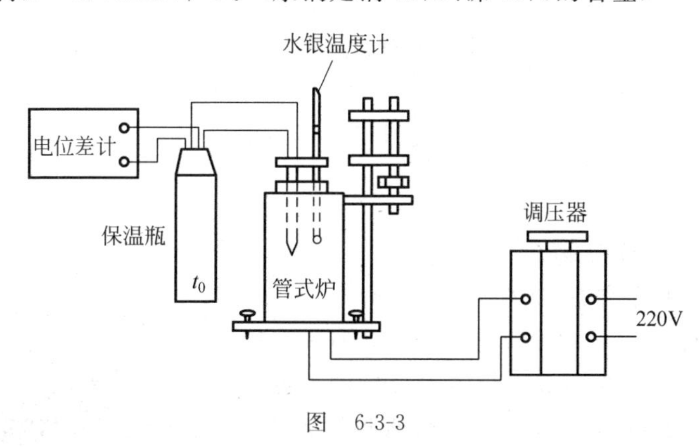

图 6-3-3

(2) 校准电位差计(详见第四章实验四中电位差计使用方法)。

(3) 接通电源,将调压器调到适当位置(一般加热电压为 70~80V,注意安全用电),给管式炉加热,使温度缓慢上升。如果升温太快,可降低调压器输出电压,以便于测量。每升高 10℃左右测量一次电动势并记下对应的温度,一直加热到 110℃左右。

(4) 用电热杯加热水,待水沸腾后将定标过的电偶放入沸水中测量此时的电动势。

(5) 实验完毕将仪器整理好。

【数据处理】

(1) 自行设计数据表格,将测量结果填入表格内。

(2) 以温度 t 为横坐标、电动势 ε 为纵坐标,在毫米方格纸上作定标曲线。

(3) 在定标曲线上查出对应的水的沸点温度,并计算它与标准沸点的相对百分误差。

(4) 用最小二乘法拟合 ε-t 定标曲线,并求 b 及标准误差。

【思考题】

1. 用电位差计测电动势时，如果检流计始终无法指零，试分析产生这一现象的原因。

2. 热电偶为什么能测温度？它与温度计测量相比有哪些优点？它有哪些用途？

3. 为什么要用电位差计测量温差电动势？用一般毫伏表能否测量温差电动势？

4. 在图 6-3-3 的热电偶回路中，实际接入了第三种金属导体(铜线)，热电偶的温差电动势会不会因此而受到影响？

实验四 迈克耳孙干涉仪的使用

迈克耳孙干涉仪，是 1883 年美国物理学家迈克耳孙和莫雷合作，为研究“以太”漂移而设计制造出来的精密光学仪器。它是利用分振幅法产生双光束以实现干涉。通过调整该干涉仪，可以产生等厚干涉条纹，也可以产生等倾干涉条纹，主要用于长度和折射率的测量。在近代物理和近代计量技术中，如在光谱线精细结构的研究和用光波标定标准米尺等实验中都有着重要的应用。利用该仪器的原理，研制出多种专用干涉仪。

【实验目的】

(1) 了解迈克耳孙干涉仪的结构及原理，学习调节和使用方法。

(2) 观察等倾、等厚干涉条纹特点。

(3) 掌握用迈克耳孙干涉仪测定单色波波长的方法。

【实验原理】

1. 迈克耳孙干涉仪简介

迈克耳孙干涉仪的结构如图 6-4-1 所示。M_1、M_2 为互相垂直的平面反射镜，每个反射镜背面各有三个用来调节反射镜平面方位的调节螺钉(14)，M_2 的下方有两个互相垂直的拉簧螺丝，可用来更细微地调节反射镜 M_2 的平面方位。分束板(7)内侧镀有反射膜，反射膜与 M_1、M_2 成45°夹角。补偿板(8)可使两光束在玻璃中经过的光程完全相同。转动手轮(12)和微动鼓轮(13)可使平面镜 M_1 沿导轨方向前后移动，移动的距离可从标尺、读数窗和微动鼓轮读出。标尺的分度值＝1mm，读数窗中刻度盘的分度值＝10^{-2} mm，微动鼓轮的分度值＝10^{-4} mm，还可估读到10^{-5} mm。

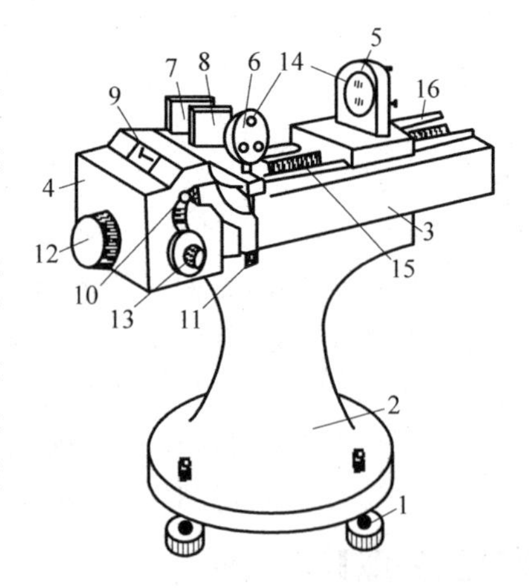

图 6-4-1

1—调节螺钉；2—底座；3—台面；4—齿轮系统；5—反射镜 M_1；6—反射镜 M_2；7—半镀银玻璃板；8—补偿板；9—读数窗；10—水平拉簧螺丝；11—垂直拉簧螺丝；12—手轮；13—微动鼓轮；14—调节螺钉；15—精密丝杠；16—导轨

2. 干涉原理

图 6-4-2 为迈克耳孙干涉仪的光路图。图中 G_1 为分束板，G_2 为补偿板。从光源 S 发出的光射到分束板 G_1 上，反射膜将光束分成反射光束(1)和透射光束(2)，两光束分别近于垂直入射 M_1、M_2。两光束经反射后在 E 处相遇，形成干涉条纹。从 E 处向 M_1看去，可以看到

M_2经反射膜反射的像M_2'。两相干光束好像是一光束分别经M_1、M_2'反射而来的。因此,迈克耳孙干涉仪产生的干涉图样与M_1、M_2'之间空气薄膜所产生的薄膜干涉是一样的。

3. 等倾干涉图样

当M_1、M_2'平行时(见图6-4-3),产生等倾干涉图样,对倾角i相同的各光束,从M_1、M_2'两表面反射的光线的光程差为

$$\Delta L = 2d\cos i \tag{6-4-1}$$

式中,d为M_1、M_2'之间的距离。干涉图样位于无限远处(或透镜的焦平面上),用眼睛在E处正对着分束板,向无限远处调焦,可观察到一组明暗相间的同心圆环。

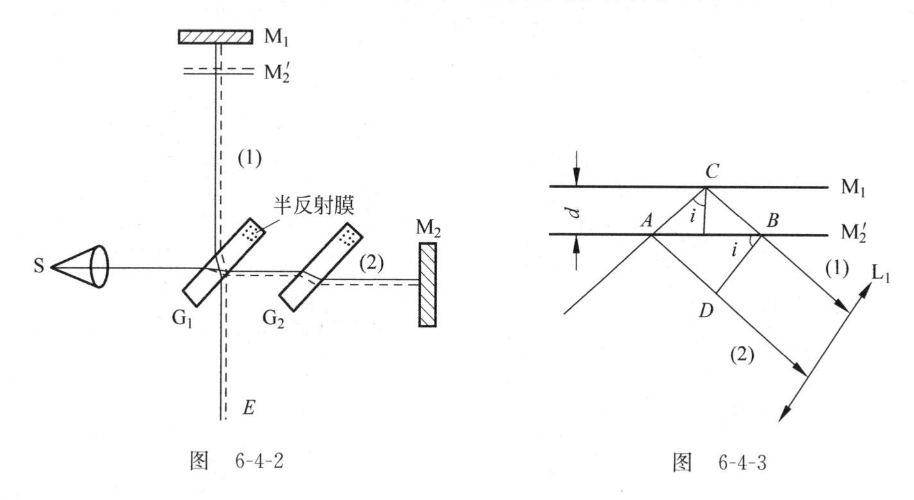

图　6-4-2　　　　图　6-4-3

产生K级亮条纹的条件是

$$\Delta L = 2d\cos i_K = K\lambda \tag{6-4-2}$$

干涉圆环有以下特点。

(1) 圆心处干涉条纹的级次最高。当$i=0$时,$\Delta L=2d=K\lambda$,因此,圆心处光程差最大,对应的干涉级次最高。

(2) d增加时,圆心干涉级次越来越高,可以看到圆环一个一个从中心"冒出"来;反之,当d减小时,圆环一个一个向中心"缩进"去。每当"冒出"或"缩进"一个圆环,d改变$\lambda/2$。因此有

$$\lambda = \frac{2\Delta d}{\Delta K} \tag{6-4-3}$$

(3) 由于K级和$K+1$级的亮条纹条件分别为

$$2d\cos i_K = K\lambda$$
$$2d\cos i_{K+1} = (K+1)\lambda$$

于是K级和$K+1$级亮条纹的角距离之差Δi_K为

$$\Delta i_K = -\frac{\lambda}{2d}\cdot\frac{1}{\overline{i_K}} \tag{6-4-4}$$

式中,$\overline{i_K}$为相邻两条纹的平均角距离。由式(6-4-4)可以看出,当$\overline{i_K}$增大时,Δi_K就减小,故干涉条纹中心稀,边缘密。

4. 等厚干涉图样

当 M_1、M_2'有一个很小夹角时(见图 6-4-4),产生等厚干涉条纹。干涉条纹有以下特点。

(1) 在 M_1、M_2'交界处,$d=0$,光程差为零,将观察到直线干涉条纹。在交界线附近,d 很小,光程差的大小主要由 d 决定,可得一组平行于交线的直条纹。离交线较远处,干涉条纹变成弧形。

(2) M_1、M_2'相交时,用白光照射,在交线附近可看到几条彩色的干涉条纹。

用凸透镜会聚后的激光束,可以看成一个很好的点光源。如图 6-4-5 所示,点光源 S 经 M1、M_2'反射后所产生的干涉现象,相当于沿轴向分布的两个虚光源 S_1 和 S_2 产生的非定域干涉(因为 S_1 和 S_2 发出的球面波在相遇的空间处处相干)。在不同位置用观察屏可以看到圆、椭圆、双曲线、直线状的干涉图样。

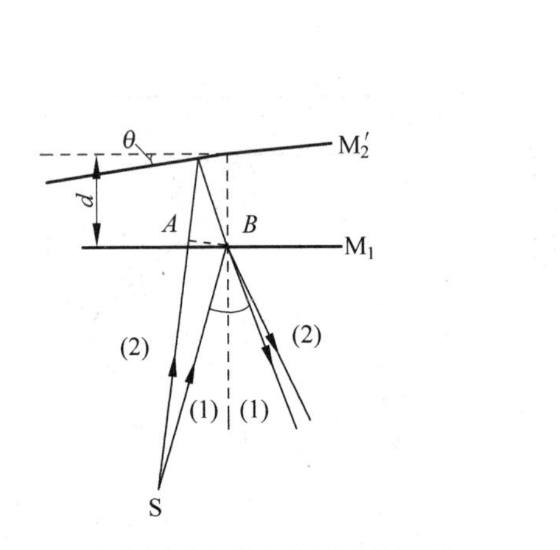

图 6-4-4 点光源产生的非定域干涉图样

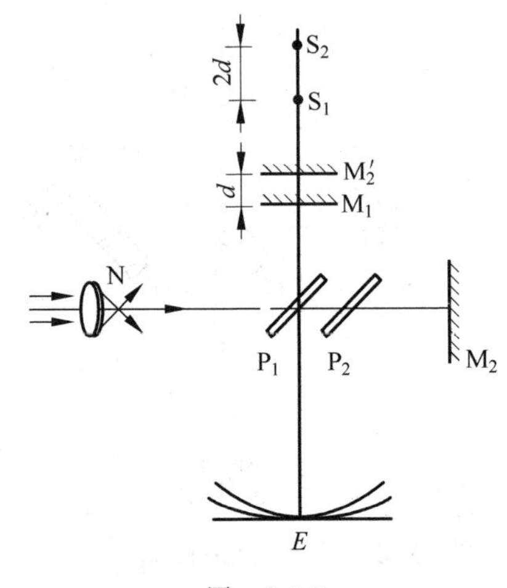

图 6-4-5

【实验内容】

1. 非定域干涉条纹的观察与调节

(1) 使 He-Ne 激光束大致垂直于 M_2。在光源前面放一小孔光阑,使光束通过小孔射到 M_2 上,调节 M_2 后面的 3 个螺丝,使反射光束仍通过小孔(可看到两排亮点,调节 M_2 时应使移动的一排亮点中的最亮点与小圆孔重合)。调节 M_1 使由 M_1 反射的光束亦和小圆孔重合。这时 M_1 与 M_2 大致互相垂直,即 M_1 与 M_2'大致互相平行。

(2) 取去光阑,放上一短焦距的小透镜,使光束会聚为一点光源。在图 6-4-5 中的 E 处放置观察屏,只要两个反射像和小圆孔重合较好,屏上就可以观察到干涉条纹。再调节 M_2 的两个拉簧螺丝,使 M_1 和 M_2'严格平行,屏上就出现非定域的圆条纹了(此时观察到的是类似同心圆的干涉条纹)。

(3) 转动 M_1 镜的传动系统使 M_1 前后移动,观察条纹的变化;从条纹的"冒出"或"缩进"说明 M_1 和 M_2'之间的距离 d 是变大还是变小。观察并解释条纹的粗细、疏密和 d 的关系。

2. 测量 He-Ne 激光的波长

移动 M_1,改变 d,用式(6-4-3)计算波长。在实验中,每"冒出"或"缩进"50 个条纹记一次读数 d,共测 550 环。用逐差法求波长 λ 值,并与 He-Ne 激光的标准波长 632.8nm 比较,算出百分误差。数据表格见表 6-4-1。

3. 等倾干涉条纹的观察

在采用点光源的情况下，等倾干涉实际上就是非定域干涉中屏放到无穷远的特例，因此要调出等倾干涉条纹可以在已调出非定域干涉条纹的基础上，在透镜和分束板 G_1 之间放入两块毛玻璃，使球面光波经过漫反射成为宽光源。取下干涉仪的观察屏，用眼睛直接观察，可以看到圆条纹。仔细调节 M_2 的拉簧螺丝使眼睛上下左右移动，各圆的大小不变，而仅仅是圆心随着眼睛的移动而移动。这时看到的就是等倾干涉条纹。

4. 等厚干涉条纹的观察

(1) 在非定域干涉基础上，移动 M_1，使条纹不断“缩进”，这时 d 在减小，当 M_1 和 M_2' 大致重合时，调 M_2 的拉簧螺丝，使 M_1 和 M_2' 有一很小夹角，此时能看到弯曲的条纹。

(2) 继续移动 M_1，使条纹逐渐变直，并用白光代替激光，继续按原方向缓慢地转动鼓轮，直到出现彩色条纹为止。

【数据表格】

表　6-4-1

干涉环冒出(缩进)数 k_1	0	50	100	150	200	250
标尺读数 d_1/mm						
干涉环冒出(缩进)数 k_2	300	350	400	450	500	550
标尺读数 d_2/mm						
$\Delta d=\|d_2-d_1\|$/mm						
平均值 $\overline{\Delta d}$/mm						

$$\lambda=\frac{2\Delta d}{\Delta k}= \qquad (\Delta k=300)$$

$$\text{标准值 }\lambda_0=632.8\times10^{-9}\,\text{m}$$

$$E=\frac{|\lambda-\lambda_0|}{\lambda_0}=$$

注意事项：

(1) 为了测量正确，必须避免空程差，每次测量必须沿同一方向转动鼓轮，不能反转。

(2) 读数前应调整零点。将微动鼓轮沿某一方向旋转至零，然后以相同方向转动手轮，使窗口中的读数准线对准某一刻度线。测量时应仍以相同方向转动微动鼓轮。

【思考题】

1. 在调节非定域干涉条纹时，d 的变化对条纹有何影响？
2. 调出等倾干涉条纹的关键是什么？
3. 调出等厚干涉条纹的关键是什么？

附录一　用钠光灯做光源时的实验步骤

1. 为了得到较强的均匀入射光，在钠光灯和干涉仪之间加以凸透镜，透镜应靠近干涉仪。使钠光灯窗口的中心、透镜中心、分束板 G_1 的中心、M_2 的中心大致等高，且它们的连

线大致垂直于 M_2 镜(目测判断即可)。此时,在图 6-4-2 的 E 处可看到分别由 M_1 和 M_2 反射的两个圆形均匀亮光斑。

2. 粗调 M_1 和 M_2 互相垂直。实验室已将 M_1 镜面法线调至与丝杠平行。只能调 M_2 镜,不要动 M_1。先从 E 处观察,看到 M_1 和 M_2 反射的两个亮光斑后,转动手轮移动 M_1,使两个光斑之间基本无视差(视场中还有个较暗的光斑,不必管它)。再调节 M_2 后面的螺钉,使两个亮圆光斑完全重合,一般情况下此时即可看到干涉条纹。继续调节这后面 3 个螺钉使条纹变粗变圆,最后得到圆形花纹。这时 M_1 和 M_2 大致垂直。若此时条纹对比度较低,条纹很淡,可转动手轮改变 M_1 的前后位置,使暗条纹变暗,从而提高条纹的对比度。

3. 细调 M_1 和 M_2 互相垂直。看到干涉圆环后,如果眼睛上下或左右移动时看到圆环中心“冒出”或“缩进”,表明 M_1 和 M_2' 还不完全平行。这时只能利用 M_2 下的拉簧螺丝来调节,直到移动眼睛看不到圆环“冒出”或“缩进”为止。这时,M_1 和 M_2 就完全垂直了。

4. 定性观察,选定测量区。钠黄光实际上是由 $\lambda_1=589.3\text{nm}$ 和 $\lambda_2=589.6\text{nm}$ 两个波长的光组成的。当 M_1 和 M_2' 的间距 d 一定时,λ_1 和 λ_2 的干涉环的级数是不同的,即

$$\Delta L = 2d = K_1\lambda_1$$

$$\Delta L = 2d = K_2\lambda_2$$

当光程差 $\Delta L=K_1\lambda_1=\left(K_1+\dfrac{1}{2}\right)\lambda_2$($K_1$ 为正整数)时,波长为 λ_1 和 λ_2 的光在同一点所形成的干涉条纹一个是明的,一个是暗的。因而使得视场中的干涉条纹的对比度减低(所谓条纹的对比度,是指在整个视场中条纹清晰可见的程度)。如果两光束的光强相等,则条纹的对比度等于零,即看不清条纹。若光程差继续改变,不再符合上述条件,条纹又逐渐清晰。直到光程差达到 $\Delta'=K_1'\lambda_1=\left(K_1'+\dfrac{3}{2}\right)\lambda_2$,再次遇到对比度为零的情况。

慢慢转动手轮,观察对比度变化情况。选定对比度较好而干涉圆环疏密合适的区域,调好仪器的零点,准备进行测量。

5. 测量钠光的波长。调整鼓轮移动 M_1,使条纹每“冒出”或“缩进”50 个就记录一次 d,连续记录 550 个条纹,用逐差法处理数据,求出钠光波长 λ,并与钠光波长的标准值 589.3nm 进行比较,求出百分误差。

附录二　人物故事——迈克耳孙

迈克耳孙主要从事光学和光谱学方面的研究,他以毕生精力从事光速的精密测量,在他的有生之年,一直是光速测定的国际中心人物。他发明了一种用以测定微小长度、折射率和光波波长的干涉仪(迈克耳孙干涉仪),在研究光谱线方面起着重要的作用。1887 年他与美国物理学家 E. W. 莫雷合作,进行了著名的迈克耳孙-莫雷实验,这是一个最重大的否定性实验,它动摇了经典物理学的基础。他研制出高分辨率的光谱学仪器,经改进的衍射光栅和测距仪。迈克耳孙首倡用光波波长作为长度基准,提出在天文学中利用干涉效应的可能性,并且用自己设计的星体干涉仪测量了恒星参宿四的直径。

他创造的迈克耳孙干涉仪对光学和近代物理学是一巨大的贡献。它不但可用来测定微小长度、折射率和光波波长等,也是现代光学仪器如傅里叶光谱仪等的重要组成部分。1926

年他用多面旋镜法比较精密地测定了光的速度。

由于创制了精密的光学仪器和利用这些仪器所完成的光谱学和基本度量学研究，迈克耳孙于1907年获诺贝尔物理学奖。以下是他的辉煌人生中做的几件事情。

1. 以太漂移实验

迈克耳孙的名字是和迈克耳孙干涉仪及迈克耳孙-莫雷实验联系在一起的，如图6-4-6所示，实际上这也是迈克耳孙一生中最重要的贡献。在迈克耳孙的时代，人们认为光和一切电磁波必须借助绝对静止的“以太”进行传播，而“以太”是否存在以及是否具有静止的特性，在当时还是一个谜。有人试图测量地球对静止“以太”的运动所引起的“以太风”，来证明以太的存在和具有静止的特性，但由于仪器精度所限，遇到了困难。麦克斯韦曾于1879年写信给美国航海年历局的D. P. 托德，建议用罗默的天文学方法研究这一问题。迈克耳孙知道这一情况后，决心设计出一种灵敏度提高到亿分之一的方法，测出与以太有关的效应。

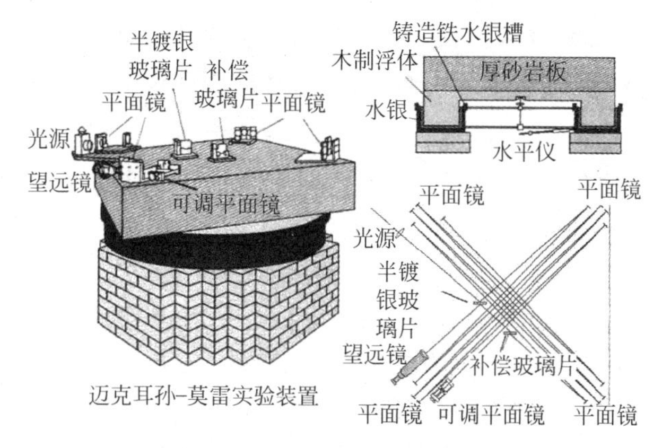

图6-4-6　迈克耳孙-莫雷实验

1881年他在柏林大学亥姆霍兹实验室工作，为此他发明了高精度的迈克耳孙干涉仪（图6-4-7），进行了著名的以太漂移实验。他认为若地球绕太阳公转相对于以太运动时，其平行于地球运动方向和垂直地球运动方向上，光通过相等距离所需时间不同，因此在仪器转动90°时，前后两次所产生的干涉必有0.04条条纹移动。迈克耳孙用最初建造的干涉仪进行实验，这台仪器的光学部分用蜡封在平台上，调节很不方便，测量一个数据往往需要好几个小时。实验得出了否定结果。

图6-4-7　迈克耳孙干涉仪

1884年在访美的瑞利、开尔文等的鼓励下，他和化学家莫雷合作，提高干涉仪的灵敏度，得到的结果仍然是否定的。1887年他们继续改进仪器，光路增加到11m，花了整整5天时间，仔细地观察地球沿轨道与静止以太之间的相对运动，结果仍然是否定的。这一实验引起科学家的震惊和关注，与热辐射中的“紫外灾难”并称为“科学史上的两朵乌云”。随后有10多人前后重复这一实验，历时50年之久。对它的进一步研究，导致了物理学的新发展。迈克耳孙的另一项重要贡献是对光速的测定。早在海军学院工作时，由于航海的实际需要，他对光速的测定开始感兴趣。

2. 测定光速

1879年开始光速的测定工作。迈克耳孙用正八角钢质棱镜代替傅科实验中的旋转镜，由此使光路延长600m。返回光的位移达133mm，提高了精度，改进了傅科的方法。他多次并持续进行光速的测定工作，其中最精确的测定值是在1924—1926年，在南加利福尼亚山间22mile长的光路上进行的，其值为(299796±4)km/s。迈克耳孙从不满足已达到的精度，总是不断改进，反复实验，孜孜不倦，精益求精，整整花了半个世纪的时间。最后在一次精心设计的光速测定过程中，不幸因中风而去世，后来由他的同事发表了这次测量结果。他确实是用毕生的精力献身于光速的测定工作。迈克耳孙在基本度量方面也作出了贡献。

3. 测定基准长度

1893年，他用自己设计的干涉仪测定了红镉线的波长，实验说明当温度为15℃、气压在760mm汞柱产生的压强时，红镉线在干燥空气中的波长为6438.4696Å，于是，他提出用此波长为标准长度，来核准基准米尺，用这一方法订出的基准长度经久不变，被世界所公认，一直沿用到1960年。

4. 迈克耳孙干涉仪

1920年迈克耳孙和天文学家F. G. 皮斯合作，把一台20ft的干涉仪放在100in的反射望远镜后面，构成了恒星干涉仪，用它测量了恒星参宿四(即猎户座一等变光星)的直径，它的直径相当大，线直径为2.50×10^{8}mile，约为太阳直径的300倍。此方法后被用来测定其他恒星的直径。迈克耳孙的第一个重要贡献是发明了迈克耳孙干涉仪，并用它完成了著名的迈克耳孙-莫雷实验。按照经典物理学理论，光乃至一切电磁波必须借助静止的“以太”来传播。地球的公转产生相对于以太的运动，因而在地球上两个垂直的方向上，光通过同一距离的时间应当不同，这一差异在迈克耳孙干涉仪上应产生0.04个干涉条纹移动。1881年，迈克耳孙在实验中未观察到这种条纹移动。1887年，迈克耳孙和著名化学家莫雷合作，改进了实验装置，见图6-4-8，在精度非常高的情况下，仍未发现条纹的任何移动。实验结果暴露了以太理论的缺陷，动摇了经典物理学的基础，为狭义相对论的建立铺平了道路。

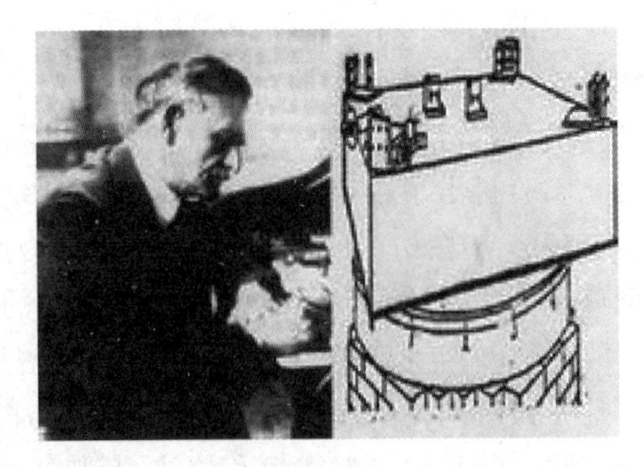
图6-4-8 阿尔伯特·亚伯拉罕·迈克耳孙

迈克耳孙干涉仪主要用于长度和折射率的测量，见图6-4-7，若观察到干涉条纹移动一条，便是M_2的动臂移动量为$\lambda/2$，等效于M_1与M_2之间的空气膜厚度改变$\lambda/2$。迈克耳孙干涉仪在近代物理和近代计量技术中，如在光谱线精细结构的研究和用光波标定标准米尺等实验中都有着重要的应用。利用该仪器的原理，研制出多种专用干涉仪。干涉条纹是等光程差点的轨迹，因此，要分析某种干涉产生的图样，必求出相干光的光程差位置分布的函数。若干涉条纹发生移动，一定是场点对应的光程差发生了变化，引起光程差变化的原因，可能是光线长度L发生变化，或是光路中某段介质的折射率n发生了变化，或是薄膜的厚度e发生了变化。

在光谱学方面，迈克耳孙发现了氢光谱的精细结构以及水银和铊光谱的超精细结构，这一发现在现代原子理论中起了重大作用。迈克耳孙还运用自己发明的“可见度曲线法”对谱线形状与压力的关系、谱线展宽与分子自身运动的关系做了详细研究，其成果对现代分子物理学、原子光谱和激光光谱学等新兴学科都产生了重大影响。

5. 阶梯光栅

1898年，迈克耳孙发明了一种阶梯光栅来研究塞曼效应，其分辨本领远远高于普通的衍射光栅。迈克耳孙是一位出色的实验物理学家，他所完成的实验都以设计精巧、精确度高而闻名，爱因斯坦曾赞誉他为“科学中的艺术家”。

实验五　声速的测量

声波是在弹性媒质中传播的一种纵机械波，它能在固体、液体和气体中传播。声速是描述波在媒质中传播特性的基本物理量。它与媒质的性质及状态有关。因此，测定声速就可以了解被测媒质的性质、状态及其变化。根据频率范围的不同，可以把声波分为可闻声波、超声波和次声波，可闻声波是人耳能够感觉到的声波，频率范围在20～20000Hz，超声波频率在20000Hz以上，次声波频率在20Hz以下。声速的测量在声波定位、探伤、测距等应用中具有十分重要的意义。

【实验目的】

(1) 掌握测量空气中声速的两种方法。

(2) 进一步加深对波的几个特征量的理解。

(3) 进一步熟悉示波器的使用。

【实验仪器】

声速测定仪、示波器、信号发生器各一台。

【实验原理】

1. 空气中的声速

声波在气体中的传播速度与气体的性质如温度、相对湿度有关，温度为 t 时空气中的声速

$$v=\sqrt{\frac{\gamma RT}{\mu}}$$

式中，R 为摩尔气体常数（$R=8.314\mathrm{J/(mol\cdot K)}$）；$\gamma$ 为比热容之比（气体比定压热容与比定容热容之比）；μ 为气体摩尔质量；T 为气体的绝对温度。

考虑到绝对温度与摄氏温度的换算关系 $T=273.15+t$，于是温度为 t℃时空气中的声速为

$$v_t=\sqrt{\gamma R(273.15+t)/\mu}=331.5\sqrt{\frac{273.15+t}{273.15}} \tag{6-5-1}$$

实验测量声速的方法可分为两类：一是测出声波传播距离 L 和所需的时间 t，由 $v=\dfrac{L}{t}$ 算出声速 v；二是利用关系式 $v=\lambda f$，通过测量频率 f 和波长 λ 来计算声速 v。本实验所采

用的共振干涉法和位相比较法即属于后者。

由于超声波具有波长短、易于定向发射、功率大、抗干扰性强等优点，因此在超声波段测声速是比较方便的。通常利用压电陶瓷电声换能器来进行超声波的发射和接收。在如图 6-5-1 所示的声速测量实验装置中，声速测量仪上的 S_1 和 S_2 是两只结构相同的压电陶瓷电声换能器，发射源 S_1 受到信号发生器输出的正弦电压的激励而发射超声波。接收器 S_2 把接收到的声波转换成正弦电压信号，输入示波器后供观察。

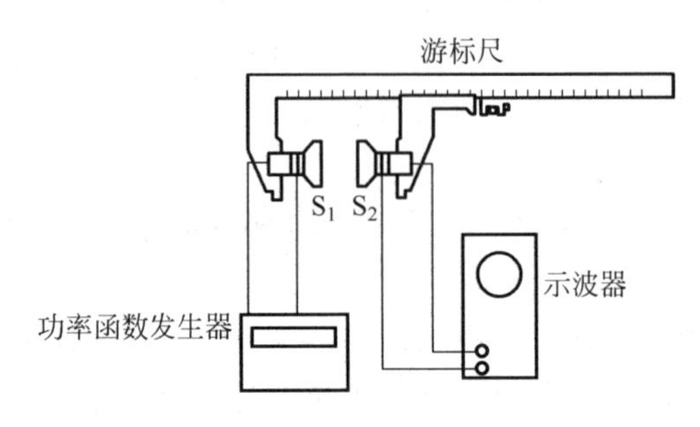

图 6-5-1 测声速的实验装置

2. 驻波法（共振干涉法）

设从发射源 S_1 发出的一定频率 f 的平面声波经过空气传播，到达接收器 S_2，如果发射面与接收面严格平行，入射波则在接收面上垂直反射，此入射波与反射波满足相干条件在相干区域内干涉。改变接收器与发射器之间的距离 l，当 l 为半波长的整数倍，即

$$l = n\frac{\lambda}{2},\quad n = 1,2,3,\cdots \tag{6-5-2}$$

时，在空气中出现稳定的驻波共振现象。此时，接收面处的振动位移处于波节，同时在接收面上的声压为波腹，如图 6-5-2 所示。接收器转换成的电信号也达到极大，在示波器上显示的电压信号也相应极大。对于某一特定波长的声波，可以有一系列的 l 值满足式(6-5-2)，我们把这些 l 记作 l_i。在移动接收端的过程中，相邻两次达到共振（接收端电信号达到极大）所对应的接收端之间的距离 Δl，即为半波长：

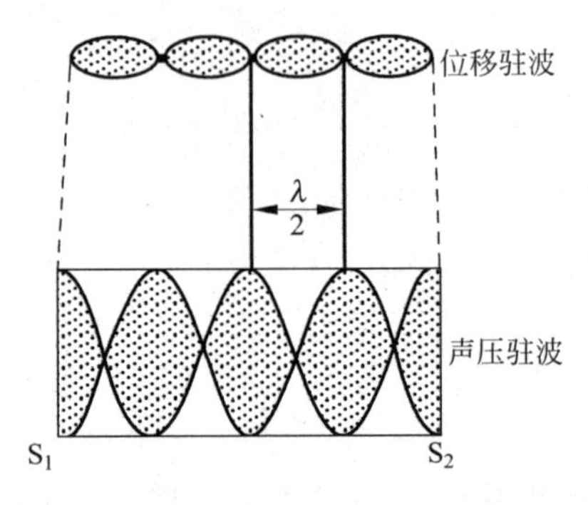

图 6-5-2 位移驻波和声压驻波

$$\Delta l = \Delta l_{i+1} - \Delta l_i = \frac{\lambda}{2} \tag{6-5-3}$$

由此可以求得 λ，读出功率函数发生器的输出频率 f，就可以求出声速 v。

实验中为了减小误差，测量接收端电信号连续出现振幅极值 n 次所对应的接收面之间的距离

$$\Delta l_n = \Delta l_{i+n} - \Delta l_i = n\frac{\lambda}{2} \tag{6-5-4}$$

此时声速的计算公式为

$$v = 2f\Delta l_n/n \tag{6-5-5}$$

3. 行波法(位相比较法)

发射波通过空气到达接收器,在同一时刻,发射面处的声波与接收面处的声波相位不同,其相位差 φ 可以利用示波器的李萨如图形进行测量。设发射器和接收器之间的距离为 l,则 φ 的计算公式为

$$\varphi = 2\pi \frac{l}{\lambda} \tag{6-5-6}$$

由此,当 $\Delta\varphi=2\pi$ 时,$\Delta l=\lambda$。

从李萨如图形可以判断 $\Delta\varphi$ 变化的多少,在移动接收端的同时,观察李萨如图形的变化,当李萨如图形从斜率为正(或斜率为负)的直线再次变为斜率为正(或斜率为负)的直线时,$\Delta\varphi=2\pi$,接收端移动了 $\Delta l=\lambda$。由此可以求出 λ。由振动理论知,同频率不同位相的两个相互垂直的谐振动合成时,其李萨如图形的变化见图 6-5-3。

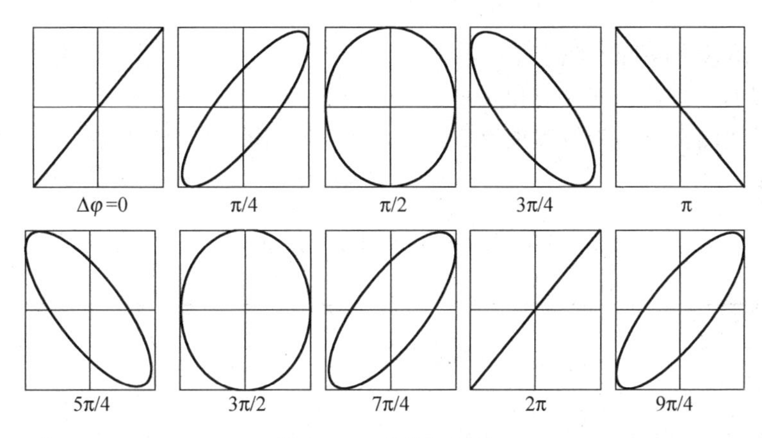

图 6-5-3　李萨如图形

在图 6-5-1 所示的实验装置中,保持原有接线不变,再将功率函数发生器输出的信号接到示波器的"X 轴输入"。这样,发射信号在 X 轴方向作正弦变化,接收信号在 Y 轴方向作正弦变化。在荧光屏上将出现同频率不同位相的两个相互垂直谐振动合成的李萨如图形。

实验中,测量李萨如图形成正斜率(或负斜率)直线 n 次所对应的接收器之间的距离

$$\Delta l_n = \Delta l_{i+n} - \Delta l_i = n\lambda \tag{6-5-7}$$

此时声速的计算公式为

$$v = f\Delta l_n / n \tag{6-5-8}$$

【实验内容】

1. 检查示波器、信号发生器、声速测定仪的连线和状态设置

按图 6-5-1 接线:将功率函数发生器接至发射器 S_1,接收器 S_2 与示波器"Y 轴输入"相接。信号发生器的"频率选择"拨至 100kHz 挡,"输出衰减"拨到 10dB,"波形选择"拨至正弦波。

2. 调整系统的谐振频率

调整可分粗调、细调两步进行。先将两个换能器彼此贴紧,在 20～50kHz 范围内调节信号发生器的频率,使示波器上显示的电压幅值最大,此时信号发生器所指频率接近谐振频

率。然后，将两个换能器分开，通过移动接收器 S_2 和调节信号发生器频率，再次使示波器上的电压信号达到最大值。此时信号源的输出信号频率才最终与换能器上的固有频率相等，即为该换能器的谐振频率。换能器在该频率时发射超声波的能力最强。

3. 共振干涉法测声速

继续缓慢移动 S_2，由近而远，逐个记下示波器上相继出现 10 个极大值时 S_2 的位置 l_1，l_2，…，l_{10}，填入数据表 6-5-1，计算声速。

4. 位相比较法测声速

将示波器扫描时间调至“X—Y”挡，示波器显示由 CH1 和 CH2 的信号合成的李萨如图形。将 S_2 移至 S_1 附近处，S_2 和 S_1 接近而不靠拢。再由近而远缓慢移动 S_2，并同时观察示波器上李萨如图形的变化，逐个记下李萨如图形为直线（斜率为正或斜率为负）时，S_2 的位置 l_1，l_2，…，l_{10}。填入数据表 6-5-2，计算声速。

5. 计算声速的理论值 v

测量室温 t，用理论公式计算出声速的理论值 v。

将两种方法测得的实验值和理论值进行比较，分析误差产生的原因。

【数据表格】

表 6-5-1　驻波法测声速

温度 $t=$____℃，　$f=$____ kHz

节点	x_0	x_1	x_2	x_3	x_4
S_2 位置 R_1					
节点	x_5	x_6	x_7	x_8	x_9
S_1 位置 R_2					
R_2-R_1					
$\lambda=(R_2-R_1)$平均值/2.5					

① $\lambda=$　　② 声速测量值 $v_{测}=$　　③声速理论值 $v=$

④ 计算声速测量值与理论值比较的相对误差 $E=\dfrac{|v_{测}-v|}{v}\times 100\%=$

表 6-5-2　行波法测量声速数据表

$\varphi_2-\varphi_1$	π	2π	3π	4π	5π
S_2 位置 R_1					
$\varphi_2-\varphi_1$	6π	7π	8π	9π	10π
S_2 位置 R_2					
R_2-R_1					
$\lambda=(R_2-R_1)$平均值/2.5					

① $\lambda=$　　② 声速测量值 $v_{测}=$　　③ 声速理论值 $v=$

④ 计算声速测量值与理论值比较的相对误差 $E=\dfrac{|v_{测}-v|}{v}\times 100\%=$

注意事项：

(1) 当驻波系统偏离共振状态时，驻波的形状不稳定，而且声波波腹的振幅比最大值要小得多。因此，在实验开始时，应仔细调节系统的谐振频率，使系统达到最佳的驻波共振状态。

(2) 声速测定仪接收端的移动是通过由丝杠、螺母构成的传动机构实现的，实验过程中要注意避免空程差，在读数过程中不退读。

(3) 由于声波在传播过程中有能量损失，因而随着接收端面 S_2 逐渐远离发射端面 S_1 时，驻波的振幅也是逐渐衰减的，但并不改变波腹、波节的位置，因而不影响对波长的测量。只是注意每次移动接收器时，一定要移到各个幅度为相对最大处，停止移动后再读数。

(4) 使用示波器时，亮度不能调得太大，以免损坏荧光屏。

【思考题】

1. 分析误差来源，比较两种测量方法的准确程度。
2. 产生驻波的条件是什么？

附录一　超声波

超声波是频率高于 20000Hz 的声波，它具有方向性好、穿透能力强、易于获得较集中的声能、在水中传播距离远等优点，因此应用非常广泛，在测距、测速、清洗、焊接、碎石、杀菌消毒等方面均有应用。超声波因其频率下限大于人的听觉上限而得名，通常用于医学诊断的超声波频率为 1～30MHz。

研究表明，在振幅相同时，一个物体振动的能量与其振动频率成正比。超声波在介质中传播时，介质质点振动的频率很高，因而能量很大。在中国北方干燥的冬季，如果把超声波通入水罐中，剧烈的振动会使罐中的水破碎成许多小雾滴，再用小风扇把雾滴吹入室内，就可以增加室内空气湿度，这就是超声波加湿器的原理。咽喉炎、气管炎等疾病，很难利用血液流动使药物到达患病部位，利用加湿器的原理，把药液雾化再让病人吸入，则疗效能够提高。利用超声波巨大的能量还可以使人体内的结石作剧烈的受迫振动而破碎，从而减缓病痛，达到治愈的目的。它还可以对物品进行杀菌消毒。

超声波的频率高、波长短，具有良好的定向性，因此，工业与医学上常用超声波进行探测。超声和可闻声本质上是一致的，它们的共同点都是机械振动，通常以纵波的方式在弹性介质内传播，是一种能量的传播形式；不同点在于超声波频率高，波长短，在一定距离内沿直线传播，具有良好的方向性，所以工业与医学上常用超声波进行超声探测。

当超声波在介质中传播时，存在一个正负压强的交变周期，在正压相位时，超声波对介质分子挤压，改变介质原来的密度，使其增大；在负压相位时，使介质分子稀疏，进一步离散，介质的密度减小，当用足够大振幅的超声波作用于液体介质时，介质分子间的平均距离会超过使液体介质保持不变的临界分子距离，液体介质就会发生断裂，形成微泡。这些小空洞迅速胀大和闭合，会使液体微粒之间发生猛烈的撞击作用。微粒间这种剧烈的相互作用会使液体的温度骤然升高，起到了很好的搅拌作用，利用这种效应，可使两种不相溶的液体(如水和油)发生乳化，因此能加速溶质的溶解，加快化学反应速度。这种由超声波作用在液体中所引起的效应称为超声波的空化作用。在液体中传播的超声波能对物体表面的污物进行清洗，其原理就可用“空化”来解释。

超声振动还可引起组织细胞内物质运动。由于超声的细微按摩，使细胞质流动，细胞振荡、旋转、摩擦，从而对细胞产生按摩的作用，也称为“内按摩”。这是超声波治疗所独有的特性，它可以改变细胞膜的通透性，刺激细胞半透膜的弥散过程，促进新陈代谢，加速血液和淋巴循环，改善细胞缺血缺氧状态，改善组织营养，改变蛋白合成率，提高再生功能等。它可使细胞内部结构发生变化，导致细胞的功能变化，使坚硬的结缔组织延伸、松软。

人体组织对超声能量有较大的吸收本领，因此当超声波在人体组织中传播时，其能量不断地被组织吸收而变成热量，其结果是使组织的温度升高，产热过程是机械能在介质中转变成热能的能量转换过程。超声温热效应可增加血液循环，加速代谢，改善局部组织营养，增强酶活力。一般情况下，超声波的热作用以骨和结缔组织为显著，脂肪与血液为最少。

超声成像则是利用超声波呈现不透明物内部形象的技术。把从换能器发出的超声波经声透镜聚焦在不透明试样上，从试样透出的超声波携带了被照部位的信息（如对声波的反射、吸收和散射的能力），经声透镜会聚在压电接收器上，所得电信号输入放大器，利用扫描系统可将不透明试样的形象显示在荧光屏上。上述装置称为超声显微镜。超声成像技术已在医疗检查方面获得普遍应用。在微电子器件制造业中用来对大规模集成电路进行检查，在材料科学中用来显示合金中不同组分的区域和晶粒间界等。声全息术是利用超声波的干涉原理记录和重现不透明物的立体图像的声成像技术，其原理与光波的全息术基本相同，只是记录手段不同而已（见全息术）。用同一超声信号源激励两个放置在液体中的换能器，它们分别发射两束相干的超声波：一束透过被研究的物体后成为物波，另一束作为参考波。物波和参考波在液面上相干叠加形成声全息图，用激光束照射声全息图，利用激光在声全息图上反射时产生的衍射效应而获得物的重现像。

超声波还可应用于除螨、除油、化学合成、制药、化妆品生产等方面。

附录二　压电陶瓷电声换能器

离子型晶体的电介质（如石英、电气石、酒石酸钾钠、钛酸钡、压电陶瓷等），由于结晶点阵的特殊结构，当晶体发生机械变形（伸长或缩短）时，会产生电极化现象，因而在承受压力的两个表面上出现异号束缚电荷，该表面间产生了电势差，这种现象叫做压电效应。电压的大小和形变大小在一定范围内成正比关系。

当晶体两面加上电压时，晶体就会产生机械变形（伸长或缩短），这种现象叫做电致伸缩或逆压电效应，形变的大小和电压的大小在一定范围内亦成正比关系。

当晶体进行机械振动时，由于压电效应产生交变电压，因此压电效应可使机械振动转变为同频率的电振荡；反之，电致伸缩可使电振荡转变为同频率的机械振动，从而实现机械能和电能的转换。图 6-5-1 中电声换能器就是利用正、逆压电效应实现机械振动和电振荡的相互转换；发射器 S_1 中的压电陶瓷片（通常用锆钛酸铅压电陶瓷）受到交变信号电压的作用而产生同频率的机械振动，发射超声波；接收器 S_2 中的结构相同的压电陶瓷片接收超声波时发生机械振动，从而产生同频率的交变信号电压。

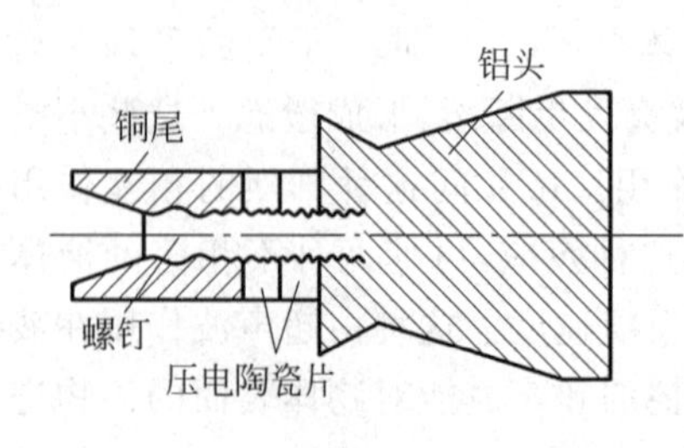

图 6-5-4　压电陶瓷换能器剖面

压电陶瓷换能器剖面如图 6-5-4 所示。换能器的头部用轻金属铝做成喇叭形，尾部用重金属铜做成圆柱形，中间夹一对压电陶瓷圆环片，并用穿过环中心的螺钉使部件相对固定。这样的结构既增大了辐射和吸收声波的面积，又增强了振子和介质的耦合作用。由于振子是以纵向长度的伸缩直接带动头部轻金属作同方向的伸缩（对重金属作用较小），所以它所发射的声波方向性、平面性较好。

实验时，应按换能器的技术指标正确使用。

实验六　照相技术

照相技术涉及光学、化学及机械的有关知识，在日常生活中，它与人们的联系很密切，在科学实验中，它能够真实、迅速地把物体的形象记录下来，是一种重要的实验手段。因此，照相技术在X光分析、光谱分析、红外测量、金相分析、高能粒子的径迹记录分析、航空测量和空间技术等方面，得到了广泛的应用。

【实验目的】

（1）了解摄影、冲洗、印相、放大和翻拍等照相技术的基本知识。

（2）学习摄影、冲洗、印相、放大和翻拍等过程的技术。

【实验仪器】

照相机，印相机，放大机，翻拍机，冲洗器材等。

【实验原理】

获得一张照片需要经过摄影、冲洗（显影、定影、水洗）和印相（或放大）等过程。

摄影是把立体景象通过光学系统（照相机镜头）成像于感光材料（胶片）上，使胶片曝光，胶片上的卤化银经感光后发生化学变化，生成潜影，在冲洗时，经过显影液的还原作用，便把这些潜影显现出来，成为一种由黑色细微颗粒金属银组成的影像，胶片上未曝光的部分，则利用定影液的作用除去，使其不再能感光。因此，经曝光、显影加工后，在胶片上得到的是与原景物色调正好相反的底片（一般称为负片）。

印相时将印相纸或黑白正片压在底片上（乳剂膜对乳剂膜）进行曝光，经显影加工后，在感光纸或黑白正片上就得到一个与底片色调相反，而与原来景物色调相同的像（一般称为正片）。

放大的基本原理与摄影相同，摄影是通过镜头使景物在底片上成为缩小的像，放大则是通过镜头使底片上的影像在放大纸上成放大的像，然后经过显影加工后，得到一张放大的与原来景物色调相同的正片。

所以照相过程一般分为下列三个过程，如图6-6-1所示。

（1）摄影过程。

（2）负片制作过程（冲洗胶卷）。

（3）正片制作过程（印相或放大过程）。

下面分别介绍有关这三个过程的基本技术。

1. 摄影

摄影过程中主要使用照相机和胶卷。涉及的基本技术是：用光和取景、聚焦、选择光圈与快门速度。照相机是利用凸透镜成缩小实像的原理制成。照相机种类很多，但它们的基

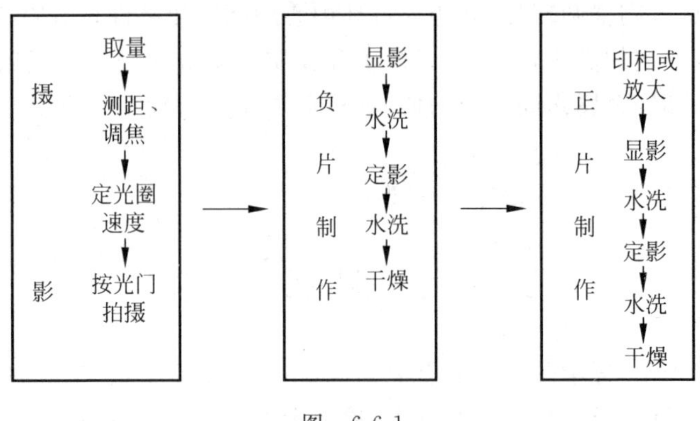

图　6-6-1

本构造都是一样的，主要包括以下几个部件：①镜头；②光圈；③快门；④机身（暗箱）；⑤取景器；⑥测距器；⑦卷片装置。下面对一般照相机的结构作简要介绍。

（1）镜头

它是成像的关键部分，一般照相机的镜头是由多片透镜组合而成，其组合后的作用相当于一个凸透镜，它们的像差经过精密校正，镜头分辨能力较高，成像质量较好。图 6-6-2 是照相机成像光路示意图。物体 AB 发出或反射的光线，经镜头 L，在机身后部胶片 P 上形成 AB 的像 A′B′。摄影时一般所说的“聚焦”，实际上就是调节镜头的前后位置（如图 6-6-2 所示的箭头方向），以使物距 u、像距 v、焦距 f 三者满足 $\frac{1}{u}+\frac{1}{v}=\frac{1}{f}$ 关系，这样在胶片上形成的像就清晰了。

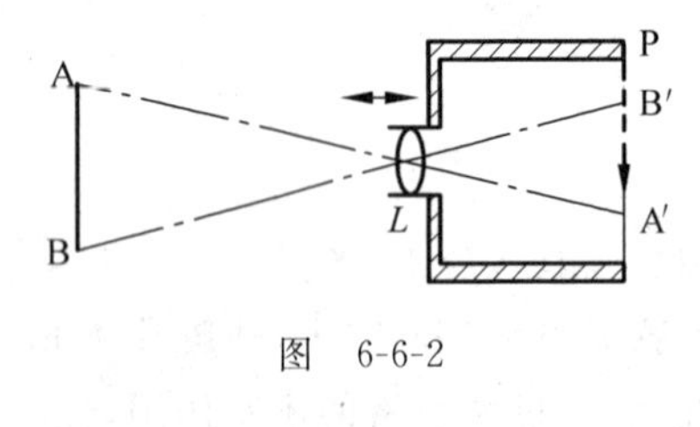

图　6-6-2

镜头的焦距 f 有固定不变与可调节变动的两类，常见的镜头焦距有 2.8cm、3.5cm、5cm、9cm、13.5cm 等几种，焦距长短直接影响物体成像的大小。同一物体置于同一地点，焦距长，物体成像大；焦距短，成像小。一般 120 照相机比 13 照相机镜头的焦距长，故拍摄的照片较大。

（2）光圈

光圈是在摄影镜头后面或在组成镜头的复合透镜之中的一个小孔，它由 10 多片弧形金属薄片制成，孔能开大或缩小，以控制进入镜头的光通量。好像猫眼睛中的瞳孔一样，光线越强，它缩得越小；光线越弱，它就开得越大。图 6-6-3 示出了几种不同大小的光圈。f_{16}、f_{11}、f_8、$f_{5.6}$、f_4、$f_{2.8}$ 等是表示光圈大小的数字，它刻在装摄影镜头的铁环的边缘上，这些数字是镜头相对孔径大小的倒数（相对孔径是镜头的有效孔径 d 与镜头的焦距 f 的数值之

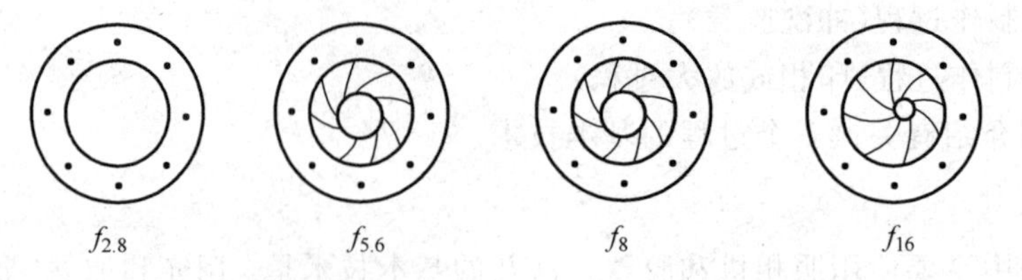

图　6-6-3

比)。数字小,摄影时叶片张开的孔径就大;数字大,叶片张开的孔径就小。因此,摄影时光线强,光圈要小,即 f 数要取得大;光线弱,光圈要大,即 f 数要取得小。

光圈除了起控制进光量的作用外,还起着调整景深的作用。所谓景深,是指前后物体都能在胶片上形成清晰的像的范围;一般光圈大景深范围小,光圈小景深范围就大。

(3) 快门

快门是控制光线进入镜头时间长短的机械装置。快门一般有帘式(也称焦点平面式)和合页式(也称中心快门)两种。图 6-6-4 所示为合页快门从开启到合拢的过程,在这段时间内光线进入镜头,它和光圈配合起来控制进入镜头的光通量的多少,一般所谓曝光时间 1/50s、1/125s、1/250s 等就是指快门从开启到合拢过程的时间。各级快门速度一般都刻在镜头或机身的速度盘上,快门速度是分挡的,并不连续。因此,选用快门速度时,应注意不能使指示标记在相邻两级之间,否则会引起快门的损坏(卡死)。

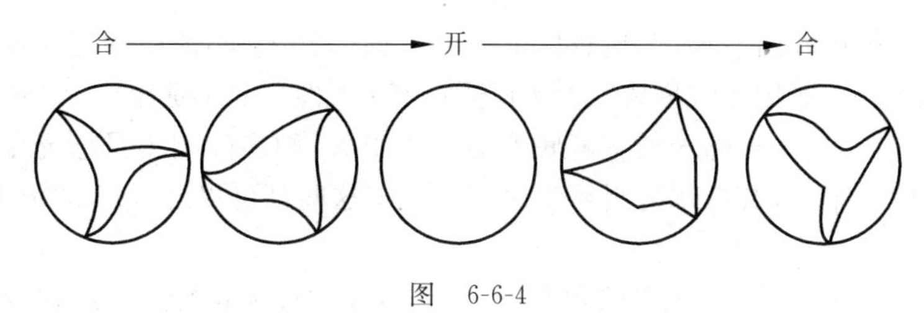

图　6-6-4

光圈和快门速度的正确选择,既取决于被摄物体的具体情况,又取决于所使用的胶片的感光速度。在胶片已确定的情况下,光线强,光圈要缩小或快门速度要加快,物体运动,快门速度要快,光圈相对也要大些。

20 世纪 60 年代初期,发展了一种电子快门,现在常装在小型照相机上,它利用电子线路控制快门的开闭,能自动适应被摄物的亮度条件。装有这种快门的照相机,底片感光正确,机身震动小。

(4) 用光和取景

要求通过合理的用光,真实、生动地表现事物的形象,一般摄影时常用侧面光,因为它最能表现物体的凹凸层次。取景则要求能集中、突出地表现主题。例如:表现高大,应使用竖的画面;表现宽广,应尽可能取横的画面;表现动向,需要在它的动向去处留下一定的前进空隙。

(5) 测距、聚焦

只有聚焦清晰,才能获取一张清晰的底片。聚焦是调节镜头与胶片之间的距离——像距。但是在镜头上刻出的却是物距。所以聚焦过程也是一个正确测距过程,测距分目测估计与自动测距两类。一些旧式或简易照相机,凭摄影者经验来目测估计被摄物的距离 v,然后转动镜头使准线与距离标尺上 v 值刻度对准。自动测距可分为光测式和电测式两种,光测式又可以分为连动测距和反光测距,连动测距是一边转动镜头,一边在测距器中观察,若看到测距器中虚、实两影重合,或上下两截接合,则表示测距正确,底片上聚焦清晰;反光测距则是一边转动镜头,一边在毛玻璃上直接观察所成之像是否聚焦清晰。电子测距是近几年发展起来的先进测距装置,利用微型计算器自动调焦,打开电键便能自动测距。

2. 负片的冲洗

实验中使用的是黑白全色胶卷。冲洗是将胶卷装入冲洗罐中进行的。所用的显影液配方是D-72,它对负片、正片、照相纸、放大纸均适用。定影液配方是F-5A。冲洗时要注意三定,即定量、定时、定温。定量系指配液时要按配方的药量配制;定时系指应按照显影液的标准显影时间进行;定温系指显影温度要适宜。温度高,显影液活力强,结果负片黑白反差大;反之,反差小。一般讲比较标准的温度为18~20℃。

3. 印相、放大过程(正片制作过程)

(1) 印相

图6-6-5是印相机结构示意图。将负片置于印相机的磨砂玻璃上,乳剂膜向上,照相纸或黑白正片覆盖于负片上,乳剂膜向下,压紧后使两者紧密接触,进行适当曝光后,取下相纸或正片,进行冲洗。

要使印相得到良好的效果,要注意以下三个方面。首先,必须根据底片反差的强弱,选择适当的感光纸。一般用1#(最软)、2#(软性)、3#(中性)、4#(硬性)、5#(最硬)等号码来标记,常用的为2号或3号感光纸。若底片的反差很大,则应配用1号感光纸。其次,要控制适当曝光时间。第三,要控制适当显影时间。以上这些都可以通过多次"试样"来确定。

(2) 放大

图6-6-6是照相机结构和光路的示意图。其中,A为照明部分,S为光源,M为聚光镜,B为可伸缩的皮腔,C为底片夹,L为放大机镜头,D为放置放大纸的夹板。光源发出的光,经聚光镜后照亮置于C中的底片(底片乳剂膜向下)。调节L上下位置,可以使底片在D上成一清晰放大的像,在D上放置放大纸(乳剂膜向上)后,就能进行曝光。放大时,放大纸型号的选择与印相纸相同,曝光、显影等时间也与印相一样,要经过多次"试样"来确定。

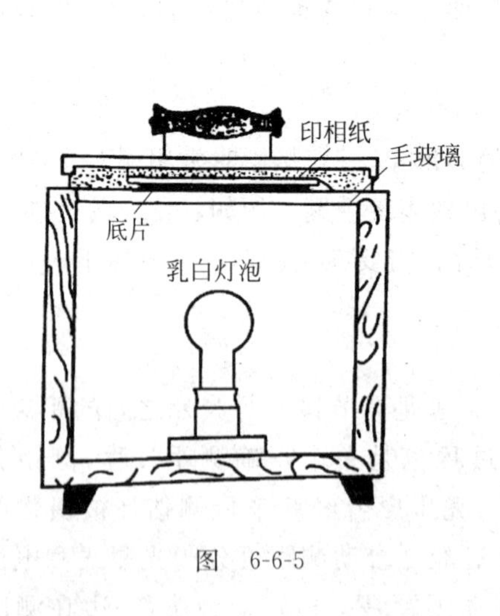

图 6-6-5

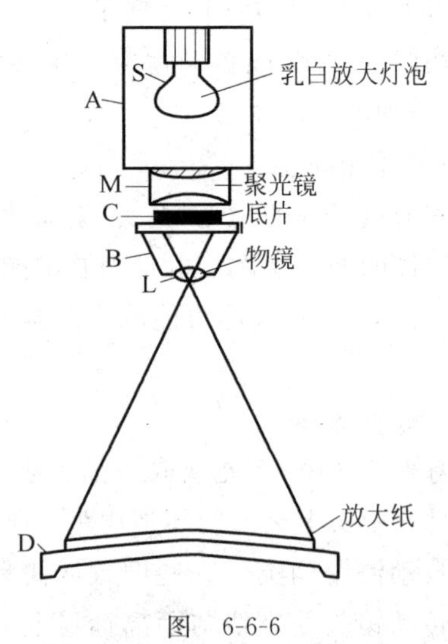

图 6-6-6

4. 翻拍

将照片、图片或文字资料录拍成照相底片的过程称为翻拍。翻拍可用专门翻拍机进行,也可以用长焦距照相机或普通照相机镜头与机身间加接圈(即加大镜头与底片间的距离——像距)进行。但拍摄中要特别注意被摄对象的照明应均匀。

【实验内容】

1. 拍摄

(1) 在教师指导下熟悉所使用的照相机的结构、性能和使用方法，并进行“聚焦”，调节“快门速度”和“光圈”等练习。

(2) 把胶卷装入照相机。

(3) 拍摄 1～2 张照片，记下天气条件、拍摄景物、距离、光圈、快门速度。

2. 负片制作——底片的冲洗

(1) 熟悉所使用的照相暗室的布局，室内各种器具、药液放置的地方，各种电源开关的位置等，以及安全使用暗室的规则。

(2) 按正确冲洗过程，完成底片冲洗，并记下冲洗时的温度，显影、定影、水洗的时间。

3. 正片制作——印相或放大，冲洗

(1) 印相。按照印相过程，先取两小块照相纸进行不同曝光时间的试验，然后进行冲洗，观察结果，以确定合适的曝光时间，最后按试验选定的最好条件，印出一张完整照片。

(2) 放大。按放大过程，也是先经试验确定条件，然后放大一张适当尺寸的照片。

【数据处理与分析】

本实验主要学习摄影、冲洗印相、放大等过程的技术，应认真记录各过程的条件。并从所得负片、正片中进行认真分析总结。

1) 记下实验过程中所用的照相机型号，胶卷规格，拍摄景物时选用的光圈，曝光时间，显影、定影的时间和温度，印放时所用的纸号，曝光时间，显影、定影的时间。

2) 实验后总结下列问题并交上正、负片。

(1) 根据你拍摄的底片和印放的相片总结一下成功的经验和失败的教训。

(2) 拍一张满意的底片，在技术上，要掌握哪几个要点？

(3) 放大一张照片要经过哪几个主要步骤？

注意事项：

(1) 绝不允许用手触摸镜头，旋动照相机上各部件和零件的旋钮时，必须轻轻操作，不能用力旋动。

(2) 对光聚焦后，不能再移动照相机位置。拍摄时，照相机不能有抖动。

(3) 进入冲洗暗室，要严格遵循操作规程。室内工具、器材、药液不能随便乱放。冲洗完毕应做好清洁工作。

【思考题】

1. 照相机的构造是怎样的？它有哪些主要部件，各起什么作用？
2. 景深和光圈有何关系，应如何理解？
3. 在暗室中工作应注意什么？
4. 为什么底片显影后要放在停显液中停显、并经清水冲洗后才能放入定影液中定影？

附录一　数码相机原理介绍

数码相机也称数字相机，风靡了全世界。它是数字时代的一个重要标志，集光学技术、传感技术、微电子技术以及计算机技术和机械技术的优势为一体。它由镜头、CCD、A/D

(模/数转换器)、MPU(微处理器)、内置存储器、LCD(液晶显示器)、PC卡(可移动存储器)和接口(计算机接口、电视机接口)等组成,通常它们都安装在数码相机的内部,也有一些数码相机的液晶显示器与相机机身分离。数码相机中只有镜头的作用与普通相机相同,它将光线会聚到感光器件CCD(电荷耦合器件)上。CCD是半导体器件,它代替了普通相机中胶卷的位置,其功能是把光信号转变为电信号。这样,我们就得到了拍摄景物的电子图像,但是它还不能马上被送去计算机处理,还需要按照计算机的要求进行从模拟信号到数字信号的转换,ADC(模数转换器)器件用来执行这项工作。接下来MPU(微处理器)对数字信号进行压缩并转化为特定的图像格式,如JPEG格式,最后,图像文件被存储在内置存储器中。至此,数码相机的主要工作已经完成,剩下的是通过LCD(液晶显示器)查看已拍摄的照片。有一些数码相机为扩大存储容量而使用可移动存储器,如PC卡或者软盘,并提供了连接到计算机和电视机的接口。

几乎所有的数码相机镜头的焦距都比较短,当我们观察数码相机镜头上的标识时也许会发现类似"$f=6$mm"的字样,它的焦距仅为6mm,这不是鱼眼镜头吗?答案是否定的。说明书中明确地指出$f=6$mm相当于普通相机的50mm镜头(因相机不同而不同)。这是怎么回事呢?原来我们印象中的标准镜头、广角镜头、长焦镜头以及鱼眼镜头都是针对35mm普通相机而言的,它们分别用于一般摄影、风景摄影、人物摄影和特殊摄影。镜头的焦距不同使得拍摄的视角不同,而视角不同产生的拍摄效果也不相同。然而焦距决定视角的一个条件是成像的尺寸,35mm普通相机成像尺寸是24mm×36mm(胶卷),而数码相机中CCD的成像尺寸小于这个值两倍甚至10倍,在成像尺寸变小焦距也变小的情况下,就有可能得到相同的视角。所以说上面提及的6mm镜头相当于普通相机的50mm焦距镜头。因此CCD技术成为数码相机的关键技术,CCD的分辨率是评价数码相机档次的重要依据。CCD是Charge Couple Device的缩写,被称为光电荷耦合器件,它是利用微电子技术制成的表面光电器件,可以实现光电转换功能,在摄像机、数码相机和扫描仪中被广泛使用。摄像机中使用的是点阵CCD,扫描仪中使用的是线阵CCD,而数码相机中既有使用点阵CCD的又有使用线阵CCD的,一般数码相机都使用点阵CCD,专门拍摄静态物体的扫描式数码相机使用线阵CCD,它牺牲了时间换取可与传统胶卷相媲美的极高分辨率(可高达8400×6000)。CCD器件上有许多光敏单元,它们可以将光线转换成电荷,从而形成对应于景物的电子图像,每一个光敏单元对应图像中的一个像素,像素越多图像越清晰,如果想增加图像的清晰度,就必须增加CCD的光敏单元的数量。数码相机的指标中常常同时给出多个分辨率,例如640×480和1024×768,其中,最高分辨率的乘积为786432(1024×768),它是CCD光敏单元85万像素的近似数。因此当我们看到"85万像素CCD"的字样,就可以估算该数码相机的最大分辨率。

许多早期的数码相机都采用上述的分辨率,它们可为计算机显示的图片提供足够多的像素,因为大多数计算机显卡的分辨率是640×480、800×600、1024×768、1152×864等。CCD本身不能分辨色彩,它仅仅是光电转换器,实现彩色摄影的方法有多种,包括给CCD器件表面加以CFA(color filter array,彩色滤镜阵列),或者使用分光系统将光线分为红、绿、蓝三色,分别用3片CCD接收,例如美能达RD-175单反数码相机就采用3CCD方式。

A/D转换器又叫做ADC(analog digital converter),即模拟数字转换器,它是将模拟电信号转换为数字电信号的器件。A/D转换器的主要指标是转换速度和量化精度,转换速度是指将模拟信号转换为数字信号所用的时间，由于高分辨率图像的像素数量庞大，因此对转换速度要求很高，当然高速芯片的价格也相应较高；量化精度是指可以将模拟信号分成多少个等级，如果说 CCD 是将实际景物在 X 和 Y 方向上量化为若干像素，那么 A/D 转换器则是将每一个像素的亮度或色彩值量化为若干个等级，这个等级在数码相机中叫做色彩深度。数码相机的技术指标中无一例外地给出了色彩深度值，那么色彩深度对拍摄的效果有多大的影响呢？其实色彩深度就是色彩位数，它以二进制的位(bit，b)为单位，用位的多少表示色彩数的多少。常见的有 24 位、30 位和 36 位。具体来说，一般中低档数码相机中每种基色采用 8 位或 10 位表示，高档相机采用 12 位。三种基色红、绿、蓝总的色彩深度为基色位数乘以 3，即 $8\times3=24$ 位、$10\times3=30$ 位或 $12\times3=36$ 位。数码相机色彩深度反映了数码相机能正确表示色彩的多少，以 24 位为例，三基色(红、绿、蓝)各占 8 位二进制数，也就是说红色可以分为 $2^8=256$ 个不同的等级，绿色和蓝色也是一样，那么它们的组合为 $256\times256\times256=16\ 777\ 216$，即 1600 万种颜色，而 30 位可以表示 10 亿种、36 位可以表示 680 亿种颜色。色彩深度值越高，就越能真实地还原色彩。

数码相机在实现测光、运算、曝光、闪光控制、拍摄逻辑控制和图像的压缩处理等操作时，必须有一套完整的控制体系，它可以通过 MPU(microprocessor unit)实现对各个操作的统一协调和控制。和传统相机一样，数码相机的曝光控制可以分为手动和自动，手动曝光就是由摄影者调节光圈大小、快门速度。自动曝光方式又可分为程序式自动曝光、光圈优先式曝光和快门优先式曝光。MPU 通过对 CCD 感光强弱程度的分析，调节光圈和快门，又通过机械或电子控制调节曝光。

经过 A/D 转换器得到的数字图像信号在存储之前还有一项工作，就是将占用大量存储空间的原始图像数据压缩成特定的图像格式。图像格式的种类繁多，加起来不下二三十种，各个厂家的标准也不统一，有的数码相机干脆为用户提供了六七种格式任用户选择。

LCD(liquid crystal display)为液晶显示屏，数码相机使用的 LCD 与笔记本电脑的液晶显示屏的工作原理相同，只是尺寸较小。从种类上讲，LCD 大致可以分为两类，即 DSTN-LCD(双扫扭曲向列液晶显示器)和 TFT-LCD(薄膜晶体管液晶显示器)。与 DSTN 相比，TFT 的特点是亮度高，从各个角度观看都可以得到清晰的画面，因此数码相机中大都采用 TFT-LCD。LCD 的作用有三个，一为取景，二为显示，三为显示功能菜单。

数码相机的输出接口主要有计算机通信接口、连接电视机的视频接口和连接打印机的接口。常用的计算机通信接口有串行接口、并行接口、USB 接口和 SCSI 接口。若使用红外线接口，则要为计算机安装相应的红外接收器及其驱动程序。如果用户的数码相机带有 PCMCIA 存储卡，那么可以将存储卡直接插入笔记本电脑的 PC 卡插槽中。软盘是最常见和最经济的存储介质，有些数码相机就使用软盘作为存储介质，直接把软盘从数码相机中取出，插入计算机软盘驱动器即可把图像文件传送到计算机中。

附录二 单反相机介绍

单反相机全称是单镜头反光式取景照相机(single lens reflex camera，缩写为 SLR camera)。它是用单镜头并通过此镜头反光取景的相机。所谓“单镜头”是指摄影曝光光路和取景光路共用一个镜头，不像旁轴相机或双反相机那样取景光路有独立镜头。“反光”是指相机内一块平面反光镜将两个光路分开：取景时反光镜落下，将镜头的光线反射到五棱镜，再到取景窗；拍摄时反光镜快速抬起，光线可以照射到感光元件 CMOS 或 CCD 上（见图 6-6-7）。

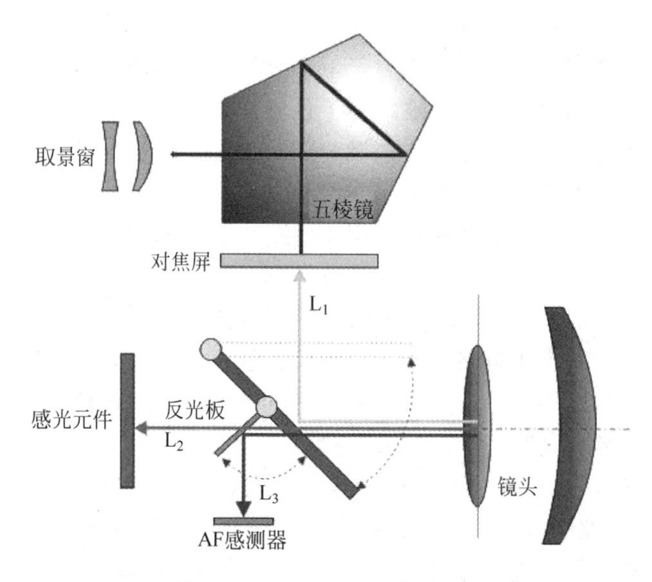

图 6-6-7 单反相机成像示意图

1. 成像原理

在这种系统中，反光镜和棱镜的独特设计可使摄影者直接从取景器中观察到通过镜头的影像。

从单镜头反光相机的构造图中可以看到，光线透过镜头到达反光镜后，反射到上面的对焦屏，并形成影像，通过五棱镜的反射，我们可以在观景窗中看到外面的景物。当按下快门时，反光镜沿箭头所示方向移动，反光镜被抬起，图像被摄在 CCD 上，与取景屏上所看到的一致。

2. 单反相机的几大优点

单反相机与旁轴相机相比，优点在于所见即所得，取景器中的成像角度与最终出片的角度是一样的。但与旁轴相机相比，单反相机镜头的后焦点要能同时在反光板的位置和感光元件的焦平面位置同时成像，必须要在成像焦平面之前还产生一个假焦点，这就造成了单反相机的光学镜头结构更加复杂，体积更大，同时成像效果不及旁轴相机直接、通透。

单反相机只有一个镜头，既用来摄影也用来取景，因此视差问题基本得到解决。取景时来自被摄物的光线经镜头聚焦，被斜置的反光镜反射到对焦屏上成像，再经五棱镜反射，摄影者通过取景目镜就能观察景物，而且是上下左右都与实际景物相同的影像，因此取景、调焦都十分方便。拍摄时，反光镜会立刻弹起来，镜头光圈自动收缩到预定的数值，快门开启使胶片感光；曝光结束后快门关闭，反光镜和镜头光圈同时复位。具体来说，单反相机的几大优点如下。

（1）成像质量优秀。因为单反相机中感光器的面积远大于普通数码相机中感光器的面积，所以像素密度相对大大降低，因此在宽容度、解像力和高感光度下的表现远远超越普通数码相机。

(2) 单反相机的快门是纯机械快门或电子控制的机械快门,快门时滞极短,按下快门后能立即成像,易于抓拍。DSLR 的开机速度只有几百毫秒,连拍速度也很快。普通相机则是纯电子快门,存在严重的快门时滞问题,因此它拍静物还可以,但不适合抓拍运动物体——因为得到的影像,往往不是按下快门时的那个影像。

(3) 单反相机的取景是通过镜头取景,看上去很亮堂,而且用户所看到的画面就是他将要拍到的,通透的光线使对焦时更容易观察。而普通相机是通过感光器与 LCD 取景,在亮度和色彩的观察方面均与实际存在一定的误差,不易察觉,在暗处更会看不清画面。普通相机上即便有光学取景器,其光路也不是从镜头中穿过,因此同样存在视差。

(4) 单反相机可以根据拍摄主题来确定使用何种镜头,可以更换。而普通相机的镜头无法更换,并且镜头质量比单反相机的镜头要差很多。

(5) 单反相机拥有大量的手动功能。单反相机可以方便地进行手动变焦、手动设定拍摄参数等,可以进行一些特殊的拍摄(如用 B 门拍焰火)。而很多普通相机都是自动的(特别是卡片机),多数相机没有手动变焦环,要靠马达自动变焦,因为变焦和对焦的速度慢,会丧失很多拍摄良机。很多人认为自动比手动好,实在是一个误区,只有自动功能而没有手动功能的相机往往是低端相机,因为自动的精确性和速度远远达不到手动那么高。

3. 单反相机的几大缺点

单反相机的缺点是:增加反光镜室和五棱镜以后,机身加高、加厚,重量增加;反光镜弹起来的一瞬间还会出现机械震动和噪声;从按下快门钮到启动快门的时间间隔也比其他照相机略长;使用小口径镜头在光线较差的环境中取景、调焦,会因取景屏较暗而产生困难,易造成聚焦失误。

(1) 笨重,不便携带

由于单反相机的反光镜和五棱镜是必不可少的,机身自然无法做得再小。为了保证坚固,用料也不能节省,决定了在重量和体积上都无法更理想。容易给人一种压迫感,携带也不便。

(2) 机械振动和噪声

反光板工作和快门帘开合的时候,绝大多数单反相机的噪声都很大,在一些要求安静的环境无法使用。特别是反光板的震动,就算没有任何外力,自身的震动也会影响画质,拍摄夜景时若要避免震动就要打开反光板预升,避免画面的抖动。

(3) 所见即所得的负影响

由于取景是通过镜头,虽然是所见即所得,但是取景也同时受镜头的制约,视野明亮度受镜头影响很大,使用一支最大光圈比较大的镜头时,取景器也许明亮,但是使用一支光圈比较小的镜头取景时视野就会比较暗。

(4) 操作复杂

专业相机有太多的功能参数需要自行设定。虽然入门单反添加了很多傻瓜模式,很好地解决了这个使用单反的门槛问题,但是只使用单反相机的傻瓜模式显然有些浪费。

(5) 后期的大量资金投入

有人在使用小数码相机的时候喜欢用微距功能,平时总拍些花花草草,但是使用了单反后就不得不买一支微距镜头才能实现。一些厂商的单反机身不是防抖的,防抖需要在镜头上实现，购买带有防抖功能的镜头，又增加了开销。相关的必需品也是很耗费资金的，有了单反，当然需要一套结实的三脚架，国产的脚架结实的一套也要在千元左右。一支好镜头又要配备一片好的UV镜，根据拍摄题材和拍摄条件，还需要配备偏振镜、减光镜等更多附件。背包也需要更加结实一些的，质量好的背包价格也都比较昂贵。

(6) 需要特别注意清理和保养

可以更换镜头固然是好，但是更换镜头的时候稍不注意，机身内部就会进去灰尘，极有可能落到感光元件上，如果忘了清理，则拍摄后照片上会有很多污点。

第七章　设计性与课题型实验

实验一　动态悬挂法测金属材料的弹性模量

杨氏模量是工程材料的一个重要物理参数，它标志着材料抵抗弹性形变的能力。过去物理实验中所用的测量方法是“静态拉伸法”。采用这种方法由于拉伸时载荷大，加载速度慢，存在弛豫过程，它不能真实地反映材料内部的结构的变化，对脆性材料无法用这种方法测量，也不能测量在不同温度时的杨氏模量。而弯曲共振法因其适用范围广（不同的材料用不同的温度）、实验结果稳定、误差小而成为世界各国广泛采用的测量方法。测量方法规定为悬丝耦合弯曲共振法，常称为动态悬丝法。

【实验目的】

(1) 用悬丝耦合共振法测定金属材料的杨氏模量。

(2) 培养学生综合应用物理仪器的能力。

(3) 设计性扩展实验，培养学生研究探索的科学精神。

【实验原理】

用悬丝耦合弯曲共振法测定金属材料杨氏模量的基本方法是：将一根截面均匀的试样（圆棒或矩形棒）用两根细丝悬挂在两只传感器（即换能器，一只激振，一只拾振）下面，在试样两端自由的条件下，由激振信号通过激振传感器作自由振动，并由拾振传感器检测出试样共振时的共振频率。再测出试样的几何尺寸、密度等参数，即可求得试样材料的杨氏模量。

根据理论推导得

$$E = 1.6067\frac{l^3 m}{d^4}f^2\text{（圆形截面棒）}$$

$$E = 0.9464\frac{l^3 m}{bh^3}f^2\text{（矩形截面棒）}$$

式中，l 为棒长；d 为圆形棒直径；b 和 h 分别为矩形棒的宽度和直径；m 为棒的质量；f 为试样共振频率。

如果在实验中测定了试样在不同温度时的固有频率 f，即可计算出试样在不同温度时的杨氏模量 E。在国际单位制中杨氏模量的单位为 N/m^2。

值得注意的是，在推导以上两个公式时是根据最低级次（基频）的振动的波形推导出的。试样在基频振动时，存在两个节点，分别在 $0.224l$ 和 $0.776l$ 处，显然节点是不振动的，实验时悬丝不能吊在节点上。

【实验装置】

本实验的基本问题是测量在不同温度时的共振频率。为了测出该频率，实验时采用如

图 7-1-1 所示装置。

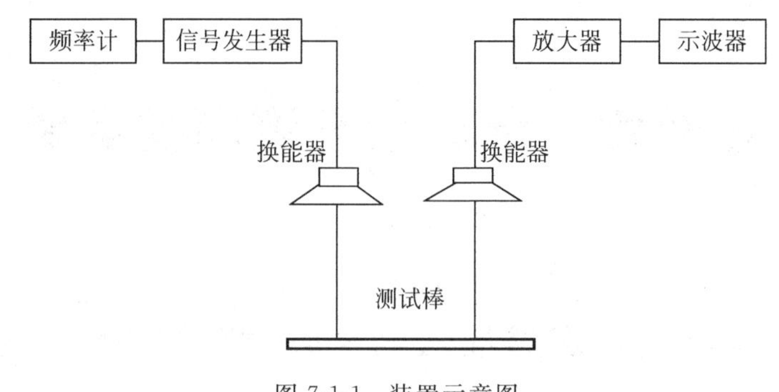

图 7-1-1 装置示意图

由信号发生器输出的等幅正弦波信号，加在传感器Ⅰ上(激振)上，通过传感器Ⅰ把电信号转变成机械振动，再由悬线把机械振动传给传感器Ⅱ(拾振)，这时机械振动又转变成电信号。该信号放大后送到示波器中显示。

当信号发生器的输出频率不等于试样的共振频率时，试样不发生共振，示波器上几乎没有信号波形或波形很小。当频率相等时，试样发生共振，示波器上波形突然增大，读出的频率就是在该温度下的共振频率，根据公式即可计算出试样的杨氏模量。

【实验内容】

(1) 测定试样的长度 l、直径 d 和质量 m。

(2) 在室温下铜的杨氏模量为 $1.2\times10^{11}\mathrm{N/m^2}$，先估算出共振频率 f，以便寻找共振点。因试样共振态的建立需要有一个过程，且共振峰十分尖锐，因此在共振点附近调节信号频率时须十分缓慢地进行。

(3) 测出共振频率 f，求出材料的杨氏模量 E。

【设计性扩展实验】

(1) 根据李萨如图形法判定试样的共振频率 f。

(2) 根据实验原理，要使试样自由振动就应把悬丝吊扎在试样的节点上，但这样做不能激发和拾取试样的振动。因此实际的吊扎位置要偏离节点。请用“外延测量法”准确测定悬线吊扎在试样节点上时的共振频率，并修正你的实验结果。

【关于实验问题的探讨】

1. 关于试样的几何尺寸，在推导计算公式的过程中，没有考虑试样任一截面两侧的剪切作用和试样在振动过程中的回转作用。显然这只有在试样的直径与长度之比(径长比)趋于零时才能满足。精确测量时应对试样的径长比作出修正。

令
$$E_0=KE$$
式中，E 为未经修正的杨氏模量，E_0 为修正后的杨氏模量，K 为修正系数。K 值如表 7-1-1 所示。

实验时一般可取径长比为 0.03～0.04 的试样，径长比过小，会因试样易于变形而使实验结果误差变大。

对同一材料不同径长比的试样，经修正后可以获得稳定的实验结果。

表　7-1-1

径长 d/l	0.01	0.02	0.03	0.04	0.05	0.06
修正系数 K	1.001	1.002	1.005	1.008	1.014	1.019

2. 关于悬丝的材料和直径用推荐的几种悬丝做实验，对某一试样在相同温度测得的结果如表 7-1-2 所示。

表　7-1-2

悬丝材料	棉线	ϕ0.07 铜丝	ϕ0.06 镍铬丝
共振频率/Hz	899.0	899.1	899.3

可见不同材料的悬丝，共振频率差值不大(0.03%)。但悬丝越硬，共振频率越大。用不同材料不同直径的悬丝做实验，对同一试样在相同温度时测得的结果如表 7-1-3 所示。

表　7-1-3

铜丝直径/mm	0.07	0.12	0.24	0.46
共振频率/Hz	899.1	899.1	899.3	899.5

可见悬丝的直径越粗，共振频率越大。这与上述的悬丝越硬共振频率越大是一致的。因此，如果实验的温度不太高，悬丝的刚度能承受时，悬丝应尽量细些、软些。

至于悬丝和试样安装时的倾斜度，经多次试验，未见明显影响。

3. 关于悬丝吊扎点的位置，在原理部分，已简单述及了试样作基频对称型振动时，存在两个节点，节点是不振动的，实验时悬丝不能吊扎在节点上，必须偏离节点。在原理中，同时又要求在试样两端自由的条件下，检测共振频率。显然这两条要求是矛盾的。悬挂点偏离节点越近，可以检测的共振信号越强，但试样受外力的作用也越大，因此产生的系统误差也越大。为了消除误差，可采用内插测量法测出悬丝吊扎在试样节点上时试样的共振频率。具体的测量方法可逐步改变悬丝吊扎点的位置，逐点测出试样的共振频率 f。设试样端面至吊扎点的距离为 x，以 x/l 作横坐标，共振频率 f 为纵坐标，作图 7-1-2。

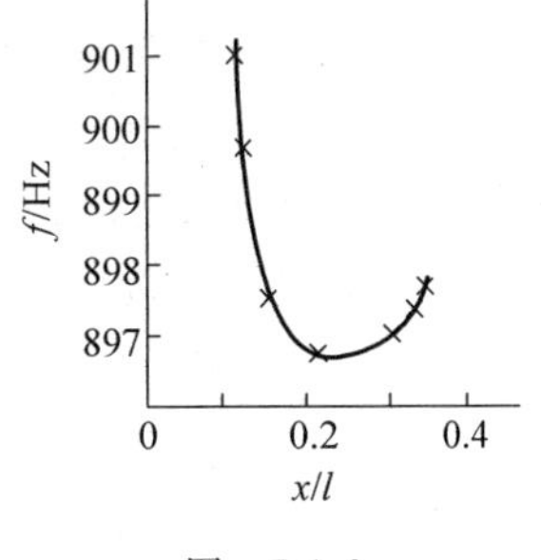

图　7-1-2

从图内插求出吊扎点在试样节点($x/t=0.224$ 处)时的共振频率 f(图标 $f=897.2$Hz)。实验数据见表 7-1-4。

表　7-1-4

x/mm	7.5	15.0	22.5	30.0	37.0	45.0	52.5
x/l	0.05	0.10	0.15	0.20	0.25	0.30	0.35
f/Hz	9.104	899.4	898.0	897.3	897.4	898.5	900.0
激振电压/V	0.2	0.3	0.4	2	3	0.4	0.3

4. 关于真假共振峰的判别。

在实际测量中，往往会出现几个共振峰，致使真假难分。尤其在高温测量时，因试样的机械品质因素下降，真假共振峰更难区别。下面提供几种判别方法，供参考。

(1) 共振频率预估法

实验前先用理论公式估算出共振频率的大致范围，然后进行细致的测量。此法对于分辨真假共振峰十分有效。

(2) 峰宽判别法

真正共振峰的峰宽十分尖锐，尤其在室温时，只要改变激振信号频率±0.1Hz 时，即可判断出试样是否处于最佳共振状态，虚假共振峰的峰宽就宽多了。

(3) 撤耦判别法

将试样用手托起，撤去激振信号通过试样耦合给拾振传感的通道。如果是干扰信号，尤其是当激振信号过强时，直接通过空气或激振传递给拾振传感器，则显示器上显示的波形不变。如果波形没有了，则有可能就是真的共振峰。

(4) 其他方法

其他方法还有衰减判别法(突然去掉激振信号，共振峰应有一个衰减过程，而干扰信号没有)、倍频检测法，跟踪测量法(变温测量法)等。实验者可运用已有的物理学知识和技能，设法进行判别。

【思考题】

1. 用什么规格的仪器测试样的长度、直径、质量和共振频率，使用时应注意哪些方面？
2. 你是如何判断真假共振峰的？
3. 分析实验误差产生的主要原因。

实验二　计算机虚拟实验设计

计算机技术的高速发展，使人类社会进入了信息时代，教育作为社会发展的一个重要支柱，其现代化的实现是必然趋势。作为教育现代化的一个重要标志，计算机多媒体教学近十年来在国际、国内已经有了很大的发展。

计算机虚拟实验是近几年在计算机多媒体教学中开辟的新领域。它通过计算机把实验设备、教学内容、教师指导和学生的操作有机地融合为一体，形成了一部活的、可操作的物理实验教科书和根据需要在瞬间建立的虚拟实验室。虚拟实验打破了传统的实验教学的模式和方法，它更加强调实验的设计思想和实验方法，更强调实验者的主动学习；通过计算机虚拟实验，学生对物理思想、方法、仪器的结构与设计原理等的理解，都可以达到实际实验难以实现的效果。同时，通过计算机虚拟实验，还实现了培养学生的实验技能、学习物理知识的目的，增强了学生对物理实验的兴趣，提高了物理实验的水平。总之，虚拟实验已成为现代化物理实验的重要手段。

通过对虚拟实验和虚拟实验仪器的建模，模拟了真实实验的过程，仪器可操作和自由组合，使实验具有可设计性和可操作性。它的出现是时代的产物，并且在高等院校中得到广泛的普及和应用。随着个人计算机和互联网络技术的飞速发展，通过网络打破学校、课堂的限制，充分挖掘教育资源，提高教育效益，扩大教学面，成为社会发展对教育提出的新要求，远程教育也已经成为国内外教育和计算机开发人员关注与从事的重要课题。在此形势下，远程的虚拟实验教学系统应运而生。它能提供一个功能更强的可实时或非实时的、可集中或分布式的远程虚拟实验教学系统。教师和学生可进行异地实时交互，教师可在异地观察学生的实验进程，并对所存在的问题进行指导，这是当前虚拟实验研究的新方向，也是具有跨世纪意义的、具有挑战性的新课题。

远程教育是指用先进的技术手段实现的，集教、学、管为一体的，在时间上和地域上相互分离的一种特殊的教育形式。这种教育形式的出现打破了以教师和书本为主体的传统教学模式，充分考虑到了教、学、管三方在教育过程中所处的地位和应起的作用，特别是突出了学生在整个教育环节中的主观能动性，真正做到了因材施教、按需施教，为教育界带来了革命性的变革。由于不受时间和地域上的限制，这种教学方式将完全改变传统的学生分布，使得学生无论在什么地方、也无论在什么时间都可以接受由最好的教育机构所提供的教学服务，极大地提高了学生学习的主动性、灵活性和趣味性。学生可根据自己的实际情况确定学习内容和安排学习进度，教师也可以以灵活的方式实现对学生的管理，从而满足了不同层次的人群的不同需求。另外通过资源共享，可以节省国家在基础教育设施上大量的重复投资，为更多的人创造接受教育的机会。

远程教育已经经历了如下几个发展阶段。

第一代远程教育以在欧洲和美国最早发展起来的函授教育为主，借助于邮政的发展得以普及。在这个发展阶段，师生之间没有直接的交流，学生既听不到老师的声音，也看不到老师的动作，因此，其教学效果是十分有限的。之后由于音频和视频技术的实用化导致了以广播电视为主体的第二代远程教育形式的出现。在这个发展阶段，实现了单向的、灌输式的教学效果，学生既可以听到老师的声音，同时也可以看到老师的动作，但是来自学生的反馈信息基本上难以反映到教学当中，师生之间仍没有直接的交流。第三代远程教育形式出现于20世纪60年代末至70年代初，最初的动机是将已有的音、视频技术和电话网络技术等结合起来，为由于地理原因而远离教育机构的学生提供受教育的机会。先进的互动技术和数字技术的发展为第三代远程教育提供了坚实的技术和物质基础，在此基础上，随着计算机、通信和网络技术的飞速发展，特别是Internet业务的普及，使得构筑和运行高性能、低价格的远程教育系统在技术上和经济上成为可能。到目前为止，已初步形成了以计算机多媒体技术和网络技术为核心的第四代远程教育系统的雏形。

1994年前后，德国的Heideberg大学和Mannheim大学着手进行了一项合作计划，尝试建立一种在数字网上运行的远程教学系统，该计划采用ATM方式将高性能多媒体工作站和多台PC连接起来，通过网络来获得教学内容、练习和所存储的教学资料。另外，从20世纪90年代初开始，利用Internet支持的在线系统，美国、加拿大、德国、墨西哥等国相继建立了各自的网上虚拟大学。其中，1996年8月，美国加利福尼亚、得克萨斯等10个州共同创建了各州认可的、相应高等院校承认课程学分的虚拟大学，学生们可以通过在电子课堂中上课、考试获得学位证书。1998年9月，世界闻名的美国斯坦福大学甚至开始实施了一项在线硕士教育计划。目前，美国已有约80所大学允许通过互联网络修得学位。网上虚拟大学开出的课程也已覆盖了各主要学科领域。

我国于20世纪70年代末期建立了自己的广播电视大学，启动了远程教育业务。90年代后，随着网络事业的迅速发展，4个主干网——CERNET（教育部的中国教育和科研网）、

CHINANET(邮电部网)、CSTNET(中国科学院的中国科技网)和GBNET(工业和信息化部的金桥网)相继建成并投入运行,4个网都被连到Internet上。以此为背景,许多大学和研发部门先后开展了远程教育的研究。我国的网络远程教学已经拥有了一个良好的开端,并将取得迅猛的发展而跻身于世界先进行列。

本实验的目的是了解虚拟实验系统的设计原理、方法和技术,并将提供虚拟的实验平台使同学结合各方面的知识,自行设计虚拟实验。

【实验原理】

1. 虚拟实验的仿真建模

对虚拟实验仿真建模是设计虚拟实验的第一步,也是十分重要的一步。仿真模型既可以是一个物理模型,也可以是一个数学模型。无论对于何种类型的模型,都必须改写成适合于计算机处理的形式才能写出相应的计算机程序,用计算机实现虚拟实验。

仿真建模基本上是一种通过实验来求解问题的技术。通过仿真实验可了解包含在系统中各变量之间的关系,观察系统模型变量变化的全过程。同时,为了对仿真模型进行深入研究和结果优化,还必须进行多次运行、参数优化等工作。

仿真建模的一般过程如图7-2-1所示。

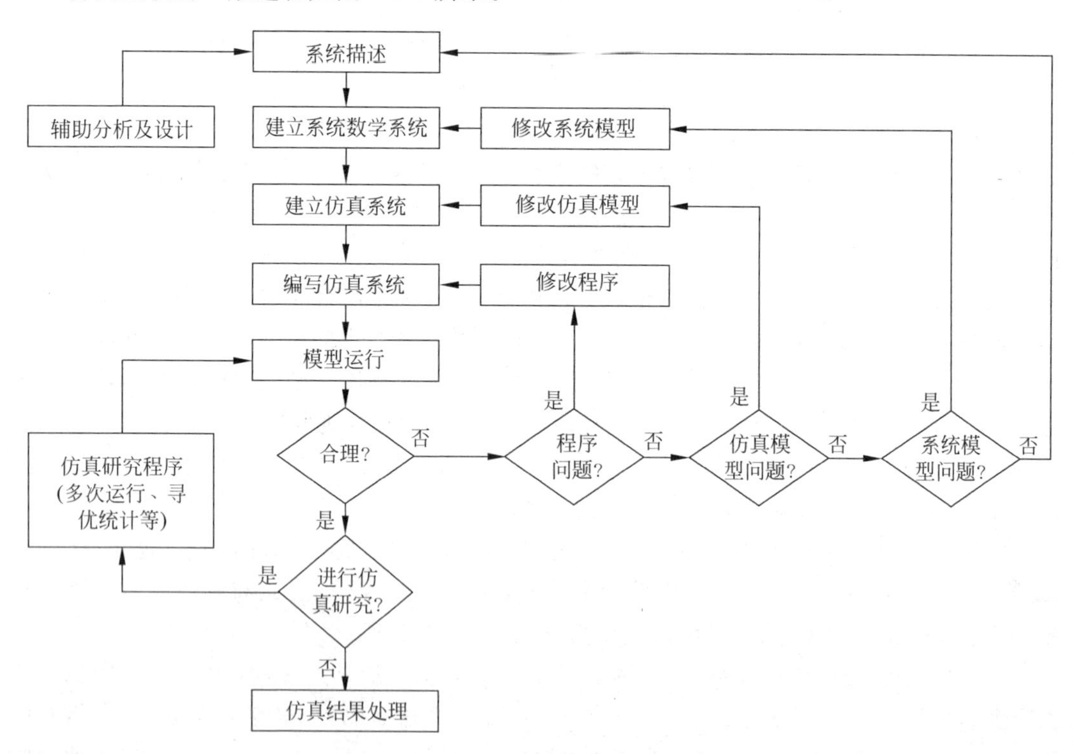

图7-2-1 仿真建模的过程

2. 虚拟实验设计技术

(1) 数据库技术

数据库是存储在一起的相关数据的集合。数据的存储独立于使用它的程序,对于数据库的插入、修改和检索,都可按一种公用可控的方法进行。

一个数据库系统至少包含三个部分。

① 一个结构化的相关数据集合

这个数据集合在描述数据时，不仅描述数据本身，而且描述了数据之间的联系，组织数据时是从整体角度出发，而不仅考虑个别的应用。现有的数据模型主要有层次、网状和关系数据模型。

② 多个用户

用户可以分为两类，一类是以数据的输入/输出和数据维护为主的批处理用户，数据流量比较大；另一类为联机用户，他们一般以查询性应用为主，使用专用的查询语言存取数据。这两类用户可以同时使用同一个数据库，而且每个用户只用数据库的一部分，各个用户使用的数据可以互相交叉。

③ 负责数据库管理和维护的软件系统

它对数据库的操作提供一种公用的方法，接受用户程序或终端命令提出的访问数据库的请求，提供数据库的维护功能，保证数据库的安全，在虚拟实验中，数据库技术得到广泛的应用。大量采用的声音、文字、图像都必须采用数据库技术进行整理、管理和存储。

(2) 多媒体技术

承载信息的载体(媒体)，可以是数字，也可以是文字，还可以是图形、图像、动画、语言和音乐。计算机发展之初，由于运算速度、存储能力和计算方法的限制，只能选择数字作为承载信息的媒体。随着计算机技术的发展，如今计算机中承载信息的媒体已经超出单一的数字局限而延伸到声音、图像和文字领域。

多媒体就是一种能让用户以交互方式将文本、图像、音频、动画和视频等多种信息，通过计算机内的软硬件设备获取、操作、编辑、存储后，以单独或合成形态表现出来的技术和方法。多媒体有效地综合了计算机和传统的视听技术，是一种多重技术结合及呈现的概念。由于多媒体的出现，使得虚拟实验等计算机教育软件的制作手段和方式起了深刻的变革，将多媒体技术应用到教学上，通过其高度的交互性可以达到非常好的教学效果。

(3) 动画模拟技术

在虚拟实验中，动画显示的主要作用是提供一种系统状态的可视性工具，从动态显示的屏幕画面上可以看到系统中各元素之间的因果关系，帮助人们形象地观察到系统的运行情况，从而深刻地了解系统运行的规律，进行学习和训练。

动画模拟系统由模拟系统软件和动画系统软件两部分组成。模拟系统对用户建立的模型进行动态模拟，而动画系统则向用户提供绘制系统图形和显示动态图表及变化的主体。当用户绘制的动画模型与模拟模型在模拟对象和运行逻辑上相互一致时，在动画模拟环境下，即可由模拟模型来驱动动画模型，从而实现系统的动画模拟显示。

(4) 人工智能技术

人工智能是计算机应用科学的一个主要分支，是研究用计算机来完成和表现人类智能的学科。

从实用的观点看，人工智能是一门知识工程学，它以知识为研究对象，研究知识的获取、知识的表示方法和知识的使用。

在众多的知识的表示方法中，产生式表示是一种广泛使用的事实表示方法，其格式固定，规则间相互独立，没有直接关系，使知识库的建立较为容易。

在虚拟实验教学系统设计时，按照产生式的知识表示方法，把教师丰富的教学经验转换为机器可以接受的表示形式——规则，并把这些规则分级、分优先顺序集成在系统中。当实验中遇到复杂的问题需要指导时，系统从当前已知事实出发，通过集成在系统中的规则按照规则匹配的方式最终得到最合适的规则，给予学习者正确及时的指导信息。

3. 虚拟实验中应用的软件技术

(1) 编程语言

由于在虚拟实验中，大量采用文字、声音、动画等多种媒体表现形式，使得传统的编程语言如C、Pascal等已经不能胜任这些多媒体软件的开发工作。随着多媒体技术的发展，一些比较流行的面向对象的高级语言，如Microsoft公司推出的Visual Basic和BorLand公司推出的Delphi等可视化编程语言的出现，给多媒体计算机教学软件的开发提供了强有力的工具。

(2) 辅助开发软件

① 三维图形开发软件3D Studio

3D Studio是著名的三维造型和动画软件，在广告、工业设计、多媒体制作和可视化教学领域占有重要的地位。随着计算机硬件的迅速发展，使得微机的三维图形制作能力达到了图形工作站的水平，利用与之相适应的3D Studio软件，就可以在微机上开发出达到工作站水平的专业动画和三维图形。

② 图像处理软件Photoshop

Photoshop是一个著名的图像处理软件，具有功能强大和使用灵活方便等特点。它不仅提供了许多绘图及色彩编辑工具，还提供了许多修饰图像的工具，如放大和裁剪、电子暗室等，使得原本在暗室中利用滤光镜、药水等的工作在计算机上就可以完成。

③ 声音处理软件

利用声卡及其附带的声音处理软件，可以进行声音的录入、压缩、截取、编辑、转换等操作，把原始的声音转换为满足多媒体制作要求的文件，存放到计算机中以供使用。

4. 虚拟实验的远程教学系统

将虚拟实验软件从单机或局域网的运行模式扩展到Internet网运行模式，实现远程教学交互和管理系统，是当前国际教育技术发展的新趋势，是研究教育现代化、信息化的前沿课题。但是将虚拟实验软件放在Internet网上运行时会遇到下列问题。

(1) 虚拟实验软件程序量大、图片多，当前Internet难以满足实时传输要求。

(2) 远程教学中多用户同时参与，将加重服务器和网络的负担。为解决此问题，在制作与本套书配套的虚拟物理实验软件时，我们设计了新的软件构架。其中大量的主要程序被置于光盘上，关键数据和网络管理处于服务器中，教学管理和师生交互部分则分别放在服务器和客户机，不同的部分运行时仍构成整体。这种设计成功地实现了虚拟物理实验的远程教学。

远程教学的系统结构如图7-2-2所示。整个系统以服务器为中心，教师和服务器、学生和服务器间的通信构成通信的主体，教师和学生之间的直接通信采用交互窗口，通过该窗口，教师和学生可以将当前的实验情况以图片和文本混合的形式相互交流。同时，师生间的通信还可以采用以服务器为中介的间接方式，即由服务器以通告的形式向通信双方转达信

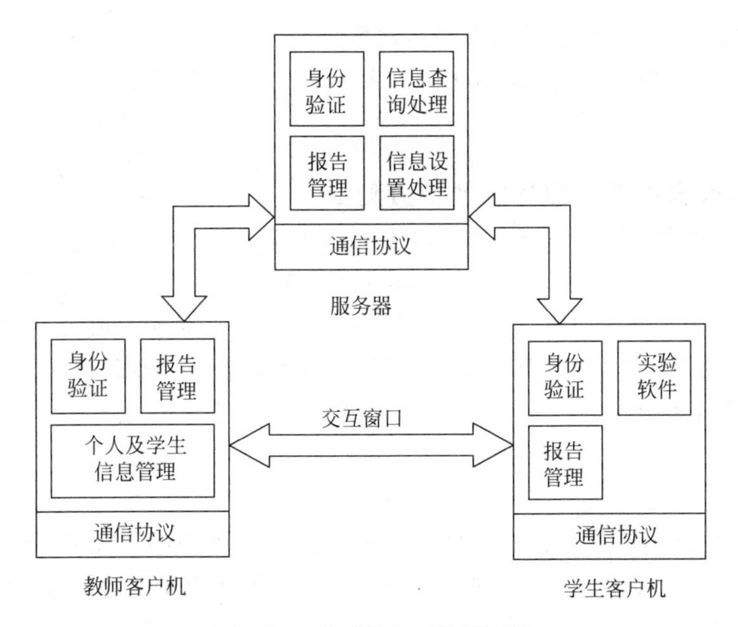

图 7-2-2　远程教学系统框架图

息，本质上，交互窗口是同步通信，而通告则是异步通信，同步和异步通信的组合为分布式远程教育提供了更完备的交互手段。

【实验内容】

1. 学习并完成虚拟设计实验

在虚拟实验室内提供有力学、电学、热学、光学和近代物理实验平台，并提供有相应的虚拟实验仪器，如示波器、信号发生器、各类元器件、光源、偏振片、滤波片及各种基本物理量的测量仪器等，请按实验要求完成各类虚拟设计实验，并在实验报告平台上完成实验报告，存入计算机供教师批改。

2. 虚拟实验的设计

(1) 利用 1 中提供的各类虚拟实验平台和虚拟实验仪器，自行命题，设计 1～2 个虚拟物理实验，并在虚拟实验平台上完成此虚拟实验的设计和测试。

(2) 根据本篇所提供的方法和技术自行设计虚拟实验平台和实验仪器，完成虚拟实验的设计与操作。

【思考题】

1. 虚拟实验与真实实验的区别是什么？它在现实中有何重要意义？
2. 通过虚拟实验的设计与测试，总结虚拟实验的设计方法。

实验三　半导体 PN 结的物理特性及弱电流测量

【实验目的】

(1) 在室温时，测量 PN 结电流与电压关系，证明此关系符合指数分布规律。

（2）在不同温度条件下，测量玻耳兹曼常数。

（3）学习用运算放大器组成电流-电压变换器测量弱电流。

【实验原理】

1. PN结伏安特性及玻耳兹曼常数测量

由半导体物理学可知，PN结的正向电流-电压关系满足

$$I = I_0[\exp(eU/kT) - 1] \tag{7-3-1}$$

式中，I是通过PN结的正向电流；I_0是反向饱和电流，在温度恒定时为常数；T是热力学温度；e是电子的电荷量；U为PN结正向压降。由于在常温(300K)时，$kT/e \approx 0.026\text{V}$，而PN结正向压降约为十分之几伏，则$\exp(eU/kT) \gg 1$，式(7-3-1)括号内$-1$项完全可以忽略，于是有

$$I = I_0 \exp(eU/kT) \tag{7-3-2}$$

也即PN结正向电流随正向电压按指数规律变化。若测得PN结I-U关系，则利用式(7-3-1)可以求出e/kT。在测得温度T后，就可以得到e/k常数，把电子电量作为已知值代入，即可求得玻耳兹曼常数k。

在实际测量中，二极管的正向I-U关系虽然能较好地满足指数关系，但求得的常数k往往偏小。这是因为通过二极管的电流不只是扩散电流，还有其他电流。一般它包括三个部分：①扩散电流，它严格遵循式(7-3-2)；②耗尽层复合电流，它正比于$\exp(eU/2kT)$；③表面电流，它是由硅和二氧化硅界面中杂质引起的，其值正比于$\exp(eU/mkT)$，一般$m>2$。因此，为了验证式(7-3-2)及求出准确的e/k常数，不宜采用硅二极管，而采用硅三极管接成共基极线路，因为此时集电极与基极短接，集电极电流中仅仅是扩散电流。复合电流主要在基极出现，测量集电极电流时，将不包括它。本实验中选取性能良好的硅三极管(TIP31型)，实验中又处于较低的正向偏置，这样表面电流影响也完全可以忽略，所以此时集电极电流与结电压将满足式(7-3-2)。实验线路如图7-3-1所示。

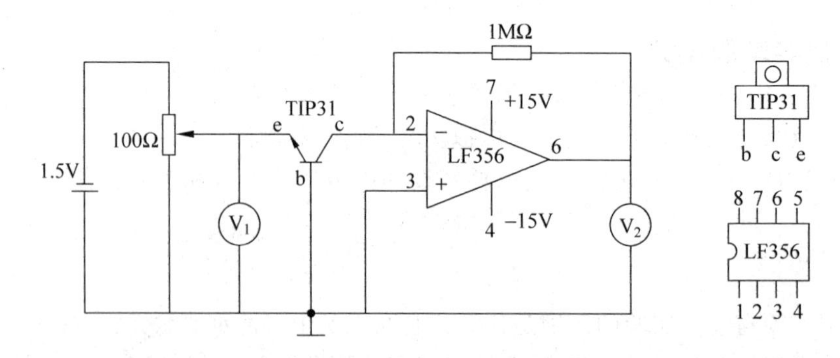

图7-3-1 PN结扩散电源与结电压关系测量线路图

2. 弱电流测量

过去实验中$10^{-6} \sim 10^{-11}$A量级弱电流采用光点反射式检流计测量，该仪器灵敏度较高，约为10^{-9}A/分度，但有许多不足之处，如十分怕振，挂丝易断；使用时稍有不慎，光标易偏出满度，瞬间过载引起引丝疲劳变形产生不回零点及指示差变大；使用和维修极不方便。

近年来,集成电路与数字化显示技术越来越普及。高输入阻抗运算放大器性能优良,价格低廉,用它组成电流-电压变换器测量弱电流信号,具有输入阻抗低、电流灵敏度高、温漂小、线性好、设计制作简单、结构牢靠等优点,因而被广泛应用于物理测量中。

LF356 是一个高输入阻抗集成运算放大器,用它组成电流-电压变换器(弱电流放大器),如图 7-3-2 所示。其中虚线框内电阻 Z_r 为电流-电压变换器等效输入阻抗。由图 7-3-2,运算放大器的输出电压 U_o 为

$$U_o = -K_0U_i \tag{7-3-3}$$

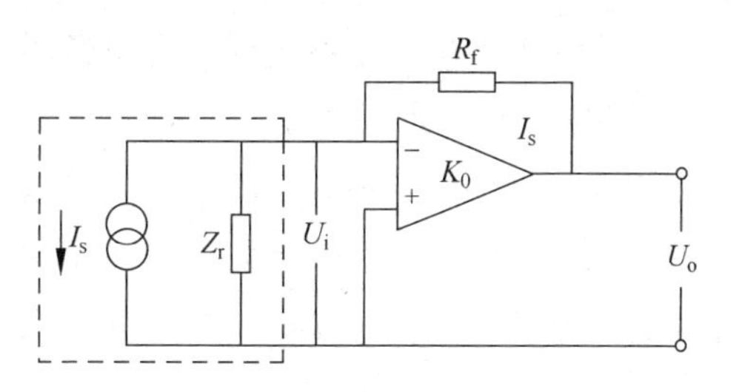

图 7-3-2　电流-电压变换器

式中,U_i 为输入电压;K_0 为运算放大器的开环电压增益,即图 7-3-2 中电阻 $R_f \to \infty$ 时的电压增益;R_f 称反馈电阻。因为理想运算放大器的输入阻抗 $r_i \to \infty$,所以信号源输入电流只流经反馈网络构成的通路。因而有

$$I_s = (U_i - U_o)/R_r = U_i(1 + K_0)/R_f \tag{7-3-4}$$

由式(7-3-4)可得电流-电压变换器等效输入阻抗 Z_r 为

$$Z_r = U_i/I_s = R_f/(1 + K_0) \approx R_f/K_0 \tag{7-3-5}$$

由式(7-3-3)和式(7-3-4)可得电流-电压变换器输入电流 I_s、输出电压 U_o 之间的关系式,即

$$I_s = -\frac{U_o}{K}(1 + K_0)/R_f = -U_o(1 + 1/K_0)/R_f = -U_o/R_f \tag{7-3-6}$$

由式(7-3-6)只要测得输出电压 U_o 和已知 R_f 值,即可求得 I_s 值。以高输入阻抗集成运算放大器 LF356 为例来讨论 Z_r 和 I_s 值的大小。对 LF356 运放的开环增益 $K_0 = 2 \times 10^5$,输入阻抗 $r_i \approx 10^{12}\,\Omega$。若取 R_f 为 1.00MΩ,则由式(7-3-5)可得

$$Z_r = 1.00 \times 10^6/(1 + 2 \times 10^5) = 5(\Omega)$$

若选用四位半量程 200mV 数字电压表,它最后一位变化为 0.01mV,那么用上述电流-电压变换器能显示最小电流值为

$$(I_s)_{\min} = 0.01 \times 10^{-3}/(1 \times 10^6) = 1 \times 10^{-11}(\mathrm{A})$$

由此说明,用集成运算放大器组成电流-电压变换器测量弱电流,具有输入阻抗小、灵敏度高的优点。

【实验内容】

(1) 实验线路如图 7-3-1 所示。图中 V_1 为三位半数字电压表,V_2 为四位半数字电压表,TIP31 为带散热板的功率三极管,调节电压的分压器为多圈电位器,为保持 PN 结与周围环境一致,把 TIP31 型三极管浸没在盛有变压器油的管中,油管下端插在保温杯中,保温杯内放有室温水。变压器油温度用 0～50℃的水银温度计进行测量。

(2) 在室温情况下,测量三极管发射极与基极之间电压 U_1 和相应电压 U_2。在常温下 U_1 的值约为 0.3～0.42V 范围,每隔 0.01V 测一点数据,约测 10 多个数据点,至 U_2 值达到饱和时(U_2 值变化较小或基本不变),结束测量。在记数据开始和记数据结束都要同时记录变压器油的温度 θ,取温度平均值 $\bar{\theta}$。

(3) 改变保温杯内水温,用搅拌器搅拌的水温与管内油温一致时,重复测量 U_1 和 U_2 的关系数据,并与室温测得的结果进行比较参考数据见表 7-3-1(也可以在保温杯内放冰屑做实验)。

(4) 曲线拟合求经验公式:运用最小二乘法,将实验数据分别代入线性回归、指数回归、乘幂回归这三种常用的基本函数(它们是物理学中最常用的基本函数),然后求出衡量各回归程序好坏的标准差 σ。对已测得的 U_1 和 U_2 各对数据,以 U_1 为自变量,U_2 作因变量,分别代入:①线性函数 $U_2=aU_1+b$;②乘幂函数 $U_2=aU_1^b$;③指数函数 $U_2=a\exp(bU_1)$。求出各函数相应的 a 和 b 值,得出三种函数式,究竟哪一种函数符合物理规律必须用标准差来检验。方法是:把实验测得的各个自变量 U_1 分别代入三个基本函数,得到相应因变量的预期值 U_2^*,并由此求出各函数拟合的标准差:

$$\sigma=\sqrt{\sum_{i=1}^{n}(U_i-U_i^*)^2/n}$$

式中,n 为测量数据个数;U_i 为实验测得的因变量;U_i^* 为将自变量代入基本函数的因变量预期值,最后比较哪一种基本函数为标准差最小,说明该函数拟合得最好。

(5) 计算 e/k 常数,将电子的电量作为标准差代入,求出玻耳兹曼常数并与公认值进行比较。

【实验步骤】

(1) 通过长软导线,将显示部分与操作部分之间的接线端一一对应连接起来。

(2) 通过短对接线,将线路板上的输入与输出端按照所示实验原理图连接起来。

(3) 打开电源,通过调节输入电位器将输入电压从显示输入电压为 0.02V 开始逐渐增加到 13V 左右的饱和电压,将测量结果记在实验记录本上,以便进行数据处理。

注意事项:

(1) 数据处理时,对于扩散电流太小(起始状态)及扩散电流接近或达到饱和时的数据在处理数据时应删去,因为这些数据可能偏离式(7-3-2)。

(2) 必须观测恒温装置上温度计读数,待所加热水与 TIP31 三极管温度处于相同温度时(即处于热平衡时),才能记录 U_1 和 U_2 数据。

(3) 用本装置做实验,TIP31 型三极管可采用的温度范围为 0～50℃。若要在－120～0℃范围内做实验,必须采用低温恒温装置。

(4) 由于各公司的运放(LF356)性能有些差异,在换用 LF356 时,有可能同台仪器达到饱和电压 U_2 的数据不同。

(5) 本仪器电源具有短路自动保护,运算放大器若 15V 接反或者地线漏接,本仪器也有保护装置,一般情况集成电路不易损坏。请勿将二极管保护装置拆除。

(6) 实验线路如图 7-3-1 所示,测温电路如图 7-3-2 所示。

【数据表格】

室温条件下:$\theta_1=25.90$℃,$\theta_2=26.10$℃,$\bar{\theta}=26.00$℃

表　7-3-1

U_1/V	0.310	0.320	0.330	0.340	0.350	0.360	0.370
U_2/V	0.073	0.104	0.160	0.230	0.337	0.499	0.733
U_1/V	0.380	0.390	0.400	0.410	0.420	0.430	0.440
U_2/V	1.094	1.575	2.348	3.495	5.151	7.528	11.325

以 U_1 为自变量，U_2 为因变量，分别进行线性函数、乘幂函数和指数函数的拟合，结果见表 7-3-2。

表　7-3-2

			线性回归 $U_2=aU_1+b$		乘幂回归 $U_2=aU_1^b$		指数回归 $U_2=\exp(bU_1)$	
n	U_1/V	U_2/V	U_2^*/V	$(U_2-U_2^*)^2/\mathrm{V}^2$	U_2^*/V	$(U_2-U_2^*)^2/\mathrm{V}^2$	U_2^*/V	$(U_2-U_2^*)^2/\mathrm{V}^2$
1	0.310	0.073	−1.944	4.07	0.082	8.1×10^{-5}	0.072	1.0×10^{-6}
2	0.320	0.104	−1.264	1.87	0.114	1.0×10^{-4}	0.106	4.0×10^{-6}
3	0.330	0.160	−0.584	0.55	0.160	0	0.156	16×10^{-6}
4	0.340	0.230	0.096	0.02	0.227	9.0×10^{-6}	0.230	0
5	0.350	0.337	0.775	0.19	0.325	1.44×10^{-4}	0.339	4.0×10^{-6}
6	0.360	0.499	1.455	0.91	0.468	9.61×10^{-3}	0.500	1.0×10^{-6}
7	0.370	0.733	2.135	1.97	0.680	2.81×10^{-3}	0.738	25×10^{-6}
8	0.380	1.094	2.815	2.96	0.999	9.02×10^{-3}	1.087	49×10^{-6}
9	0.390	1.575	3.495	3.69	1.483	8.46×10^{-3}	1.603	7.84×10^{-4}
10	0.400	2.348	4.175	3.34	2.225	1.51×10^{-2}	2.362	1.96×10^{-4}
11	0.410	3.495	4.855	1.85	3.379	1.34×10^{-2}	3.482	1.69×10^{-4}
12	0.420	5.151	5.535	0.15	5.196	2.02×10^{-2}	5.133	3.24×10^{-4}
13	0.430	7.528	6.215	1.72	8.097	0.32	7.566	1.44×10^{-3}
14	0.440	11.325	6.894	19.63	12.795	2.16	11.152	0.029
σ			1.8		0.42		0.048	
r			0.8427		0.9986		0.9999	
a,b			$a=67.99,b=-23.02$		$a=1.56\times10,b=10.37$		$a=4.47\times10,b=38.79$	

由表 7-3-2 可知，指数回归拟和得最好，也就说明 PN 结扩散电流-电压关系遵循指数分布规律。

计算玻耳兹曼常数：

由表 7-3-2 中数据得

$$e/k=bT=38.79\times(273.15+26.00)=1.160\times10^4(\mathrm{CK/J})$$

则

$$k=\frac{e}{e/k}=\frac{1.602\times10^{-19}}{1.160\times10^4}=1.38\times10^{-23}(\mathrm{J/K})$$

此结果与公认值 $k=1.381\times10^{-23}\mathrm{J/K}$ 相当一致。

实验四　非线性电路混沌现象研究

长期以来，人们在认识和描述运动时，大多只局限于线性动力学描述方法，即确定的运动有一个完美确定的解析解。但是自然界在相当多情况下，非线性现象却起着很大的作用。1963 年美国气象学家 Lorenz 在分析天气预报模型时，首先发现空气动力学中的混沌现象，该现象只能用非线性动力学来解释。1975 年混沌作为一个新的科学名词首次出现在科学文献中。此后，非线性动力学迅速发展，并成为有丰富内容的研究领域，该学科涉及非常广泛的科学——从电子学到物理学、从气象学到生态学、从数学到经济学等。混沌通常相应于不规则或非周期性，这是由非线性系统的本质产生的。本实验将引导学生自己建立一个非线性电路，该电路包括有源非线性负阻、LC 振荡器和 RC 移相器三部分；采用物理实验方法研究 LC 振荡器产生的正弦波与经过 RC 移相器移相的正弦波合成的相图（李萨如图），观测振动周期发生的分岔及混沌现象；测量非线性单元电路的电流-电压特性，从而对非线性电路及混沌现象有一初步了解；学会自己制作和测量一个带铁磁材料介质的电感器以及测量非线性器件伏安特性的方法。

【实验原理】

1. 非线性电路与非线性动力学

实验电路如图 7-4-1 所示，图中只有一个非线性元件 R，它是一个有源非线性负阻器件。电感器 L 和电容 C_2 组成一个损耗可以忽略的谐振回路；可变电阻 R_V 和电容器 C_1 串联将振荡器产生的正弦信号移相输出。本实验中所用的非线性元件 R 是一个三段分段线性元件。图 7-4-2 所示的是该电阻的伏安特性曲线，可以看出加在此非线性元件上的电压与通过它的电流极性是相反的。由于加在此元件上的电压增加时，通过它的电流却减小，因而将此元件称为非线性负阻元件。

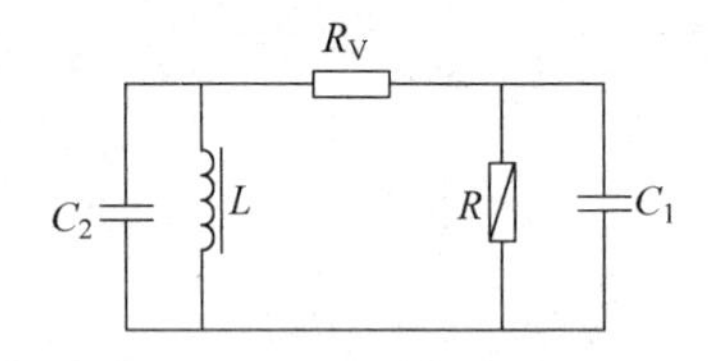

图 7-4-1　非线性电路原理图

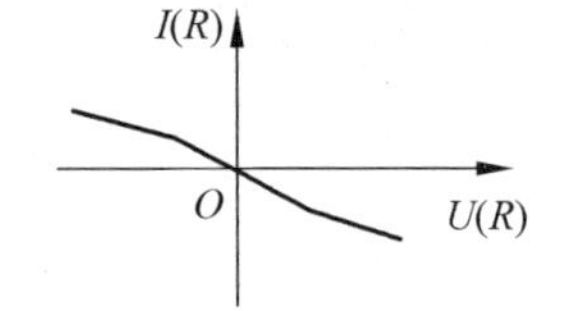

图 7-4-2　非线性元件伏安特性

图 7-4-1 所示电路的非线性动力学方程为

$$\begin{cases} C_1 \dfrac{\mathrm{d}U_{C_1}}{\mathrm{d}t} = G \cdot (U_{C_2} - U_{C_1}) - g \cdot U_{C_1} \\ C_2 \dfrac{\mathrm{d}U_{C_2}}{\mathrm{d}t} = G \cdot (U_{C_1} - U_{C_{21}}) + i_L \\ L \dfrac{\mathrm{d}i_L}{\mathrm{d}t} = -U_{C_2} \end{cases} \tag{7-4-1}$$

式中，导纳 $G=1/R_V$；U_{C_1} 和 U_{C_2} 分别表示加在电容器 C_1 和 C_2 上的电压；i_L 表示流过电感器 L 的电流；g 表示非线性电阻的导纳。

2. 有源非线性负阻元件的实现

有源非线性负阻元件实现的方法有多种，这里使用的是一种较简单的电路，采用两个运算放大器(一个双运放 TF353)和 6 个配置电阻来实现，其电路如图 7-4-3 所示，它的伏安特性曲线如图 7-4-4 所示，实验所要研究的是该非线性元件对整个电路的影响，而非线性负阻元件的作用是使振动周期产生分岔和混沌等一系列非线性现象。

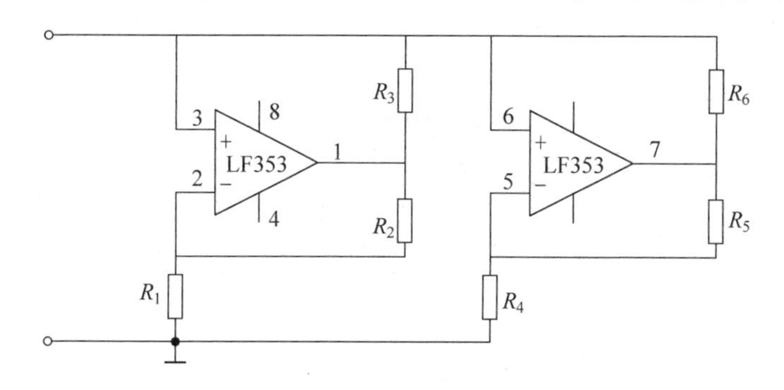

图 7-4-3　有源非线性器件

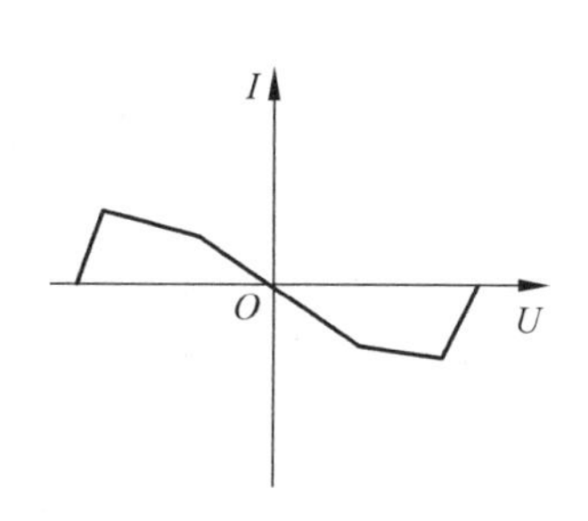

图 7-4-4　双运放非线性元件的伏安特性

实际非线性混沌实验电路如图 7-4-5 所示。

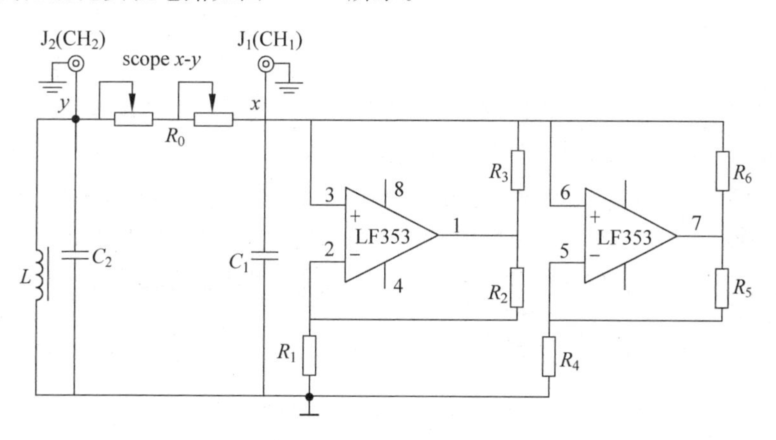

图 7-4-5　非线性电路混沌实验电路

3. 名词解释

以下这些定义是描述性的，并非是标准数学定义，但有助于初学者对这些词汇的理解。这些词汇定义多数是按相空间作出的。

(1) 分岔：在一族系统中，当一个参数值达到某一临界值以上时，系统长期行为的一个突然变化。

(2) 混沌：表征一个动力系统的特征，在该系统中大多数轨道显示敏感依赖性，即完全混沌。有限混沌：表征一个动力系统的特征，在该系统中某些特殊轨道是非周期的，但大多数轨道是周期或准周期的。

【实验仪器】

实验用仪器如图 7-4-6 所示。非线性电路混沌实验仪由四位半电压表(量程 0～20V，分辨率 1mV)、−15V～0～+15V 稳压电源和非线性电路混沌实验线路板三部分组成。观察倍周期分岔和混沌现象用双踪示波器。

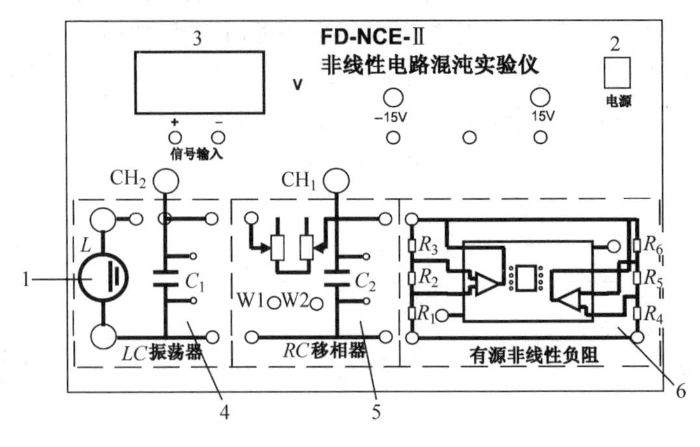

图 7-4-6　实验装置

【实验内容】

1. 必做内容

测量一个铁氧电感器的电感量，观测倍周期分岔和混沌现象。

(1) 按图 7-4-5 所示电路接线。其中电感器 L 由实验者用漆包铜线手工缠绕。可在线框上绕 70～75 圈，然后装上铁氧体磁芯，并把引出漆包线端点上的绝缘漆用刀片刮去，使两端点导电性能良好。也可以用仪器附带铁氧体电感器。

(2) 串联谐振法测电感器电感量。把自制电感器、电阻箱(取 30.00Ω)串联，并与低频信号发生器相接。用示波器测量电阻两端的电压，调节低频信号发生器正弦波频率，使电阻两端电压达到最大值。同时，测量通过电阻的电流值 I。要求达到 $I=5\text{mA}$(有效值)时，测量电感器的电感量。

(3) 把自制电感器接入图 7-4-5 所示的电路中，调节 R_1+R_2 阻值。在示波器上观测图 7-4-5 所示的 CH_1-地和 CH_2-地所构成的相图(李萨如图)，调节 R_1+R_2 电阻值由大至小时，描绘相图周期的分岔混沌现象。将一个环行相图周期定为 P，那么要求观测并记录 $2P$、$4P$、阵发混沌、$3P$、单吸引子(混沌)、双吸引子(混沌)共 6 个相图和相应 CH_1-地和 CH_2-地两个输出波形。(用李萨如图观测周期分岔与直接观测波形分岔相比有何优点?)

2. 选做内容

把有源非线性负阻元件与 RC 移相器连线断开。测量非线性单元电路在电压 $U<0$ 时的伏安特性，作 I-U 关系图，并进行直线拟合。(什么是负阻? 从伏安特性曲线上如何体现负阻概念?)

【实验结果】

1. 倍周期分岔和混沌现象的观测及相图描绘

(1) 按图 7-4-5 接好实验面板图，将方程(7-4-1)中的 $1/G$ 即 $R_{V1}+R_{V2}$ 值放到某较大值，这时示波器出现李萨如图，如图 7-4-7(a)所示，用扫描挡观测为两个具有一定相移(相位差)的正弦波。

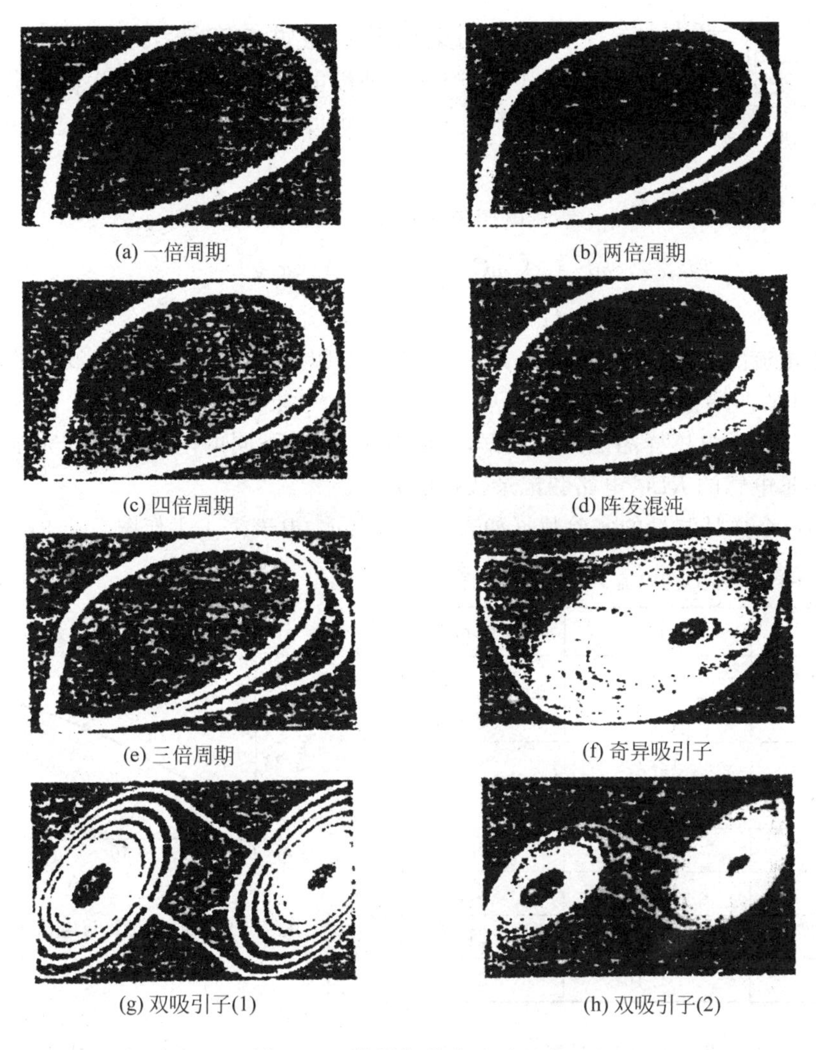

(a) 一倍周期　(b) 两倍周期
(c) 四倍周期　(d) 阵发混沌
(e) 三倍周期　(f) 奇异吸引子
(g) 双吸引子(1)　(h) 双吸引子(2)

图 7-4-7　倍周期分岔系列照片

(2) 逐步减小 $1/G$ 值,开始出现两个"分列"的环图,出现了分岔现象,即由原来 1 倍周期变为 2 倍周期,示波器上显示李萨如图,如图 7-4-7(b)所示。

(3) 继续减小 $1/G$ 值,出现 4 倍周期(如图 7-4-7(c)所示)、8 倍周期、16 倍周期与阵发混沌交替现象,阵发混沌见图 7-4-7(d)。

(4) 再减小 $1/G$ 值,出现了 3 倍周期,如图 7-4-7(e)所示,图像十分清楚稳定。根据 Yorke 的著名论断"周期 3 意味着混沌",说明电路即将出现混沌。

(5) 继续减小 $1/G$,则出现单个吸引子,如图 7-4-7(f)所示。

(6) 再减小 $1/G$,出现双吸引子,如图 7-4-7(g)、(h)所示。

2. 电感量与工作电流的关系

由于在本实验中制作线圈时使用了磁芯,因而线圈的电感对电流的变化非常明显,测量电路见图 7-4-8,以下测量到的数据可以很清楚地说明这一点,但由于本实验对混沌现象只用于定性半定量的观察，因而对实验影响并不大。

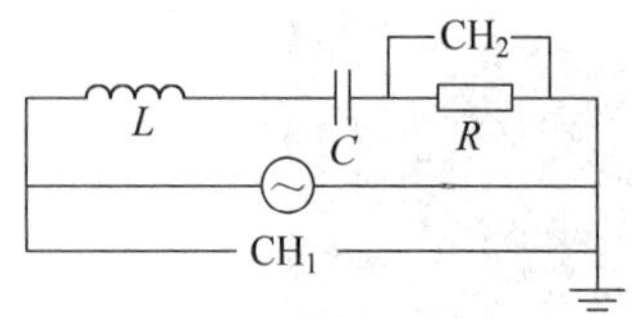

图 7-4-8 测量电感的电路

3. 测量电感 L 特性的方法

CH_2 测量 R 两端电压。保持信号发生器输出电压不变，调节频率，当 CH_2 测得的电压最大时，RLC 串联电路达到谐振。

电感谐振时有

$$\omega L = 1/\omega C, \qquad f_0 = 1/2\pi\sqrt{LC}$$

$$L = 1/4\pi^2 C f_0^2, \quad U_R = U_{CH_2}/2\sqrt{2}$$

回路中电流的有效值 $I=U_R/R$，其中 f_0 为谐振频率，U_{CH_2} 表示 CH_2 波形的峰谷间距，U_R 表示电阻 R 两端输出的电压。

以下提供两个电感样品的测量数据，仅供参考，因为不同的电感其参数完全不一样，但需要掌握测量电感的 RLC 电路和记录数据的方法。

(1) 第一个样品测量的实验数据如表 7-4-1 所示，由表 7-4-1 作图 7-4-9。

表 7-4-1 电感 L 随电流 I 变化的数据表

f_0/kHz	I/mA	L/mH
3.14	19.7	25.7
3.19	16.0	24.9
3.23	12.2	24.3
3.30	8.29	23.3
3.39	4.26	22.0
3.44	2.16	21.4
3.47	1.74	21.0
3.49	1.10	20.8

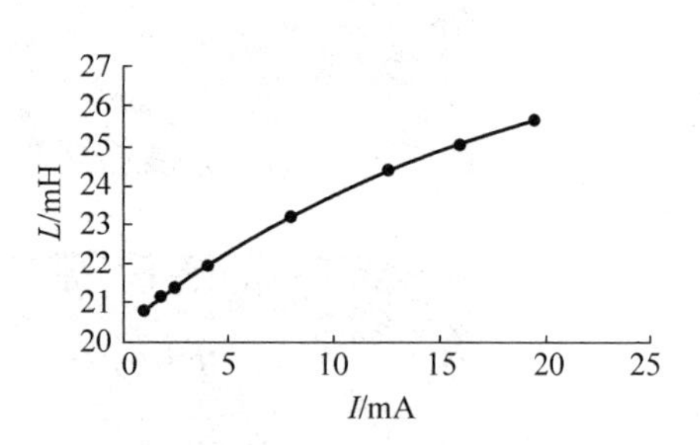

图 7-4-9 电感值 L 与电流 I 关系(一)

由表 7-4-1 可见，电感量 L 随着电流 I 的增大而增加，由此得出电感中有铁芯，因为电流越大，铁磁效应越明显。

(2) 第二个样品测量的实验数据如表 7-4-2 所示，改变信号发生器输出电压后得到数据见表 7-4-3。

表 7-4-2 电感参量的测量数据

参　　数	数　　值
R/Ω	100.0
U_{CH_2}/V	12.0
I/mA	42.4
f_0/kHz	1.995
L/mH	29.6
R_L/Ω	33.3

表 7-4-3 改变信号发生器输出电压后测量数据

参　　数	数　　值
R/Ω	100.0
U_{CH_2}/V	4.00
I/mA	14.1
f_0/kHz	2.038
L/mH	28.3

电感值 L 随电流 I 变化数据见表 7-4-4，由表 7-4-4 作图 7-4-10（$R=100.0\Omega$）。

表 7-4-4　电感 L 随电流变化的数据表

U_{CH_2}/V	I/mA	f_0/kHz	L/mH
12.0	42.4	1.995	29.6
10.0	35.5	1.980	30.1
8.00	28.3	1.982	30.0
6.00	21.2	2.000	29.5
4.00	14.1	2.038	28.3
2.00	7.07	2.110	26.5

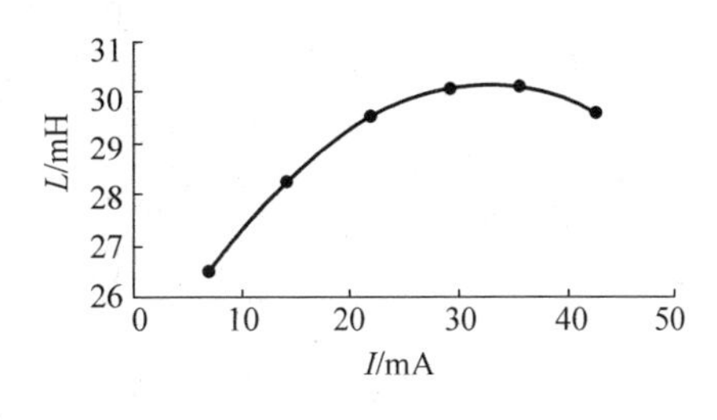

图 7-4-10　电感值 L 与电流 I 关系(二)

可见，电感 L 随电流 I 的增加而增大，由此得出电感中有铁芯。当电流增加到 25mA 以后，电感量就基本饱和了，再随着电流的继续增大，电感量在渐渐减小，这是因为电感中通过的电流越大，其磁环的磁导率 μ 就会下降，所以电感量就会随之减小。

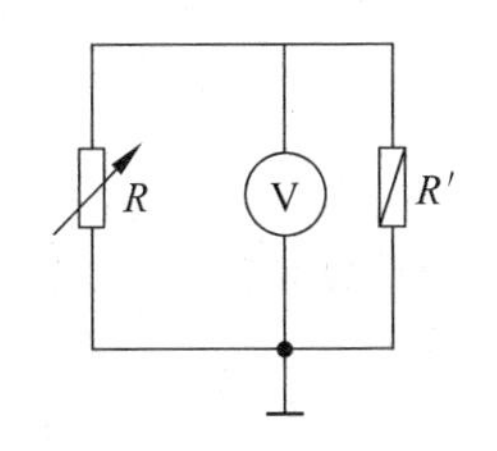

图 7-4-11　有源非线性负阻元件伏安特性原理图

R'为有源非线性负阻（接通电源的双运放）；R 为外接电阻箱

4. 有源非线性电路的伏安特性曲线测量

实验电路如图 7-4-11 所示。

有源非线性负阻元件一般满足“蔡氏电路”的特性曲线。实验中，将电路的 LC 振荡部分与非线性电阻直接断开，面板上的伏特表用来测量非线性元件两端的电压。由于非线性电阻是有源的，因此回路中始终有电流流过，R 使用的是电阻箱，其作用是改变非线性元件的对外输出。使用电阻箱可以得到很精确的电阻，尤其可以对电阻值作微小的改变，因而微小地改变输出。

本实验测得数据见表 7-4-5（仅供参考）。

表 7-4-5　非线性电路伏安特性

电压/V	电阻 R/Ω	电流/mA	电压/V	电阻 R/Ω	电流/mA
−0.010	600.0	0.017	−6.000	1944.7	3.085
−0.100	1162	0.086	−7.004	2042.7	3.918
−0.200	1230.2	0.163	−9.004	2077.3	4.334
−0.400	1267.7	0.316	−10.007	2105.6	4.753
−0.601	1280.1	0.469	−10.801	2124.5	5.084
−0.802	1287.3	0.623	−11.002	2178.9	5.168
−1.004	1291.3	0.778	−11.202	2148.0	5.215
−1.196	1293.8	0.924	−11.401	2400.0	4.750
−1.395	1295.7	1.077	−11.601	2840.0	4.085
−1.600	1297.1	1.234	−11.802	3500.0	3.372
−1.800	1344.4	1.339	−12.001	4550.0	2.638
−2.000	1405.4	1.423	−12.403	11 000.0	1.128
−4.000	1774.0	2.255	−12.600	32 000.0	0.394
−5.000	1872.7	2.670			

将表 7-4-5 中数据分三段进行线性拟合，线性方程为电流 $I=AU+B$，可得参数如下所示。

电压 U 为 $-0.200\sim-1.600$V 拟合：

$$A_1=-7.649\times10^{-4}\text{A/V},\quad B_1=9.547\times10^{-3}\text{mA},\quad r=0.99999$$

电压 U 为 $-2.000\sim-10.007$V 区间拟合

$$A_2=-4.157\times10^{-4}\text{A/V},\quad B_2=0.592\text{mA},\quad r=0.99999$$

电压 U 为 $-11.202\sim-12.600$V 区间拟合：

$$A_3=-3.526\times10^{-4}\text{A/V},\quad B_3=44.90\text{mA},\quad r=0.9985$$

三段直线交点：

$$U_1=-1.6680\text{V},\quad I_1=1.285\text{mA},\quad U_2=-11.241\text{V},\quad I_2=5.265\text{mA}$$

上式中 A 表示直线斜率，B 表示直线截距，r 表示相关系数。

可见，实际的曲线三段分段线性度很高，因为对非线性元件的电压-电流特性曲线在一定范围内可作分段线性近似，以便于以下的理论讨论。对于正向电压部分的曲线，由理论计算是与反向电压部分曲线关于原点180°对称的。

【思考题】

1. 实验中需自制铁氧体为介质的电感器，该电感器的电感量与哪些因素有关？此电感量可用哪些方法测量？

2. 非线性负阻电路(元件)在本实验中的作用是什么？

3. 为什么要采用 RC 移相器，并且用相图来观测倍周期分岔等现象？如果不用移相器，可用哪些仪器或方法？

4. 通过做本实验，阐述倍周期分岔、混沌、奇怪吸引子等概念的物理含义。

实验五　全息光栅的制作和光栅常数的测定

光栅是一种重要的分光元件，普通的平面透射光栅是在玻璃基板上做成的一组密集、平行、等距的透光缝，它能将入射的复色光按波长大小进行衍射，达到色散目的。刻划光栅对刻划机械的精度和重复性要求很高，加工时间长，生产成本高，由于加工误差还会产生额外的衍射条纹(即鬼线)，光栅常数也不宜做得很小。一般要先制成母光栅，再通过复制，生产出产品。而采用全息方法来制作光栅就很方便，生产效率高、成本低，光栅常数可以做得很小，适用光谱范围宽，杂散光也少。全息栅本身体积小，质量轻，虽然衍射效率不高，但由于其众多的优点，还是被人们接受，在各种光学仪器和装置中得到广泛应用。

由于科学技术的发展和不同的需要，光栅的种类很多，有物理光栅和计量光栅、透射光栅和反射光栅、振幅光栅和位相光栅、圆光栅和线光栅(即长光栅)、平面光栅和凹面光栅、余弦光栅和矩形光栅、一维光栅和二维光栅等各种类型。光栅的应用也很广泛，并且在不断发展。它广泛应用在各种光谱仪器中，如在单色仪和摄谱仪中作为分光元件，把光栅做在凹球面上，在光谱仪中就可省去透镜，利用凹面镜的聚光、准直作用，使凹面全息光栅集分光、聚焦或准直功能于一体，简化了仪器结构，降低了成本；用两个光栅产生的莫尔条纹可进行角度和线位移测量；在光纤通信中，光栅可作为分光元件，实现信息的多路传输；在光计算机中，光栅可作为耦合元件，实现光互联；在某些激光器中，光栅可作为选频元件，以获得所需要的波长；在光学信息处理中全息光栅可用作解调器，对图像进行处理；在光纤中加入光栅而成为光纤光栅，利用它制成的各种新器件或敏感传感器，可应用在激光技术和大型工程监测中；在摄影技术中，用全息光栅可制成十字镜、米字镜和彩虹镜，为画面增加绚丽的彩色光芒，从而产生独特的艺术效果。

全息光栅的制作方法是采用双光束干涉光路，用两束准直平行光按一定夹角投射到全息干板上进行干涉。可采用不同方法来获得两束平行光束，这是本实验要求考虑的关键。由于计算机技术的发展和计算全息的出现，也可用计算机来制作光栅。将短波长的紫外激光和大规模集成电路技术结合起来的全息复制技术，可制作每毫米上万条线的高质量的全息光栅。

【实验要求】

(1) 提出几种制作光栅常数为0.1m的全息光栅的方法，分析比较各种方法的优缺点，用自己认为最佳的方法来拍摄制作，并考虑如何保证光栅常数的正确性。

(2) 提出你认为最佳的制作光栅常数为0.001mm的全息光栅的方法，并阐明理由。

(3) 提出测量全息光栅常数的几种方法，对制作好的光栅用两种不同的方法测量其光栅常数，并比较两种方法的优缺点。

【实验提示】

(1) 尽可能多地提出解决问题的方案，并从中选优，这是做好各项工作的有效方法。本实验就是训练和培养学生的发散思维和集中思维。

(2) 如果两束相干平行光束在全息干板上的夹角为θ，相干激光的波长为λ，则在全息干板上形成的干涉条纹的宽度$d=\lambda/\left(2\sin\frac{\theta}{2}\right)$。其中$d$为光栅常数，制作光栅时，可根据公式和光栅常数的要求，选择合适的方法来检查d是否达到规定的数值。

注意事项：

(1) 实验中不要求做面积大的全息光栅，但要尽量提高光束的平行度，并且使两束平行光的强度接近，曝光量合适。

(2) 要制作一张好的全息光栅，曝光时间、曝光时的稳定性和显影密度都很重要。拍摄光栅，就是将两束光直接在全息干板上进行干涉，曝光时间要减少。如果无专用的控制曝光时间的仪器，可在同一张全息干板上分别曝光2～3个不同时间，再在同一显影条件下显影，根据最后的测量结果(衍射效率高低)来决定较合适的曝光时间。显影密度是否合适，也会影响全息光栅的衍射效率，如果没有专用的全息照相显影密度仪，最好是比较2～3种显影时间(显影温度和显影液不变时)的实验结果，来确定较合适的显影时间。在较合适的曝光时间和显影时间下做的全息光栅还可通过漂白，把振幅型光栅变为位相型全息光栅，衍射效果更好。

附录 光栅知识简介

1. 光栅的主要分类及其特点

(1) 物理光栅和计量光栅

对这两种光栅主要是从它们的工作原理和功能来加以区分。物理光栅是利用光的衍射效应作为光谱仪器的色散元件，在单色仪和摄谱仪中广泛应用；计量光栅是利用两光栅栅线的微小夹角(叠合时而产生莫尔条纹来进行精密测量的)。计量光栅一般又分圆光栅和长光栅,前者用于测量角度或角位移,后者用于测量长度或线位移,也可用于不同的场合测量振动、应变或利用莫尔拓扑技术测量物体面形,进行三维测量。

(2) 振幅型光栅和位相型光栅

拍摄好的全息图是用复振幅透射率来反映其特性的。复振幅透射率 $t(x,y)=t_0(x,y)\cdot\exp[i\varphi(x,y)]$,式中 $t_0(x,y)$是全息图的振幅透射率,$\varphi(x,y)$是全息图的位相。如果再现光通过全息光栅后只改变位相,而不改变振幅,则称其为位相型全息图(如是全息光栅,则称为位相型全息光栅)。如果再现光通过全息光栅后位相不变,只改变振幅,则为振幅型全息图(如是全息光栅,则称为振幅型全息光栅)。由于平面振幅型全息图的衍射效率最高只有6.25%,而平面位相型全息图的衍射效率最高可达33.9%,对光栅而言,显然也是位相型全息光栅的衍射效率大大高于振幅型全息光栅。为了获得高衍射效率,只要对用银盐全息干板拍摄的振幅型光栅进行漂白处理即可。位相型全息图(或光栅)一般有两种:一种是通过漂白使记录介质的厚度随各处的银密度的不同而改变;另一种是用氧化物(如高铁氰化钾)将显影后还原的银氧化为透明银盐,这种银盐的折射率也随原来的银密度不同而变化,成为折射率型位相全息图,这种全息图再现时的位相分布是由各处的折射率变化引起;而浮雕型位相全息图,再现时的位相分布是由各处记录介质的厚度变化引起。

(3) 透射光栅和反射光栅

在玻璃基板上刻划或用全息方法做的光栅称透射光栅,衍射作用是光通过玻璃基板后产生的。把栅线(槽线)做在金属膜玻璃体或金属体上的称为反射光栅。在光学仪器上用得较多的光栅是反射光栅。如把光栅的槽线刻划成某种特定的形状,可使衍射光最强的级次产生在人们需要的方向上(特定的级次上),这种光栅称闪耀光栅。

2. 全息光栅的显影和漂白处理

这里介绍一种方便有效的显影和漂白处理方法。显影液可选购D-76显影剂,按要求加水配制,再用清水(8～10倍)冲淡稀释后,进行慢显影。显影密度比制作振幅型全息图要大,即显影颜色要深,显影密度具体数值和光栅常数大小有一定关系,显影密度要在1.0以上。再经数十秒水洗,5min定影,10min水洗,然后放入漂白液漂白至黑色消退,光栅透明,最后还需水洗数分钟,如用酒精脱水更好。常用漂白液的配方:在800mL水中,加入硫酸铜100g,氯化钠100g,浓硫酸25mL,最后加水至1000mL。

3. 光纤光栅简介

在光通信中,光纤是传输信息的载体。在传递感知外界信息变化方面,光纤也可发挥传感器的作用,光纤光栅就是一种在传感和信息传输中都能发挥作用的新的单元器件。光纤光栅的制作相当困难,其原因一方面是光纤相当细,另一方面要在光纤上制作折射率周期变化的光栅也不容易。

目前常用的方法主要有两种:一种是用光纤侧面横向曝光,形成干涉图样,所用强紫外激光源足以产生光纤纤芯区沿轴向的折射率调制,形成位相光栅;另一种是对光纤适当增敏,在紫外激光的照射下,用位相光栅贴在光纤上曝光,制作沿纤芯轴向的布拉格光栅。单元光纤光栅长度为0.05mm和20mm,因为它们可集成在光纤上,只要适当黏合或包装即成传感器,使用方便,并且具有较宽的灵敏度范围和动态范围。它的工作原理与布拉格衍射原理相同，布拉格衍射要求入射光满足布拉格方程，才能在特定方向上得到反射光最大值。光纤光栅是沿纤芯轴向的折射率调制，相当于晶体点阵，因此它也是一种波长选择反射器，光栅反射的波长称布拉格波长。因为光纤光栅的周期会受温度和应变的影响而变化，所以反射的布拉格波长也会变化，即有波长位移，其中以应变产生的波长位移较显著，而光纤的应变可因各种原因而产生。因此光纤光栅通过波长位移的测量，可对外界各种作用和影响进行检测，光纤光栅相当于一种敏感元件，在压力、振动、流量、温度、加速度、电场、磁场、折射率等各种物理量的测量中都可发挥作用。

现在在大型土木工程建筑中，如大桥、水坝在建造时就事先埋入光纤光栅检测系统，通过光纤光栅可长期地、实时地进行检测，及时发现相应建筑结构中的有害变化，采取防治措施，确保大型土木工程建筑的安全和稳定。在光通信中，利用光纤光栅可构成各种新器件，如光纤激光器、外腔激光二极管、带通滤波器、光纤标准具滤波器和模式变换器。用光纤光栅产生反馈的谐振腔，其优点是该激光器输出的波长连续可调，当所加应变为1%时，波长可改变为10nm。光纤光栅(布拉格光栅)还可用作激光二极管的外腔反射器，借以实现输出频率和模式可控制。光纤中单个布拉格光栅的作用相当于一个波长选择器，将两个光纤光栅配合使用，在一定条件下，相当于一个带通滤波器。光纤光栅的发展促进了宽频全光通信的发展。

4. 光栅在测量中的应用

(1) 光栅横向位移遥测传感器

把激光测速技术用于物体位移测量，由于散射光信号弱，信噪比低，影响测量效果。利用运动光栅，使入射光衍射后产生光频移，其多普勒信号与入射光波长无关，而取决于光栅常数，信号强、信噪比高、抗干扰能力强，并且使测量系统简化。另外，由于光栅的周期性结构，产生的差拍信号是连续的正弦波，可降低对信号处理系统的要求，易于获得高分辨率，实现高精度位移遥测。由于信噪比的改善，可实现位相测量，检测距离为2～50m，空间分辨率为0.4μm。光栅多普勒公式为$\Delta f_k = K \cdot v/d$。其中K为衍射级次，v为光栅运动速度，Δf_k为第K级衍射主极大所对应的频移值。位移测量公式为$X = N \cdot d/2$，其中N为测量时多普勒拍频信号的脉冲累计数。用光栅的多普勒效应进行横向位移测量，具有较高的分辨率和测量精度，可实现远距离高精度遥测，在建筑物、桥梁的变形测量中具有较高的实用价值。

(2) 贴片云纹法(莫尔法)测量物体的三维振动

用全息方法可测量物体振动，但这种方法只对离面位移敏感，对面内位移不敏感。应用全息光栅技术的贴片云纹干涉法，在面内位移测量方面具有较强的优越性，该方法可获得全息法、散斑法所能得到的各种信息，条纹对比度好、量程大。其基本方法是：将贴有全息胶片的物体放在双光束对称入射的光路中，进行时间平均曝光，或差载前后两次曝光，经显影、定影处理后，在一张底片上可记录到三维振动振幅信息的多组云纹(莫尔条纹)。利用光栅衍射方向的差异，容易在彼此分开的方向上观察到不同的云纹，由此可定量分析振幅的各个分量，无须进行复杂的光学滤波处理。该方法简单，只用一张全息胶片即可，条纹定位在试件表面，定量分析容易，不足之处是不能直接获得3个振幅分量，易引进计算误差。该方法为三维振动分析提供了一种光学分析的新方法。

(3) 用双光栅进行微弱振动测量

已知光栅的衍射方程为

$$d \cdot \sin\theta = K\lambda$$

式中，d 为光栅函数；θ 为波长 λ 一定时对应 K 级的衍射角。当光栅以速度 v 运动时，在速度方向的位移为 $\Delta s = vt$，相应的位相变化量为

$$\Delta\varphi(t) = \frac{2\pi}{\lambda}\Delta s = \frac{2\pi}{\lambda}vt\sin\theta$$

两式联立可得

$$\Delta\varphi(t) = \frac{2\pi}{\lambda}vt\,\frac{K\lambda}{d} = 2\pi K\,\frac{v}{d}t = K\omega_d t$$

式中，$\omega_d = 2\pi v/d$，如图 7-5-1 所示。

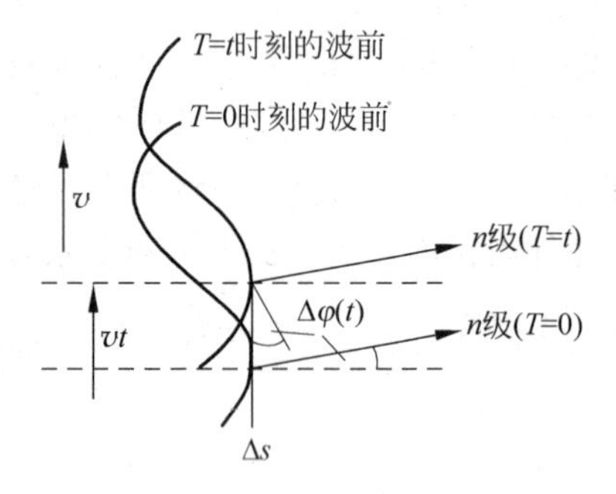

图 7-5-1　运动光栅衍射光波波前相位分析原理图

由分析可知，运动光栅相对靠近静止光栅，不同级次产生的光频移为：$\omega_a = \omega_0 + K\omega_d$。当激光束通过两个光栅，一个静止，一个相对移动，移动光栅起频移作用，静止光栅起衍射作用，而最后通过双光栅后出射的衍射光包含了两种以上不同频率而又平行的光束，由于双光栅紧贴，激光束具有一定宽度，故光栅能平行叠加，这样就直接而又简单地形成了光拍。通过电检测器和电子线路处理，最后获得的拍频为

$$F = \frac{\omega_d}{2\pi} = \frac{v}{d} = v \cdot n_0$$

式中，v 为移动光栅的速度；n_0 为光栅的空间频率。

如果把光栅粘在音叉上，则 v 是周期性变化的，光拍频 F 也随时间而变化，微弱振动的位移振幅为

$$A = \frac{1}{2}\int_0^{\frac{T}{2}} v(t)\,\mathrm{d}t = \frac{1}{2}\int_0^{\frac{T}{2}} \frac{F(t)}{n_0}\mathrm{d}t$$

式中，T 为音叉振动周期；$\int_0^{\frac{T}{2}} F(t)\,\mathrm{d}t$ 可直接在示波器的荧光屏上计数波形数而得到。测得拍频，就可求出微弱振动的振幅。

(4) 用单光栅测量三维物体形貌

图 7-5-2 中，正弦光栅 G 经投影物镜投影至待测物表面，形成变形光栅，I 处是用摄像头作为成像系统来摄取变形光栅的，并和物镜像平面上放置的矩形光栅叠合形成具有一定强度分布规律的莫尔条纹。矩形光栅是用计算机制作的特殊光栅，利用矩形四次不同的相移，记录四张相关的莫尔干涉光栅图，然后通过图像处理方法来求解物体形貌的三维轮廓网格图。

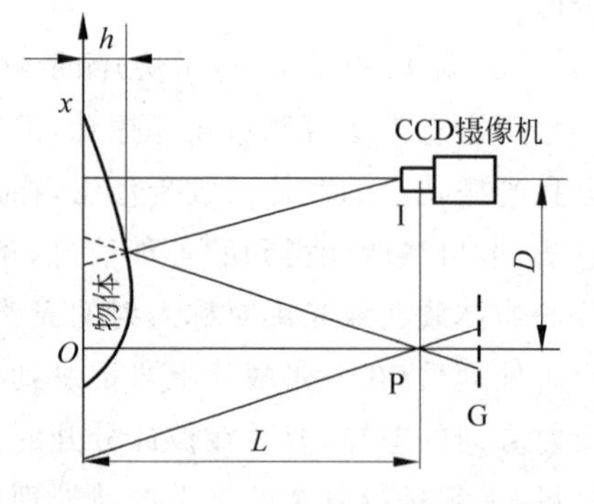

图 7-5-2　单光栅物体三维形貌测量装置

本方法采用图像处理和计算机技术，测量精度高，处理速度快。图 7-5-3 示出了物体变形光栅图和三维轮廓图。

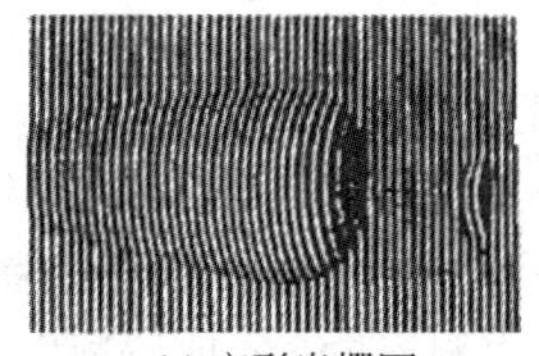
(a) 变形光栅图

(b) 三维轮廓图

图 7-5-3 变形光栅图和三维轮廓图

实验六 节能控制型路灯的设计

能源、材料和信息是社会发展和科技进步的三大支柱。随着社会生产的发展，人民生活水平的提高，人类对能源的消耗也越来越多。世界各国对能源的开发和利用都极为重视，如何节省能源也早已成为人们关注的问题。电能是一种重要的能源，主要包括动力用电和照明用电两个方面。

照明用电遍布城乡的各个角落，有大街小巷、广场、码头等各种露天公共场所的照明；有千家万户、办公室、车间、商店等的室内照明；也有室内公共通道、走廊的照明。多年来，人们对不同情况、不同条件下的照明用电分别采取了各种节能措施，并已取得了很好的效果。例如，对露天的公共场所、马路、街道的路灯采用自动光控开关，它是利用各种光电传感器如光敏电阻、光敏二极管、光敏三极管、光电池，再配以电子线路等来实现自动控制的。因为路灯的照明主要是在晚上，白天不需要，所以采用单一的光控方式就能满足要求。办公室、居室房间一般是少数人专用，手控开关是很方便的，也有的采用触摸式开关，它比手控开关更方便；还有的采用光控自动调节亮度装置，这比单纯控制通、断具有更好的节能效果。比较容易造成照明用电浪费的是公共过道、楼梯照明，即使没有人走，灯也一直大放光明。集成电路和小型驻极体电容传声器、红外探测器的发展，为室内公共场所照明的节能带来了方便。一种用小型传感器和电子元件做成的自动控制开关可很方便地装在灯头上，花钱不多，节电效果却很好。小小的声光双控开关的推广与应用，将为照明用电节省极大的能源。

通过本实验，可加强学生的节能意识，通过了解有关传感器的知识和实验来提高学生对各种信息的采集和处理能力，并运用自动控制知识来为人们服务。在信息社会中对信息的采集、处理和反馈控制具有普遍意义，应予以足够的重视。

【实验要求】

（1）分析楼梯路灯为什么要采用声光双重控制，而其他方法用得较少。

（2）控制部分的电子线路一般工作在直流低压状态，设计两种方案把市电 220V 变为直流低压，并与附录中图 7-6-1 的控制电路相连，用它作为工作电源。

（3）思考图 7-6-1 中的光探测器 RG 应选用何种光电传感器，为什么？选用驻极体话筒有何好处？

（4）正确安装后，应如何调节灯亮的延时时间？按实验提供的装置测出延时的范围及声控范围。

（5）提出这种声光双控开关应用的新设想。

【实验提示】

(1) 根据学生的实际情况，本实验提供了声光双重控制的基本电路。电源部分、光控和声控的元件学生可自己思考、设计，因为这三部分是节能控制装置的关键。电源设计合理，有利于减少体积、降低成本，便于使用。声控和光控元件的正确选择同样也可以达到缩小体积、降低成本，利于控制的目的。在实验前应查阅资料，比较各种控制方法和电路的优劣，从中确定最佳方案，这样可以培养自己的比较分析和判断能力，从而增强创新能力。

(2) 电源部分的设计可采用移植法。

(3) 要提出新的应用设想，首先要思考日常生活、工作中存在的问题，再发挥想象思维、联想思维去开拓新的应用。

注意事项：

(1) 电源部分、光电传感器、驻极体话筒在焊接组装前，首先要检查每个元件是否正常(如何做?)。焊接前，应把各元件的焊接处刮干净，上好锡；焊接时，烙铁应在焊接处停留2～3s再移开，以免虚焊。也可用“面包板”直接把元件按电路插入进行连接，插元件时要小心，尽量不要损坏。

(2) 市电220V两个接头不能带电焊接或操作，电源安装完毕后应检查是否有8～10V的直流低压输出，确定后才能和控制电路连接。

(3) 有关光电器件的选择，请查阅相关资料。

附录　节能控制路灯电路与电子元件简介

1. 路灯声光双控延时电路和原理

图7-6-1所示为路灯声光双控延时的电路原理图。图中市电220V变为直流低压部分未画出，这部分要自行设计。

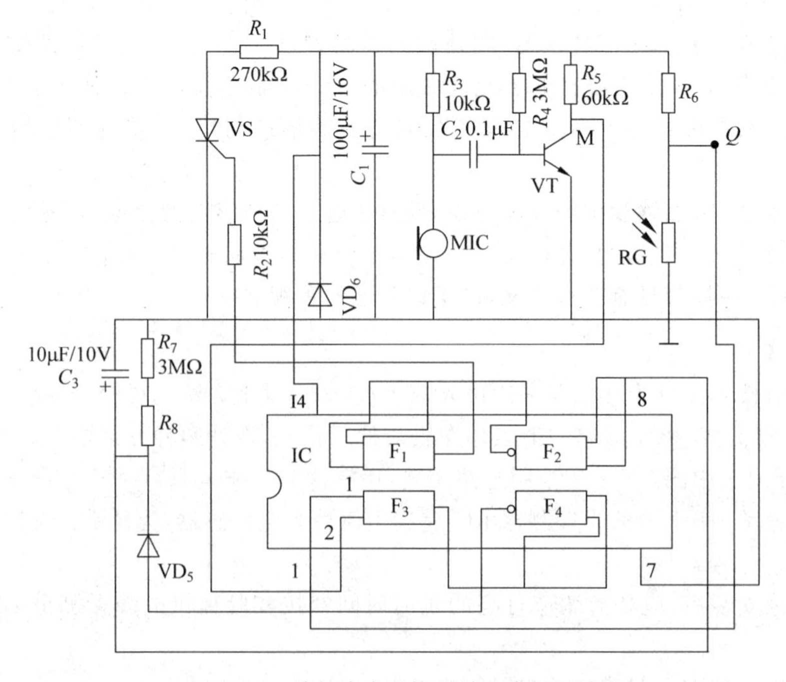

图7-6-1　路灯声光双控延时电路原理图

R_1 和 C_1 组成滤波部分，VD_6 是 9V 稳压管，它们共同组成低压直流电源。MIC、VT、RG 及周围元件构成传感部分；IC 集成电路和 VS 构成控制和触发开关；VD_5、C_3、R_7、R_8 组成延时部分。电路的工作原理是：三极管 VT 由于 R_4 获得正偏压而导通，白天当有光照到光电传感器 RG 上时，Q 点处于低电位加到与非门 F_3 的 1 脚，而 F_3 的另一脚 2 因接在 VT 集电极 M 上，由于 VT 此时呈导通状态，所以此脚也是低电平，结果 F_3 输出为高电平。此高电平输入 F_4 后，使 F_4 输出为低电平，从而使 VD_5 管截止。因 R_7、R_8 接地，从而使 F_2 输入为低电平，输出为高电平，此高电平输入 F_1 后，使 F_1 输出为低电平，从而不能使单向晶闸管 VS 触发导通，这样与 VS 串联的(在市电 220V 电路中)路灯就无法通电发光了。当夜幕降临时，光电传感器 RG 光照减弱，则 Q 点电位升高，使 F_3 的 1 脚为高电平，此时如果 MIC 驻极体话筒接收到某一声音时就会产生电信号，并通过 C_2 耦合到 VT，使 VT 截止，这样 M 点电位上升，F_3 的 2 脚为高电平，从而使 F_3 输出为低电平。F_3 输出的低电平造成 F_4 反相，输出高电平，使 VD_5 导通，并对 C_3 充电，这又造成 F_2 输入为高电平，输出为低电平。F_2 输出的低电平又造成 F_1 反相，F_1 输出的高电平使 VS 触发导通，从而使 220V 回路中的路灯通电发光。因为人经过时脚步声音短暂，VT 又很快恢复导通，从而使 VD_5 再次截止，但由于电容 C_3 放电需要一段时间，C_3 正极端还能使 F_1 输出高电平，故路灯不会立即熄灭。当 C_3 放电完毕，路灯也就停止发光，这就是延时控制过程。IC 可选用 CC4011 型四 2 输入与非门，VT 选用 $3DG_6$，$\beta=80$ 左右。VD_6 选用 2CW16，VS 选用 1A400V 单向晶闸管。MIC 选用何种话筒自行考虑。电阻可选用 1/8W 的金属膜电阻。

2. 驻极体

驻极体话筒，即驻极体电容传声器、驻极体声电换能器。它是电容传声器的一种，是目前广泛使用的优良传声器。电容传声器的结构如图 7-6-2 所示，电容器的一个极端是极薄的振膜，另一个极端是底极，中间隔有很薄的振膜。对于这种电容器，要有较高的极化电源使其充电，按公式 $Q=C\cdot U$ 储存电荷，式中 U 为加在两极间的电压(电源 E 的电压)，Q 为电荷量，C 为电容量。当振膜在外界声波作用下振动时，电容量发生变化，由于电阻 R 足够大，充电电荷 Q 来不及释放或继续充入，电压 U 按式 $\Delta U=Q/\Delta C$ 发生变化，即电容器两端电压的变化与电容量的变化成反比。ΔU 加在电阻两端，经预放大器将 ΔU 放大，并把高阻转为低阻，进入前级放大器继续放大，从而完成声电转换过程。

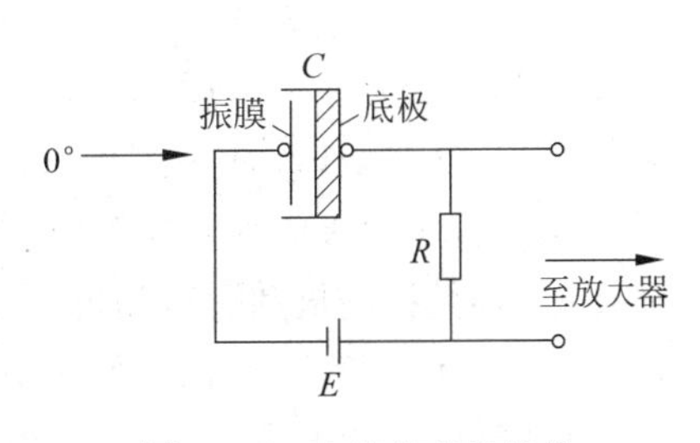

图 7-6-2　电容传声器结构

驻极体是可以长期储存电荷的介质材料，如高绝缘聚合物、无机二氧化硅等。驻极体从发现至今已有一百多年，但直到 1962 年美国贝尔实验室才制成世界上第一个聚合物薄膜驻极体话筒。驻极体电容话筒的振膜和底极已存储了永久性电荷，它是在高温条件下施加很高的极化电压通过电晕放电或电子束轰击形成的。因此它和普通的电容、传声器不同，不需要再附加一个 70～280V 电压的极化电源。由于驻极体电容话筒体积小、质量轻、成本低、频响特性好、信噪比高，所以在磁带录音、电视电影摄像机、声级计、噪声测量、助听器等方面获得了广泛应用。

3. CC4011 四 2 输入与非门

CC4011 型集成电路是双输入端四与非门国产 CMOS 数字电路。门电路是各种逻辑电路的基本单元。所谓“门”,就是一种条件开关,在一定条件下,允许信号通过;条件不满足,信号就不能通过,因此在门电路的输入和输出之间存在着一定的逻辑关系,故又称逻辑门电路。基本的逻辑门电路有“与”门、“或”门及“非”门,及其组合而成的门。它们大量应用在电子线路的辅助电路和外围接口电路上。对一个门电路来说,输入端一般有两个信号,一个是控制信号,一个是输入信号。单独使用门电路的作用有:①取样逻辑。用控制信号来检测输入信号是高电平,还是低电平,从而决定是否取样。②选通逻辑。只允许输入信号在控制信号的时间宽度内通过,不在此时间范围内,逻辑门就不准通行。③禁止逻辑。在控制信号时间范围内,输入信号禁止通过逻辑门。本实验中采用的 CC4011 型集成电路四个与非门的作用都相应于“非”门,即输出和输入倒相。输入是低电平,输出就为高电平,对于其中的 F_3,只有当输入端的两个信号均为高电平或低电平时,才能倒相。对 CMOS 集成电路在应用时要特别注意。使用时,不可将多余输入端悬空,应根据逻辑功能的不同而接 V_{DD} 或 V_{SS};焊接时,应暂时断开烙铁电源,用烙铁的余热焊接。储存、运输或使用不当时,静电荷的积累会使电路中的 CMOS 场效应管损坏。因此用完后,应该用铝箔把电路引出端短接或放在等电位的金属盒内,以避免与尼龙、塑料等易产生静电的物体接触。

4. 单向晶闸管

晶闸管也称可控硅,是一种大功率半导体器件,具有效率高、控制特性好、寿命长、体积小等优点,自 20 世纪 60 年代以来在电力控制、工业机械、交通工具、家用电器等方面得到广泛应用。晶闸管一般分为单向和双向两种,是一种 PNPN 四层半导体元件,有三个 PN 结,可看作是 PNP 和 NPN 两个三极管的组合,通常有阳极、阴极和控制极三个引出极。单向晶闸管当阴极和阳极间加反向电压时,电路截止,处于反向阻断状态。如果在阴极和阳极间加正向电压时,控制极和阴极间电压小于或等于零,晶闸管也不导通,只有加上正向偏置电压后,晶闸管才导通。导通后,如果切断正向偏置电压,晶闸管仍导通。当阳极和阴极间的正向电压降低时,导通电流减小,当电流降到一定大小时,电路截止。维持晶闸管导通的最小阳极电流称晶闸管维持电流。晶闸管在正、反向电压过大或电压变化太快时都会非正常工作,易使管子击穿,因此使用时必须注意。单向晶闸管三个电极的区分可用多用表来判断,方法类似判断普通二极管。如果发现有两个极的正、反向电阻相差很大,那么当电阻小时,接黑表棒的那个极就是控制极,接红表棒的是阴极,剩下一个便是阳极。

实验七 自行设计非线性混沌电路

长期以来,人们在认识和描述运动时,是将运动分成确定性运动和随机性运动两类。早期的自然科学家曾一度认为,一个确定的系统在确定性的激励下,其响应也是确定的,而随机运动往往符合统计规律。但是随着科学的发展,人们对此有了新的认识,在非线性动力系统中出现的混沌现象是普遍存在的极其复杂的现象。近几十年来,对混沌现象的认识和研究是非线性科学最重要的成就之一。

非线性问题在客观世界中更为普遍。在现代非线性理论中,混沌泛指在确定性体系中出现的貌似无规的类随机运动，混沌既不是具有周期性和对称性的有序，也不是绝对的无序。混沌现象仅出现于非线性系统，既不是完全确定的，也不是完全随机的，它是介于两者之间的运动形式。一方面它表现得相当无序，不具有周期性和重复性；另一方面，它在无序中也蕴涵着自身规律。研究表明，混沌现象是非线性系统的时空演化行为，它反映了由非线性引起的内在随机性，反映了非周期的有序性。

19 世纪末，庞加莱在研究三体问题的稳定性时首先认识到存在确定性混沌（只是当时尚未以"混沌"这一名词来命名）。到 20 世纪 60 年代，计算机的发展为混沌研究创造了条件，科学家们用数值计算法来求解过去难以求解的非线性运动方程。其中，著名气象学家洛伦兹、天文学家埃农以及 KAM 定理的发现者等人的研究表明，普遍存在着一种新的运动形式——确定性混沌。

20 世纪 70 年代，对混沌现象的理论探索掀起了热潮，至今方兴未艾。整个 20 世纪 80 年代，丰硕的研究成果，例如李雅普诺夫指数、Li-Yorke 定理、费根鲍姆常数，界定了明确的研究对象，构筑了系统的理论结构并制订了较为完整的方法论框架，为一门新学科——混沌学的诞生奠定了基础。到了 90 年代，混沌的同步与控制、混沌规律的运用等又取得了突破性进展。

混沌学是一门综合性、交叉性的前沿学科，它的研究领域之深广、攻关气势之磅礴，震撼着整个世界。混沌学研究会聚了世界上一大批优秀学者，发表了数以千计的科学论著，吸引了众多的科技工作者和青年学生。

在许多非线性系统中存在着混沌现象，例如非线性振荡电路、受周期力（驱动力和阻尼力）作用的摆、湍流、激光运行系统、超导约瑟夫森结系统。迄今混沌现象最完美的实验结果是非线性振荡电路中得到的，这是因为它可以精密控制实验条件。

【实验要求】

实验电路（Chua 电路）如图 7-7-1 所示。

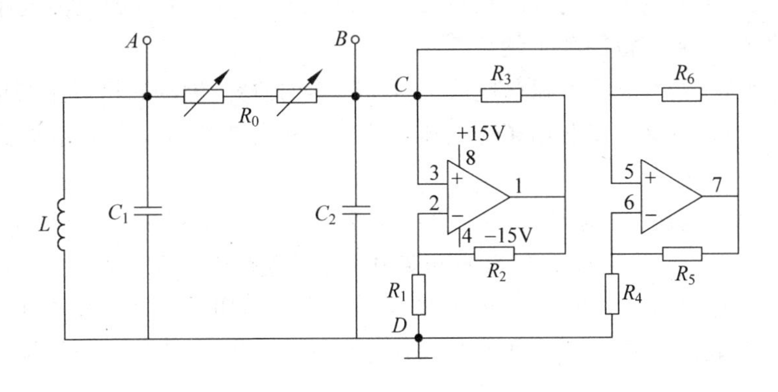

图 7-7-1　实验电路图

（1）自制电感器，并用串联谐振法测量其电感量，要求自制电感器的电感量约为 18mH。

（2）调试 Chua 电路，在示波器上观察倍周期分岔、奇怪吸引子（单吸引子和双吸引子）、周期性窗口等现象，并测出发生相应现象的阻值条件（R_0 的数值）。

（3）测绘 Chua 电路中等效非线性电阻的 I- U 特性曲线（$U<0$ 部分）。

(4) 描述和分析你所观察到的混沌现象有哪些特征，并列举一些你所了解的混沌现象，以及发生混沌现象的途径。

【实验提示】

(1) 了解混沌现象的基本特征，了解倍周期分岔、奇怪吸引子、周期性窗口等名词的含义。

(2) 了解 LC 振荡电路、RC 移相电路、非线性负阻电路在本实验中的作用。

(3) 图 7-7-1 中，从 C、D 两点起的右半部分可等效为一个非线性电阻。

(4) 图 7-7-1 中，各元件参考值为：$L=18\text{mH}$，$C_1=10\text{nF}$，$C_2=10\text{nF}$，$R_1=3.3\text{k}\Omega$，$R_2=R_3=22\text{k}\Omega$，$R_4=2.2\text{k}\Omega$，$R_5=R_6=220\Omega$，R_0 由 $2.2\text{k}\Omega$ 与 100Ω 两个多圈电位器串联组成。

(5) 用串联谐振法测电感时，可将自制电感器、电容箱(0.1μF)、电阻箱(10Ω)串联后，再与低频信号发生器相接，用示波器测量电阻两端的电压。调节信号发生器正弦波频率 f，使电阻两端电压达到最大值，且使通过电阻的电流约为 5mA；电感量可用公式 $L=1/[(2\pi f)^2C]$ 计算。

(6) 测量非线性电阻的伏安特性时，需将有源非线性电阻元件与 RC 移相器的连线断开。

注意事项：

(1) 本实验可自制电路板，各元件必须布局合理、焊接牢固。组装完毕后，要用电表仔细检查，以防接线错误和虚焊。

(2) 测量非线性电阻的 I-U 特性时，可借助于四位半数字电压表和电阻箱。

附录 非线性振荡电路

自然界中的混沌现象是很普遍的，冉冉升起的缕缕轻烟、风中飘扬的旗帜、流水受阻所形成的旋涡、天空中的风云变幻、股票市场的形势骤变等，都是常见的混沌现象。混沌现象已涉及小至原子、大到宇宙的各个领域。

近几十年来，人们对非线性振荡电路进行了较多的研究，因为它可以精密地控制实验条件，而产生的混沌现象又易于利用频谱仪和示波器等进行观察和分析。下面简单介绍几个混沌电路。

(1) RLC 串联电路。电阻 R 和电感 L 是常数，非线性电容器是一只变容二极管，将它们串联在电源电压为 $u(t)=U\sin 2\pi ft$ 的电路中，由于电路中有非线性电容器，所以稳态响应的频谱中除了有频率是 f 的分量外，还有高频分量。以电源电压振幅 U 作为控制参数，如果电路参数选择适当，电压由小增大时，响应频谱中会出现频率减半或周期加倍的次谐波谱线，并最终导致混沌(倍周期是通向混沌的途径之一)。

(2) RLC 并联电路。电阻 R 和电容 C 是常数，但 $R<0$(负阻)，非线性电感器是一个绕在铁芯上的线圈。三者并联后由正弦电流源供电，以电流源振幅作为控制参数。当控制参数变化时，同样会出现倍周期，并最终导致混沌。

在非线性电路中，除了电阻、电容、电感可作为电路参数外，正弦电源的振幅和频率、放大器的放大倍数等也可作为电路参数。当电路参数取某个特定值时，若电路参数的微小变动使系统的行为或相位发生质的变化，则称该参数值为分岔值。

(3) 非线性单结管 RLC 串联强迫振荡电路。如图 7-7-2 所示，R_2 是非线性电阻，它是一个两端联结的单结管(BT35D)。L、C、R_1、R_3 都是线性元件，R_1 是电流取样电阻，R_3 和 E 构成对 R_2 的偏置电路。取电容 C 上的电压 U_C 和电感 L 中的电流 i_L 为状态变量，则电路的数学模型为

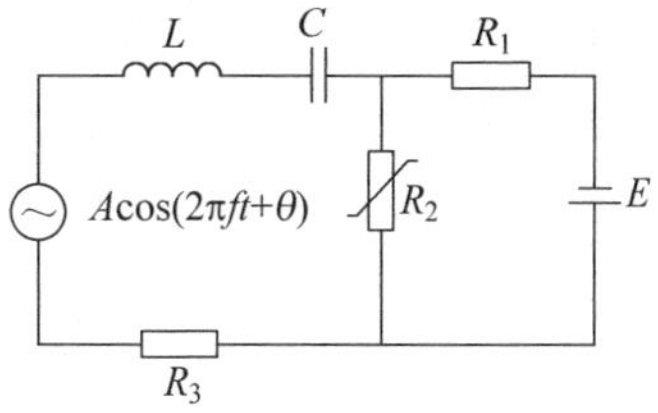

$$LC\frac{d^2U_C}{dt^2}+R_1C\frac{dU_C}{dt}+g\left(C\frac{dU_C}{dt}\right)+U_C=A\cos(2\pi ft+\theta)$$

式中，A、f、θ 分别为外加周期信号的幅值、频率、初始角。$g\left(C\frac{dU}{dt}\right)$是三次多项式，是单结管的伏安特性近似表达式。$U_{R_2}\approx g(i)=a_0+a_1i_L+a_2i_L^2+a_3i_L^3$，式中 $a_j(j=0,1,2,3)$是常数，其值由单结管的特性和偏置电路决定。

图 7-7-2　非线性单结管 RLC 串联强迫振荡电路

实验选 L、C、R_1、R_3 和 E 为定值，取 A 和 f 为电路控制参数。当 $A=0$ 时，电路处于单稳状态。固定 f 变化 A，则在 A 的一个变化范围内会出现倍周期分岔和混沌运动。但在不同的定值下，信号幅值 A 的变化范围不同，倍周期分岔和混沌运动的过程也不一样。

(4) Chua 电路。电路由两个电容、一个电感、两个电阻组成。两个电阻中有一个是非线性元件，它的伏安特性由一条五段分段的线性的伏安特性曲线所表征。这个非线性负阻至少可通过 3 种途径实现：两个晶体管和两个二极管；一个运算放大器和两个二极管；两个运算放大器和 6 个线性电阻。本实验可采用第三种方法。

利用 Chua 电路，混沌现象的内容很丰富，不但可以用示波器观察到奇妙的混沌图形，而且还可以听到奇妙的混沌声音。当电路其他元件参数保持不变，仅改变可调线性电阻 R_0，可在示波器屏幕上观察到由 U_{C_1} 和 U_{C_2} 所呈现的变化规律，可见由倍周期进入混沌的过程。当调节电容 C_1(或 C_2)、固定其他参数时，可以观察到类似的变化规律。

当调节电感 L、固定其他参数时，原则上也可以定性地看到由倍周期进入混沌的全过程。但由于调节电感难以实现，因而不易进行定量测试。

当 R_0、L、C_1 和 C_2 合适选定后，调节其中一个运算放大器的电源电压，改变负阻曲线也能观察到混沌过程。

电路混沌要比其他混沌(如力学混沌)容易实现，这是因为电路参数容易控制和调节。并且，电路混沌的研究不仅有助于揭示非线性电路的本质，发现新的规律，还有助于将这些结果推广应用到其他学科中去，因为描述各种系统中的运动方程有时是十分类似的。

【思考题】

细心观察生活中哪些现象与混沌相关。

实验八　数字光纤通信实验

【工作原理】

实验系统主要由以下三部分组成：

(1) 光信号的调制及发送接收部分；

(2) 传输光纤；

(3) 光功率计。

光信号发送部分采用红色发光二极管(简称 LED)；传输光纤是芯径为 1mm 低损耗的多模塑料光纤；光信号接收部分采用硅光电池作为光电检测元件。

【工作过程】

在半导体发光二极管的光电特性已知的情况下，根据实际需要选择一个适当的偏置电流(为了减少非线性失真，一般选为 LED 电光特性曲线线形段中点对应的驱动电流)，在此基础上被传音频信号经放大后调制 LED 驱动电流使 LED 发出光强随被传音频信号变化的光信号，光信号经传输光纤至远端后，通过硅光电池及放大电路实现信号的再生，进行音频信号光纤传输实验。

【实验内容】

1. 半导体发光二极管——光纤组件电光特性的测定

半导体发光二极管是一种电光转换器件，它的电气特性与普通的半导体二极管一样，具有单向导电性。在电光转换驱动电路中处于正向工作状态即它的正极接驱动电路的高电位端，负极接低电位端。工作时，驱动电路必须限制在小于其最大允许电流 I_{max} 的范围内(对本实验采用的 LED，$I_{max}=50mA$)，在驱动电路中必须设置适当的限流电阻，否则会使 LED 损坏。光纤通信技术中所用的 LED 及光电转换器件均是价格昂贵的光电器件，使用过程中应注意安全。

本实验系统 LED 输出的光功率与传输光纤是直接耦合的，LED 的正负极通过光纤绕线盘上的电流插口与发送器的调制驱动电路连接。测量 LED 光纤组件的电光特性时，首先用两端为两芯插头的连接线，一头插入传输光纤绕线盘上的电流插孔，另一头插入发送器前面板的"LED 插孔"，然后把传输光纤的远端插入光功率计(另配)探测器的光照窗孔。以上准备工作就绪后，开启发送器的电源开关便可进行测试。测试时，调节发送器前面板上的"偏流调节"旋钮，使 LED 的驱动电流 I_D($<50mA$)在任一适当值，并观察光功率计的示值。在保持 LED 驱动电流不变的情况下，适当调整传输光纤远端与光功率计探测器的耦合状态，使光功率计指示最大后保持这一最佳耦合状态不变。然后调节"偏流调节"旋钮，使发送器前面板上的毫安表的示值(即 LED 的驱动电流 I_D)在 0～50mA 范围内变化，从零开始，每隔 10mA 读取一次光功率计的示值 P_0，直到 $I_D=50mA$ 为止。根据以上测量数据，以 P_0 为纵坐标，I_D 为横坐标，便可在(P_0，I_D)坐标系中画出包括传输光纤与 LED 的连接损耗及传输光纤的传输损耗在内的 LED 光纤组件的电光特性曲线。

2. 半导体硅光电池光电特性的测定

(1) 完成第 1 项测试后，保持发送端的所有连接状态不变，把传输光纤的远端从光功率计的光照窗孔抽出并转插到接收端硅光电池的光照窗孔内，硅光电池二芯插头插入接收器前面板左侧专用插孔内；把数字万用表(200mV 挡)接至接收器前面板上标注的电流-电压变换电路输出端和地端对应的两个插孔内。

(2) 开启发送器和接收器的电源开关，旋动发送器前面板的"偏流调节"旋钮，使 LED 的驱动电流为 30mA，然后在保持发送端 LED 的驱动电流 I_D 不变的情况下，调整传输光纤远端与被测硅光电池的耦合至最佳状态(即数字万用表指示电压最大的状态)。并在以后的测试过程中注意保持这一最佳耦合状态不变。

(3) 调节发送端 LED 的驱动电流，从零开始，每增加 10mA 读取一次接收端 I-V 变换电路输出电压，根据已测得的 LED 光纤组件的光电特性曲线和 I-V 变换电路的反馈电阻 R_f 值（它可在发送器、接收器断电情况下，用数字万用表电阻挡由接收器前面板上标有“R_f”记号的两插孔测得），算出被测硅光电池的光电特性曲线，由这一特性曲线，按下面公式算出被测硅光电池的响应度：

$$r = \frac{\Delta I_0}{\Delta P_0}(\mu A/\mu W)$$

其中，ΔP_0 表示两个测量点对应的入照光功率的差值；ΔI_0 是对应的光电流的差值，由于硅光电池的光电特性具有很好的线性度，故一般选取零光功率输入和最大光功率输入情况下对应的两个测量点进行计算。

响应度表征了硅光电池的光电转换效率，它是一个在光电转换电路的设计工作中需要知道的重要参数。

3. 光信号的调制实验

与其他光源比较，半导体发光二极管的优点就在于只需调制它的驱动电流就可简单地实现光信号的调制。进行光信号调制时，首先根据 LED 的光电特性曲线选择一个适当的偏置电流（一般选为其电光特性较好线段中点对应的驱动电流），然后把 1kHz 的正弦信号经两芯插头引至发送器前面板的“信号输入”插孔并用示波器观测发送器前面板右侧标明的晶体三极管发射极电阻 R_e 两端的电压波形。由于 $V_0 = R_e I_D$，所以 V_0 的波形反映了 LED 驱动电流 I_D（在 LED 电光特性的线形范围内也即代表了传输光纤中传输的光功率）随时间的变化波形，如观察到的这一波形具有严重的削波失真，则适当减少调制信号幅度或调节发送器前面板上控制输入信号幅度的 W_1 旋钮，可使光信号的波形为一正弦波。

如果 LED 的光电特性曲线在驱动电流从零至其允许的最大电流范围内线性度较好，因而大幅度调制引起的光信号非线性失真很小，此时调制幅度主要受削波失真的限制，在此情况下，为了获得最大幅度的光信号（因在接收器灵敏度一定时，光信号幅度越大，光信号传输的距离就越远），LED 偏置电流可以选为其最大允许驱动电流的一半。

在 LED 不同偏置电流情况下，调节调制信号幅度，通过示波器可以观测到无削波失真的光信号最大幅度随 LED 偏置电流变化的情况。

4. 发送器音频放大电路幅频特性的测定

为了减小传输过程中因系统带宽有限引起的谐波失真，要求传输系统幅频特性的带宽能覆盖被传信号的频谱范围，对于语音信号，其频谱在 300～3400Hz 范围内，对于音乐信号，是在 20～20kHz 范围内。在光纤传输系统中，作为信道的光导纤维，其带宽远大于音频范围带宽，故在音频信号光纤传输系统中，系统的带宽主要取决于电子放大电路。

测量发送器音频放大电路幅频特性的方法如下。

(1) 把发送器 W_1 旋钮沿顺时针方向旋至极限位置（对应着零衰减），使调制信号直接接至调制放大电路的输入端。

(2) 调节信号源输出，使调制输入信号峰-峰值为某一适当值，比如 20mV（通过示波器观测发送器前面板“V_{in}”插孔的波形即可确定）。然后在保持调制输入信号幅度不变的情况下，在 20Hz～20kHz 范围内，改变调制信号的频率，用示波器观测发送器前面板标明的调制放大器输出端“V_0”电压波形的峰-峰值，并记下不同频率 V_{in} 和 V_0 的测量结果。测量时频率变化的间隔程度，由实验人员根据实际情况合理确定，在上、下截止频率附近，频率间隔应适当密集一些。

根据以上测试条件下的 V_m 值和各测试频率 f 所对应的 V_0 值，便可绘出发送器调制放大电路的幅频特性。

5. 系统的组成及光信号的传输试验

(1) 保持第 4 项测试电路及系统的连接状态不变的情况下，把带二芯插头的硅光电池接入接收器前面板的二芯插座内。

(2) 按选定的 LED 的偏置电流，对光信号进行正弦调制，并用示波器观察发送端 LED 驱动电路中 R_e 的电压波形，适当调节调制信号幅度，使这波形无谐波失真。

(3) 用示波器观察接收端功放电路的输出波形，为此，应把示波器的输入电缆接至接收器功放电路输出端的红、黑插孔内。若所观察到的波形与发送的调制信号波形一致，表明整个传输系统工作正常。

改变调制信号幅度和频率，通过示波器观察传输效果。

6. 语音信号的传输实验

在第 5 项实验内容的基础上，用音源（收音机输出或话筒）代替信号发生器并把其输出插入发送器前面板上的“信号输入”插孔，把音箱接入接收器前面板上标有扬声器记号的插孔内，并把接收器面板上的负载电阻 R_L 和扬声器换接开关倒向扬声器一侧，即可进行语音传输实验。为了获得较好的音响效果，根据实际情况适当调节发送器一侧的输入信号幅度和 W_1 旋钮或接收器前面板的“功放增益调节”旋钮。

7. 数字传输实验（请选择数字通道）

(1) 用信号发生器产生 1kHz 交流信号。

(2) 分别用示波器观察信号输入、调制输出，接到的光纤信号及解调放大后各端子波形。

(3) 也可以输入收音机信号。

注意事项：

(1) 连接好线路后，接通电源开关，若发送器数字电流表有显示、光纤盘尾纤有红光输出、接收板面发光二极管亮，说明系统的电源部分正常工作。

(2) 本实验系统的半导体发光二极管处于驱动电路晶体三极管的集电极回路中，在实验过程中，应避免它的引脚与实验系统和测试仪器的地线相碰，否则会造成 LED 的永久性损坏。

(3) 实验过程中进行光导纤维与光功率计或硅光电池入照窗口的耦合连接时，应注意光纤端面的保护，并按光纤的自然弯曲状态进行操作，不得加力弯折。

实验九 燃料电池综合特性实验

燃料电池以氢和氧为燃料，通过电化学反应直接产生电力，能量转换效率高于燃烧燃料的热机。燃料电池的反应生成物为水，对环境无污染，单位体积氢的储能密度远高于现有的其他电池。因此它的应用从最早的宇航等特殊领域，到现在人们积极研究将其应用到电动汽车、手机电池等日常生活的各个方面，各国都投入巨资进行研发。

1839年，英国人格罗夫(W. R. Grove)发明了燃料电池，历经近两百年，在材料、结构、工艺不断改进之后，进入了实用阶段。按燃料电池使用的电解质或燃料类型，可将现在和近期可行的燃料电池分为碱性燃料电池、质子交换膜燃料电池、直接甲醇燃料电池、磷酸燃料电池、熔融碳酸盐燃料电池、固体氧化物燃料电池6种主要类型，本实验研究其中的质子交换膜燃料电池。

燃料电池的燃料氢(反应所需的氧可从空气中获得)可电解水获得，也可由矿物或生物原料转化制成。本实验包含太阳能电池发电(光能—电能转换)、电解水制取氢气(电能—氢能转换)、燃料电池发电(氢能—电能转换)几个环节，形成了完整的能量转换、储存、使用的链条。实验内含物理内容丰富，实验内容紧密结合科技发展热点与实际应用，实验过程环保清洁。

能源为人类社会发展提供动力，长期依赖矿物能源使我们面临环境污染之害、资源枯竭之困。为了保持人类社会的持续健康发展，各国都致力于研究开发新型能源。未来的能源系统中，太阳能将作为主要的一次能源替代目前的煤、石油和天然气，而燃料电池将成为取代汽油、柴油和化学电池的清洁能源。

【实验目的】

(1) 了解燃料电池的工作原理。

(2) 观察仪器的能量转换过程：

光能→太阳能电池→电能→电解池→氢能(能量储存)→燃料电池→电能

(3) 测量燃料电池的输出特性，作出所测燃料电池的伏安特性(极化)曲线，电池输出功率随输出电压的变化曲线。计算燃料电池的最大输出功率及效率。

(4) 测量质子交换膜电解池的特性，验证法拉第电解定律。

(5) 测量太阳能电池的特性，作出所测太阳能电池的伏安特性曲线，电池输出功率随输出电压的变化曲线。获取太阳能电池的开路电压、短路电流、最大输出功率、填充因子等特性参数。

【实验原理】

1. 燃料电池

质子交换膜(proton exchange membrane，PEM)燃料电池在常温下工作，具有启动快速、结构紧凑等优点，最适宜作汽车或其他可移动设备的电源，近年来发展很快，其基本结构如图7-9-1所示。

目前广泛采用的全氟璜酸质子交换膜为固体聚合物薄膜，厚度0.05～0.1mm，它提供氢离子(质子)从阳极到达阴极的通道，而电子或气体不能通过。

催化层是将纳米量级的铂粒子用化学或物理的方法附着在质子交换膜表面，厚度约0.03mm，对阳极氢的氧化和阴极氧的还原起催化作用。

膜两边的阳极和阴极由石墨化的碳纸或碳布做成，厚度0.2～0.5mm，导电性能良好，其上的微孔提供气体进入催化层的通道，又称为扩散层。

商品燃料电池为了提供足够的输出电压和功率，需将若干单体电池串联或并联在一起，流场板一般由导电良好的石墨或金属做成，与单体电池的阳极和阴极形成良好的电接触，称为双极板，其上加工有供气体流通的通道。教学用燃料电池为直观起见，采用有机玻璃做流场板。

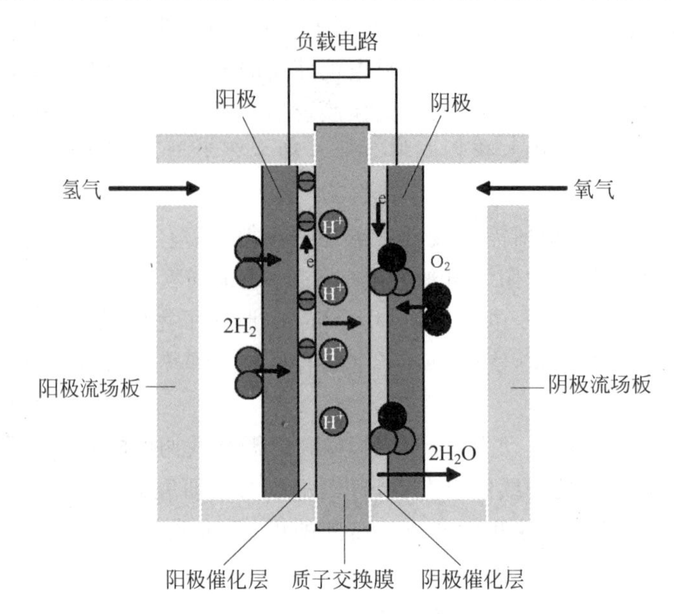

图 7-9-1 质子交换膜燃料电池结构示意图

进入阳极的氢气通过电极上的扩散层到达质子交换膜。氢分子在阳极催化剂的作用下解离为两个氢离子，即质子，并释放出两个电子，阳极反应为

$$H_2 = 2H^+ + 2e \tag{7-9-1}$$

氢离子以水合质子 $H^+(nH_2O)$的形式，在质子交换膜中从一个磺酸基转移到另一个磺酸基，最后到达阴极，实现质子导电，质子的这种转移导致阳极带负电。

在电池的另一端，氧气或空气通过阴极扩散层到达阴极催化层，在阴极催化层的作用下，氧与氢离子和电子反应生成水，阴极反应为

$$O_2 + 4H^+ + 4e = 2H_2O \tag{7-9-2}$$

阴极反应使阴极缺少电子而带正电，结果在阴阳极间产生电压，在阴阳极间接通外电路，就可以向负载输出电能。总的化学反应如下：

$$2H_2 + O_2 = 2H_2O \tag{7-9-3}$$

（阴极与阳极：在电化学中，失去电子的反应叫氧化，得到电子的反应叫还原。产生氧化反应的电极是阳极，产生还原反应的电极是阴极。对电池而言，阴极是电的正极，阳极是电的负极。）

2. 水的电解

将水电解产生氢气和氧气，与燃料电池中氢气和氧气反应生成水互为逆过程。

水电解装置同样因电解质的不同而各异，碱性溶液和质子交换膜是最好的电解质。若以质子交换膜为电解质，可在图 7-9-1 右边电极接电源正极形成电解的阳极，在其上产生氧化反应 $2H_2O=O_2+4H^++4e$；左边电极接电源负极形成电解的阴极，阳极产生的氢离子通过质子交换膜到达阴极后，产生还原反应 $2H^++2e=H_2$。即在右边电极析出氧，左边电极析出氢。

作燃料电池或作电解器的电极在制造上通常有些差别，燃料电池的电极应利于气体吸纳，而电解器需要尽快排出气体。燃料电池阴极产生的水应随时排出，以免阻塞气体通道，而电解器的阳极必须被水淹没。

3. 太阳能电池

太阳能电池利用半导体 PN 结受光照射时的光伏效应发电，其基本结构就是一个大面积平面 PN 结。图 7-9-2 为 PN 结示意图。

P 型半导体中有相当数量的空穴，几乎没有自由电子。N 型半导体中有相当数量的自由电子，几乎没有空穴。当两种半导体结合在一起形成 PN 结时，N 区的电子（带负电）向 P 区扩散，P 区的空穴（带正电）向 N 区扩散，在 PN 结附近形成空间电荷区与势垒电场。势垒电场会使载流子向扩散的反方向作漂移运动，最终扩散与漂移达到平衡，使流过 PN 结的净电流为零。在空间电荷区内，P 区的空穴被来自 N 区的电子复合，N 区的电子被来自 P 区的空穴复合，使该区内几乎没有能导电的载流子，又称为结区或耗尽区。

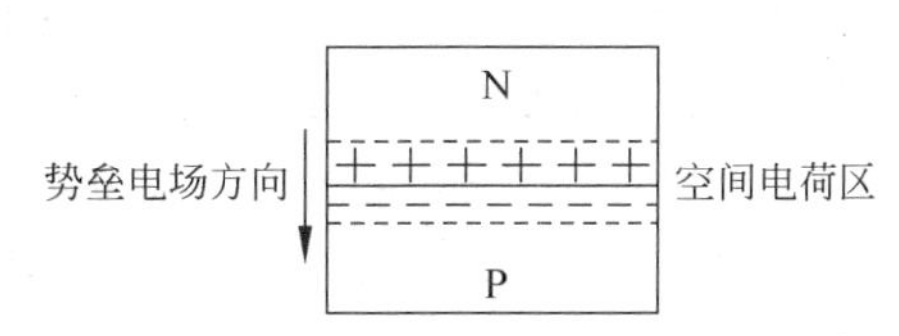

图 7-9-2　半导体 PN 结示意图

当光电池受光照射时，部分电子被激发而产生电子-空穴对，在结区激发的电子和空穴分别被势垒电场推向 N 区和 P 区，使 N 区有过量的电子而带负电，P 区有过量的空穴而带正电，PN 结两端形成电压，这就是光伏效应，若将 PN 结两端接入外电路，就可向负载输出电能。

【仪器介绍】

仪器的构成如图 7-9-3 所示。

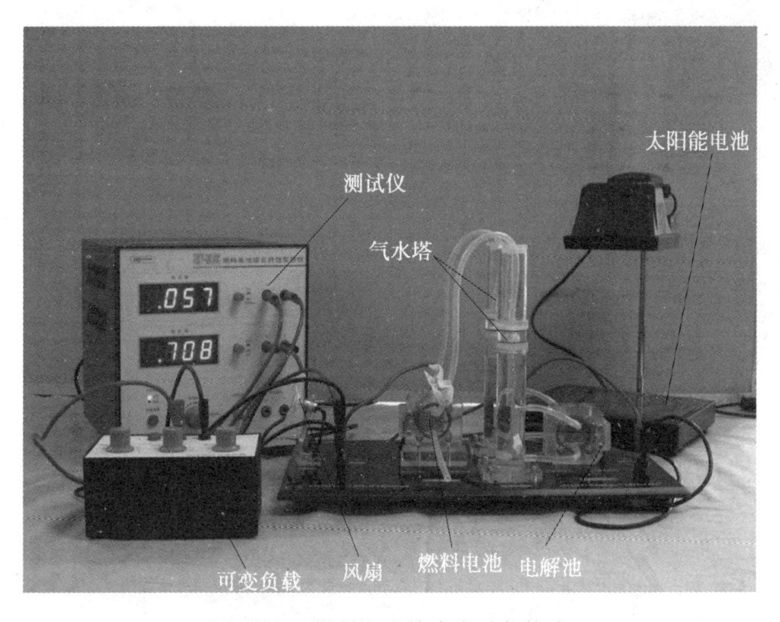

图 7-9-3　燃料电池综合实验仪构成

燃料电池、电解池、太阳能电池的原理见实验原理部分。

质子交换膜必须含有足够的水分，才能保证质子的传导。但水含量又不能过高，否则电极被水淹没，水阻塞气体通道，燃料不能传导到质子交换膜参与反应。如何保持良好的水平衡关系是燃料电池设计的重要课题。为保持水平衡，我们的电池正常工作时排水口打开，在电解电流不变时，燃料供应量是恒定的。若负载选择不当，电池输出电流太小，未参加反应的气体从排水口泄漏，燃料利用率及效率都低。在适当选择负载时，燃料利用率约为 90%。

气水塔为电解池提供纯水（二次蒸馏水），可分别储存电解池产生的氢气和氧气，为燃料电池提供燃料气体。每个气水塔都是上下两层结构，上下层之间通过插入下层的连通管连接，下层顶部有一输气管连接到燃料电池。初始时，下层近似充满水，电解池工作时，产生的气体会会聚在下层顶部，通过输气管输出。若关闭输气管开关，气体产生的压力会使水从下层进入上层，而将气体储存在下层的顶部，通过管壁上的刻度可知储存气体的体积。两个气水塔之间还有一个水连通管，加水时打开使两塔水位平衡，实验时切记关闭该连通管。

风扇作为定性观察时的负载，可变负载作为定量测量时的负载。

测试仪可测量电流、电压。若不用太阳能电池作电解池的电源，可从测试仪供电输出端口向电解池供电。实验前需预热 15min。

如图 7-9-4 所示为燃料电池实验仪系统的测试仪前面板图。

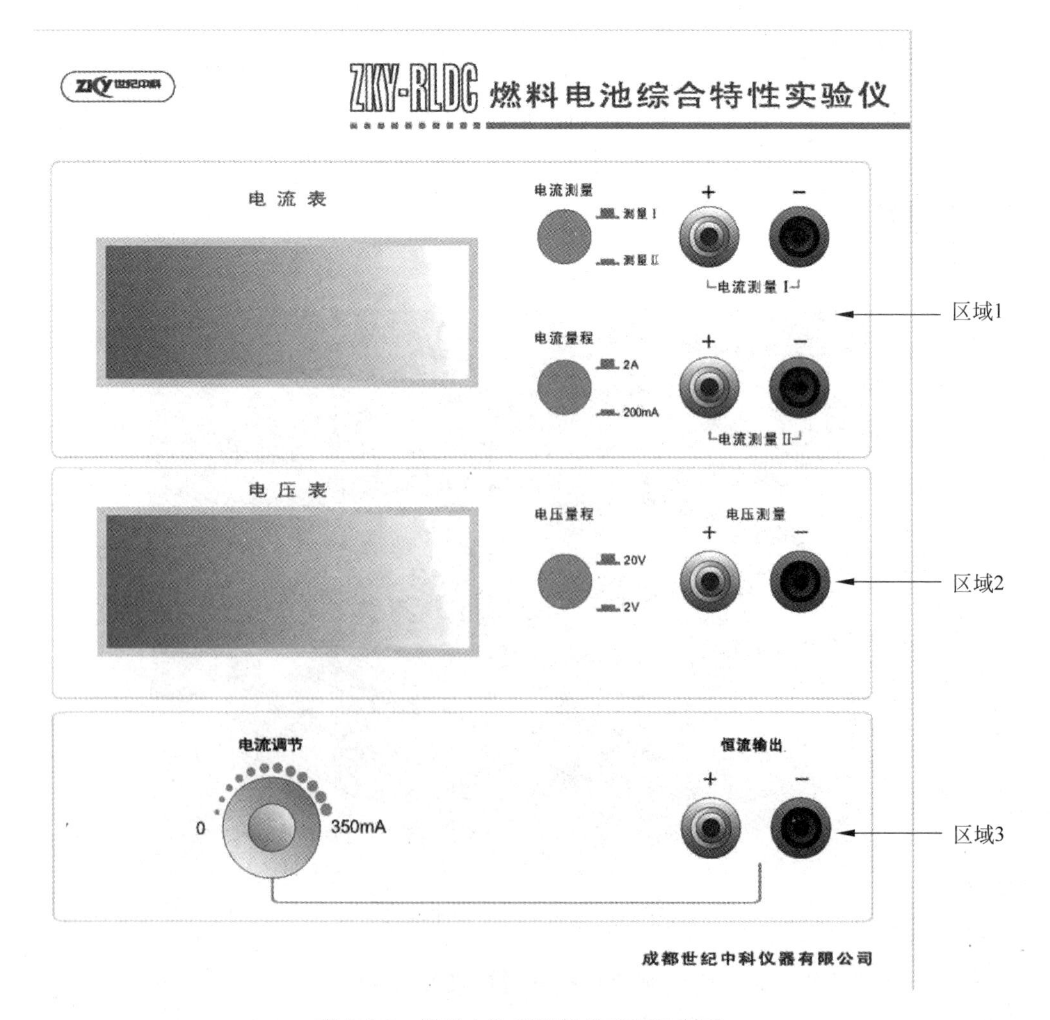

图 7-9-4 燃料电池测试仪前面板示意图

区域 1——电流表部分：作为一个独立的电流表使用。其中：

两个挡位：2A 挡和 200mA 挡，可通过电流挡位切换开关选择合适的电流挡位测量电流。

两个测量通道：电流测量Ⅰ和电流测量Ⅱ。通过电流测量切换键可以同时测量两条通道的电流。

区域 2——电压表部分：作为一个独立的电压表使用。共有两个挡位：20V 挡和 2V 挡，可通过电压挡位切换开关选择合适的电压挡位测量电压。

区域 3——恒流源部分：为燃料电池的电解池部分提供一个从 0～350mA 的可变恒流源。

【实验内容与步骤】

1. 质子交换膜电解池的特性测量

理论分析表明，若不考虑电解器的能量损失，在电解器上加 1.48V 电压就可使水分解为氢气和氧气，实际由于各种损失，输入电压高于 1.6V 时电解器才开始工作。

电解器的效率为

$$\eta_{电解} = \frac{1.48}{U_{输入}} \times 100\% \tag{7-9-4}$$

输入电压较低时虽然能量利用率较高，但电流小，电解的速率低，通常使电解器输入电压在 2V 左右。

根据法拉第电解定律，电解生成物的量与输入电量成正比。在标准状态下（温度为 0℃，电解器产生的氢气保持在 1atm①），设电解电流为 I，经过时间 t 生产的氢气体积（氧气体积为氢气体积的一半）的理论值为

$$V_{氢气} = \frac{It}{2F} \times 22.4(\mathrm{L}) \tag{7-9-5}$$

式中，$F=eN=9.65\times10^{4}\,\mathrm{C/mol}$ 为法拉第常数；$e=1.602\times10^{-19}\,\mathrm{C}$ 为电子电量；$N=6.022\times10^{23}$ 为阿伏伽德罗常数；$It/2F$ 为产生的氢分子的摩尔（克分子）数；22.4L 为标准状态下气体的摩尔体积。

若实验时的摄氏温度为 T，所在地区气压为 p，根据理想气体状态方程，可对式(7-9-5)作修正：

$$V_{氢气} = \frac{273.16+T}{273.16} \cdot \frac{p_0}{P} \cdot \frac{It}{2F} \times 22.4(\mathrm{L}) \tag{7-9-6}$$

式中，p_0 为标准大气压。自然环境中，大气压受各种因素的影响，如温度和海拔高度等，其中海拔对大气压的影响最为明显。由国家标准 GB 4797.2—2005 可查到，海拔每升高 1000m，大气压下降约 10%。

由于水的相对分子质量为 18，且每克水的体积为 $1\mathrm{cm}^3$，故电解池消耗的水的体积为

$$V_{水} = \frac{It}{2F} \times 18 = 9.33It \times 10^{-5}(\mathrm{cm}^3) \tag{7-9-7}$$

应当指出，式(7-9-6)式(7-9-7)的计算对燃料电池同样适用，只是其中的 I 代表燃料电

---

① 1atm=101 325Pa。

池输出电流，$V_{氢气}$代表燃料消耗量，$V_{水}$代表电池中水的生成量。

确认气水塔水位在水位上限与下限之间。

将测试仪的电压源输出端串联电流表后接入电解池，将电压表并联到电解池两端。

将气水塔输气管止水夹关闭，调节恒流源输出到最大(旋钮顺时针旋转到底)，让电解池迅速产生气体。当气水塔下层的气体低于最低刻度线的时候，打开气水塔输气管止水夹，排出气水塔下层的空气。如此反复2～3次后，气水塔下层的空气基本排尽，剩下的就是纯净的氢气和氧气了。根据表7-9-1中的电解池输入电流大小，调节恒流源的输出电流，待电解池输出气体稳定后(约1min)，关闭气水塔输气管。测量输入电流、电压及产生一定体积的气体的时间，记入表7-9-1中。

表 7-9-1 电解池的特性测量

输入电流 I/A	输入电压/V	时间 t/s	电量 It/C	氢气产生量测量值/L	氢气产生量理论值/L
0.10					
0.20					
0.30					

由式(7-9-6)计算氢气产生量的理论值，与氢气产生量的测量值比较。若不管输入电压与电流大小，氢气产生量只与电量成正比，且测量值与理论值接近，即验证了法拉第定律。

2. 燃料电池输出特性的测量

在一定的温度与气体压力下，改变负载电阻的大小，测量燃料电池的输出电压与输出电流之间的关系，如图7-9-5所示。电化学家将其称为极化特性曲线，习惯用电压作纵坐标，电流作横坐标。

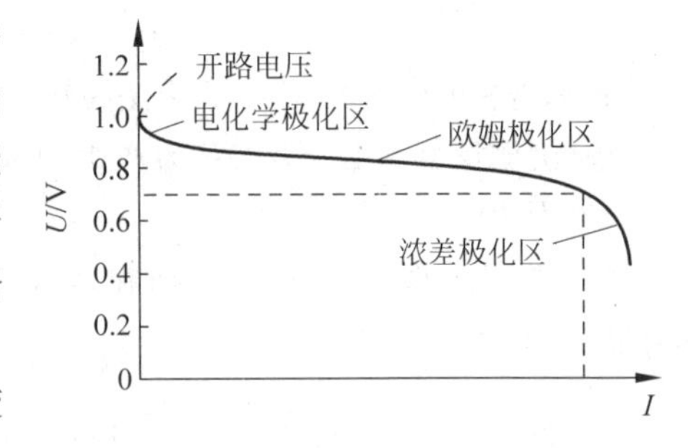

图 7-9-5 燃料电池的极化特性曲线

理论分析表明，如果燃料的所有能量都被转换成电能，则理想电动势为1.48V。实际燃料的能量不可能全部转换成电能，例如总有一部分能量转换成热能，少量的燃料分子或电子穿过质子交换膜形成内部短路电流等，故燃料电池的开路电压低于理想电动势。

随着电流从零增大，输出电压有一段下降较快，主要是因为电极表面的反应速度有限，有电流输出时，电极表面的带电状态改变，驱动电子输出阳极或输入阴极时，产生的部分电压会被损耗掉，这一段被称为电化学极化区。

输出电压的线性下降区的电压降，主要是电子通过电极材料及各种连接部件、离子通过电解质的阻力引起的，这种电压降与电流成比例，所以被称为欧姆极化区。

输出电流过大时，燃料供应不足，电极表面的反应物浓度下降，使输出电压迅速降低，而输出电流基本不再增加，这一段被称为浓差极化区。

综合考虑燃料的利用率(恒流供应燃料时可表示为燃料电池电流与电解电流之比)及输出电压与理想电动势的差异，燃料电池的效率为

$$\eta_{电池}=\frac{I_{电池}}{I_{电解}}\cdot\frac{U_{输出}}{1.48}\times100\%=\frac{P_{输出}}{1.48\times I_{电解}}100\% \tag{7-9-8}$$

某一输出电流时燃料电池的输出功率相当于图 7-9-5 中虚线围出的矩形区，在使用燃料电池时，应根据伏安特性曲线选择适当的负载匹配，使效率与输出功率达到最大。

实验时让电解池输入电流保持在 300mA，关闭风扇。

将电压测量端口接到燃料电池输出端。打开燃料电池与气水塔之间的氢气、氧气连接开关，等待约 10min，让电池中的燃料浓度达到平衡值，电压稳定后记录开路电压值。

将电流量程按钮切换到 200mA。可变负载调至最大，电流测量端口与可变负载串联后接入燃料电池输出端，改变负载电阻的大小，使输出电压值如表 7-9-2 所示（输出电压值可能无法精确到表中所示数值，只需相近即可），稳定后记录电压电流值。

负载电阻猛然调得很低时，电流会猛然升到很高，甚至超过电解电流值，这种情况是不稳定的，重新恢复稳定需较长时间。为避免出现这种情况，输出电流高于 210mA 后，每次调节减小电阻 0.5Ω，输出电流高于 240mA 后，每次调节减小电阻 0.2Ω，每测量一点的平衡时间稍长一些（约需 5min）。稳定后记录电压电流值。

表 7-9-2　燃料电池输出特性的测量　　mA

输出电压 U/V		0.90	0.85	0.80	0.75	0.70					
输出电流 I/mA	0										
功率 $P=U\times I$/mW	0										

作出所测燃料电池的极化曲线。

作出该电池输出功率随输出电压的变化曲线。

该燃料电池最大输出功率是多少？最大输出功率时对应的效率是多少？

实验完毕，关闭燃料电池与气水塔之间的氢气氧气连接开关，切断电解池输入电源。

3. 太阳能电池的特性测量

在一定的光照条件下，改变太阳能电池负载电阻的大小，测量输出电压与输出电流之间的关系，如图 7-9-6 所示。

U_{oc}代表开路电压，I_{sc}代表短路电流，图中虚线围出的面积为太阳能电池的输出功率。与最大功率对应的电压称为最大工作电压 U_m，对应的电流称为最大工作电流 I_m。

表征太阳能电池特性的基本参数还包括光谱响应特性、光电转换效率、填充因子等。

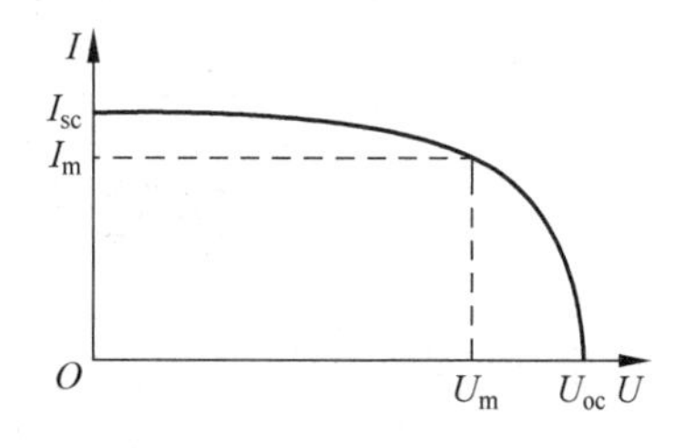

图 7-9-6　太阳能电池的伏安特性曲线

填充因子 FF 定义为

$$FF=\frac{U_m I_m}{U_{oc} I_{sc}} \tag{7-9-9}$$

它是评价太阳能电池输出特性好坏的一个重要参数，它的值越高，表明太阳能电池输出特性越趋近于矩形，电池的光电转换效率越高。

将电流测量端口与可变负载串联后接入太阳能电池的输出端，将电压表并联到太阳能电池两端。

保持光照条件不变,改变太阳能电池负载电阻的大小,测量输出电压电流值,并计算输出功率,记入表 7-9-3 中。

表 7-9-3 太阳能电池输出特性的测量

输出电压 U/V												
输出电流 I/mA												
功率 $P=U\times I$/mW												

作出所测太阳能电池的伏安特性曲线。

作出该电池输出功率随输出电压的变化曲线。

该太阳能电池的开路电压 U_{oc}、短路电流 I_{sc} 是多少? 最大输出功率 P_m 是多少? 最大工作电压 U_m、最大工作电流 I_m 是多少? 填充因子 FF 是多少?

注意事项:

(1) 使用前应首先详细阅读说明书。

(2) 该实验系统必须使用去离子水或二次蒸馏水,容器必须清洁干净,否则将损坏系统。

(3) PEM 电解池的最高工作电压为 6V,最大输入电流为 1000mA,如超出将极大地伤害 PEM 电解池。

(4) PEM 电解池所加的电源极性必须正确,否则将毁坏电解池并有起火燃烧的可能。

(5) 绝不允许将任何电源加于 PEM 燃料电池输出端,否则将损坏燃料电池。

(6) 气水塔中所加入的水面高度必须在上水位线与下水位线之间,以保证 PEM 燃料电池正常工作。

(7) 该系统主体系有机玻璃制成,使用中需小心,以免打坏和损伤。

(8) 太阳能电池板和配套光源在工作时温度很高,切不可用手触摸,以免被烫伤。

(9) 绝不允许用水打湿太阳能电池板和配套光源,以免触电和损坏该部件。

(10) 配套"可变负载"所能承受的最大功率是 1W,只能使用于该实验系统中。

(11) 电流表的输入电流不得超过 2A,否则将烧毁电流表。

(12) 电压表的最高输入电压不得超过 25V,否则将烧毁电压表。

(13) 实验时必须关闭两个气水塔之间的连通管。

实验十 超声波测试原理及应用

超声波是频率在 $2\times10^4\sim10^{12}$ Hz 的声波。超声广泛存在于自然界和日常生活中,如老鼠、海豚的叫声中含有超声成分,蝙蝠利用超声导航和觅食;金属片撞击和小孔漏气也能发出超声。

人们研究超声始于 1830 年,F. Savart 曾用一个多齿轮,第一次人工产生了频率为 2.4×10^4 Hz 的超声;1912 年 Titanic 客轮事件后,科学家提出利用超声预测冰山;1916 年第一次世界大战期间 P. Langevin 领导的研究小组开展了水下潜艇超声侦察的研究,为声呐技术奠定了基础;1927 年,R. W. Wood 和 A. E. Loomis 发表超声能量作用实验报告,奠定了功率超声的基础;1929 年俄国学者 Sokolov 提出利用超声波的良好穿透性来检测不透明体内部缺陷。以后美国科学家 Firestone 使超声波无损检测成为一种实用技术。超声波测试把超声波作为一种信息载体，它已在海洋探查与开发、无损检测与评价、医学诊断等领域发挥着不可取代的独特作用。例如，在海洋应用中，超声波可以用来探测鱼群或冰山，进行潜艇导航或传送信息、地形地貌测绘和地质勘探等。在检测中，利用超声波检验固体材料内部的缺陷、材料尺寸测量、物理参数测量等。在医学中，可以利用超声波进行人体内部器官的组织结构扫描（B超诊断）和血流速度的测量（彩超诊断）等。

本实验简单介绍超声波的产生方法、传播规律和测试原理，通过对固体弹性常数的测量了解超声波在测试方面应用的特点；通过对试块尺寸的测量和人工反射体定位了解超声波在检验和探测方面的应用。

实验所用的仪器设备和主要器材包括：JDUT-2 型超声波实验仪，GOS-620 型示波器（20MHz），CSK-IB 型铝试块，钢板尺，耦合剂（水）等。

一、超声波的产生与传播规律

能够产生超声波的方法很多，常用的有压电效应方法、磁致伸缩效应方法、静电效应方法和电磁效应方法等。我们把能够实现超声能量与其他形式能量相互转换的器件称为超声波换能器。一般情况下，超声波换能器既能用于发射又能用于接收。

在本专题实验中，我们采用压电效应实现超声波信号与电信号的转换，仪器为压电换能器。它是利用压电材料的压电效应实现超声波的发射和接收。

【实验目的】

（1）了解超声波的产生和接收方法。

（2）认识超声脉冲波及其特点。

（3）理解超声波的反射、折射和波形转换。

【实验原理】

1. 压电效应

某些固体物质，在压力（或拉力）的作用下产生变形，从而使物质本身极化；在物体相对的表面出现正、负束缚电荷，这一效应称为压电效应。物质的压电效应与其内部的结构有关。如石英晶体的化学成分是 SiO_2，它可以看成由＋4 价的 Si 离子和－2 价 O 离子组成。晶体内，两种离子形成有规律的六角形排列，如图 7-10-1 所示。其中三个正原子组成一个向右的正三角形，正电中心在三角形的重心处。类似地，三个负原子对（六个负原子）组成一个向左的三角形，其负电中心也在这个三角形的重心处。晶体不受力时，两个三角形重心重合，六角形单元是电中性的。整个晶体由许多这样的六角形构成，也是电中性的。

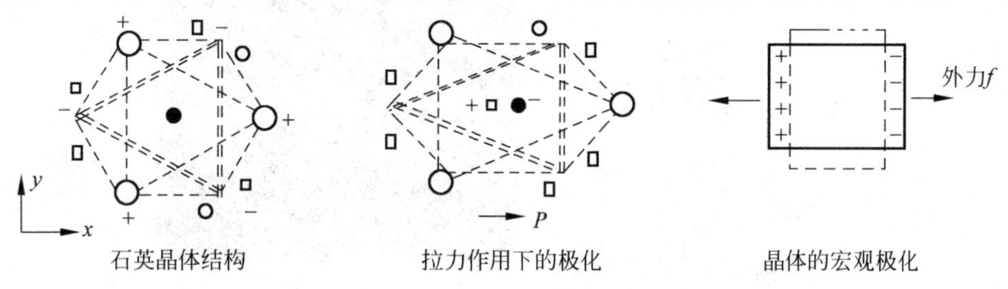

图 7-10-1　石英晶体的压电效应

当晶体沿 x 方向受一拉力，或沿 y 方向受一压力时，上述六角形沿 x 方向拉长，使得正、负电中心不重合。尽管这里六角形单元仍然是电中性的，但是正负电中心不重合，产生电偶极矩 P。整个晶体中有许多这样的电偶极矩排列，使得晶体极化，左右表面出现束缚电荷。当外力去掉后，晶体恢复原来的形状，极化也消失了(许多大学物理教材都有关于电极化理论的介绍)。

由于同样的原因，当晶体沿 y 方向受拉力，或沿 x 方向受压力，正原子三角形和负原子三角形都被压扁，也造成正、负电中心不重合。但是这时电偶极矩的方向与 f 方向受拉力时相反，晶体的极化方向也相反。这就是压电效应产生的原因。

当外力沿 z 轴方向(垂直于图 7-10-1 中的纸面方向)，由于不造成正负电中心的相对位移，所以不产生压电效应。由此可见，石英晶体的压电效应是有方向性的。

当一个不受外力的石英晶体受电场作用，其正负离子向相反的方向移动，于是产生了晶体的变形。这一效应为逆压电效应。

还有一类晶体，如钛酸钡($BaTiCO_3$)，在室温下即使不受外力作用，正负电中心也不重合，具有自发极化现象。这类晶体也具有压电效应和逆压电效应，它们多是由人工制成的陶瓷材料，又叫压电陶瓷。本实验中超声波换能器采用的压电材料为压电陶瓷。

2. 脉冲超声波的产生及其特点

用作超声波换能器的压电陶瓷被加工成平面状，并在正反两面分别镀上银层作为电极，被称为压电晶片。当给压电晶片两极施加一个电压短脉冲时，由于逆压效应，晶片将发生弹性形变而产生弹性振荡，振荡频率与晶片的声速和厚度有关，适当选择晶片的厚度可以得到超声频率范围的弹性波，即超声波。在晶片的振动过程中，由于能量的减少，其振幅也逐渐减少，因此它发射出的是一个超声波波包，通常称为脉冲波，如图 7-10-2 所示。超声波在材料内部传播时，与被检对象相互作用发生散射，散射波被同一压电换能器接收，由于正压电效应，振荡的晶片在两极产生振荡的电压，电压被放大后可以用示波器显示。

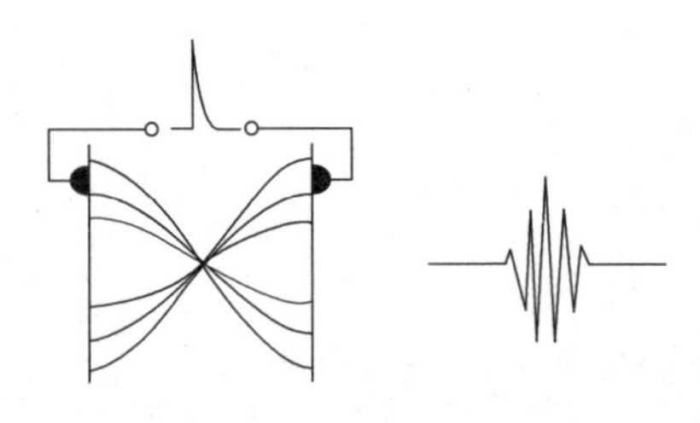

图 7-10-2　脉冲波的产生

图 7-10-3(a)为超声波在试块中传播的示意图。图 7-10-3(b)为示波器接收得到的超声波信号。图中，t_0 为电脉冲施加在压电晶片的时刻；t_1 是超声波传播到试块底面，又反射回来，被同一个探头接收的时刻。因此，超声波在试块中传播到底面的时间为

$$t=(t_1-t_0)/2 \tag{7-10-1}$$

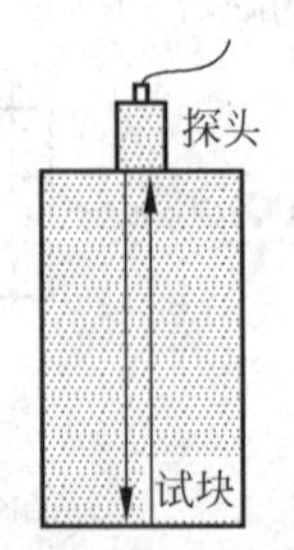

(a) 脉冲超声波在试块中的声音

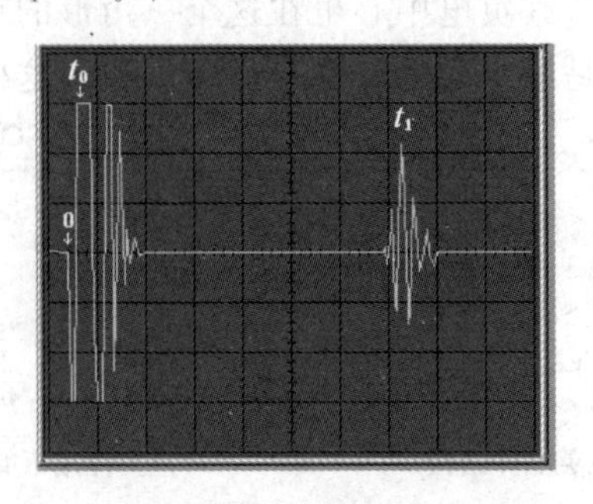

(b) 示波器的接收信号

图　7-10-3

如果试块材质均匀，超声波声速 c 一定，则超声波在试块中的传播距离为

$$S = c \cdot t \tag{7-10-2}$$

3. 超声波波形及换能器种类

如果晶片内部质点的振动方向垂直于晶片平面，那么晶片向外发射的就是超声纵波。超声波在介质中传播可以有不同的波形，它取决于介质可以承受何种作用力以及如何对介质激发超声波。通常有如下三种。

（1）纵波波形

当介质中质点振动方向与超声波的传播方向一致时，此超声波为纵波波形。任何固体介质当其体积发生交替变化时均能产生纵波。

（2）横波波形

当介质中质点的振动方向与超声波的传播方向相垂直时，此种超声波为横波波形。由于固体介质除了能承受体积变形外，还能承受切变变形，因此，当其有剪切力交替作用于固体介质时均能产生横波。横波只能在固体介质中传播。

（3）表面波波形

这是沿着固体表面传播的具有纵波和横波的双重性质的波。表面波可以看成是由平行于表面的纵波和垂直于表面的横波合成的，振动质点的轨迹为一椭圆，在距表面 1/4 波长深处振幅最强，随着深度的增加很快衰减，实际上离表面一个波长以上的地方，质点振动的振幅已经很微弱了。

在实际应用中，我们经常把超声波换能器称为超声波探头。实验中，常用的超声波探头有直探头和斜探头两种，其结构如图 7-10-4 所示。探头通过保护膜或斜楔向外发射超声波；吸收背衬的作用是吸收晶片向背面发射的声波，以减少杂波；匹配电感的作用是调整脉冲波的形状。

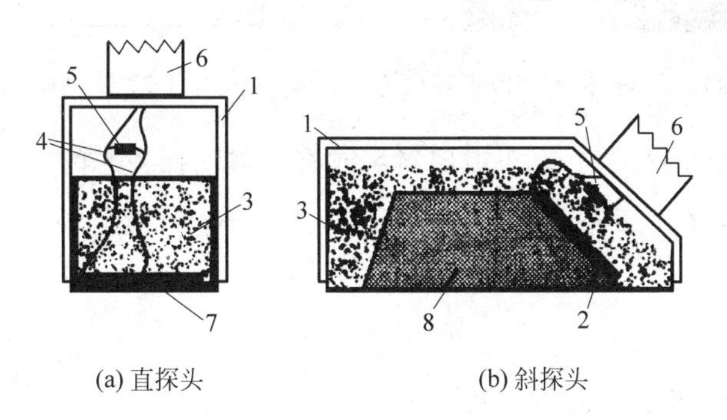

图 7-10-4　直探头和斜探头的基本结构

1—外壳；2—晶片；3—吸收背衬；4—电极接线；5—延配电感；6—接插头；7—保护膜；8—斜楔

一般情况下，采用直探头产生纵波，斜探头产生横波或表面波。对于斜探头，晶片受激发产生超声波后，声波首先在探头内部传播一段时间后，才到达试块的表面，这段时间我们称之为探头的延迟。对于直探头，一般延迟较小，在测量精度要求不高的情况下，可以忽略不计。

4. 超声波的反射、折射与波形转换

在斜探头中，从晶片产生的超声波为纵波，它通过斜楔使超声波折射到试块内部，同时可以使纵波转换为横波。实际上，超声波在两种固体界面上发生折射和反射时，纵波可以折

射和反射为横波，横波也可以折射和反射为纵波。超声波的这种现象称为波形转换，其图解如图 7-10-5 所示。

超声波在界面上的反射、折射和波形转换满足如下斯特林折射定律：

反射：

$$\frac{\sin\alpha}{c}=\frac{\sin\alpha_L}{c_{1L}}=\frac{\sin\alpha_S}{c_{1S}} \tag{7-10-3}$$

折射：

$$\frac{\sin\alpha}{c}=\frac{\sin\beta_L}{c_{2L}}=\frac{\sin\beta_S}{c_{2S}} \tag{7-10-4}$$

其中，α_L 和 α_S 分别是纵波反射角和横波反射角；β_L 和 β_S 分别是纵波折射角和横波折射角；c_{1L} 和 c_{1S} 分别是第一种介质的纵波声速和横波声速；c_{2L} 和 c_{2S} 分别是第二种介质的纵波声速和横波声速。

在本实验中，还使用了一种可变角探头，如图 7-10-6 所示。其中探头芯可以旋转，通过改变探头的入射角 θ，得到不同折射角的斜探头。当 $\theta=0$ 时成为直探头。可以利用该探头观察波形转换的过程。

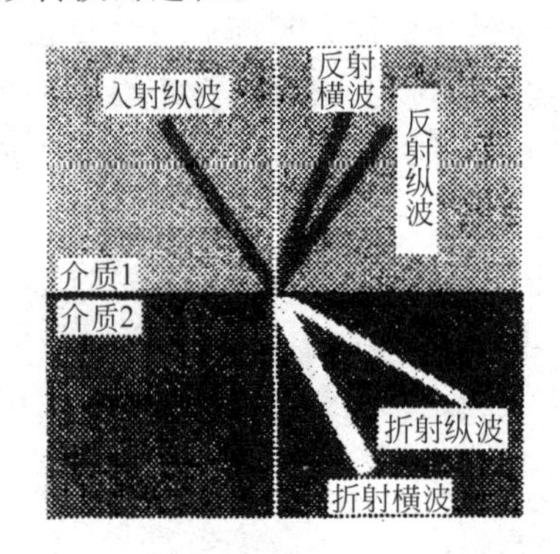

图 7-10-5 超声波的反射、折射和波形转换

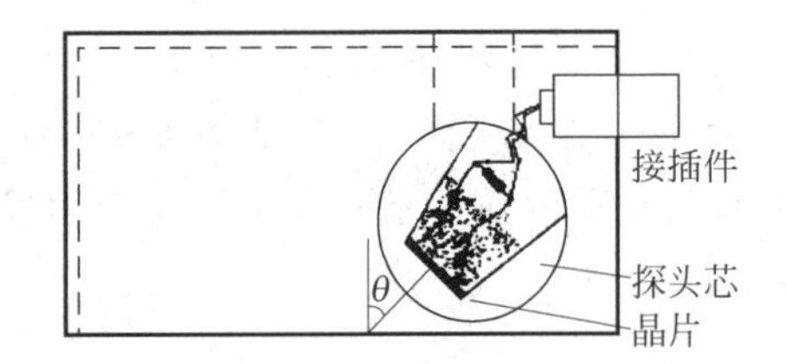

图 7-10-6 可变角探头示意图

在斜探头或可变角探头中，有机玻璃斜块或有机玻璃探头芯的声速 c 小于铝中横波声速 c_S，而横波声速 c_S 又小于纵波声速 c_L。

因此，当 α 大于

$$\alpha_1=\arcsin\frac{c}{c_L} \tag{7-10-5}$$

时，铝介质中只有折射横波；而当 α 大于

$$\alpha_2=\arcsin\frac{c}{c_S} \tag{7-10-6}$$

时，铝介质中既无纵波折射，又无横波折射。我们把 α_1 称为有机玻璃入射到有机玻璃-铝界面上的第一临界角；α_2 称为第二临界角。

【实验方案】

1. 直探头延迟的测量

参照本实验附录一连接 JDUT-2 型超声波实验仪和示波器。超声波实验仪接上直探头，并把探头放在 CSK-IB 试块的正面，仪器的射频输出与示波器第 1 通道相连，触发与示

波器外触发相连，示波器采用外触发方式，适当设置超声波实验仪衰减器的数值和示波器的电压范围与时间范围，使示波器上看到的波形如图 7-10-7 所示。

在图 7-10-7 中，S 称为始波，t_0 对应于发射超声波的初始时刻；B_1 称为试块的 1 次底面回波；t_1 对应于超声波传播到试块底面，并被发射回来后，被超声波探头接收到的时刻，因此 t_1 对应于超声波在试块内往复传播的时间；B_2 称为试块的 2 次底面回波，它对应于超声波在试块内往复传播到试块的上表面后，部分超声波被上表面反射，并被试块底面再次反射，即在试块内部往复传播两次后被接收到的超声波。依次类推，有 3 次、4 次和多次底面反射回波。

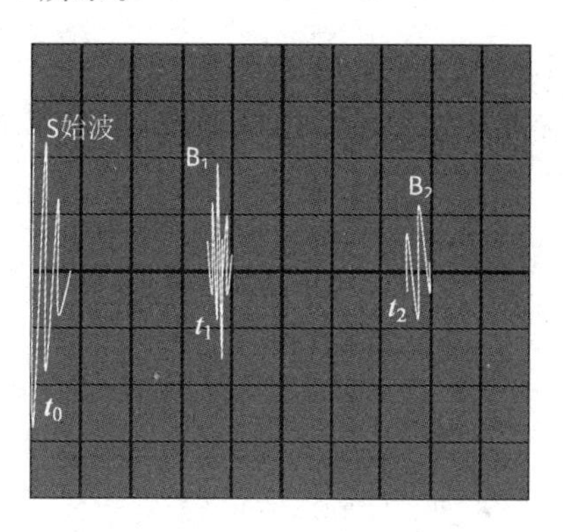

图 7-10-7　直探头延迟的测量

从示波器上读出传播时间 t_1 和 t_2，则直探头的延迟为

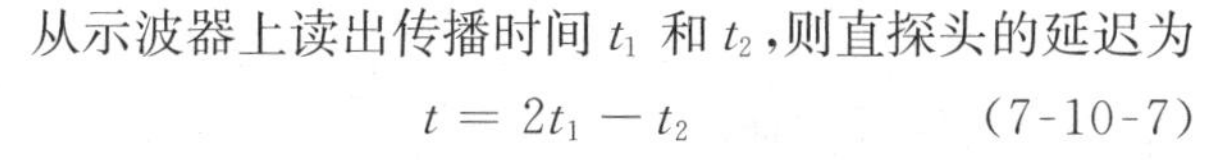

$$t = 2t_1 - t_2 \qquad (7\text{-}10\text{-}7)$$

2. 脉冲波频率和波长的测量

调节示波器时间范围，使试块的 1 次底面回波出现在示波屏的中央，脉冲波的振幅小于 1V。测量两个振动波峰之间的时间间隔，得到一个脉冲周期的振动时间 t，则脉冲波的频率为 $f=1/t$。已知铝试块的纵波声速为 6.32mm/μs，则脉冲波在铝试块中的波长为 $\lambda=6.32t$。

3. 波形转换的观察与测量

把超声波实验仪换上可变角探头，参照图 7-10-8 把探头放在试块上，并使探头靠近试块背面，使探头的斜射声束只打在 R_2 圆弧面上。适当设置超声波实验仪衰减器的数值和示波器的电压范围与时间范围。改变探头的入射角，并在改变的过程中适当移动探头的位置，使每一个入射角对应的 R_2 圆弧面的反射回波最大。则在探头入射角由小变大的过程中，我们可以先后观察到回波 B_1、B_2 和 B_3，它们分别对应于纵波反射回波、横波反射回波和表面波反射回波。

让探头靠近试块背面，通过调节入射角，使能够同时观测到回波 B_1 和 B_2（见图 7-10-9），且它们的幅度基本相等；再让探头逐步靠近试块正面，则又会在 B_1 前面观测到一个回波 b_1。

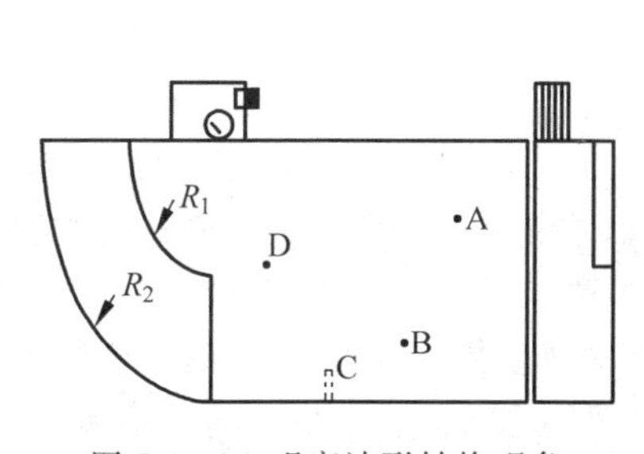

图 7-10-8　观察波形转换现象

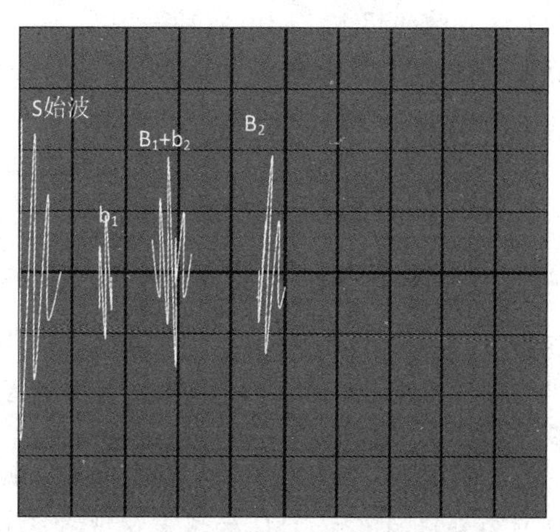

图 7-10-9　横波和纵波的测量

参照本实验附录二给出铝试块的纵波声速与横波声速,通过简单测量和计算,可以确定 b_1、B_1+b_2 和 B_2 对应的波形和反射面。

4. 折射角的测量

确定 B_1、B_2 的波形后,可以分别测量纵波和横波的折射角。参照图 7-10-10 首先把探头的纵波声束对正(回波幅度最大时为正对位置)CSK-IB 试块上的横孔 A,用钢板尺测量正对时探头的前沿到试块右边沿的距离 L_{A1};然后向左移动探头,再让纵波声束对正横孔 B,并测量距离 L_{B1}。测量 A 和 B 的水平距离 L 和垂直距高 H,则探头的折射角为

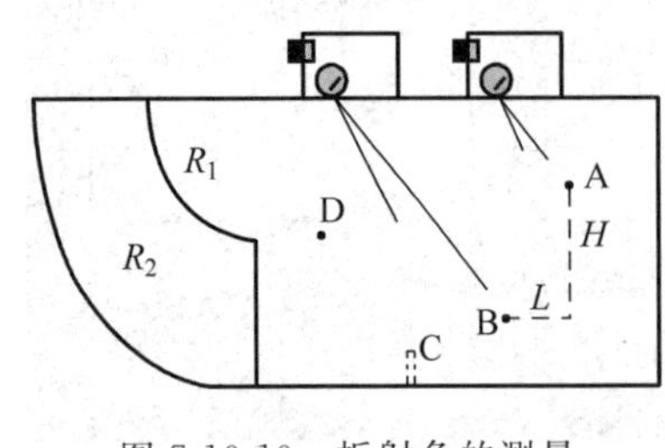

图 7-10-10 折射角的测量

$$\beta_1 = \arctan \frac{L_{B1} - L_{A1} - L}{H} \qquad (7\text{-}10\text{-}8)$$

用同样的方法可以测量横波的折射角 β_2。

【实验内容及要求】

1. 测量直探头的延迟

对 CSK-IB 试块 60mm 的厚度进行测量。多次测量,求平均值。

2. 测量脉冲超声波频率和波长

利用 CSK-IB 试块 40mm 厚度的 1 次回波进行测量;测量脉冲波 4 个振动周期的时间 t,求其频率和波长。多次测量,求平均值。

3. 波形转换的观察和测量

通过简单计算和测量,分析确定图 7-10-9 中 b_1、B_1 和 B_2 对应的波形和反射面。

4. 验证斯特林定律(选做)

利用 CSK-IA 钢试块,测量可变角探头在同一入射角下的纵波折射角和横波折射角。测量钢中纵波声速与横波声速,验证斯特林折射定律。已知可变角探头中有机玻璃纵波声速为 2.73mm/s,试计算可变角探头的入射角数值。

【分析与思考】

(1) 激发脉冲超声波的电脉冲一般是一个上升沿小于 20ns 的很尖很窄的脉冲。而从超声脉冲波的波形看,其幅度是由小变大,然后又由大变小,不是直接从大变小,并且振动可以持续 1~10μs,原因是什么?

(2) 通过计算说明,当可变角探头逐步靠近试块正面时,为什么横波在 R_1 圆弧面的反射回波能够与 B_1 重合?

二、固体中超声波的传播特性

超声波是一种弹性波,它在所有弹性材料中传播。其传播的特性与材料的弹性有关,如果弹性材料发生变化,超声的传播就会受到扰动,根据这个扰动,就可了解材料的弹性或弹性变化的特征。超声波测试就是利用超声波的传播特性与弹性材料物理特性之间的关系,通过测量超声波的传播特性参量,达到测量弹性材料物理参数的目的。在实际应用中,由于测试的对象和目的不同,具体的技术和措施是不同的,因而产生了一系列的超声测试项目,例如超声测厚、超声测硬度、超声测应力、超声测金属材料的晶粒度、超声测量弹性常数等。

本实验通过研究固体中超声波的传播特性，从而进一步确定固体介质中几个常用的弹性常数。

【实验目的】

（1）理解超声波声速与固体弹性常数的关系。

（2）掌握超声波声速测量的方法。

（3）了解声速测量在超声波应用中的重要性。

【实验原理】

在各向同性的固体材料中，根据应力和应变满足的胡克定律，可以求得超声波传播的特征方程：

$$\nabla^2 \Phi = \frac{1}{c^2} \cdot \frac{\partial^2 \Phi}{\partial^2 t^2} \tag{7-10-9}$$

式中，Φ 为势函数；c 为超声波传播速度。

当介质中质点振动方向与超声波的传播方向一致时，此超声波称为纵波；当介质中质点的振动方向与超声波的传播方向相垂直时，此超声波称为横波。在气体介质中，声波只是纵波。在固体介质内部，超声波可以按纵波或横波两种波形传播。无论是材料中的纵波还是横波，其速度均可表示为

$$c = \frac{d}{t} \tag{7-10-10}$$

式中，d 为声波传播距离；t 为声波传播时间。

对于同一种材料，其纵波波速和横波波速的大小一般不一样，但是它们都由弹性介质的密度、杨氏模量和泊松比等弹性参数决定，即影响这些物理常数的因素都对声速有影响。相反，利用测量超声波速度的方法可以测量与材料有关的弹性常数。

固体在外力作用下，其长度沿力的方向产生变形。变形时的应力与应变之比就定义为杨氏模量，一般用 E 表示（在本书杨氏模量测量的实验中有介绍）。

固体在应力作用下沿纵向有一正应变（伸长），沿横向就将有一个负应变（缩短），横向应变与纵向应变之比被定义为泊松比，记作 σ，它也是表示材料弹性性质的一个物理量。

在各向同性固体介质中，各种波形的超声波声速为：

纵波声速
$$c_L = \sqrt{\frac{E(1-\sigma)}{\rho(1+\sigma)(1-2\sigma)}} \tag{7-10-11}$$

横波声速
$$c_S = \sqrt{\frac{E(1-\sigma)}{2\rho(1+2\sigma)}} \tag{7-10-12}$$

式中，E 为杨氏模量；σ 为泊松系数；ρ 为材料密度。

相应地，通过测量介质的纵波声速和横波声速，利用以上公式可.以计算介质的弹性常数。计算公式如下：

杨氏模量
$$E = \frac{\rho c_S^2 (3T^2 - 4)}{T^2 - 1} \tag{7-10-13}$$

泊松系数
$$\sigma = \frac{T^2 - 2}{2(T^2 - 1)} \tag{7-10-14}$$

式中，$T = \frac{c_L}{c_S}$，c_L 为介质中纵波声速；c_S 为介质中横波声速；ρ 为介质的密度。

【实验方案】

1. 声速的直接测量方法

根据式(7-10-9),当利用确定反射体(界面或人工反射体)测量声速时,我们只需要测量该反射体的回波时间,就可以计算得到声速。而对于单个的反射体,得到的反射波如图 7-10-11 所示。能够直接测量的时间包含了超声波在探头内部的传播时间 t_0,即探头的延迟。对于任何一种探头,其延迟只与探头本身有关,而与被测的材料无关。因此,首先需要测量探头的延迟,然后才能利用该探头直接测量反射体回波时间。

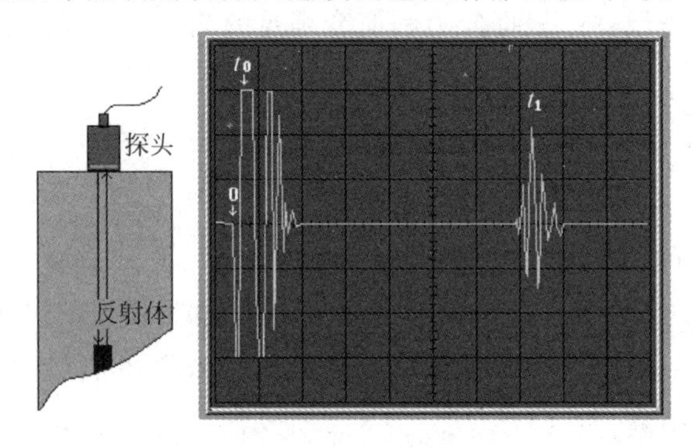

图 7-10-11　纵波延迟测量

(1) 直探头延迟测量(参看本实验中的实验一)。

(2) 斜探头延迟测量。

参照图 7-10-12 把斜探头放在试块上,并使探头靠近试块正面,使探头的斜射声束能够同时入射在 R_1 和 R_2 圆弧面上。适当设置超声波实验仪衰减器的数值和示波器的电压范围与时间范围,在示波器上同时观测到两个弧面的回波 B_1 和 B_2。测量它们对应的时间 t_1 和 t_2。由于 $R_1=2R_2$,因此斜探头的延迟为

$$t = 2t_1 - t_2 \tag{7-10-15}$$

(3) 斜探头入射点测量(选做)

在确定斜探头的传播距离时,通常还要知道斜探头的入射点,即声束与被测试块表面的相交点,用探头前沿到该点的距离表示,又称前沿距离。

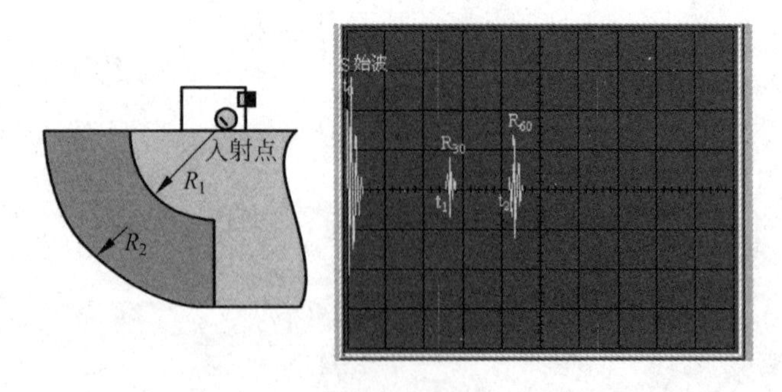

图 7-10-12　斜探头延迟和入射点测量

参照图 7-10-12 把斜探头放在试块上,并使探头靠近试块正面,使探头的斜射声束入射在 R_2 圆弧面上,左右移动探头,使回波幅度最大(声束通过弧面的圆心)。这时,用钢板尺

测量探头前沿到试块左端的距离 L,则前沿距离为

$$L_0 = R_2 - L \tag{7-10-16}$$

2. 声速的相对测量方法

如果被测试块有两个确定的反射体,那么通过测量两个反射体回波对应的时间差,再计算出试块的声速。这种方法称为声速的相对测量方法。

对于直探头,可以利用均匀厚度底面的多次反射回波中的任意两个回波进行测量。

对于斜探头,则利用 CSK-IB 试块的两个圆弧面的回波进行测量。

【实验内容与要求】

1. 测量直探头和斜探头的延迟

利用 CSK-IB 试块 60mm 厚度,采用相对测量方法测量直探头延迟;多次测量,求平均值。利用 R_1、R_2 圆弧面,采用相对测量方法测量斜探头延迟;多次测量,求平均值。

2. 利用直探头测量铝试块的纵波声速

分别利用直接法和相对法测量。多次测量,求平均值。

3. 利用斜探头测量铝试块的横波声速

分别利用直接法和相对法测量。多次测量,求平均值。

4. 计算铝试块的杨氏模量和泊松系数

与理论值比较,分析误差产生的原因。

【分析与思考】

(1) 为什么利用斜探头入射到圆弧面上后,只看到横波而没有纵波?

(2) 利用 CSK-IB 试块怎样测量表面波探头的延迟?能否用测量斜探头入射点的方法测量表面波探头的入射点?为什么?

(3) 利用 CSK-IB 试块的横孔 A 和横孔 B 试块怎样测量斜探头的延迟和入射点?

(4) 利用铝试块测量得到斜探头的延迟和入射点与在钢试块测量同一探头的延迟和入射点,结果是否一样?为什么?

三、超声波探测与定位

光波只能穿过透明介质;电磁波只能穿过非导电介质;超声波是一种弹性波,能够在弹性介质中传播,而所有物质都可视为弹性介质,因此超声波对所有介质都是"透明"的。例如在海洋探测中,可以用超声波来探测数千米的目标。这也是超声波被广泛应用于探测的主要原因之一。

利用超声波进行探测的另一个原因是超声探头发射的能量具有较强的指向性。指向性是指超声波探头发射声束扩散角的大小。扩散角越小,则指向性越好,对目标定位的准确性越高。在固体材料的尺寸测量、无损检测、超声诊断、潜艇导航等超声应用中,都利用了超声波的这一特点。

本实验在了解超声波探头指向性的基础上,应学习超声波用于探测的基本方法。

【实验目的】

(1) 理解超声波探头的指向性。

(2) 掌握超声波探测原理和定位方法。

【实验原理】

超声探头发射能量的指向性与探头的几何尺寸和波长有直接的关系。一般来讲，波长越小，频率越高，指向性越好；尺寸越大，指向性越好。可以用公式表示如下：

$$\theta = 2\arcsin\left(1.22\frac{\lambda}{D}\right) \tag{7-10-17}$$

图 7-10-13 是超声波探头的指向性与其尺寸和波长关系的示意图。对具有一定指向性要求的超声波探头，采用较高的频率可以使探头的尺寸变小。在实际应用中，通常我们用偏离中心轴线后振幅减小一半的位置表示声束的边界。如图 7-10-14 所示，在同一深度位置，中心轴线上的能量最大，当偏离中线到位置 A、A'时，能量减小到最大值的一半。其中 θ 角定义为探头的扩散角。θ 越小，探头方向性越好，定位精度越高。

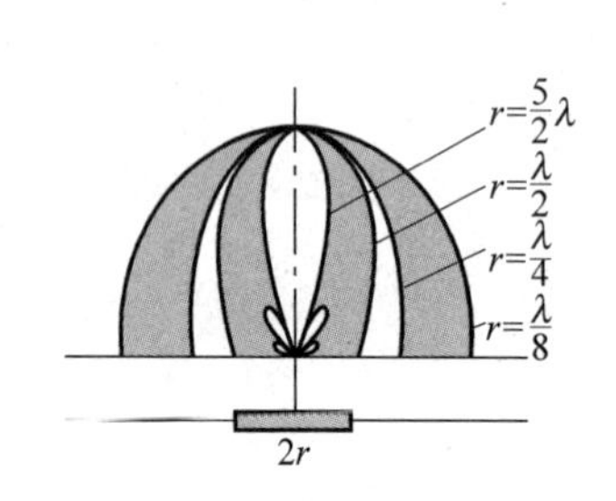

图 7-10-13 超声波探头的指向性(一)

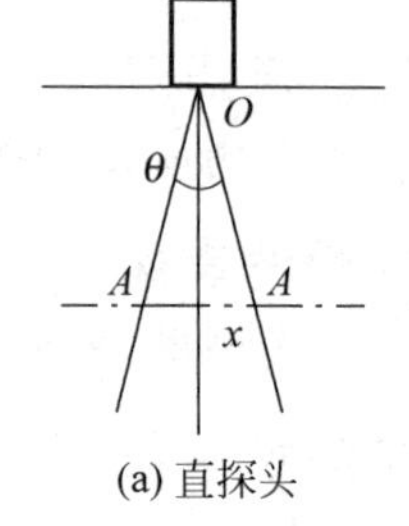

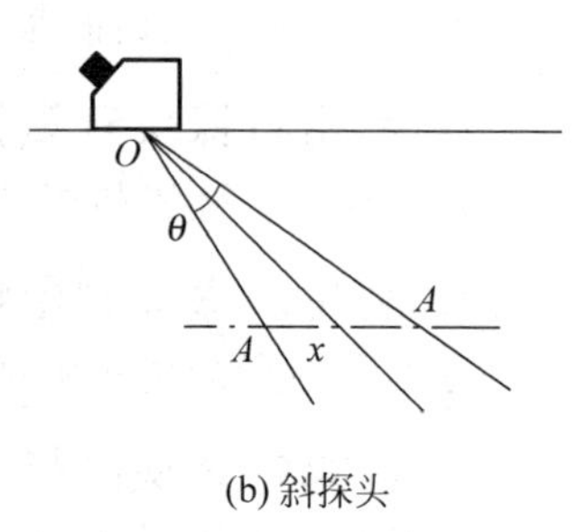

图 7-10-14 超声波探头的指向性(二)

在进行缺陷定位时，必须找到缺陷反射回波最大的位置，使得被测缺陷处于探头的中心轴线上，然后测量缺陷反射回波对应的时间，根据工件的声速可以计算出缺陷到探头入射点的垂直深度或水平距离。

【实验方案】

1. 声束扩散角的测量

如图 7-10-15 所示，利用直探头分别找到 B 通孔对应的回波，移动探头使回波幅度最大，并记录该点的位置 x_0 及对应回波的幅度；然后向左边移动探头使回波幅度减小到最大振幅的一半，并记录该点的位置 x_1；用同样的方法记录下探头右移时回波幅度下降到最大振幅一半对应点的位置 x_2。则直探头的扩散角为

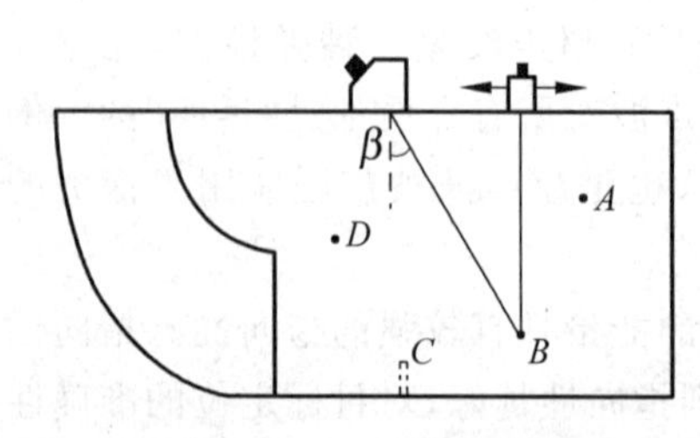

图 7-10-15 探头扩散角的测量

$$\theta = 2\arctan\frac{|x_2 - x_1|}{2L} \tag{7-10-18}$$

对于斜探头，首先必须测量出探头的折射角 β，然后利用测量直探头同样的方法，按下式近似计算斜探头的扩散角：

$$\theta = 2\arctan\left(\frac{|x_2 - x_1|}{2L}\cos^2\beta\right) \tag{7-10-19}$$

2. 直探头探测缺陷深度

在超声波探测中，可以利用直探头来探测较厚工件内部缺陷的位置和当量大小。把探

头按图 7-10-16 所示位置放置，观察其波形。其中底波是工件底面的反射回波。

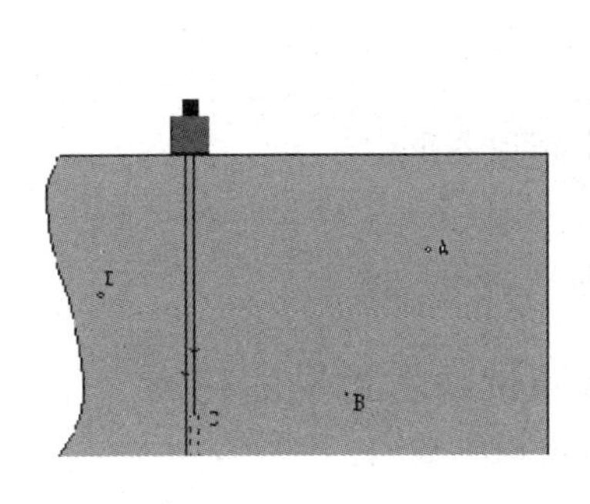

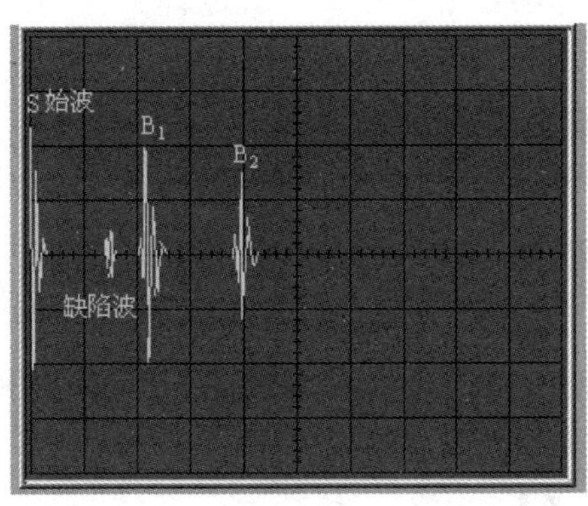

图 7-10-16　直探头探测缺陷深度

对底面回波和缺陷波对应时间(深度)的测量，可以采用绝对测量方法，也可以采用相对测量方法。利用绝对测量方法时，必须首先测量(或已知)探头的延迟和被测材料的声速，具体方法请参看本实验的实验二中直探头延迟和声速的直接测量方法。利用相对测量方法时，必须有与被测材料同材质试块，并已知该试块的厚度，具体方法请参看本实验的实验二中直探头延迟和声速的相对测量方法。

3. 斜探头测量缺陷的深度和水平距离

利用斜探头进行探测时，如果测量得到超声波在材料中传播的距离为 S，则其深度 H 和水平距离 L 为

$$H = S\tan\beta \tag{7-10-20}$$

$$L = S\cot\beta \tag{7-10-21}$$

其中，β 是斜探头在被测材料中的折射角。

要实现对缺陷进行定位，除了必须测量(或已知)探头的延迟、入射点外，还必须测量(或已知)探头在该材质中的折射角和声速。通常我们利用与被测材料同材质的试块中两个不同深度的横孔对斜探头的延迟、入射点、折射角和声速进行测量。

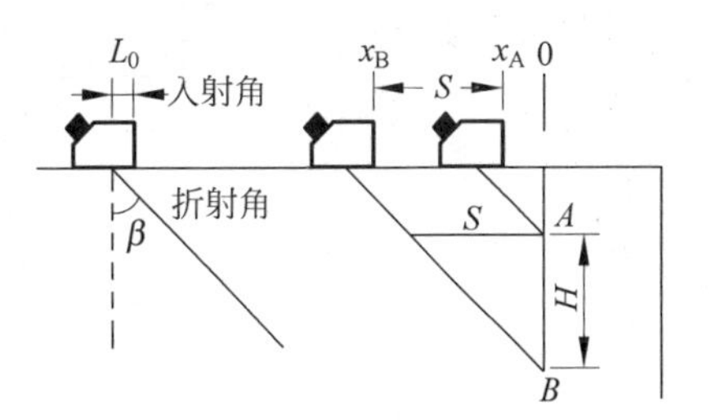

图 7-10-17　斜探头参数测量

参看图 7-10-17，A、B 为试块中的两个横孔，让斜探头先后对正 A 和 B，测量得到它们的回波时间 t_A、t_B，探头前沿到横孔的水平距离分别为 x_A、x_B，已知它们的深度为 H_A、H_B，则有

$$S = x_B - x_A \tag{7-10-22}$$

$$H = H_B - H_A \tag{7-10-23}$$

折射角
$$\beta = \arctan\frac{S}{H} \tag{7-10-24}$$

声速
$$c = \frac{H}{(t_B - t_A)\cos\beta} \tag{7-10-25}$$

延迟
$$t_0 = t_B - \frac{H_B}{c\cos\beta} \tag{7-10-26}$$

前沿距离
$$L_0 = H\tan\beta - x_B \tag{7-10-27}$$

【实验内容及要求】

1. 测量直探头的扩散角

利用 CSK-IB 试块横孔 A 和 B 进行测量，画出声束图形。

2. 探测 CSK-IB 试块中缺陷 C 的深度

利用直探头采用绝对测量方法测量；多次测量，求平均值。

3. 探测 CSK-IB 试块中缺陷 D 的深度和距试块右边沿的距离

先测量斜探头的延迟、入射点、折射角和声速，再探测缺陷。

【分析与思考】

1. 在利用斜探头探测中，如果能够得到与被测材料同材质的试块，并且已知该试块中两个不同深度的横孔的深度，那么我们不必测量斜探头的延迟、入射点、折射角和声速就可以确定缺陷的深度。试说明该方法的具体探测过程。

2. 试利用表面波测量 CSK-IB 试块中 R_2 圆弧的长度。

附录一　JDUT-2 型超声波实验仪接线图(见图 7-10-18)

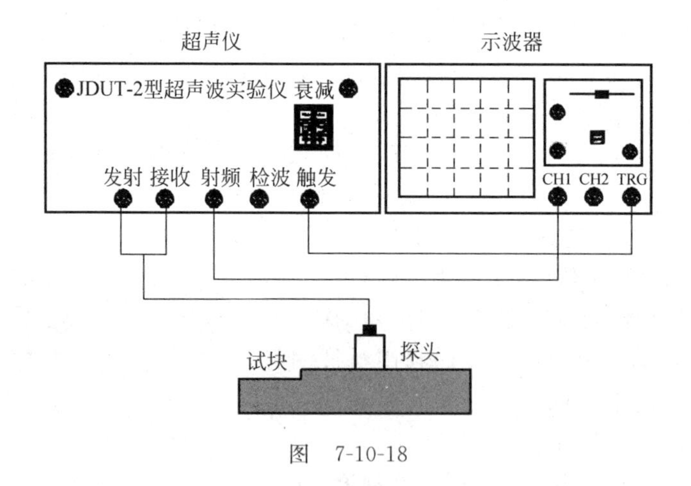

图　7-10-18

附录二　CSK-IB 铝试块尺寸图和材质参数(见图 7-10-19 及表 7-10-1)

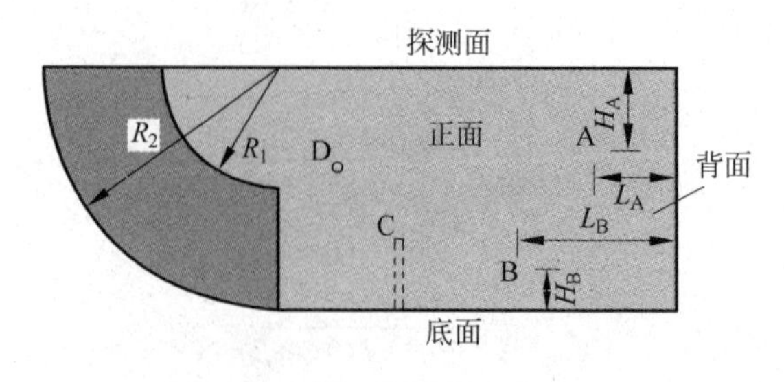

图　7-10-19

(单位：mm；尺寸：$R_1=30$，$R_2=60$，$L_A=20$，$H_A=20$，$L_B=20$，$H_B=20$)

表 7-10-1　材质参数表(仅供参考)

纵波声速	6.30mm/μs	横波声速	3.08mm/μs	表面波声速	2.88mm/μs
杨氏模量		泊松系数		材质密度	

实验十一　液晶电光效应

液晶是介于液体与晶体之间的一种物质状态。一般的液体内部分子排列是无序的,而液晶既具有液体的流动性,其分子又按一定规律有序排列,使它呈现晶体的各向异性。当光通过液晶时,会产生偏振面旋转、双折射等效应。液晶分子是含有极性基团的极性分子,在电场作用下,偶极子会按电场方向取向,导致分子原有的排列方式发生变化,从而液晶的光学性质也随之发生改变,这种因外电场引起的液晶光学性质的改变称为液晶的电光效应。

1888 年,奥地利植物学家 Reinitzer 在做有机物溶解实验时,在一定的温度范围内观察到液晶。1961 年美国 RCA 公司的 Heimeier 发现了液晶的一系列电光效应,并制成了显示器件。从 20 世纪 70 年代开始,日本公司将液晶与集成电路技术结合,制成了一系列的液晶显示器件,并至今在这一领域保持领先地位。液晶显示器件由于具有驱动电压低(一般为几伏)、功耗极小、体积小、寿命长、环保无辐射等优点,在当今各种显示器件的竞争中有独领风骚之势。

【实验目的】

(1) 在掌握液晶光开关的基本工作原理的基础上,测量液晶光开关的电光特性曲线,并由电光特性曲线得到液晶的阈值电压和关断电压。

(2) 测量驱动电压周期变化时,液晶光开关的时间响应曲线,并由时间响应曲线得到液晶的上升时间和下降时间。

(3) 测量由液晶光开关矩阵所构成的液晶显示器的视角特性以及在不同视角下的对比度,了解液晶光开关的工作条件。

(4) 了解液晶光开关构成图像矩阵的方法,学习和掌握这种矩阵所组成的液晶显示器构成文字和图形的显示模式,从而了解一般液晶显示器件的工作原理。

【实验原理】

1. 液晶光开关的工作原理

液晶的种类很多,下面仅以常用的 TN(扭曲向列)型液晶为例,说明其工作原理。

TN 型光开关的结构如图 7-11-1 所示。在两块玻璃板之间夹有正性向列相液晶,液晶分子的形状如同火柴一样,为棍状。棍的长度在十几埃($1Å=10^{-10}$m),直径为 4～6Å,液晶层厚度一般为 5～8μm。玻璃板的内表面涂有透明电极,电极的表面预先作了定向处理(可用软绒布朝一个方向摩擦,也可在电极表面涂取向剂),这样,液晶分子在透明电极表面就会躺倒在摩擦所形成的微沟槽里;电极表面的液晶分子按一定方向排列,且上下电极上的定向方向相互垂直。上下电极之间的那些液晶分子因范德瓦尔斯力的作用,趋向于平行排列。然而由于上下电极上液晶的定向方向相互垂直,所以从俯视方向看,液晶分子的排列从上电极的沿−45°方向排列逐步地、均匀地扭曲到下电极的沿+45°方向排列,整个扭曲了 90°,如图 7-11-1(a)所示。

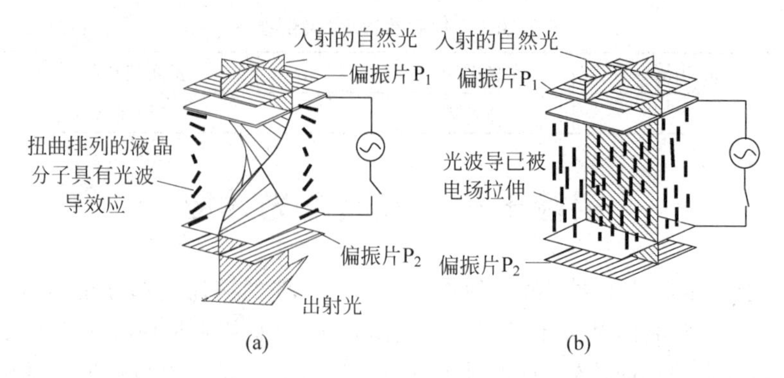

图 7-11-1 液晶光开关的工作原理

理论和实验都证明,上述均匀扭曲排列起来的结构具有光波导的性质,即偏振光从上电极表面透过扭曲排列起来的液晶传播到下电极表面时,偏振方向会旋转 90°。

取两张偏振片贴在玻璃的两面,P_1 的透光轴与上电极的定向方向相同,P_2 的透光轴与下电极的定向方向相同,于是 P_1 和 P_2 的透光轴相互正交。

在未加驱动电压的情况下,来自光源的自然光经过偏振片 P_1 后只剩下平行于透光轴的线偏振光,该线偏振光到达输出面时,其偏振面旋转了 90°。这时光的偏振面与 P_2 的透光轴平行,因而有光通过。

在施加足够电压情况下(一般为 1～2V),在静电场的作用下,除了基片附近的液晶分子被基片“锚定”以外,其他液晶分子趋于平行于电场方向排列。于是原来的扭曲结构被破坏,成了均匀结构,如图 7-11-1(b)所示。从 P_1 透射出来的偏振光的偏振方向在液晶中传播时不再旋转,而保持原来的偏振方向到达下电极。这时光的偏振方向与 P_2 正交,因而光被关断。

由于上述光开关在没有电场的情况下让光透过,加上电场的时候光被关断,因此叫做常通型光开关,又叫做常白模式。若 P_1 和 P_2 的透光轴相互平行,则构成常黑模式。

液晶可分为热致液晶与溶致液晶。热致液晶在一定的温度范围内呈现液晶的光学各向异性,溶致液晶是溶质溶于溶剂中形成的液晶。目前用于显示器件的都是热致液晶,它的特性随温度的改变而有一定变化。

2. 液晶光开关的电光特性

图 7-11-2 所示为光线垂直液晶面入射时本实验所用液晶相对透射率(以不加电场时的透射率为 100%)与外加电压的关系。

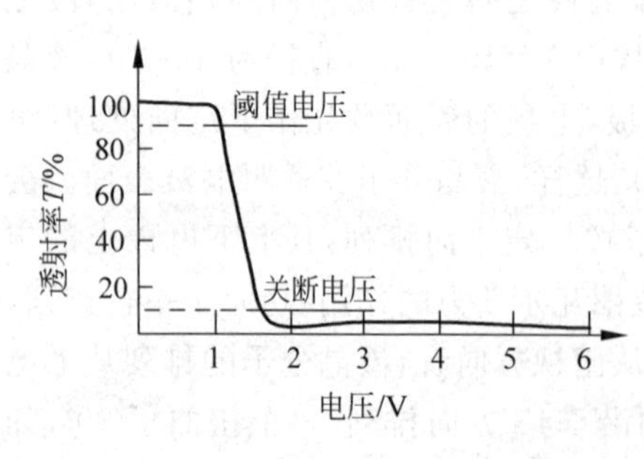

图 7-11-2 液晶光开关的电光特性曲线

由图 7-11-2 可见,对于常白模式的液晶,其透射率随外加电压的升高而逐渐降低,在一定电压下达到最低点,此后略有变化。可以根据此电光特性曲线图得出液晶的阈值电压和关断电压。

阈值电压:透过率为 90%时的驱动电压。

关断电压:透过率为 10%时的驱动电压。

液晶的电光特性曲线越陡,即阈值电压与关断电压的差值越小,由液晶开关单元构成的显示器件允许的驱动路数就越多。TN 型液晶最多允许16 路驱动，故常用于数码显示。在计算机、电视等需要高分辨率的显示器件中，常采用 STN(超扭曲向列)型液晶，以改善电光特性曲线的陡度，增加驱动路数。

3. 液晶光开关的时间响应特性

加上(或去掉)驱动电压能使液晶的开关状态发生改变，是因为液晶的分子排序发生了改变，这种重新排序需要一定时间，反映在时间响应曲线上，用上升时间 τ_r 和下降时间 τ_d 描述。给液晶开关加上一个如图 7-11-3(a)所示的周期性变化的电压，就可以得到液晶的时间响应曲线、上升时间和下降时间，如图 7-11-3(b)所示。

上升时间：透过率由 10%升到 90%所需时间。

下降时间：透过率由 90%降到 10%所需时间。

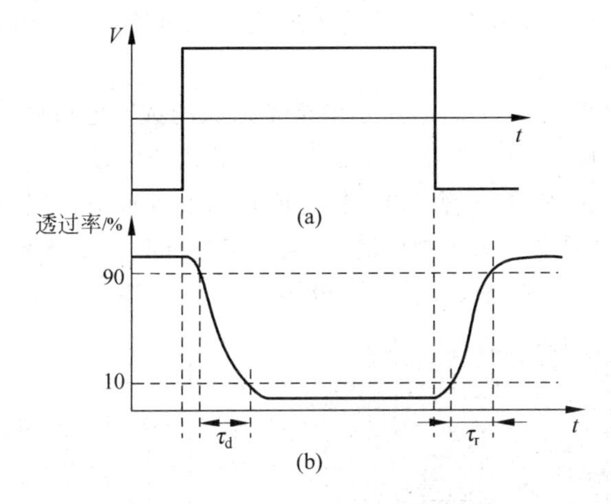

图 7-11-3 液晶驱动电压和时间响应图

液晶的响应时间越短，显示动态图像的效果越好，这是液晶显示器的重要指标。早期的液晶显示器在这方面逊色于其他显示器，现在通过结构方面的技术改进，已达到很好的效果。

4. 液晶光开关的视角特性

液晶光开关的视角特性表示对比度与视角的关系。对比度定义为光开关打开和关断时透射光强度之比。对比度大于 5 时，可以获得满意的图像；对比度小于 2，图像就模糊不清了。

图 7-11-4 表示了某种液晶视角特性的理论计算结果。图中，用与原点的距离表示垂直视角(入射光线方向与液晶屏法线方向的夹角)的大小。

图中 3 个同心圆分别表示垂直视角为 30°、60°和 90°。90°同心圆外面标注的数字表示水平视角(入射光线在液晶屏上的投影与 0°方向之间的夹角)的大小。图中的闭合曲线为不同对比度时的等对比度曲线。

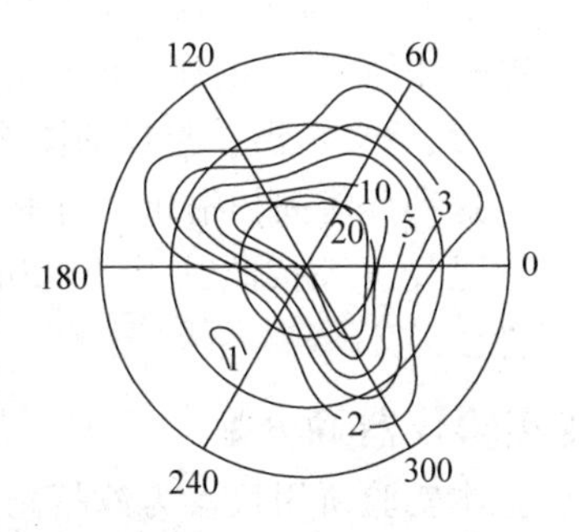

图 7-11-4 液晶的视角特性

由图 7-11-4 可以看出，液晶的对比度与垂直和水平视角都有关，而且具有非对称性。若我们把具有图 7-11-4 所示视角特性的液晶开关逆时针旋转，以 220°方向向下，并由多个显示开关组成液晶显示屏，则该液晶显示屏的左右视角特性对称，在左、右和俯视 3 个方向，垂直视角接近 60°时对比度为 5，观看效果较好。在仰视方向对比度随着垂直视角的加大迅速降低，观看效果差。

5. 液晶光开关构成图像显示矩阵的方法

除了液晶显示器以外，其他显示器靠自身发光来实现信息显示功能。这些显示器主要有以下几种：阴极射线管显示（CRT），等离子体显示（PDP），电致发光显示（ELD），发光二极管（LED）显示，有机发光二极管（OLED）显示，真空荧光管显示（VFD），场发射显示（FED）。这些显示器因为要发光，所以要消耗大量的能量。

液晶显示器通过对外界光线的开关控制来完成信息显示任务，为非主动发光型显示，其最大的优点在于能耗极低。正因为如此，液晶显示器在便携式装置的显示方面，例如电子表、万用表、手机、传呼机等中具有不可代替的地位。下面我们来看看如何利用液晶光开关来实现图形和图像显示任务。

矩阵显示方式，是把图 7-11-5(a)所示的横条形状的透明电极做在一块玻璃片上，叫做行驱动电极，简称行电极（常用 X_i 表示），而把竖条形状的电极制在另一块玻璃片上，叫做列驱动电极，简称列电极（常用 S_i 表示）。把这两块玻璃片面对面组合起来，把液晶灌注在这两片玻璃之间构成液晶盒。为了画面简洁，通常将横条形状和竖条形状的 ITO 电极抽象为横线和竖线，分别代表扫描电极和信号电极，如图 7-11-5(b)所示。

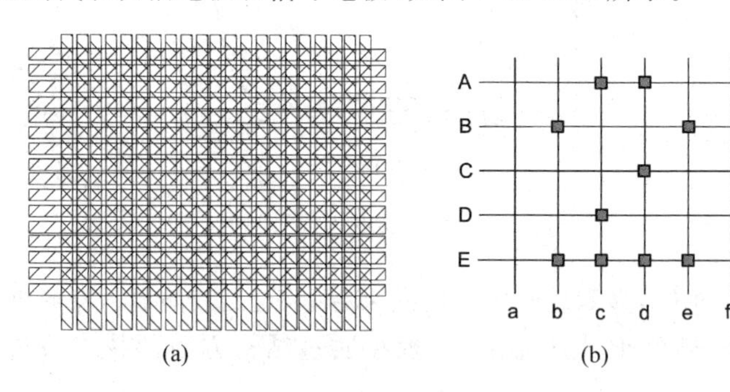

图 7-11-5　液晶光开关组成的矩阵式图形显示器

矩阵型显示器的工作方式为扫描方式。显示原理可依以下的简化说明作一介绍。

欲显示图 7-11-5(b)中的那些有方块的像素，首先在第 A 行加上高电平，其余行加上低电平，同时在列电极的对应电极 c、d 上加上低电平，于是 A 行的那些带有方块的像素就被显示出来了。然后第 B 行加上高电平，其余行加上低电平，同时在列电极的对应电极 b、e 上加上低电平，因而 B 行的那些带有方块的像素被显示出来了。然后是第 C 行、第 D 行、……，以此类推，最后显示出一整场的图像。这种工作方式称为扫描方式。

这种分时间扫描每一行的方式是平板显示器共同的寻址方式，以这种方式，可以让每一个液晶光开关按照其上的电压的幅值让外界光关断或通过，从而显示出任意文字、图形和图像。

【实验仪器简介】

本实验所用仪器为液晶光开关电光特性综合实验仪，其外部结构如图 7-11-6 所示。下面简单介绍仪器各个按钮的功能。

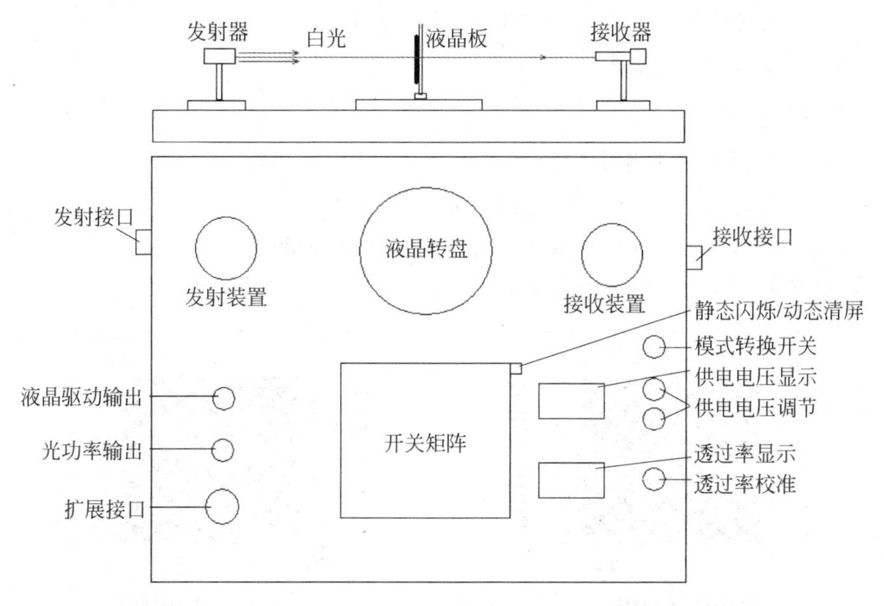

图 7-11-6　液晶光开关光电特性综合试验仪功能键示意图

模式转换开关：切换液晶的静态和动态(图像显示)两种工作模式。在静态时，所有的液晶单元所加电压相同，在(动态)图像显示时，每个单元所加的电压由开关矩阵控制。同时，当开关处于静态时打开发射器，当开关处于动态时关闭发射器。

静态闪烁/动态清屏切换开关：当仪器工作在静态时，此开关可以切换到闪烁和静止两种方式；当仪器工作在动态时，此开关可以清除液晶屏幕因按动开关矩阵而产生的斑点。

供电电压显示：显示加在液晶板上的电压，范围在 0.00～7.60V 之间。

供电电压调节按键：改变加在液晶板上的电压，调节范围在 0～7.6V 之间。其中单击"＋"按键(或"－"按键)可以增大(或减小)0.01V。一直按住"＋"按键(或"－"按键)2s 以上可以快速增大(或减小)供电电压，但当电压大于或小于一定范围时需要单击按键才可以改变电压。

透过率显示：显示光透过液晶板后光强的相对百分比。

透过率校准按键：在接收器处于最大接收状态的时候(即供电电压为 0V 时)，如果显示值大于"250"，则按住该键 3s 可以将透过率校准为 100%；如果供电电压不为 0，或显示小于"250"，则该按键无效，不能校准透过率。

液晶驱动输出：接存储示波器，显示液晶的驱动电压。

光功率输出：接存储示波器，显示液晶的时间响应曲线，可以根据此曲线来得到液晶响应时间的上升时间和下降时间。

扩展接口：连接 LCDEO 信号适配器的接口，通过信号适配器可以使用普通示波器观测液晶光开关特性的响应时间曲线。

发射器：为仪器提供较强的光源。

液晶板：本实验仪器的测量样品。

接收器：将透过液晶板的光强信号转换为电压输入到透过率显示表。

开关矩阵：此为 16×16 的按键矩阵，用于液晶的显示功能实验。

液晶转盘：承载液晶板一起转动，用于液晶的视角特性实验。

电源开关：仪器的总电源开关。

【实验内容与步骤】

本实验仪可以进行以下几个实验内容：

液晶的电光特性测量实验，可以测得液晶的阈值电压和关断电压。

液晶的时间特性实验，测量液晶的上升时间和下降时间。

液晶的视角特性测量实验(液晶板方向可以参照图 7-11-7)。

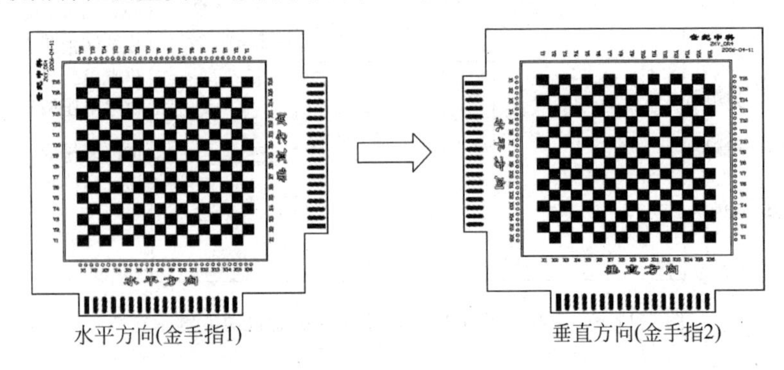

水平方向(金手指1)　　垂直方向(金手指2)

图 7-11-7

液晶的图像显示原理实验。

实验步骤：将液晶板金手指 1(见图 7-11-7)插入转盘上的插槽，液晶凸起面必须正对光源发射方向。打开电源开关，点亮光源，使光源预热 10min 左右。

在正式进行实验前，首先需要检查仪器的初始状态，看发射器光线是否垂直入射到接收器；在静态 0V 供电电压条件下，透过率显示经校准后是否为"100%"。如果显示正确，则可以开始实验，如果不正确，指导教师可以根据附录一的调节方法将仪器调整好再让学生进行实验。

1. 液晶光开关电光特性测量

将模式转换开关置于静态模式，将透过率显示校准为 100%，按表 7-11-1 的数据改变电压，使得电压值在 0～6V 变化，记录相应电压下的透射率数值。重复 3 次并计算相应电压下透射率的平均值，依据实验数据绘制电光特性曲线，可以得出阈值电压和关断电压。

表 7-11-1 液晶光开关电光特性测量

电压/V		0	0.5	0.8	1.0	1.2	1.3	1.4	1.5	1.6	1.7	2.0	3.0	4.0	5.0	6.0
透射率/%	1															
	2															
	3															
	平均															

2. 液晶的时间响应的测量

将模式转换开关置于静态模式，透过率显示调到 100，然后将液晶供电电压调到 2.00V，在液晶静态闪烁状态下，用存储示波器观察此光开关时间响应特性曲线，可以根据此曲线得到液晶的上升时间 τ_r 和下降时间 τ_d。

3. 液晶光开关视角特性的测量

(1) 水平方向视角特性的测量

将模式转换开关置于静态模式。首先将透过率显示调到100%,然后再进行实验。

确定当前液晶板为金手指1插入的插槽(如图7-11-7所示)。在供电电压为0V时,按照表7-11-2所列举的角度调节液晶屏与入射激光的角度,在每一角度下测量光强透过率最大值T_{max}。然后将供电电压设置为2V,再次调节液晶屏角度,测量光强透过率最小值T_{min},并计算其对比度。以角度为横坐标、对比度为纵坐标,绘制水平方向对比度随入射光入射角而变化的曲线。

(2) 垂直方向视角特性的测量

关断总电源后,取下液晶显示屏,将液晶板旋转90°,将金手指2(垂直方向)插入转盘插槽(如图7-11-7所示)。重新通电,将模式转换开关置于静态模式。按照与(1)相同的方法和步骤,可测量垂直方向的视角特性,并记录入表7-11-2中。

表7-11-2　液晶光开关视角特性测量

角度/(°)		−75	−70	…	−10	−5	0	5	10	…	70	75
水平方向视角特性	T_{max}/%											
	T_{min}/%											
	T_{max}/T_{min}											
垂直方向视角特性	T_{max}/%											
	T_{min}/%											
	T_{max}/T_{min}											

4. 液晶显示器显示原理

将模式转换开关置于动态(图像显示)模式。液晶供电电压调到5V左右。

此时矩阵开关板上的每个按键位置对应一个液晶光开关像素。初始时各像素都处于开通状态,按一次矩阵开光板上的某一按键,可改变相应液晶像素的通断状态,所以可以利用点阵输入关断(或点亮)对应的像素,使暗像素(或点亮像素)组合成一个字符或文字。以此让学生体会液晶显示器件组成图像和文字的工作原理。矩阵开关板右上角的按键为清屏键,用以清除已输入在显示屏上的图形。

实验完成后,关闭电源开关,取下液晶板妥善保存。

注意事项:

(1) 禁止用光束照射他人眼睛或直视光束本身,以防伤害眼睛!

(2) 在进行液晶视角特性实验中,更换液晶板方向时,务必断开总电源后再进行插取,否则将会损坏液晶板。

(3) 液晶板凸起面必须要朝向光源发射方向,否则实验记录的数据为错误数据。

(4) 在调节透过率100%时,如果透过率显示不稳定,则可能是光源预热时间不够,或光路没有对准,需要仔细检查,调节好光路。

(5) 在校准透过率100%前,必须将液晶供电电压显示调到0.00V或显示大于“250”,否则无法校准透过率为100%。在实验中,电压为0.00V时,不要长时间按住“透过率校准”按钮,否则透过率显示将进入非工作状态,本组测试的数据为错误数据,需要重新进行本组实验数据记录。

附录一　液晶电光效应实验仪实验报告格式

实验时间：________月________日上午

实验条件：室温________℃

实验目的：测量液晶的几种特性参数，并熟悉液晶的显示原理。

实验仪器：液晶电光效应实验仪一台，液晶片一块。

1. 液晶的电光特性

将模式转换开关置于静态模式，将透过率显示校准为100%，改变电压，使得电压值在0～6V变化，记录相应电压下的透射率数值填入表7-11-3。

表 7-11-3　液晶的电光特性

	电压/V	0	0.5	0.8	0.9	1.0	1.1	1.2	1.3	1.4	1.5	1.6	1.7	2.0	3.0	4.0	5.0
透过率/%	1																
	2																
	3																
	平均																

由表7-11-3画出电光特性曲线。由曲线图可以得出液晶的阈值电压和关断电压。

2. 时间响应特性实验

将模式转换开关置于静态模式，透过率显示调到100%，然后将液晶供电电压调到2.00V，在液晶静态闪烁状态下，用存储示波器或用信号适配器接模拟示波器可以得出液晶的开关时间响应曲线。记录下不同时间时的透过率，填入表7-11-4。

表 7-11-4　时间响应的数值表

时间/s																		
透过率/%																		

根据表7-11-4，画出时间响应曲线。由表7-11-4和时间响应曲线图可以得到液晶的响应时间。

3. 液晶的视角特性实验

将模式置于静态模式，将透过率显示调到100%，以水平方向插入液晶板，在供电电压为0V时，调节液晶屏与入射激光的角度，在每一角度下测量光强透过率最大值 T_{max}。然后将供电电压设为2V，再次调节液晶屏角度，测量光强透过率最小值 T_{min}，将数据记入表7-11-5中，并计算其对比度。

表 7-11-5　水平方向视角特性

正角度/(°)	0	5	10	15	20	25	30	35	40	45	50	55	60	65	70	75
T_{max}(0V)/%																
T_{min}(2V)/%																
T_{max}/T_{min}																

续表

负角度/(°)	0	5	10	15	20	25	30	35	40	45	50	55	60	65	70	75
T_{max}(0V)/%																
T_{min}(2V)/%																
T_{max}/T_{min}																

由表 7-11-5 数据可以找出比较好的水平视角显示范围。

将液晶板以垂直方向插入插槽，按照与测量水平方向视角特性相同的方法，测量垂直方向视角特性，并将数据记入表 7-11-6 中。

表 7-11-6 垂直方向视角特性

正角度/(°)	0	5	10	15	20	25	30	35	40	45	50	55	60	65	70	75
T_{max}(0V)/%																
T_{min}(2V)/%																
T_{max}/T_{min}																
负角度/(°)	0	5	10	15	20	25	30	35	40	45	50	55	60	65	70	75
T_{max}(0V)/%																
T_{min}(2V)/%																
T_{max}/T_{min}																

由表 7-11-6 数据可以找出比较好的垂直视角显示范围。

实验结论：

(1) 由表 7-11-3 和所作电光特性曲线可以观察透过率变化情况和响应曲线情况。还可以得到液晶的阈值电压和关断电压。

(2) 由表 7-11-4 和所作的开关时间响应特性曲线可以得到液晶上升时间和下降时间。

(3) 由表 7-11-5 和表 7-11-6 的对比可以观察到液晶的视角特性。

附录二 液晶电光效应实验操作步骤

1. 准备工作

(1) 将液晶板插入转盘上的插槽，凸起面正对光源发射方向。打开电源，点亮光源，让光源预热 10～20min。(若光源未亮，则检查模式转换开关。只有当模式转换开关处于静态时，光源才会被点亮。)

(2) 检查仪器初始状态：发射器光线必须垂直入射到接收器(当没有安装液晶板时，透过率显示为“999”的情况下，我们就认为光线垂直入射到了接收器上)；在静态、0°、0V 供电电压条件下，透过率显示大于“250”时，按住透过率校准按键 3s 以上，透过率可校准为 100%。(若供电电压不为 0，或显示小于“250”，则该按键无效，不能校准透过率)若不为此状态，需增加光源预热时间，再重新调整仪器光路，直到达到上述条件为止。

2. 液晶电光特性测量

(1) 将模式转换开关置于静态模式，液晶转盘的转角置于 0°，保持当前转盘状态。在供电电压为 0V，透过率显示大于 250 时，按住“透过率校准”按键 3s 以上，将透过率校准为 100%。

(2) 调节“供电电压调节”按键，按照表 7-11-3 中的数据逐步增大供电电压，记录下每个电压值下对应的透过率值。

(3) 将供电电压重新调回 0V(此时若透过率不为 100%，则需重新校准)。重复步骤(2)，完成 3 次测量。

3. 液晶的时间响应的测量

(1) 将液晶实验仪上的“液晶驱动输出”和“光功率输出”与数字示波器的通道 1 和通道 2 用 Q9 线连接起来。

(2) 打开实验仪和示波器。将实验仪“模式转换开关”置于静态模式，液晶盘转角置于 0°，透过率显示校准到 100，供电电压调到 2.00V。

(3) 按动“静态闪烁/动态清屏”按键，使液晶处于静态闪烁状态。

(4) 调节示波器，使通道 1 和通道 2 均以直流方式耦合；调节电压和周期按钮，直到出现合适的波形为止。(调节时可以从屏幕下方看到对应的电压值和周期值的变化。)

(5) 用示波器观察此光开关时间响应特性曲线；由示波器上的曲线可读出不同时间下的透过率值。选定测试项目为上升时间和下降时间，可以直接测出液晶光开关的响应时间。

4. 液晶光开关视角特性的测量

(1) 确认液晶板以水平方向插入插槽。

(2) 将模式转换开关置于静态模式，在转角为 0°、供电电压为 0V、透过率显示大于“250”时，按住“透过率校准”按键 3s 以上，将透过率校准为 100%。

(3) 将供电电压置于 0V，按照表 7-11-5 所列举的角度调节液晶屏与入射激光的角度，记录下在每一角度时的光强透过率值 T_{max}。

(4) 将液晶转盘保持在 0°位置，调节供电电压为 2V。在该电压下，再次调节液晶屏角度，记录下在每一角度时的光强透过率值 T_{min}。

(5) 切断电源，取下液晶显示屏，将液晶板旋转 90°，以垂直方向插入转盘。(注：在更换液晶板方向时，一定要切断电源。)

(6) 打开电源，按照步骤(2)、(3)、(4)可测得垂直方向时在不同供电电压、不同角度时的透过率值。

5. 液晶显示器显示原理

(1) 将模式转换开关置于动态模式，液晶转盘转角逆时针转到 80°，供电电压调到 5V 左右。

(2) 按动矩阵开关面板上的按键，改变相应液晶像素的通断状态，观察由暗像素(或亮像素)组合成的字符或图像，体会液晶显示器件的成像原理。

(3) 组成一个字符或文字后，可由“静态闪烁/动态清屏”按键清除显示屏上的图像。

完成实验后，关闭电源，取下液晶板妥善保存。

附录A 国际单位制

国际单位制是在公制基础上发展起来的单位制，于1960年第十一届国际计量大会通过，推荐各国采用，其国际缩写为SI。1984年2月，中华人民共和国国务院发布《关于在我国统一实行法定计量单位的命令》，和《中华人民共和国法定计量单位使用方法》，规定中华人民共和国的计量单位，一律采用法定计量单位，人民生活中沿用的市制计量单位，在1990年底前，完成向法定计量单位过渡。1985年9月，《中华人民共和国计量法》颁布，其中明确规定，中华人民共和国采用国际单位制。国际单位制单位和国家选定的其他单位，为国家法定计量单位。

表 A-1 国际单位制的基本单位

量的名称	单位名称	单位符号
长度	米	m
质量(重量)	千克(公斤)	kg
时间	秒	s
电流	安[培]	A
热力学温度	开[尔文]	K
物质的量	摩[尔]	mol
发光强度	坎[德拉]	cd

表 A-2 国际单位制的辅助单位

量的名称	单位名称	单位符号
平面角	弧度	rad
立体角	球面度	sr

表 A-3 国际单位制中具有专门名称的导出单位

量的名称	单位名称	单位符号	其他表示示例
频率	赫[兹]	Hz	s^{-1}
力；重力	牛[顿]	N	$kg \cdot m/s^2$
压力，压强；应力	帕[斯卡]	Pa	N/m^2
能量；功；热	焦[耳]	J	$N \cdot m$
功率；辐射通量	瓦[特]	W	J/s

续表

量 的 名 称	单位名称	单位符号	其他表示示例
电荷量	库[仑]	C	A · s
电位；电压；电动势	伏[特]	V	W/A
电容	法[拉]	F	C/V
电阻	欧[姆]	Ω	V/A
电导	西[门子]	S	A/V
磁通量	韦[伯]	Wb	V · s
磁通量密度，磁感应强度	特[斯拉]	T	Wb/m^2
电感	亨[利]	H	Wb/A
摄氏温度	摄氏度	℃	
光通量	流[明]	lm	cd · sr
光照度	勒[克斯]	lx	lm/m^2
放射性活度	贝可[勒尔]	Bq	s^{-1}
吸收剂量	戈[瑞]	Gy	J/kg
剂量当量	希[沃特]	Sv	J/kg

表 A-4 国家选定的非国际单位制单位

量的名称	单位名称	单位符号	换算关系和说明
时间	分 [小]时 天(日)	mim h d	1min=60s 1h=60min=3600s 1d=24h=86 400s
平面角	[角]秒 [角]分 度	(″) (′) (°)	1″=(π/648 000)rad (π 为圆周率) 1′=60″=(π/10 800)rad 1°=60′=(π/180)rad
旋转速度	转每分	r/min	$1r/min=(1/60)s^{-1}$
长度	海里	nmile	1nmile=1852m (只用于航程)
速度	节	kn	1kn=1nmile/h=(1852/3600)m/s (只用于航行)
质量	吨 原子质量单位	t u	$1t=10^3 kg$ $1u \approx 1.660\ 565\ 5\times10^{-27} kg$
体积	升	L(l)	$1L=1dm^3=10^{-3} m^3$
能	电子伏	eV	$1eV \approx 1.602\ 189\ 2\times10^{-19} J$
级差	分贝	dB	
线密度	特[克斯]	tex	1tex=1g/km

表 A-5　用于构成十进倍数和分数单位的词头

所表示的因数	词头名称	词头符号
10^{18}	艾[可萨]	E
10^{15}	拍[它]	P
10^{12}	太[拉]	T
10^{9}	吉[咖]	G
10^{6}	兆	M
10^{3}	千	k
10^{2}	百	h
10^{1}	十	da
10^{-1}	分	d
10^{-2}	厘	c
10^{-3}	毫	m
10^{-6}	微	μ
10^{-9}	纳[诺]	n
10^{-12}	皮[可]	p
10^{-15}	飞[母托]	f
10^{-18}	阿[托]	a

注：1. 周、月、年(年的符号为 a)，为一般常用时间单位。
2. []内的字，是在不致混淆的情况下，可以省略的字。
3. ()内的字为前者的同义语。
4. 角度单位度、分、秒的符号不处于数字后时，用括号括起来。

附录B　常用物理数据

表B-1　基本物理常量

名　　称	符号、数值和单位
真空中的光速	$c=2.997\,924\,58\times10^{8}\,m/s$
电子的电荷	$e=1.602\,189\,2\times10^{-19}\,C$
普朗克常量	$h=6.626\,176\times10^{-34}\,J\cdot s$
阿伏伽德罗常量	$N_0=6.022\,045\times10^{23}\,mol^{-1}$
原子质量单位	$u=1.660\,565\,5\times10^{-27}\,kg$
电子的静止质量	$m_e=9.109\,534\times10^{-31}\,kg$
电子的荷质比	$e/m_e=1.758\,804\,7\times10^{11}\,C/kg$
法拉第常量	$F=9.648\,456\times10^{4}\,C/mol$
氢原子的里德伯常量	$R_H=1.096\,776\times10^{7}\,m^{-1}$
摩尔气体常量	$R=8.314\,41J/(mol\cdot k)$
玻耳兹曼常量	$k=1.380\,622\times10^{-23}\,J/K$
洛施密特常量	$n=2.687\,19\times10^{25}\,m^{-3}$
万有引力常量	$G=6.672\,0\times10^{-11}\,N\cdot m^2/kg^2$
标准大气压	$P_0=101\,325Pa$
冰点的绝对温度	$T_0=273.15K$
声音在空气中的速度(标准状态下)	$v=331.46m/s$
干燥空气的密度(标准状态下)	$\rho_{空气}=1.293kg/m^3$
水银的密度(标准状态下)	$\rho_{水银}=13\,595.04kg/m^3$
理想气体的摩尔体积(标准状态下)	$V_m=22.413\,83\times10^{-3}\,m^3/mol$
真空中介电常量(电容率)	$\varepsilon_0=8.854\,188\times10^{-12}\,F/m$
真空中磁导率	$\mu_0=12.566\,371\times10^{-7}\,H/m$
钠光谱中黄线的波长	$D=589.3\times10^{-9}\,m$
镉光谱中红线的波长(15℃,101 325Pa)	$\lambda_{cd}=643.846\,96\times10^{-9}\,m$

表B-2　在20℃时固体和液体的密度

物　　质	密度 $\rho/(kg/m^3)$	物　　质	密度 $\rho/(kg/m^3)$
铝	2698.9	金	19 320
铜	8960	钨	19 300
铁	7874	铂	21 450
银	10 500	铅	11 350

续表

物　　质	密度 ρ/(kg/m^3)	物　　质	密度 ρ/(kg/m^3)
锡	7298	乙醚	714
水银	13 546.2	汽车用汽油	710～720
钢	7600～7900	氟利昂-12	1329
石英	2500～2800	(氟氯烷-12)	
水晶玻璃	2900～3000	变压器油	840～890
冰(0℃)	880～920	甘油	1260
乙醇	789.4		

表 B-3　在标准大气压下不同温度时水的密度

温度 t/℃	密度 ρ/(kg/m^3)	温度 t/℃	密度 ρ/(kg/m^3)	温度 t/℃	密度 ρ/(kg/m^3)
0	999.841	16	998.943	32	995.025
1	999.900	17	998.774	33	994.702
2	999.941	18	998.595	34	994.371
3	999.965	19	998.405	35	994.031
4	999.973	20	998.203	36	993.68
5	999.965	21	997.992	37	993.33
6	999.941	22	997.770	38	992.96
7	999.902	23	997.538	39	992.59
8	999.849	24	997.296	40	992.21
9	999.781	25	997.044	50	988.04
10	999.700	26	996.783	60	983.21
11	999.605	27	996.512	70	977.78
12	999.498	28	996.232	80	971.80
13	999.377	29	995.944	90	965.31
14	999.244	30	995.646	100	958.35
15	999.099	31	995.340		

表 B-4　在海平面上不同纬度处的重力加速度①

纬度 φ/(°)	g/(m/s^2)	纬度 φ/(°)	g/(m/s^2)
0	9.780 49	50	9.810 79
5	9.780 88	55	9.815 15
10	9.782 04	60	9.819 24
15	9.783 94	65	9.822 94
20	9.786 52	70	9.826 14
25	9.789 69	75	9.828 73
30	9.783 38	80	9.830 65
35	9.797 46	85	9.831 82
40	9.801 80	90	9.832 21
45	9.806 29		

① 表中所列数值是根据公式 $g=9.780\,49(1+0.005\,288\sin^2\varphi-0.000\,006\sin^2\varphi)$算出的，其中 φ 为纬度。

表 B-5 固体的线膨胀系数

物 质	温度或温度范围/℃	$\alpha/10^{-6}℃^{-1}$
铝	0～100	23.8
铜	0～100	17.1
铁	0～100	12.2
金	0～100	14.3
银	0～100	19.6
钢(0.05%碳)	0～100	12.0
康铜	0～100	15.2
铅	0～100	29.2
锌	0～100	32
铂	0～100	9.1
钨	0～100	4.5
石英玻璃	20～200	0.56
窗玻璃	20～200	9.5
花岗石	20	6～9
瓷器	20～700	3.4～4.1

表 B-6 在 20℃ 时某些金属的弹性模量(杨氏模量)①

金 属	杨氏模量 Y	
	GPa	N/mm^2
铝	69～70	7000～7100
钨	407	41 500
铁	186～206	19 000～21 000
铜	103～127	10 500～13 000
金	77	7900
银	69～80	7000～8200
锌	78	8000
镍	203	20 500
铬	235～245	24 000～25 000
合金钢	206～216	21 000～22 000
碳钢	196～206	20 000～21 000
康铜	160	16 300

① 杨氏弹性模量的值与材料的结构、化学成分及其加工制造方法有关。因此，在某些情况下，Y 的值可能与表中所列的平均值不同。

表 B-7 在 20℃ 时与空气接触的液体的表面张力系数

液 体	$\sigma/(10^{-3}N/m)$	液 体	$\sigma/(10^{-3}N/m)$
石油	30	甘油	63
煤油	24	水银	513
松节油	28.8	蓖麻油	36.4
水	72.75	乙醇	22.0
肥皂溶液	40	乙醇(在 60℃时)	18.4
氟利昂-12	9.0	乙醇(在 0℃时)	24.1

表 B-8 在不同温度下与空气接触的水的表面张力系数

温度/℃	$\sigma/(10^{-3}$ N/m)	温度/℃	$\sigma/(10^{-3}$ N/m)	温度/℃	$\sigma/(10^{-3}$ N/m)
0	75.62	16	73.34	30	71.15
5	74.90	17	73.20	40	69.55
6	74.76	18	73.05	50	67.90
8	74.48	19	72.89	60	66.17
10	74.20	20	72.75	70	64.41
11	74.07	21	72.60	80	62.60
12	73.92	22	72.44	90	60.74
13	73.78	23	72.28	100	58.84
14	73.64	24	72.12		
15	73.48	25	71.96		

表 B-9 不同温度时水的黏滞系数

温度/℃	黏滞系数 η		温度/℃	黏滞系数 η	
	μPa·s	10^{-6} kgf·s/mm^2		μPa·s	10^{-6} kgf·s/mm^2
0	1787.8	182.3	60	469.7	47.9
10	1305.3	133.1	70	406.0	41.4
20	1004.2	102.4	80	355.0	36.2
30	801.2	81.7	90	314.8	32.1
40	653.1	66.6	100	282.5	28.8
50	549.2	56.0			

表 B-10 某些液体的黏滞系数

液体	温度/℃	$\eta/(\mu$Pa·s)	液体	温度/℃	$\eta/(\mu$Pa·s)
汽油	0	1788	甘油	−20	134×10^6
	18	530		0	121×10^5
甲醇	0	817		20	1499×10^3
	20	584		100	12 945
乙醇	−20	2780	蜂蜜	20	650×10^4
	0	1780		80	100×10^3
	20	1190	鱼肝油	20	45 600
乙醚	0	296		80	4600
	20	243	水银	−20	1855
变压器	20	19 800		0	1685
蓖麻油	10	242×10^4		20	1554
葵花籽油	20	50 000		100	1224

表 B-11 不同温度时干燥空气中的声速 (单位：m/s)

温度/℃	0	1	2	3	4	5	6	7	8	9
60	366.05	366.60	367.14	367.69	368.24	368.78	369.33	369.87	370.42	370.96
50	360.51	361.07	361.62	362.18	362.74	363.29	363.84	364.39	364.95	365.50

续表

温度/℃	0	1	2	3	4	5	6	7	8	9
40	354.89	355.46	356.02	356.58	357.15	357.71	358.27	358.83	359.39	359.95
30	349.18	349.75	350.33	350.90	351.47	352.04	352.62	353.19	353.75	354.32
20	343.37	343.95	344.54	345.12	345.70	346.29	346.87	347.44	348.02	348.60
10	337.46	338.06	338.65	339.25	339.84	340.43	341.02	341.61	342.20	342.58
0	331.45	332.06	332.66	333.27	333.87	334.47	335.07	335.67	336.27	336.87
−10	325.33	324.71	324.09	323.47	322.84	322.22	321.60	320.97	320.34	319.52
−20	319.09	318.45	317.82	317.19	316.55	315.92	315.28	314.64	314.00	313.36
−30	312.72	312.08	311.43	310.78	310.14	309.49	308.84	308.19	307.53	306.88
−40	306.22	305.56	304.91	304.25	303.58	302.92	302.26	301.59	300.92	300.25
−50	299.58	298.91	298.24	397.56	296.89	296.21	295.53	294.85	294.16	293.48
−60	292.79	292.11	291.42	290.73	290.03	289.34	288.64	287.95	287.25	286.55
−70	285.84	285.14	284.43	283.73	283.02	282.30	281.59	280.88	280.16	279.44
−80	278.72	278.00	277.27	276.55	275.82	275.09	274.36	273.62	272.89	272.15
−90	271.41	270.67	269.92	269.18	268.43	267.68	266.93	266.17	265.42	264.66

表 B-12　不同金属或合金与铂(化学纯)构成热电偶的热电动势(热端在 100℃,冷端在 0℃时)①

金属或合金	热电动势/mV	连续使用温度/℃	短时使用最高温度/℃
95%Ni+5%(Al,Si,Mn)	−1.38	1000	1250
钨	+0.79	2000	2500
手工制造的铁	+1.87	600	800
康铜(60%Cu+40%Ni)	−3.5	600	800
56%Cu+44%Ni	−4.0	600	800
制导线用铜	+0.75	350	500
镍	−1.5	1000	1100
80%Ni+20%Cr	+2.5	1000	1100
90%Ni+10%Cr	+2.71	1000	1250
90%Pt+10%Ir	+1.3	1000	1200
90%Pt+10%Rh	+0.64	1300	1600
银	+0.72②	600	700

① 表中的"+"或"−"表示该电极与铂组成热电偶时,其热电动势是正或负。当热电动势为正时,在处于 0℃的热电偶一端电流由金属(或合金)流向铂。

② 为了确定用表中所列任何两种材料构成的热电偶的热电动势,应当取这两种材料的热电动势的差值。例如:铜-康铜热电偶的热电动势等于+0.75−(−3.5)=4.25(mV)。

表 B-13　几种标准温差电偶

名　　称	分度号	100℃时的电动势/mV	使用温度范围/℃
铜-康铜(Cu55Ni45)	CK	4.26	−200～300
镍铬(Cr9～10Si0.4Ni90)-康铜(Cu56～57Ni43～44)	EA—2	6.95	−200～800
镍铬(Cr9～10Si0.4Ni90)-镍硅(Si2.5～3Co<0.6Ni97)	EV—2	4.10	1200
铂铑(Pt90Rh10)-铂	LB—3	0.643	1600
铂铑(Pt70Rh30)-铂铑(Pt94Rh6)	LL—2	0.034	1800

表 B-14 铜-康铜热电偶的温差电动势(自由端温度 0℃) (单位: mV)

康铜的温度	铜的温度/℃										
	0	10	20	30	40	50	60	70	80	90	100
0	0.000	0.389	0.787	1.194	1.610	2.035	2.468	2.909	3.357	3.813	4.277
100	4.227	4.749	5.227	5.712	6.204	6.702	7.207	7.719	8.236	8.759	9.288
200	9.288	9.823	10.363	10.909	11.459	12.014	12.575	13.140	13.710	14.285	14.864
300	14.864	15.448	16.035	16.627	17.222	17.821	18.424	19.031	19.642	20.256	20.873

表 B-15 在常温下某些物质相对于空气的光的折射率

物 质	H_α 线(656.3nm)	D 线(589.3nm)	H_β 线(486.1nm)
水(18℃)	1.3314	1.3332	1.3373
乙醇(18℃)	1.3609	1.3625	1.3665
二硫化碳(18℃)	1.6199	1.6291	1.6541
冕玻璃(轻)	1.5127	1.5153	1.5214
冕玻璃(重)	1.6126	1.6152	1.6213
燧石玻璃(轻)	1.6038	1.6085	1.6200
燧石玻璃(重)	1.7434	1.7515	1.7723
方解石(寻常光)	1.6545	1.6585	1.6679
方解石(非常光)	1.4846	1.4864	1.4908
水晶(寻常光)	1.5418	1.5442	1.5496
水晶(非常光)	1.5509	1.5533	1.5589

表 B-16 常用光源的谱线波长表 (单位: nm)

一、H(氢)
- 656.28 红
- 486.13 绿蓝
- 434.05 蓝
- 410.17 蓝紫
- 397.01 蓝紫

二、He(氦)
- 706.52 红
- 667.82 红
- 587.56(D_3)黄
- 501.57 绿
- 492.19 绿蓝
- 471.31 蓝
- 447.15 蓝
- 402.62 蓝紫
- 388.87 蓝紫

三、Ne(氖)
- 650.65 红
- 640.23 橙
- 638.30 橙
- 626.25 橙
- 621.73 橙
- 614.31 橙
- 588.19 黄
- 585.25 黄

四、Na(钠)
- 589.592(D_1)黄
- 588.995(D_2)黄

五、Hg(汞)
- 623.44 橙
- 579.07 黄
- 576.96 黄
- 546.07 绿
- 491.60 绿蓝
- 435.83 蓝
- 407.78 蓝紫
- 404.66 蓝紫

六、He-Ne 激光
- 632.8 橙

参考文献

[1] 苏锡国,李双美,刘健,等. 大学物理实验[M]. 北京:中国电力出版社,2009.
[2] 李平,唐曙光,陆兴中. 大学物理实验[M]. 北京:高等教育出版社,2004.
[3] 沈元华,陆申龙. 基础物理实验[M]. 北京:高等教育出版社,2004.
[4] 吴咏华. 大学物理实验[M]. 北京:高等教育出版社,2001.
[5] 张兆奎,缪连元,张立. 大学物理实验[M]. 2版. 北京:高等教育出版社,2001.
[6] 丁慎讯,张连芳. 物理实验教程[M]. 北京:清华大学出版社,2002.
[7] 朱鹤年. 基础物理实验教程[M]. 北京:高等教育出版社,2003.
[8] 胡敬德. 设计性物理实验集锦[M]. 上海:上海教育出版社,2002.
[9] 曾仲宁. 大学物理实验[M]. 北京:中国铁道出版社,2002.
[10] 肖苏,任红. 实验物理教程[M]. 合肥:中国科技大学出版社,1998.